江苏文脉整理与研究工程

江苏文库

研究编

江苏文化
专门史

江苏科技史

陈爱华 编著

江苏人民出版社

图书在版编目(CIP)数据

江苏科技史 / 陈爱华编著.--南京:江苏人民出
版社,2025.4.--(江苏文库).-- ISBN 978-7-214
-29648-1

Ⅰ.N092

中国国家版本馆 CIP 数据核字第 2024VG6282 号

书 名	江苏科技史
编 著 者	陈爱华
出 版 统 筹	张 凉
责 任 编 辑	朱晓莹
责 任 监 制	王 娟
装 帧 设 计	姜 嵩
出 版 发 行	江苏人民出版社
地 址	南京市湖南路 1 号 A 楼,邮编:210009
照 排	江苏凤凰制版有限公司
印 刷	苏州市越洋印刷有限公司
开 本	718 毫米×1000 毫米 1/16
印 张	30.25 插页 4
字 数	430 千字
版 次	2025 年 4 月第 1 版
印 次	2025 年 4 月第 1 次印刷
标 准 书 号	ISBN 978-7-214-29648-1
定 价	100.00 元

(江苏人民出版社图书凡印装错误可向承印厂调换)

江苏文脉整理与研究工程

总主编

信长星　　许昆林

第二届学术指导委员会

主　　任　莫砺锋

委　　员　（按姓氏笔画排序）

邬书林　　宋镇豪　　张岂之　　茅家琦

郁贤皓　　袁行霈　　莫砺锋　　赖永海

编纂出版委员会

出版说明

江苏文化源远流长、历久弥新，文化经典与历史文献层出不穷，典藏丰富；文化巨匠代有人出、彪炳史册，在中华民族乃至整个人类文明的发展史上有着相当重要的地位。为科学把握江苏文化的内涵与特征，在新时代彰显江苏文化对中华文化的贡献，江苏省委、省政府决定组织实施"江苏文脉整理与研究工程"，以梳理江苏文脉资源，总结江苏文化发展的历史规律，再现江苏历史上的文化高地，为当代江苏构筑新的文化高地把准脉动、探明趋势、勾画蓝图。

组织编纂大型江苏历史文献总集《江苏文库》，是"江苏文脉整理与研究工程"的重要工作。《文库》以"编纂整理古今文献，梳理再现名人名作，探究追溯文化脉络，打造江苏文化名片"为宗旨，分六编集中呈现：

（一）书目编。完整著录历史上江苏籍学人的著述及其历史记录，全面反映江苏图书馆的图书典藏情况。

（二）文献编。收录历代江苏籍学人的代表性著作，集中呈现自历史开端至一九一一年的江苏文化文本，呈现江苏文化的整体景观。

（三）精华编。选取历代江苏籍学人著述中对中外文化产生重要影响、在文化学术史上具有经典性代表性的作品进行整理，并从中选取十余种，组织海外汉学家翻译成各国文字，作为江苏对外文化交流的标志性文化成果。

（四）方志编。从江苏现存各级各类旧志中选择价值较高、保存较好的志书，以充分发挥地方志资治、存史、教化等作用，保存江苏的地方文献与历史文化记忆。

（五）史料编。收录有关江苏地方史料类文献，反映江苏各地历史地理、政治经济、文化教育、宗教艺术、社会生活、风土民情等。

（六）研究编。组织、编纂当代学者研究、撰写的江苏文化研究著作。

文献、史料、方志三编属于基础文献，以影印方式出版，旨在提供原始文献，以满足学术研究需要；书目、精华、研究三编，以排印方式出版，既能满足学术研究的基本需求，又能满足全民阅读的基本需求。

"江苏文脉整理与研究工程"工作委员会

江苏文库·研究编编纂人员

主　编

王月清　张新科

副主编

徐之顺　姜　建　王卫星　胡发贵　胡传胜　刘西忠

一脉千古成江河

——江苏文库·研究编序言

樊和平

"江苏文脉整理与研究工程"是江苏文化史上继往开来的一个浩大工程。与当下方兴未艾的全国性"文库热"相比,江苏文脉工程有三个基本特点:一是全面系统的整理;二是"整理"与"研究"同步;三是以"文脉"为主题。在"书目编—文献编—精华编—史料编—方志编—研究编"的体系结构中,"研究编"是十分独特的板块,因为它是试图超越"修典"而推进文化传承创新的一种学术努力。

"盛世修典"之说不知起源于何时,不过语词结构已经表明"盛世"与"修典"之间的某种互释甚至共谋,以及由此而衍生的复杂文化心态。历史已经表明,"修典"在建构巨大历史功勋的同时,也包含内在的巨大文化风险,最基本的是"入典"的选择风险。《四库全书》的文化贡献不言自明,但最终其收书的数量竟与禁书、毁书、改书的数量大致相当,还有高出近一倍的书目被宣判为无价值。"入典"可能将一个时代的局限甚至选择者个人的局限放大为历史的文化局限,也可能由此扼杀文化多样性而产生文化专断。另一个更为潜在和深刻的风险,是对待传统的文化态度。文献整理,尤其是地域典籍的整理,在理念和战略上面临的最大考验,是以何种心态对待文化传统。当今之世,无论对个体还是社会,传统已经不仅是文化根源,而且是文化和经济发展的资源甚至资本。然而一旦传统成为资源和资本,邂逅市场逻辑的推波助澜,就面临沦为消费和运作对象的风险,从而以一种消费主义和工具主义的文化态度对待文化传统和文献整理。当传统成为消费和运作的对象,其文化价值不仅可能被误读误用,而且也可能在对传统的消费中使文化坐吃山空,造就出文化上的纨绔子弟,更可能在市场运作中使文化不断被糟蹋。"江苏文脉整理与研究工程"的"整理工程"以全面系统的整理的战略应对可能存在的第一种风险,即入典选择的风险;以"研究工程"应对第二种可能的风险,即消费主义与工具主义的风险。我们不仅是既往传统的继承者,更应当是未来传统的创造者;现代人的使命,不仅是继承优秀传统,更应当创造新的优秀传统,这便是传统的创造性转化与创新性发展的真义。诚然,创造传统任重道远,需要经过坚忍不拔的卓越努力和大浪淘沙般的历史积淀,但对"江苏文脉整理与研究工程"而言,无论如何必须在"整理"的同时开启"研究"的千里之行,在研究中继承和发展传统。这便是"研究编"的价值和使命所在,也是"江苏文脉整理与研究工程"在"文库热"中于顶层设计层面的拔群之处。

一 倾听来自历史深处的文化脉动

20世纪是文化大发现的世纪,20世纪以来西方世界最重要的战略,就是文化战略。20世纪20年代,德国社会学家马克斯·韦伯的《新教伦理与资本主义精神》,揭示了西方资本主义文明的文化密码,这就是"新教伦理"及其所造就的"资本主义精神",由此建构"新教伦理+资本主义"的所谓"理想类型",为西方资本主义进行了文化论证尤其是伦理论证,奠定了20世纪以后西方中心论的文化基础。20世纪70年代,哈佛大学教授丹尼尔·贝尔的《资本主义文化矛盾》,揭示了当代资本主义最深刻的矛盾不是经济矛盾,也不是政治矛盾,而是"文化矛盾",其集中表现是宗教释放的伦理冲动与市场释放的经济冲动分离与背离,进而对现代西方文明发出文化预警。20世纪70年代之后,亨廷顿的《文明的冲突与世界秩序的重建》将当今世界的一切冲突归结为文明冲突、文化冲突,将文化上升为西方世界尤其是美国国家战略的高度。以上三部曲构成西方世界尤其是美国文化帝国主义的国家文化战略,正如一些西方学者所发现的那样,时至今日,文化帝国主义被另一个概念代替——"全球化",显而易见,全球化不仅是一种浪潮,更是一种思潮,是西方世界的国家文化战略。文化虽然受经济发展制约甚至被经济发展水平所决定,但回顾从传统到现代的中国文明史,文化问题不仅逻辑地而且历史地成为文明发展的最高最难的问题,正因为如此,文化自信才成为比理论自信、道路自信、制度自信更具基础意义的最重要的自信。

在全球化背景下,文脉整理与研究具有重大的国家文化战略意义,不仅必要,而且急迫。文化遵循与经济社会不同的规律,全球化在造就广泛的全球市场并使全球成为一个"地球村"的同时,内在的最大文明风险和文化风险便是同质性。全球化催生的是一个文化上的独生子女,其可能的镜像是:一种文化风险将是整个世界的风险,一次文化失败将是整个人类的文化失败。文化的本质是什么? 梁漱溟先生说,文化就是人的生活的根本样法,文化就是"人化"。丹尼尔·贝尔指出,文化是为人的生命过程提供解释系统,以对付生存困境的一种努力。据此,文化的同质化,最终导致的将是人的同质化,将是民族文化或西方学者所说地方性知识的消解和消失;同时,由于文化是人类应对生存困境的大智慧,或治疗生活世界痼疾的抗体,它所建构的是与自然世界相对应的精神世界和意义世界,文化的同质性将导致人类在面临重大生存困境时智慧资源的贫乏和生命力的苍白,从而将整个人类文明推向空前的高风险。应对全球化的挑战和西方文化帝国主义的国家战略,"江苏文脉整理与研究工程"是整个中华民族浩大文化工程的一部分和具体落实,其战略意义绝不止于保存文化记忆的自持和自赏,在这个全球化的高风险正日益逼近的时代,完整地保存地方文化物种,认同文化血脉,畅通文化命脉,不仅可以让我们在遭遇全球化的滔滔洪水之时可以于故乡文化的山脉之巅"一览众山小"地建设自己的精神家园和文化根据地,而且可以在患上全球化的文化感冒甚至某种文化瘟疫之后,不致乞求"西方药"来治"中国病",而是根据自己的文化基因和文化命理,寻找强化自身的文化抗体和文化免疫力之道,其深远意义,犹如在今天经过独生子女时代穿越时光隧道,回首当年我们的"兄弟姐妹那么多"

和父辈们儿孙满堂的那种天伦风光，不只是因为寂寞，而且是为了中华民族大家庭的文化安全和对未来文化风险的抗击能力。

"江苏文脉整理与研究工程"是以江苏这一特殊地域文化为对象的一次集体文化自觉和文化自信，与其他同类文化工程相比，其最具标识意义的是"文脉"理念。"文脉"是什么？它与"文献"和文化传统的关系到底如何？这是"文脉工程"必须解决的基本问题。

庞朴先生曾对"文化传统"与"传统文化"两个概念进行了审慎而严格的区分，认为"传统文化"可能是历史上曾经存在过的一切文化现象，而"文化传统"则是一以贯之的文化道统。在逻辑和历史两个维度，文化成为传统都必须同时具备三个条件：历史上发生的，一以贯之的，在现实生活中依然发挥作用的。传统当然发生于历史，但历史上发生的一切，从《道德经》《论语》到女人裹小脚，并不都成为传统，即便当今被考古或历史研究所不断发现的现象，也只能说是"文化遗存"，文化成为传统必须在历史长河中一以贯之而成为道统或法统，孔子提供的儒家学说，老子提供的道家智慧，之所以成为传统，就是因为它们始终与中国人的生活世界和精神世界相伴随，并成为人的生命和生活的文化指引。然而，文化并不只存在于文献典籍之中，否则它只是精英们的特权，作为"人的生活的根本样法"和"对付生存困境"的解释系统，它必定存在于芸芸众生的生命和生活之中，由此才可能，也才真正成为传统。《论语》与《道德经》之所以成为传统，不只是因为它们作为经典至今还为人们所学习和研究，而且因为在中国人精神的深层结构中，即便在未读过它们的田夫村妇身上，也存在同样的文化基因。中国人在得意时是儒家，"明知不可为而偏为之"；在失意时是道家，"后退一步天地宽"；在绝望时是佛家，"四大皆空"。从而建立了与自给自足的自然经济结构相匹合的自给自足的文化精神结构，在任何境遇下都不会丧失安身立命的精神基地，这就是传统。文化传统必须也必定是"活"的，是在现实中依然发挥作用的，是构成现代人的文化基因的生命因子。这种与人的生活和生命同在的文化传统就是"脉"，就是"文脉"。

文脉以文献、典籍为载体，但又不止于文献和典籍，而是与负载它的生命及其现实生活息息相关。"文脉"是什么？"文脉"对历史而言是

"血脉"，对未来而言是"命脉"，对当下而言是"山脉"。"江苏文脉"就是江苏人的文化血脉、文化命脉、文化山脉，是历史、现在、未来江苏人特殊的文化生命、文化标识、文化家园，以及生生不息的文化记忆和文化动力。虽然它们可能以诸种文化典籍和文化传统的方式呈现和延续，但"文脉工程"致力探寻和发现的则是跃动于这些典籍和传统，也跃动于江苏人生命之中的那种文化脉动。"江苏文脉整理与研究工程"的最大特点就在于它是"文脉工程"而不是一般的"文化工程"，更不是"文库工程"。"文化工程""文库工程"可能只是一般的文化挖掘与整理，而"文脉工程"则是与地域的文化生命深切相通，贯穿地域的历史、现在与未来的生命工程。

　　"江苏文脉整理与研究工程"是"整理"与"研究"的璧合，在"研究工程"中能否、如何倾听到来自历史深处的文化脉动，关键是处理好"文献"与"文脉"的关系。"整理工程"是对文脉的客观呈现，而"研究工程"则是对文脉的自觉揭示，若想取得成功，必须学会在"文献"中倾听和发现"文脉"。"文献"如何呈现"文脉"？ 文献是人类文明尤其是人类文化记忆的特殊形态，也是人类信息交换和信息传播的特殊方式。回首人类文明史，到目前为止，大致经历了三种信息方式。最基本也是最原初的是口口交流的信息方式，在这种信息方式中，信息发布者和信息传播者同时在场，它是人的生命直接和整体在场并对话的信息传播方式，是从语言到身体、情感的全息参与，是生命与生命之间的直接沟通，但具有很大的时空局限。印刷术的产生大大扩展了人类信息交换的广度和深度，不仅可以以文字的方式与不在场的对象交换信息，而且可以以文献的方式与不同时代、不同时空的人们交换信息，这便是第二种信息方式，即以印刷为媒介的信息方式或印刷信息方式。第三种信息方式便是现代社会以电子网络技术为媒介的信息方式，即电子信息方式。文献与典籍是印刷信息方式的特殊形态，它将人类文化史和文明史上具有特殊价值的信息以印刷媒介的方式保存下来，供后人学习和研究，从而积淀为传统。文字本质上是人的生命的表达符号，所谓"诗言志"便是指向生命本身。然而由于它以文字为中介，一旦成为文献，便离开原有的时空背景，并与创作它的生命个体相分离，于是便需要解读，在解读中便可能发生误读,但无论如何,解读的对象并不只是文字本身,而是文字背后的生命现象。

文献尤其是典籍是不同时代人们对于文化精华的集体记忆,它们不仅经受过不同时代人们的共同选择,而且经受过大浪淘沙的历史洗礼,因而其中不仅有创造它的那个个体或文化英雄如老子、孔子的生命表达,而且有传播和接受它的那个民族的文化脉动,是负载它的那个民族的文化生命,这种文化生命一言以蔽之便是文化传统。正因为如此,作为集体记忆的精华,文献和典籍是个体和集体的文化脉动的客观形态,关键在于,必须学会倾听和揭示来自远方的生命旋律。由于它们巨大的时空跨度,往往不能直接把脉,而需要具有一种"悬丝诊脉"的卓越倾听能力。同时,为了把握真实的文化脉动,不仅需要对文献和典籍即"文本"进行研究,而且需要对创造它们的主体包括创作的个体和传播接受的集体的生命即"人物"进行研究。正如席勒所说,每个人都是时代的产儿,那些卓越的哲学家和有抱负的文学家却可能成为一切时代的同代人。文字一旦成为文献或典籍,便意味着创作它的个体成为一切时代的同代人,但无论如何,文献和它们的创造者首先是某个时代的产儿,因而要在浩如烟海的文献和典籍中倾听到来自传统深处的文化脉动,还需要将它们还原到民族的文化生命之中,形成文化发展的"精神的历史"。由此,文本研究、人物研究、学派流派研究、历史研究,便成为"文脉研究工程"的学术构造和逻辑结构。

二 中国文化传统中的江苏文脉

江苏文脉是中国文化传统的一部分,二者之间的关系并不只是部分与整体的关系,借助宋明理学的话语,是"理一"与"分殊"的关系。文脉与文化传统是民族生命的文化表达和自觉体现,如果只将它们理解为部分与整体的关系,那么江苏文脉只是中国文化传统或整个中华文化脉统中的一个构造,只是中华文化生命体中的一个器官。朱熹曾以佛家的"月映万川"诠释"理一分殊"。朗月高照,江河湖泊中水月熠熠,此番景象的哲学本真便是"一月普现一切水，一切水月一月摄"。天空中的"一月"与江河中的"一切水月"之间的关系是"分享"关系，不是分享了"一月"的某一部分，而是全部。江苏文脉与中国文化传统之间的关系便是"理一分殊"，中国文化传统是"理一"，江苏文脉是"分殊"，正因为如此，关于江苏文脉的研究必须在与整个中国文化传统的关系中整体性地把握和展开。其中，文化与地域的关系、江苏文化在中华文化发展中的贡献和地位，是两个基本课题。

到目前为止的一切人类文明的大格局基本上都是由以山河为标志的地理环境造就的，从轴心文明时代的四大文明古国，到"五大洲四大洋"的地理区隔，再到中国山东—山西、广东—广西、河南—河北，江苏的苏南—苏北的文化与经济差异，山河在其中具有基础性意义。在这个意义上，可以将在此以前的一切文明称为"山河文明"。如今，科技经济发展迎来一个"高"时代：高铁、高速公路、电子高速公路……正在并将继续推倒由山河造就的一切文明界碑，即将造就甚至正在造就一个"后山河时代"。"后山河时代"的最后一道屏障，"山河时代"遗赠给"后山河时代"的最宝贵的文明资源，便是地域文化。在这个意义上，江苏文脉的整理与研究，不仅可以为经过全球化席卷之后的同质化世界留下弥足珍贵的"文化大熊猫"，而且可以在未来的芸芸众生饱尝"独上高楼，望尽天涯路"的孤独之后，缔造一个"蓦然回首"的文化故乡，从中可以鸟瞰文化与世界关系的真谛。江苏独特的地域环境与江苏文化、江苏文脉之间的关系，已经不是所谓"一方水土一方人"所能表达，可以说，地脉、水脉、山脉与江苏文脉之间的关系，已经是一脉相承。

我们通过考察和反思发现，水系，地势，山势，大海，是对江苏文脉尤其是文化性格产生重大影响的地理因素。露水不显山，大江大河入大海，低平而辽阔，黄河改道，这一切的一切与其说是自然画卷和自然事件，不如说是江苏文脉的大地摇篮和文化宿命的历史必然，它们孕生和哺育了江苏文明，延绵了江苏文脉。历史学家发现，江苏是中国惟一同时拥有大海、大江、大湖、大平原的省份，有全国第一大河长江，第二大河黄河（故道），第三大河淮河，世界第一大人工河大运河，全国第三大淡水湖太湖，全国第四大淡水湖洪泽湖。江苏也是全国地势最低平的一个省区,绝大部分地区在海拔 50 米以下,少量低山丘陵大多分布于省际边缘,最高峰即连云港云台山的玉女峰也只有 625 米。丰沛而开放的水系和低平而辽阔的地势馈赠给江苏的不只是得天独厚的宜居,更沉潜、更深刻的是独特的文化性格和文脉传统,它们是对江苏地域文化产生重大影响的两个基本自然元素。

不少学者指证江苏文化具有水文化特性,而在众多水系中又具长江文化的特性。"水"的文化特性是什么?"老聃贵柔",老子尚水,以水演绎世界真谛和人生大智慧。"天下莫柔弱于水,而攻坚强者莫之能胜。"柔弱胜刚强,是水的品质和力量。西方文明史上第一个哲学家和科学家泰勒斯向全世界宣告的第一个大智慧便是:水是万物的始基。辽阔的平原在中国也许还有很多,却没有像江苏这样"处下"。老子也曾以大海揭示"处下"的智慧:"江海所以能为百谷王者,以其善下之,故能为百谷王。"历史上江苏的文化作品、江苏人的文化性格,相当程度上演绎了这种"水性"与"处下"的气质与智慧。历史上相当时期黄河曾经从江苏入海,然而黄河改道、黄河夺淮,几番自然力量或人力所为,最终黄河在江苏留下的只是一个"故道"的背影。黄河在江苏的改道当然是一个自然事件或历史事件,但我们也可能甚至毋宁将它当作一个文化事件,数次改道,偶然之中有必然,从中可以发现和佐证江苏文脉的"长江"守望和江南气质。不仅江苏的地脉"露水不显山",而且江苏的文化作品,江苏人的文化性格,一句话,江苏文脉,也是"露水不显山",虽不是"壁立千仞",却是"有容乃大"。一般说来,充沛的水系,广阔的平原,往往造就自给自足的自我封闭,然而,江苏东临大海,无论长江、淮河,还是历史上的黄河,都从这里入大海,归大海,不只昭示江苏的开放,而且演绎江苏文化、江苏文脉、江苏人海纳百川的博大和静水深流的仁厚。

黄河与长江好似中华文脉的动脉与静脉,也好似人的身体中的任督二脉,以长江文化为基色的江苏文化在中华文脉的缔造和绵延中作出了杰出贡献。有学者指出,在中国文明史上,长江文化每每在黄河文化衰弱之后承担起"救亡图存"的重任。人们常说南京古都不少为小朝廷,其实这正是"救亡图存"的反证,"天下兴亡,匹夫有责"的口号首先由江苏人顾炎武喊出，偶然之中有必然。学界关于江苏文化有三次高峰或三次大贡献，与两次大贡献之说。第一次高峰是开启于秦汉之际的汉文化，第二次高峰是六朝文化，第三次高峰是明清文化。人们已对六朝文化与明清文化两大高峰对中国文化的贡献基本达成共识，但江苏的汉文化高峰及其贡献也应当得到承认，而且三次文化高峰都发生于中国社会的大转折时期，对中国文化的承续作出了重大贡献。在秦汉之际的大变革和大一统国家的建构中，不仅在江苏大地上曾经演绎了波澜壮阔的对后来中国文明产生深远影响的历史史诗，而且演绎这些历史史诗的主角刘邦、项羽、韩信等都是江苏人，他们虽然自身不是文化人，但无疑对中国文化产生了深远影响。董仲舒提出"罢黜百家，独尊儒术"的主张，奠定了大一统的思想和文化基础，他本人虽不是江苏人，却在江苏留下印迹十多年。江苏的汉文化高峰对中国文化的最大贡献，一言概之即"大一统"，包括政治上的大一统和思想文化上的大一统。六朝被公认为中国文化发展的高峰，不少学者将它与古罗马文明相提并论，而六朝文化的中心在江苏、在南京。以南京为核心的六朝文化发生于三国之后的大动乱，它接纳大量流入南方的北方士族，使南北方文化合流，为保存和发展中国文化作出了杰出贡献。明朝是中国历史上第一次在南京，也是第一次在江苏建立统一的帝国都城，江苏的经济文化在全国处于举足轻重的地位，扬州学派、泰州学派、常州学派，形成明清时期中国文化的江苏气象，形成江苏文化对中国文化的第三次重大贡献。三大高峰是江苏的文化贡献，在重大历史转折关头或者民族国家危难之际挺身而出，海纳百川，则是江苏文化的精神和品质，这就是江苏文脉。也正因为如此，江苏文化和江苏文脉在"匹夫有责"的担当精神中总是透逸出某种深沉的忧患意识。

　　江苏文脉对中国文化的独特贡献及其特殊精神气质在文化经典中得到充分体现。中国四大文学名著，其中三大名著的作者都来自江苏，这就是《西游记》《红楼梦》《水浒》，其实《三国演义》也与江苏深切相关，虽然罗贯中不是江苏人，但以江苏为作品重要的时空背景之一。四大名著中不仅有明显的江苏文化的元素，甚至有深刻的江苏地域文化的基因。《西游记》到底是悲剧还是喜剧？仔细反思便会发现，《西游记》

就是文学版的《清明上河图》。《清明上河图》表面呈现一幅盛世生活画卷,实际却是一幅"盛世危情图",空虚的城防,懈怠的守城士兵……被繁华遗忘的是正在悄悄到来的深刻危机。《西游记》以唐僧西天取经渲染大唐的繁盛和开放,然而在经济的极盛之巅,中国人的精神世界却空前贫乏,贫乏得需要派一个和尚不远万里,请来印度的佛教,坐上中国意识形态的宝座,入主中国人的精神世界。口袋富了,脑袋空了,这是不折不扣的悲剧。然而,《西游记》的智慧,江苏文化的智慧,是将悲剧当作喜剧写,在喜剧的形式中潜隐悲剧的主题,就像《清明上河图》将空虚的城防和懈怠的士兵淹没于繁华的海洋一样。《西游记》喜剧与悲剧的二重性,隐喻了江苏文脉的忧患意识,而在对大唐盛世,对唐僧取经的一片颂歌中,深藏悲剧的潜主题,正是江苏文脉"匹夫有责"的担当精神和文化智慧的体现。鲁迅说,悲剧将人生的有价值的东西毁灭给人看。《西游记》是在喜剧形式的背后撕碎了大唐时代人的精神世界的深刻悲剧。把悲剧当作喜剧写,喜剧当作悲剧读,正是江苏文化、江苏文脉的大智慧和特殊气质所在,也是当今江苏文脉转化发展的重要创新点所在。正因为如此,"江苏文脉研究"必须以深刻的哲学洞察力和深厚的文化功力,倾听来自历史深处的江苏文化的脉动,读懂江苏,触摸江苏文脉。

三 通血脉,知命脉,仰望山脉

江苏文化的巨大魅力和强大生命力,在数千年发展中已经形成一种传统、一种脉动,不仅是一种客观呈现的文化,而且是一种深植个体生命和集体记忆的生生不息的文脉。这种文化和文脉不仅成为共同的价值认同,而且已经成为一种地域文化胎记。在精神领域,在文化领域,江苏不仅有灿若星河的文学家,而且有彪炳史册的思想家、学问家,更有数不尽的才子骚客。长江在这片土地上流连,黄河在这片土地上改道,淮河在这片土地上滋润,太湖在这片土地上一展胸怀。一代代中国人,一代代江苏人,在这里缔造了文化长江、文化黄河、文化淮河、文化太湖,演绎了波澜壮阔的历史诗篇,这便是江苏文脉。

为了在全球化时代完整地保存江苏文脉这一独特地域文化的集体记忆,以在"后山河时代"为人类缔造精神家园提供根源与资源,为了继承弘扬并创造性转化、创新性发展中国优秀传统文化,2016 年江苏启动了"江苏文脉整理与研究工程"。根据"文脉"的理念,我们将研究工程或"研究编"的顶层设计以一句话表达:"通血脉,知命脉,仰望山脉。"由此将整个工程分为五个结构:江苏文化通史,江苏历代文化名人传,江苏文化专门史,江苏地方文化史,江苏文化史专题。

"江苏文化通史"的要义是"通血脉",关键词是"通"。"通"的要义,首先是江苏文化与中国文明的息息相通,与人类文明的息息相通,由此才能有民族感或"中国感",也才有世界眼光,因而必须进行关于"中国文化传统中的江苏文脉"的整体性研究;其次是江苏文脉中诸文化结构之间的"通",由此才是"江苏",才有"江苏味";再次是历史上各个重要历史时期文化发展之间的"通",由此才能构成"史",才有历史感;最后是与江苏人的生命与生活的"通",由此"江苏文脉"才能真正成为江苏人的文化血脉、文化命脉和文化山脉。达到以上"四通","江苏文化通史"才是真正的"通"史。

"江苏文化专门史"和"江苏文化史专题"的要义是"知命脉",关键词是"专",即"专门"与"专题"。"江苏文化专门史"在框架上分为物质文化史、精神文化史、制度文化史、特色文化史等,深入研究各类专门史,总体思路是系统研究和特色研究相结合,系统研究整体性地呈现江苏历史上的重要文化史,如哲学史、文学史、艺术史等,为了保证基本的完整性,我们根据国务院学科分类目录进行选择;特色研究着力研究历史上具有江苏特色的历史,如民间工艺史、昆曲史等。"江苏文化史专题"着力研究江苏历史上具有全国性影响的各种学派、流派,如扬州学派、泰州学派、常州学派等。

"江苏地方文化史"的要义是"血脉延伸和勾连",关键词是"地方"。"江苏地方文化史"以现省辖市区域划分为界,13 市各市一卷。每卷上编为地方文化通史,讲述地方整体历史脉络中的文化历史分期演化和内在结构流变,注重把握文化运动规律和发展脉络,定位于地方文化总体性研究;下编为地方文化专题史,按照科学技术、教育科举、文学语言、宗教文化等专题划分,以一定逻辑结构聚焦对地方文化板块加以具体呈现,定位于凸显文化专题特色。每卷都是对一个地方文化的总结和梳理,这是江苏文化血脉的伸展和渗入,是江苏文化多样性、丰富性的生动呈现和重要载体。

"江苏历代文化名人传"的要义是"仰望山脉",关键词是"文化"。它不是一般性地为江苏历朝历代的"名人"作传,而只是为文化意义上的名人作传。为此,传主或者自身就是文化人并为中国文化的发展、为江苏文脉的积累积淀作出了重要贡献;或者虽然自身主要不是文化人而是政治家、社会活动家等,但对中国文化发展具有重大影响。如何对历史人物进行文化倾听、文化诠释、文化理解,是"文化名人传"的最大难点,也是其最有意义的方面。江苏历史上的文化名人汗牛充栋,"文化名人传"计划为 100 位江苏文化名人作传,为呈现江苏文化名人的整体画卷,同时编辑出版一部"江苏文化名人辞典",集中介绍历史上的江苏文化名人 1000 位左右。

一脉千古成江河,"茫茫九派流中国"。江苏文脉研究的千里之行已经迈出第一步,历史馈赠我们一次千载难逢的宝贵机遇,让我们巡天遥看,一览江苏数千年文化银河的无限风光,对创造江苏文化、缔造江苏文脉的先行者们献上心灵的鞠躬。面对奔涌如黄河、悠远如长江的江苏文脉,我们惟有以跋涉探索之心,怵惕敬畏之情,且行且进,循着爱因斯坦的"引力波",不断走近并播放来自江苏文脉深处的或澎湃,或激越,或温婉静穆的天籁之音。

我们一直在努力;

我们将一直努力!

目　录

下编 民国时期科技发展

导论　江苏科技发展的历史逻辑

　　中国科学技术在很长的一段历史时期居于世界领先地位,其中农学、天文学、数学和中医学等方面取得了令人瞩目的科学技术成就,为世界文明及科技发展做出了突出的贡献,尤其是"四大发明"推进了世界文明及科技发展的进程。英国哲学家弗兰西斯·培根在《新工具》中指出,印刷术、火药、指南针,"这三种发明已经在世界范围内把事物的全部面貌和情况都改变了:第一种是在学术方面,第二种是在战事方面,第三种是在航行方面;并由此又引起难以计数的变化来:竟至任何教派、任何帝国、任何星辰对人类事务的影响都无过于这些机械性的发现了"[①]。马克思在《机器、自然力和科学的应用》中则进一步指出:"火药、指南针、印刷术——这是预告资产阶级社会到来的三大发明。火药把骑士阶层炸得粉碎,指南针打开了世界市场并建立了殖民地,而印刷术则变成新教的工具,总的来说变成科学复兴的手段,变成对精神发展创造必要前提的最强大的杠杆。"[②]中国科技史源远流长,而江苏科技史是中国科技史的重要组成部分,江苏科技史的发展历史逻辑在一定意义上,正是中国科技史发展历史逻辑的一个缩影。

　　本书在结构上,由导论、结语和上、下两编组成。其中导论主要阐述江苏科技发展的历史逻辑,包括三个方面的内容:一是江苏的由来与

---

① 培根著,许宝骙译:《新工具》,商务印书馆1964年版,第103页。
②《马克思恩格斯全集》第47卷,人民出版社1979年版,第427页。

发展,以及江苏科技史这一地方科技史的研究特色;二是江苏科技发展的历史分期;三是江苏科技发展的历史逻辑特征。结语主要阐述江苏科技发展对于我国科技发展的影响。全书共分十五章。上编六章,主要追溯和阐述江苏古代科技发展;下编九章,主要介绍和阐述江苏在民国时期的科技发展。

一 江苏简史与江苏科技史

江苏,简称苏,是中华人民共和国华东地区的一个省份,省会为南京市。江苏省地跨长江、淮河南北,经济繁荣、人口密集、教育发达、文化昌盛,其地区生产总值和人类发展指数等均居全国前列。

江苏建省始于清代初年,取江宁(南京)、苏州两府的首字而得名。溯流求源,上古时代,江苏南部远离中原文明的中心陕西、河南、山西等地,有着异于华夏文明的文化。其中黄淮、江淮地区属东夷中的分支——淮夷文化;苏锡常地区属跨湖桥—马家浜—松泽—良渚—马桥文化;宁镇地区属湖熟文化。

中国历史传说中的华夏始祖,五帝之一帝尧出生于三阿之南(今江苏淮安市金湖县东南或扬州市高邮市高邮湖区附近)。据《尚书·禹贡》所载,江苏属于九州中的徐州和扬州的一部分。

西周时,江苏分属鲁、宋、楚、吴等国,与中原地区的接触增多;春秋战国时分属吴宋、楚、越、齐等国;秦代属九江、会稽、彰、泗水及东海等郡的一部分;汉代分属扬州、徐州刺史部。隋开皇年间设苏州、扬州、徐州,大业年间改为吴、毗陵、丹阳、江都、下邳、彭城、东海诸郡。唐初分属江南、淮南、河南三道。北宋时属江南东路、两浙路、淮南东路和京东西路;南宋时,淮北属金。元代分属江浙、河南二行中书省。明代江苏与安徽同属应天府,直隶南京。清初属江南省。康熙六年(1667)拆江南省为江苏、安徽两省。太平天国时先后设江南省、天浦省、苏福省。民国17年(1928),南京为特别市。新中国成立后,设苏南、苏北两个行政公署区,南京为中央人民政府直辖市。1953年两署合并,成立江苏省,简称"苏",省会南京。

江苏地区经济文化一直比较繁荣，拥有多座国家历史文化名城，明中后期、清中期分别达到巅峰。1927年，当时亚洲最大的城市上海和中华民国首都南京先后设立特别市而脱离江苏省，江苏的地位有所下降。改革开放以后，江苏省经济社会发展比较快，与上海市、浙江省共同构成的长江三角洲城市群已成为世界六大城市群之一。

《江苏科技史》以江苏地域为基，以时间为经，以各门科技学科发展为纬，以相关科学家及其成果为着力点展开研究，凸显江苏科技发展的地方特色。首先，这里所关涉的科学家包括两个方面：一是江苏籍的科学家；二是在江苏工作过并且对江苏科技发展做出贡献的科学家。其次，由于江苏科技史是中国科技史的组成部分，江苏科技的发展与科学家的出现和成长是与中国各个时期的社会文化背景与科技发展分不开的。因此，研究某一时期的科技发展概貌，须从宏观层面阐述这一时期中国科技发展的社会文化背景及其现状，接着从中观层面阐述这一时期江苏科技发展的社会文化背景及其现状，最后从微观层面即天文、地理、农学、医学等相关学科，具体阐述这一时期相关江苏科学家的科技成就与贡献。

二 江苏科技发展的历史分期

江苏科技史从远古到民国，经历几千年，根据其科技发展的门类与发展的速度及其规模，包括科学家及其科学成就，可以将其分为五大时期，即科技萌芽期、科技初步发展期、科技逐步发展期、科技发展期、科技发展的转折期。

首先，科技萌芽期，即上古时期。科技萌芽蕴含于这一时期的原始经济形态中，主要表现在跨湖桥文化和良渚文化等文化形态中，其中包括稻作农业、采集、渔猎和家畜饲养等方面。比如，淮夷人在自己的属地进行渔猎、采掘、种植等活动，这在东夷与华夏的经济、文化交流中起到了相当重要的作用；在跨湖桥遗址中，发现了栽培稻标本，还发现了独木舟、农业生产工具骨耜，说明这一时期有了稻作生产实践和制造独木舟的技术；良渚文化时期的社会经济生产，主要体现在良渚古城和大型水利大坝的构筑,以及农业和手工业等方面。这些科技萌芽的产生,如同马克思在《德意志意识形态》中所指出的:"任何人类历史的第一个前提无疑是有生命的个人的存在。因此第一个需要确定的具体事实就是这些个人的肉体组织,以及受肉体组织制约的他们与自然界的关系。"①正是这种上古时期生产方式,"它在更大程度上是这些个人的一定的活动方式、表现他们生活的一定形式、他们的一定的生活方式"。因此,远古时期人们"怎样表现自己的生活,他们自己也就怎样"。②

其次,科技初步发展期,即夏、商、周至秦汉时期。这一时期江苏(现在的)地域科技发展表现突出的门类是医学,主要体现为华佗及其弟子的医学成就。华佗的技术虽未见于文献记载,但从他通晓数种经书,可以认为华佗较系统地继承了古代的汤药、针灸经验;另一方面他行医于民间,将民间的医学经验集中和系统化,并在实践中提高和改进。因而,华佗是一个在医学方面有造诣的民间医生,他不仅通晓外科手术,而且在预防医学、医疗体育、临床诊断与治疗、病人心理等方面都颇有研究。华佗的弟子有广陵吴普、彭城樊阿、长安李当之等,在医学上都有很大的成就。吴普、李当之均精本草,吴普著有《吴普本草》,李当之著有《本草经》;樊阿擅长针灸疗法。

复次,科技逐步发展期,即三国—魏晋南北朝—隋唐时期。这一时期不仅科技发展的门类逐渐增多,而且科学家人数及其科学成就也开始增多。在这几百年的历史时期中,由于政权更迭频繁,江苏地域历经战争和归属的变化,与此同时,亦涌现出许多科学家,为江苏乃至全国的科技发展做出了卓越贡献。比如,这一时期的生物学(博物学)发展主要表现为陆机所著的《毛诗草木鸟兽虫鱼疏》将动植物知识分列出来单独成册,这是史无前例的创举。天文学和地理学的发展,分别体现在陈卓、陶弘景和祖冲之父子的成就中。陈卓的天文学成果主要有《敦煌写本》中的"三家星经"和《玄象诗》中的"玄象诗"。祖冲之父子在天文历法方面的成就,大都体现在《大明历》及其"驳议"之中。祖冲之在编纂《大明历》时,最早将岁差引进历法,区分了回归年和恒星年,提出了

---

① 《马克思恩格斯全集》第3卷,人民出版社1960年版,第23页。
② 参见《马克思恩格斯全集》第3卷,人民出版社1960年版,第24页。

用圭表测量正午太阳影长以定冬至时刻的方法，并采用了 391 年加 144 个闰月的新闰周，推算出一个回归年为 365.24281481 日。祖冲之逝世以后，其子祖暅先后三次向梁王朝建议修改历法，经过实际观测验证后，大明历终于在梁武帝天监九年（510）得以正式颁行。跨宋齐梁三朝的著名天文学、地理学、医药学家陶弘景在天文学上的贡献为：他曾经制作浑天象一台，还检校了 50 家历书的异同，撰成《帝代年历》5 卷；在地理学方面，他著有《古今州郡记》3 卷，并造《西域图》1 张。这一时期的数学成果主要包括：祖冲之算出"祖率"即圆周率；祖冲之父子著有《缀术》五卷；祖暅提出祖暅原理，即等幂等积定理。这一时期机械学成果主要有祖冲之制造的指南车、敧器、千里船等。医药学与化学（炼丹术）的成果主要体现在东晋时期医药学家葛洪和南朝医药学家陶弘景的相关成就中。其中葛洪的《抱朴子内篇》20 卷集中反映了汉晋时期中国炼丹术中化学成就的面貌；陶弘景则著有《合丹药诸法式节度》1 卷、《太清诸丹集要》4 卷、《炼化杂术》1 卷等。这一时期的农学成就体现在陆龟蒙的《耒耜经》一书中，他对精耕细作的技术体系提出了"深耕疾耰"的原则。医药学的发展，分别体现在葛洪与陶弘景的成就中。其中葛洪著有一部百卷本的《玉函方》，后摘录汇编而成《肘后备急方》；陶弘景撰有《本草经集注》7 卷、《名医别录》3 卷、《补阙肘后百一方》3 卷、《药总诀》2 卷等。陶弘景对药物学的贡献是将《神农本草经》中的上、中、下三品分类改为按照药物在自然界中的属性分类。他还对病因、病理进行分析，认为疾病之源在于邪气。在养生学方面，陶弘景撰有《养生延命录》《导引养生图》等书。

再次，科技发展期，即宋元明清时期。这一时期与上一时期相比，不仅科技发展的门类增多，发展的速度也在加快，科学成果覆盖面广。比如宋朝时的经济繁荣程度可谓前所未有，农业、印刷业、造纸业、制瓷业、丝织业均有重大发展。航海业、造船业成绩亮眼，海外贸易发达，和南太平洋、中东、非洲、欧洲等地区的 50 多个国家通商。元朝的经济以农业为主，整体生产力虽然不及宋朝，但在生产技术、垦田面积、粮食产量、水利兴修以及棉花种植等方面都取得了较大发展。明朝时期，无论是铁、造船、建筑，还是丝绸、纺织、瓷器、印刷等方面，在世界上都遥遥领先,产量占全世界的 2/3 以上,比农业产量在全世界的比例还要高得多。民间的手工业不断壮大,而官营却不断萎缩。明朝时期文化与科技发展与这一时期的政治经济密切相关。清朝时期科技发展虽然与其他各个时期纵向比较,其科技门类、科学家人数及其成就数量更多,但是与世界科技发展水平相比则有明显差距,而且这种差距从清初就渐渐拉大了。

就江苏地域而言,宋元时期尽管科学家人数不多,但是学科覆盖面广,出现了沈括这样百科全书式的大科学家。他晚年时的杰作《梦溪笔谈》集前代科学成就之大成,内容丰富,在世界文化史上有着重要的地位,被称为"中国科学史上的里程碑",并且沈括在数学、物理、化学、天文学、地理学、水利、医药学等方面都有建树。另外,这一时期还涌现出一批科学家,在各自领域取得了相关成就。比如,在天文学上做出杰出贡献的有苏颂,其成果主要有水运仪象台和假天仪。其著作《新仪象法要》共分 3 卷:卷上介绍浑仪,卷中介绍浑象,卷下介绍水运仪象台整体和水运、报时机构。卷上附有苏颂的一篇《进仪象状》,介绍制造水运仪象台的缘起、经过和特点等,正文则采取了先图后文的方法,详细介绍了仪器整个面貌和各个部件的结构及其运转方法。今传本共有仪器构造图 47 幅,这些图是中国科技史上至为宝贵的遗产。在地理学方面做出卓越贡献的有范成大,其地理学著作有自编文集《石湖大全集》136卷和《菊谱》《梅谱》等。在水利学方面,有郏亶治水实践和他关于太湖水利的主要理论著作《吴门水利书》。在医学方面,苏颂修撰的《嘉祐补注神农本草》和他撰成的《本草图经》,对后世产生了深远的影响。

江苏地域在明朝时期科技的发展,与宋元时期相比,无论是学科发展门类还是科学家的人数都更多了。比如,出现了徐光启这样的大科学家,他不仅编纂了著名的农学著作《农政全书》,而且在数学、天文学、制造业等方面都有建树。建筑学方面有建筑大师蒯祥、造园大师计成。蒯祥负责设计和组织施工作为宫廷正门的承天门(即今之天安门)。他在京 40 多年,负责兴建了太和、中和、保和三大殿等。计成则主持建造园林、假山等,还写成中国最早和最系统的造园理论著作——《园冶》。另外,天文学方面有贝琳编译的《七政推步》;地理学方面徐霞客通过长期而艰苦的旅行考察,写下《徐霞客游记》;黄省曾的《西洋朝贡典录》与明朝时期航海业发展、海外贸易发达密切相关;地图学方面有郑若曾的《筹海图编》《江南经略》《四隩图论》等著作;农学方面有马一龙的《农说》和黄省曾的《农圃四书》等著作;水利学上有潘季驯的《总理河漕奏疏》14卷、《宸断大工录》10卷、《河防一览》14卷等及其长期的治水实践。医学方面更是人才辈出、成果丰硕,其中滑寿编撰《难经本义》和《本草发挥》(1卷)、《本草韵会》以及《脉诀》(1卷)等;薛己著有《内科摘要》《外科枢要》《疠疡机要》《女科撮要》《正体类要》《口齿类要》等;王肯堂编撰并刊刻《证治准绳》《郁冈斋笔麈》等;陈实功撰著《外科正宗》;吴有性著有代表作《温疫论》等。

在清朝时期,江苏不仅在传统的天文学、地理学、数学、水利、医学等方面成就卓著,而且在化学、物理学、工程技术方面具有新的进展。天文学方面成果,有王锡阐的天文学著作《晓庵新法》《五星行度解》等,有阮元主编,李锐、周治平参与编纂的《畴人传》;数学方面,有李锐的《日法朔余强弱考》、董祐诚的《董方立遗书》与《割圆连比例图解》3卷、华蘅芳的《行素轩算稿》《学算笔谈》等;地理学成果主要有顾祖禹的《读史方舆纪要》、华蘅芳的《金石识别》。在化学与物理学方面,有徐寿翻译的《化学鉴原》《化学鉴原续编》《化学鉴原补编》《化学考质》《化学求数》《物体遇热改易记》等6部重要的化学著作,徐建寅翻译的《运规约指》《化学分原》《器象显真》《汽机新制》《汽机必以》《声学》《电学》《艺器记珠》等。工程技术方面,有龚振麟的造船与铸炮技术;徐寿主持研制了我国第一艘以蒸汽为动力的轮船"黄鹄"号;徐建寅开启了中国近代造船、制酸、军火等民族工业。在水利方面,有靳辅《治河方略》和《靳文襄公奏疏》的治河思想;嵇璜的《治河年谱》与治河实践;郭大昌对于黄、淮、运河道的治理实践。在医学方面,有叶天士《温热论》与《临证指南医案》(10卷本);徐大椿的《难经经释》《神农本草经百种录》《医贯砭》《医学源流论》《伤寒论类方》等;吴瑭的《温病条辨》《医病书》《解产难》《解儿难》等。

最后,民国时期是中国科技发展的转折期。由于鸦片战争以后,西方科学大量传入中国,从洋务运动、戊戌变法,再到辛亥革命,特别是中华民国成立后,中国一直努力吸收西方现代科学成果。民国初年随着中国大学的兴办、科学社等民间学术社团的创立,中国科学技术发展逐步与世界科学技术的发展接轨。1928年中央研究院的成立,使得中国科技研究获得了政府的财力支持。具体而言,这一时期江苏科技发展成就显著。在数学方面,对初等数学的初等代数、几何、排列组合,对高等数学、微分方程式及数学史均有独到的研究。在物理学发展方面,相对于中国古代而言具有开拓性的意义,无论是研究领域还是研究方法,都不再因袭古代方式,而是汲取西方物理学的最新发展成果,进而推进了我国包括江苏的现代物理学发展。在化学方面,开展了中草药化学和药用植物化学研究、有机化学研究、物理化学与胶体化学研究、分子结构研究、二酮的环链互变异构现象的发现、联苯衍生物的变旋作用的发现和基团影响、高分子化学研究等。在化工方面,有"侯式制碱法"、外扩散影响燃烧反应的理论、油脂学研究、酿酒研究、食品、发酵研究等。在天文学方面,有中华小行星发现,太阳系演化假说和星云说的提出。气象学方面,开展了历史气候学研究、我国天气预报和气候预测研究。这一时期的地学发展显著,并出现了地质学(包括构造地质学地层古生物学和石油地质学)、地理学、地图学的分类。就地质学而言,不仅涌现了一批地质学家、矿物学家、地质教育家、地理学家和教育家,而且开拓了我国沉积岩研究、宝玉石矿物学研究、构造地质学研究、地层古生物学和石油地质学研究。在地理学方面,开创了中国人口地理学,提出了胡焕庸线;整理出二十卷的中国历史气候资料,编辑了青藏高原文献;提出用综合方法划分地理区域的观点等。这一时期我国包括江苏的生物学取得了长足的发展,主要表现在动物学方面:原生动物学、鱼类学、线虫学、神经解剖学等;植物学方面:植物分类学、植物生理学、地植物学、苔藓植物学、植物区系学、植物形态学、植物病理学等;还有微生物学、真菌学和生物统计学等。这一时期的建筑学发展,主要是在大学中创办了建筑工程系;进行中国古代建筑史、建筑风格与样式、江南古典园林研究;制定城市规划或大学总体规划;北京古建筑修缮工程;设计办公大楼和官邸、图书馆、音乐台、体育场、田径场、游泳池、篮球场、国术场、棒球场、南京紫金山天文台、医院等。在土木工程学方面的成就有：修建中国第一座现代化桥梁，进行了工程材料学及金相学方面的研究、土木工程理论研究与工程实践、开拓建设我国"结构力学"学科、创建了中国第一个混凝土研究室；提出"混凝土科学技术"概念、进行结构工程和钢筋混凝土教学与研究、土木工程及道路工程的教学及研究等。在冶金机电工程方面，有冶金学和陶瓷学研究、热物理学和热工自动化研究、电气电子学研究、电机和自动控制理论研究、无线电扩播工程研究等。航空学方面，有飞机制造及其人才培养、航空技术研究及其人才培育、空气动力学与结构力学研究。这一时期，农学的发展主要是选育推广良种及其植物保护学研究：在选育推广良种研究方面，包括棉花育种、小麦育种和水稻育种及其推广良种的研究，还包括土壤学与核农学研究；在植物保护学研究方面，包括水稻螟虫防治研究、用实验的方法在田间研究农业害虫问题、昆虫生态学的研究与应用和植物病理学研究。这一时期，水利学及其水利工程学也发展迅速，主要体现在水工结构和岩土工程、水工及水力学、水流结构与泥沙运动研究、水资源水文学、农田水利学以及水利工程的基础研究、工程力学的教学与结构数值分析等方面。这一时期江苏的医学发展，除了传统的中医学、伤科学以外，主要有公共卫生学、药理学、人体解剖学、神经解剖学、法医学、营养学、口腔医学、耳鼻咽喉科学、妇产科学、病理学、放射病理学、神经病理学、传染病流行病学、寄生虫学、骨科学等方面的长足进展。这一时期所取得的上述成就，都与一大批在国外留学并学有所成回国从事教学科研的科学家密切相关。

三 江苏科技发展的历史逻辑特征

江苏科技发展的历史逻辑特征主要表现在以下几个方面：

首先，江苏科技发展历史悠久，绵延不断，其发展进程由缓慢到加速，并呈现为发展的阶段性。从上古时期最初的科技萌芽至夏、商、周、秦、汉、三国、晋、南北朝、隋、唐、宋、元、明、清乃至民国，经历了几千年的发展，科学家人数及科技成就不断增多，科技发展从零散到系统、从经验性到理论与实践并重。特别是在宋元以后，科技发展明显加快，学科门类明显增多,在传统的天文学、数学、地学、医学、药学以外又增加了水利(宋元)、建筑学(明)、农学(明)、化学(清)、物理学(清)。到民国时期科技发展进一步加速,正如恩格斯在《自然辩证法·导言》中所说,"科学的发展从此便大踏步地前进,而且得到了一种力量,这种力量可以说是与从其出发点起的(时间的)距离的平方成正比的"①。这一时期江苏科技由古代的少数几类学科门类,到理、工、农、水利、医、药各门学科的全面发展,科学家与科技人才大批涌现。

其次,科技发展与社会生产方式、人们的生活方式以及教育模式密切相关。正如马克思所说:"历史可以从两方面来考察,可以把它划分为自然史和人类史。但这两方面是密切相联的;只要有人存在,自然史和人类史就彼此相互制约。"②比如,在跨湖桥等文化的科技萌芽时期,与稻作农业相匹配的有农业生产工具骨耜;与采集经济相匹配的有筒状或袋状的储藏坑;与渔猎经济相匹配的狩猎工具中,有弓、镞、镖、浮标等。秦汉时期,农业和工业都有发展,科技也有进步,汉末则战事频繁,从而促进了医学外科的发展。三国—魏晋南北朝—隋唐时期,江南得以迅速开发,江苏地区在多个领域涌现出许多科学家,其中在博物学方面有陆机;天文学方面有陈卓、祖冲之;地理学有陶弘景;数学方面有祖冲之、祖暅父子;机械学方面有祖冲之;化学(炼丹术)与医药学方面有葛洪、陶弘景;农学方面有陆龟蒙等。宋朝的经济繁荣程度可谓前所未有,与之相关,农业、印刷业、造纸业、丝织业、制瓷业均有重大发展,航海业、造船业成绩突出。到了明清时期,科技发展更是与经济社会发展密切相关。值得指出的是,辛亥革命后,孙中山在南京成立临时政府,他在《建国方略》和许多讲话中都十分强调教育立国、人才兴邦和振兴实业。由此,全社会兴起了创办资本主义实业的热潮。民国初期开展了一场影响极为广泛而深远的教育改革运动,建立了科技教育新制度,拓展了科技教育新渠道,开启科技教育新时代,对后世中国教育事业、科技事业、文化观念和工业化进程产生了深远的影响。新式学校、科技期刊、译著书籍、留学教育和科学社团等由此得到了蓬勃发展,形

①《马克思恩格斯全集》,第20卷,人民出版社1971年版,第363页。
②《马克思恩格斯全集》,第3卷,人民出版社1972年版,第20页注①。

成了科技教育新理念。研究院所的成立、科学社团的兴起以及科技期刊的创办促进了中外学术的交流,提高了民众的科学素养。大规模编译出版国外科技论著和教材,进一步推进了民国时期的科技发展。

复次,正是由于上述社会生产方式、人们的生活方式以及教育模式的变化,古代与民国时期科技发展的内容与模式呈现殊异样态(据此本书分为上下两编分别阐述)。马克思指出:"人们自己创造自己的历史,但是他们并不是随心所欲地创造,并不是在他们自己选定的条件下创造,而是在直接碰到的、既定的、从过去承继下来的条件下创造。"[①]古代科技受各方面因素的制约,其发展速度较为缓慢,到了明清时期发展的速度有所变化,其学科门类也在不断增多,但就其发展模式而言,除了化学(清)、物理学(清)借鉴了国外相关的理论与实验以外,基本上是以传统的经验型方式为主。而民国时期的科技发展,主要以出国留学后学成回国的留学生为科技研究主体,因而无论是学科内容还是构建模式均不再沿袭传统科技发展的样态,而是和世界科技的相关理论与发展模式接轨。

最后,科技发展与东西方文化交流、人才资源储备、人才流动密切相关。比如,民国时期大批学生出国留学,一方面促进了东西方文化交流、拓宽了人才培养的渠道,另一方面亦为科技发展储备了人才资源。这些人才不仅为民国时期的江苏乃至全国的科技发展做出了主要贡献,成为这一时期各门学科的开拓者,被称为一代宗师,而且其中大多数科学家也是新中国的第一代科学家和新学科的开拓者,为新中国科技、经济、文化与教育事业发展和人才培养做出了卓越贡献,取得了辉煌成就。这一时期不少江苏科技人才走向全国,走向世界,同时全国各地乃至欧美发达国家的人才也汇聚于江苏。这种任职或者兼职的流动性,不仅促进了全国各高校的高层面人才的相互交流、知识共享,而且促进了人才和知识向最需要的地方流动,进而加强了高校之间学术交流,同时也推进了学科发展和全国的科技发展。

导论 江苏科技发展的历史逻辑

011

---

①《马克思恩格斯全集》,第 8 卷,人民出版社 1961 年版,第 121 页。

上　编

古代科技发展

第一章 上古时期淮夷诸文化中的科技萌芽

上古时代,江苏的黄淮、江淮地区属东夷中的分支——淮夷文化;苏锡常地区属跨湖桥—马家浜—松泽—良渚—马桥文化[①];宁镇地区属湖熟文化,因此,探索江苏上古时代的科技萌芽须探索上古时期淮夷诸文化,其中主要包括淮夷文化、跨湖桥文化和良渚文化中的科技萌芽。

第一节 淮夷文化中的科技萌芽

《礼记·王制》对于我国的"戎夷"有这样的描述:"中国戎夷,五方之民,皆有其性也,不可推移。""五方之民,言语不通,嗜欲不同。""东方曰夷,被发文身,有不火食者矣。南方曰蛮,雕题交趾,有不火食者矣。西方曰戎,被发衣皮,有不粒食者矣。北方曰狄,衣羽毛穴居,有不粒食者矣。中国、夷、蛮、戎、狄,皆有安居、和味、宜服、利用、备器。"这里陈述的后面一个"中国"其意为"中原",即与夷、蛮、戎、狄并列的"五方之民"之一。因为在我国古代的夏、商、周时期,将中原以外的部落称为"戎夷",并且对其进行了一定的区分,即东方称为"夷"、南方称为"蛮"、

---

① 参见张童心、王斌:《马家浜文化生成因素三题》,《东南文化》2014年第1期,第65—71页;焦天龙:《论马桥文化的起源》,《南方文物》2010年第1期,第70—75页。

西方称为"戎"、北方称为"狄",亦即所谓的"东夷""西戎""南蛮""北狄"。由此将当时居住在东南地区的氏族部落称为"夷"或者"东夷"。相对于中原的华夏族而言,这些地区的氏族群落属于"被发文身"的异族。

《后汉书·东夷列传》对于"东夷"进行了进一步的细分:"夷有九种,曰畎夷、于夷、方夷、黄夷、白夷、赤夷、玄夷、风夷、阳夷。"这里将"东夷"列举为九支"夷"人,从其名称上看,或者与其从事农业生产相关,比如畎夷;或者与其图腾相关,比如,于夷、方夷、风夷、阳夷;或者与其服色或其他相关,比如黄夷、白夷、赤夷、玄夷。《后汉书·东夷列传》中亦提及了"淮夷""徐夷"等,则与其所居住和活动属地相关。比如,《尚书·禹贡》和《史记十二本纪·夏本纪》中将生活在海岱维青州即渤海与泰山之间的青州夷人称为"嵎夷""莱夷";将生活在海岱及淮维徐州的夷人称为"淮夷";将生活在淮海维扬州的夷人称为"岛夷"等。显然,"淮夷"是指生活在淮河流域的夷人;"徐夷"则是指生活在黄河下游(今苏皖北、鲁南地区)的夷人。由此可知,"东夷"乃泛称,而"淮夷""徐夷"则是指具体国族。[①]

最早活动在淮河流域的"淮夷"人,也是这些地区的土著先民。自公元前21世纪至东周时期的2000年时间里,他们在淮河流域生息繁衍,创造了与中原文明相对应的淮夷文明。关于淮夷文明,《尚书·禹贡》和《史记十二本纪·夏本纪》通过"淮夷""岛夷"的贡品及其运输的方式进行了这样的描述:"淮夷蚌珠暨鱼,厥篚玄纤、缟。浮于淮、泗,达于河。""岛夷卉服,其篚织贝,其包橘、柚锡贡。均江海,通淮、泗。"即淮夷族所献的珍珠贝及渔产,还有装在筐子里进贡的赤黑色细缯和白色绸帛,经淮水、泗水,进入黄河。岛夷族所献的一种称为"卉服"的细葛布,还有装在筐子里进贡的绚丽的贝锦,和妥加包装进贡的橘子、柚子。这些贡品都沿长江入海,再进入淮河、泗水。这些贡品与"淮夷"人在自己的属地进行渔猎、采掘、种植等活动相关。这在东夷与华夏经济、文

---

① 参见杨东晨:《淮夷变迁》,《铁道师院学报》1996年第6期,第66—71页。

化交流中起到了相当重要的作用。①

《后汉书·东夷列传》还记述了东夷人为维系自己的生存,对于不同时期的暴政进行顽强的抗争和迁徙,最后融入了中原文明,成为华夏民族的一员。

第二节　跨湖桥文化中的科技萌芽

跨湖桥文化②的科技萌芽蕴含于其原始经济形态中,主要表现为以下几个方面:

第一,有了稻作农业。跨湖桥遗址的古稻谷,从粒型上看有50%以上的稻谷明显短于普通野生稻。从地层上分析,在跨湖桥遗址早期文化层中发现栽培稻标本,说明在这一时期就有了稻作生产实践;中期地层中发现集束状带茎秆的稻禾标本,所存均为秕谷,说明栽培稻处于原始的低产量阶段。遗址上还发现了作为农业生产工具的骨耜,采取了插装方式,有平头和双刺两种。这表明,长江下游地区在距今8000年以前已经开始利用或驯化水稻了。

第二,采集经济的特征明显。跨湖桥遗址文化层中有机物堆积丰富,在局部地方可见到大量的壳斗科植物种实的残骸。从发掘的植物遗存来看,有蔷薇科的桃核、梅核、杏核,壳斗科的麻栎果、栓皮栎、白栎果,漆树科的南酸枣,菱科的菱角,睡莲科的芡实等,还发现了豆科、葫芦科、山茶科的植物种子和果实。在遗址发掘中还发现了不少橡子坑,其制作相当考究,这些坑呈筒状或袋状,其口部至边壁用木料搭成框架结构;有的橡子坑的坑口形成焦积的锅底状。这说明橡子坑的使用具有季节性;同时也表明这些橡子坑不是一般意义上的储藏坑,而是根据

① 参见杨东晨:《淮夷变迁》,《铁道师院学报》,1996年第6期,第66—71页;欧波:《浅谈淮夷与华夏民族的融合》,《西安文理学院学报》(社会科学版)2016年第5期,第50—52页。
② 参见王心喜:《跨湖桥文化的命名及其学术意义》,《东方博物》第十八辑,第58—64页;王心喜:《试论跨湖桥文化》,《绍兴文理学院学报》2003年第6期,第35—41页;韩建业:《试论跨湖桥文化的来源和对外影响》,《东南文化》2010年第6期,第62—66页。

橡子这一食物特性进行加工的一个环节。

第三，渔猎经济占有重要地位。从跨湖桥遗址出土的保存状态较好的动物骨骼来看，有鱼类、爬行类、鸟类和哺乳类动物等。许多哺乳类动物骨头有火烤遗留的黑焦面，肢骨端部有被砸断的现象，这表明生活在这一时期的居民已经有烧烤食肉和吸食骨髓的行为。该遗址出土的狩猎工具中，有弓、镞、镖等。上述都表明，在跨湖桥时期渔猎经济占有重要地位。

第四，已经开始饲养家畜。在跨湖桥遗址发现了狗、猪、水牛等家畜的骨骸。由此可见，虽然跨湖桥文化时期居民的肉食主要通过渔猎获得，但已经开始饲养家畜。

第五，开始有了原始纺织。河姆渡文化中的骨匕的功能定为纬刀，这种纺织工具同样出现在跨湖桥遗址中。遗址出土的陶线轮上，发现有纤维质线圈，显然，这是与纺织相关。哑铃形器的中段所留下的浅痕表明，这是绳线牵引而留下的痕迹；棒形器两端有槽额，是用来捆绑绳索的，这也许是原始纺机的构件。

第六，独木舟制造。跨湖桥遗存的独木舟经碳十四测定和树轮矫正后的年代，距今约 8000—7500 年，考古专家依据古船所在地层即第九文化层的年代，相应推断出独木舟的"年龄"约为 7600 到 7700 岁。专家据此认为，这是我国迄今发现的最早的独木舟。该独木舟船体较薄，保存基本完整，弧收面及底部上翘面十分光洁，船头留有"挡水墙"等。[①]

第三节　良渚文化中的科技萌芽

良渚文化的分布主要在太湖流域，包括余杭良渚，还有嘉兴南、上海东、苏州、常州、南京一带；再往外，还有扩张区，西到安徽、江西，往北一直到江苏北部，接近山东，其影响的区域，一直到山西南部地带。当

[①] 参见何志标：《跨湖桥独木舟对探索中国舟船文化发端的重要意义》，《武汉船舶职业技术学院学报》2012 年第 6 期，第 23—27 页。

时"良渚"势力占据了半个中国,据此,考古专家认为良渚古城其实就是"良渚古国"。这是与良渚经济文化水平密切相关的。良渚文化中的科技萌芽主要表现在以下几个方面。

首先,良渚古城和其大型水利大坝的构筑,是当时我国东部沿海地区早期农业文明一个重要的里程碑。它意味着长江三角洲新石器中晚期的文明经过了马家浜和崧泽文化的两千年累积,已发展到了一个极高的阶段。一是从古城的选址来看,体现出良渚人的高度智慧。他们依据古岸线成陆原理,选择在古海湾山坳的小丘附近建城,修建土坝,以防洪抗涝、趋利避害。二是他们能合理利用三角洲地区的自然资源,依据平原3米等高线最佳居住面原理,规划古城用地,修建水利工程,发展农业耕种。因此,良渚古城实为史前人类文明发展史上的一大壮举。[①]

其次,良渚文化时期科技初步发展主要体现在种植、新的耕作方法与生产技术等方面。在种植方面,一是水稻栽培是当时最主要的农业生产活动。在仙蠡墩、徐家湾、钱山漾、水田畈和澄湖等遗址的良渚文化堆积中,都发现了稻谷和稻米的遗迹。经鉴定,这些稻谷属于人工栽培的籼稻和粳稻。二是各个氏族部落还从事蔬菜、瓜果及一些油料作物的种植。钱山漾遗址出土了葫芦、花生、芝麻、蚕豆、甜瓜子、两角菱、毛桃核、酸枣核等遗物,其中有些是野生植物的果实,有些可能是人工种植的。这些农作物品种显然比马家浜、崧泽文化增多了,农业生产的范围也扩大了。良渚文化时期还发明和推广了新的耕作方法和生产技术。一是犁耕是良渚文化农业耕作的主要方式。在许多遗址中都发现了当时使用的石犁,仅钱山漾遗址出土的石犁就有百余件。石犁有两种形制:一种平面呈三角形,刃在两腰,中间穿一孔或数孔,往往呈竖直排列,可以安装在木制犁床上,用以翻耕水田;另一种也近似三角形,刃部在下,后端有一斜把,可能是开沟挖渠的先进工具,故又称"开沟犁"。这两种石犁都是良渚人发明的新农具,对促进农业生产的迅速发展起着重大的作用。同以前的耜耕生产相比,犁耕不仅可以节省劳力,提高

① 参见张立、陈中原、刘演等:《长江三角洲良渚古城、大型水利工程的兴起和环境地学的意义》,《中国科学:地球科学》2014年第5期;赵辉:《良渚的国家形态》,《中国文化遗产》2017年第3期,第22—28页。

工效,更好地改变土壤结构,充分利用地力,而且也为条播和中耕除草技术的产生提供了条件,使荒地得到更大面积的开发变成耕地。从耜耕农业发展到犁耕农业,是中国古代农业史上的一次重大的变革,为夏代以后的农业发展奠定了有力的基础。二是农具的制作。在良渚文化遗址出土的大批石器中,有一种形制特殊的器物,它两翼后掠、弧刃,背部中央突出一个榫头,其上常穿一圆孔,形制同后来这一地区使用的铁制耘田器十分相似,被认为是古代最早出现的稻田中耕除草的农具。中耕除草技术的出现,同犁耕有密切的关系,因为犁耕操作成直线进行,播种也随之成直线挖土下播,于是为先进的条播技术创造了条件,同时也就为中耕除草提供了方便。另外,在钱山漾遗址还发现一种形似畚箕的带柄木器,形制亦同该地区农民现代使用的木千篰一样,是一种取河泥施肥的工具。中耕除草同施肥结合起来,无疑会大幅度地提高农作物的单位面积产量。①

第三,良渚文化时期手工业的兴起与发展与生产及生活的需要密切相关。一是与日常生活或者生产相关的手工业的发展。如石质工具、陶质炊器盛器、舟船等交通运输工具、纺织工具与居住的建筑等等。如钱山漾遗址出土的箩、篓、席等竹制品计 200 多件,绝大多数是刮光篾条制成;又如钱山漾、水田畈等遗址出土木船桨,制作规整,刳制光洁。陶器制作则与这一时期人们炊煮谷物类及肉类食物相关。良渚文化时期的制陶手艺,比马家浜文化时期有长足的进步,已掌握并盛行快轮制陶技术。陶器的器形规整、胎壁匀薄,且陶土淘洗纯净,胎质细腻,磨光后有光泽,器型多样,美观实用;这些陶器通常有器盖,器盖上有提手等附件。二是与服饰审美或者身份象征相关的制玉手工业的发展,这在良渚文化中十分突出。比如玉制的珠、璧、钺、璜、镯以及雕成各种动物形状的玉饰件。制作之精巧,镌刻之精美,让今人叹为观止。②

总之,良渚文化时期良渚古城和其大型水利大坝的构筑、原始农业和手工业的发展,不仅对当时当地,而且对整个华夏文明及其以外地域都产生了深远而重大的影响。

---

① 参见程世华:《"良渚文化"的原始农业及其意义》,《中国农史》1990 年第 2 期,第 1—9 页。
② 同上。

第二章 夏、商、周至秦汉时期的"淮夷"科技文化

从历史上看,淮河流域最早见诸文字记载的是"淮夷"人的活动。"淮夷"是指从公元前 21 世纪直至东周时期生活在淮河流域的强大部族群落。淮夷人的活动主要是在夏、商两朝。在长达 2000 年的历程中,"淮夷"人为了维系自己的生存,几经抗争与迁徙,最后融入中原文明。与此同时,亦形成了这一时期"淮夷"的科技文化。周朝以后,其活动仍可见于相关记载。

第一节 夏、商、周时期"淮夷"的科技文化萌芽[①]

夏、商、周时期"淮夷"的科技文化萌芽与淮夷人对夏、商、周王朝那些统治者暴虐统治的抗争密切相关。

据《后汉书·东夷列传》记述:"夏后氏太康失德,夷人始畔。……武乙衰敝,东夷浸盛,遂分迁淮、岱,渐居中土。"之后,"及武王灭纣,肃慎……石弩、楛矢。管、蔡畔周,乃招诱夷狄,周公征之,遂定东夷。……及幽王淫乱,四夷交侵,至齐桓修霸,攘而却焉。及楚灵会申,

———————————

① 参见欧波、胡长春:《〈史记〉"东伐淮夷"新考》,《学术界》2014 年第 12 期,第 208—213 页;顾颉刚:《徐和淮夷的迁、留——周公东征史事考证四之五》,《文史》第三十二辑,中华书局 1990 年版,第 19—20 页;杨东晨:《淮夷变迁》,《铁道师院学报》1996 年第 6 期。

亦来豫盟。后越迁琅琊，与共征战，遂陵暴诸夏，侵灭小邦。"直到"秦并六国，其淮、泗夷皆散为民户。"这些记述说明，淮夷人与夏、商、周王朝之间发生战争冲突的原因与征战的过程。

首先，与夏王朝发生战争冲突是由于夏朝的皇帝太康失德。自少康以后，夷人世代钦服朝廷的教化，于是到天子门前归顺，进献他们的音乐舞蹈。然而，随着夏王朝的兴衰起伏，尤其是夏桀这位亡国之君的暴虐统治，穷奢极欲，横征暴敛，杀人无数，又导致各部落的夷人群起而攻之，入侵内地，与殷商结盟，并且协助殷商平定了夏桀。

在这以后的三百多年，夷人有时归顺，有时背叛。武乙衰败时，东夷逐渐强盛，于是他们分别迁移到淮河、泰山一带，渐渐在中原地区生活。其文化亦受到中原文明的影响，其农业、手工业得到发展，以青铜器铸造为标志的冶炼技术与制作水平与殷商不相上下。然而，到了殷商末期，帝辛(纣王)荒淫无度，遭到诸夷的怨恨，同时他不顾殷商与淮夷长期建立的同盟关系，对淮夷发动战争。后帝辛被周武王所灭。

当周武王去世后，成王年幼，其王叔周公旦入朝辅政，引得管叔、蔡叔不服，进而背叛周朝廷，并招揽引诱夷狄，周公征讨管叔、蔡叔，终于平定了束夷。周康王时，徐夷僭称天子名号，率领九夷攻打宗周，向西攻到黄河岸边。周穆王害怕徐夷正处强盛，就将东方的诸侯分出来，要徐偃王统领。徐偃王住在潢池东面，土地方圆五百里。他推行仁义，陆地上前来朝拜的就有三十六个国家。这样，以徐偃王为首的徐夷属地实际上成为周穆王分封的诸侯国。然而这只是权宜之计，其后周穆王命令楚国攻打徐国。于是楚文王大规模兴兵攻打并且灭掉了徐国。在周厉王统治期间，由于其残暴无道，淮夷又奋起反抗，周厉王派虢仲攻打淮夷，但是未能获胜。到了周宣王统治期间，又命令召公前去征讨淮夷，并平定了淮夷。到周幽王统治期间，由于其荒淫暴乱，四面的夷人交替反抗，直到齐桓公修霸业，才打退了夷人。到楚灵王在中国会盟时，淮夷也参加了盟会。后来淮夷与越国一同征战，侵凌为害中原各国，侵犯并灭了小国家。当秦国统一六国后，淮夷、泗夷则都分散为普通民家。

由此可见，"淮夷"是一个顽强不息，富有开拓精神的民族。在上述

2000年的活动中，他们创造了独具特色的科技文化。比如，从《尚书·禹贡》和《史记十二本纪·夏本纪》中对"淮夷""岛夷"的贡品及其运输方式的描述可知，在夏朝时期，淮夷人一是能捕获珍珠贝和鱼；二是能编制运输用的筐子；三是能纺织绸帛和葛布及染色；四是能制造舟船运输贡品；五是能种植橘子、柚子等果树。另外，有关考古发现表明，"淮夷"人在其活动区域生产出的生活器物与当时中原科技文化几乎同步。比如，1988年8月安徽省庐江县出土的春秋青铜器一共4件，兔首鼎、盘门鬲形盉、匜形勺、龙首錾各一件，这些造型风格是南淮夷诸国的典型器具，其纹饰细腻，造型独特，具有很高的文明程度。尤其是匜形勺，其柄与勺的衔接部位铸造科学，十分实用。①

第二节　秦汉时期的"淮夷"文化与科技发展

秦代，江苏属九江、会稽、彰、泗水及东海等郡的一部分。汉代，江苏分属扬州、徐州刺史部。汉初，上患吴会稽之轻悍，封刘濞为吴王，管辖今江苏淮河以南和浙江中北部，后刘濞联合其他诸侯发动七国之乱，失败后，国除。

秦汉时期，江淮地区是全国文化发达区域之一。特别是淮南王刘安定都寿阳，招致宾客方术之士数千人著书立说，对本地文化的发展产生了深远的影响，其文化总体水平当在同时期的吴越文化之上。

《史记·秦楚之际月表》曰："秦起襄公，章于文、缪、献、孝之后，稍以蚕食六国，百有余载，至始皇乃能并冠带之伦。"即秦国从襄公被封为诸侯以后，经过多代人，一百多年的苦心经营，在政治、经济、军事上对山东六国都占据了绝对优势，在此基础上，秦始皇兼并六国，建立了我国历史上第一个封建专制的中央集权国家。接着秦始皇又在政治、经济、军事、文化诸方面实施了一系列重大改革和举措，以健全和巩固新政权。其中包括以中央集权取代周朝的诸侯分封制；统一了文字，便于

---

① 马道阔：《安徽省庐江县出土春秋青铜器——兼谈南淮夷文化》，载《东南文化》1990年第1期，第74—78页。

官方行文;统一度量衡,便于工程上的计算。秦始皇还大力修筑驰道和直道,并连接了战国时赵国、燕国和秦国的北面围城,筑成了西起临洮、东至辽东的万里长城以抵御北方来自匈奴、东胡等游牧民族的侵袭。这些重大改革和举措对中华民族的形成和壮大具有深远的影响。然而,由于他骄横残暴,滥用民力,横征暴敛,严刑酷法,其子秦二世变本加厉,不仅使许多本来可能有利于社会经济、文化发展的举措并未能起到应有的作用,而且使广大人民重新陷入水深火热之中,从而加速了秦王朝的灭亡。①

此后,汉王刘邦与西楚霸王项羽展开了争夺天下的楚汉战争。公元前202年十二月,项羽被汉军围困于垓下(今安徽灵璧),四面楚歌,项羽在乌江自刎而死。楚汉之争至此结束。汉高祖刘邦登基,定都长安(今陕西西安),西汉开始。到了汉武帝时,西汉到达鼎盛,并与罗马、安息(帕提亚)、贵霜并称为四大帝国。汉武帝实行推恩令,彻底削弱了封国势力,强化了监察制度,实现中央集权;他还派遣卫青、霍去病、李广等大将北伐,击溃了匈奴,控制了西域,并派遣张骞出使西域,开拓了著名的丝绸之路,发展对外贸易,促进了中西文化交流。在意识形态方面,儒家学说成为当时占统治地位的思想。公元25年刘秀复辟了汉朝,定都雒阳,史称东汉。东汉的发展延续了西汉的传统。汉代文化吸取了秦的教训,显得较为开明,当时将佛教通过西域引到中国,并在河南洛阳修建了中国的第一座佛教寺庙——白马寺,这标志着佛教正式传入中国。

总之,秦汉时期,在政治上,秦的统一结束了春秋战国以来诸侯割据的局面,首次建立了我国历史上统一多民族的中央集权制国家,并在西汉时期得到继承和发展;在经济上,有了初步发展,这一时期经济发展主要在我国的黄河流域,之后开始南移;在对外关系上,秦汉同周边国家和地区的交往发展起来,以中国为中心的东亚文化圈日益扩展,海陆丝绸之路的相继开辟使得秦汉文明源源不断地传到西方;在文化上,文学艺术得到进一步发展,并取得不少领先于世界的成就,南北文化领

① 参见[汉]司马迁:《史记·秦始皇本纪》;新编中国小百科全书编委会:《新编中国小百科全书》第2卷,吉林大学出版社2011年版,第897—898页。

域出现不同的特点。①

秦汉时期,在科学技术方面亦取得了许多重大成就,居世界领先地位。比如,一贯受重视的天文历法、算学、医药学又有了新突破。造纸术的发明与改进更具开创性,它对人类文明发展的影响巨大而又深远。

天文历法上的成就主要包括三个方面:第一,制订并颁行"太初历"。汉初沿用秦历,即"颛顼历"。但秦朝颁行的"颛顼历"行用百年,误差越来越明显。汉武帝命天文历算专家制订了更科学的新历法,太初元年(前104)编定。这部新历法就是"太初历"。它以正月为岁首,协调了太阳纪年、太阴纪月的矛盾,因而是一部较完整,在当时也更科学的历法。这部新历法对于当时的农业生产具有直接指导作用。第二,留下了世界上最早的关于太阳黑子的准确记载。第三,张衡的科学成就。他对月食作出了最早的科学解释,指出:"月光生于日之所照,魄生于日之所蔽,当日则光盈,就日则光尽。"(张衡《灵宪》)他还制作了地动仪,这是世界上第一台测定地震方向的仪器,早于欧洲1700年。张衡"数术穷天地,制作侔造化",是一位伟大的科学家。

这一时期的数学成就,主要以《九章算术》为代表。这是西汉最重要的一部数学专著,其成书时间不晚于东汉前期。全书共分九章,以算法应用编次,清楚地汇编了246个算术命题及其解法,形成了我国古代算学的完整体系。

秦汉时期对人类文化传播贡献最大的科技成就是造纸术。在西汉前期,已经有了纸。当时的纸张残片实物已多有出土。到了东汉时,蔡伦改进造纸术,使原料更易寻,造价也低廉些,这使造纸术与纸的使用有了推广的可能。造纸术的外传和纸的应用,对于文化发展与传播以及思想交流具有不可估量的重大作用。

秦汉时期中医、中药学取得了重大发展。其一,汉朝成书的、反映中医药学早期成就的有两部著作:《黄帝内经》和《神农本草经》。《黄帝内经》实际上是中国古代长期以来由多人反复修订补充而成,到汉朝才编定,以朴素辩证法的思想贯穿全书理论体系,形成了中医的基础理

---

① 参见《新编中国小百科全书》第2卷,第902—903,909—910页。

论。《神农本草经》则是我国现存最早的药物学专著,全书录有三千多种药物,均有详细说明。其二,东汉末年杰出的医生华佗,以外科手术著称于世。华佗发明麻沸散,是世界外科麻醉术的首创。其三,东汉"医圣"张仲景写出传世著作《伤寒杂病论》,阐述和记载了诊断中的辨证方法和切合病情的多种治法与方药。张仲景的学术思想和有关病症的论述,为中医临床的辨证施治奠定了基础。

西汉时期已有药学专著出现,如《史记·扁鹊仓公列传》载名医公孙阳庆曾传其弟子淳于意《药论》一书。从《汉书》中的有关记载可知,西汉晚期不仅已用"本草"一词来指称药物学及药学专著,而且拥有一批通晓本草的学者。通过境内外的交流,西域的红花、大蒜、胡麻,越南的薏苡仁等相继传入中国;边远地区的麝香、羚羊角、琥珀、龙眼等药源源不断地进入内地,都在不同程度上促进了本草学的发展。现存最早的药学专著是《神农本草经》(简称《本经》)。该书经历了较长时期的补充和完善过程,其成书的具体年代虽尚有争议,但不会晚于公元2世纪。《本经》原书早佚,目前的各种版本,均系明清以来学者考订、整理、辑复而成。其"序例"部分,言简意赅地总结了药物的四气五味、有毒无毒、配伍法度、眼药方法、剂型选择等基本原则,初步奠定了药学理论的基础。《本经》系统地总结了汉以前的药学成就,对后世本草学的发展具有十分深远的影响。

第三节　江苏地域的医学发展

秦汉时期,由于政治稳定,经济繁荣,农业和工业都有发展,科技也有进步。当时以《黄帝内经》为标志的中医基础理论初步形成,指导着临床实践,医学进步也很快。而到汉末,战事频繁,尤其是兵家必争之地的徐豫一带战争不断,从而促进了医学外科的发展。华佗也正是在此时期出现的著名外科医学家。他的技术未见文献记载有师授,但从他通晓数种经书,可以认为华佗较系统地继承了古代的汤药、针灸经验;另一方面他行医于民间,将民间的医学经验集中和系统化,并在实践中提高和改进。因而,华佗是一个在医学方面有造诣的民间医生。就江苏(现在的)地域而言,秦汉时期的科技成就突出地表现在医学方面,主要是华佗及其弟子的医学成就。

一 华佗的医学成就①

华佗②在外科手术、预防医学和医疗体育、临床诊断与治疗、病人心理等方面都颇有研究。

(一) 外科手术

华佗对医学的贡献最突出的是创用麻沸散和精于外科手术。据《后汉书》记载,华佗遇到"疾发于内,针药不能及"的患者,"乃令先以酒服麻沸散,既醉无所觉,因刳破腹背,抽割积聚。若在肠胃,则断截湔洗,除去疾秽,既而缝合,敷以神膏,四五日创愈,一月之间皆平复"。手术前病人用酒送服的麻沸散,是医学史上记载的最早用药物麻醉的配方,其麻醉效果保证了华佗外科手术的施行。③ 此外,华佗手术后在创口敷用的神膏,有消炎生肌的作用,对手术后加速创口愈合有良好作用。

(二) 预防医学和医疗体育

华佗对预防医学和医疗体育亦有贡献。他是中国古代医疗体育的创始人之一。他不仅善于治病,还特别提倡养生之道,指出运动促进健

---

① 参见傅芳:《华佗》,杜石然主编:《中国古代科学家传记》(上集),科学出版社1992年版,第129—133页;[晋]陈寿撰,[宋]裴松之注:《三国志·魏书二十九·方技传》,中华书局1973年版《后汉书·方术列传·华佗传》等。

② 华佗,一名旉,字元化;沛国谯(今安徽亳县)人;生卒年不详。他生活在东汉时期(约公元2世纪),卒于许州(今河南许昌),通晓数种经书和养性之术,主要贡献在中医学等方面。华佗淡于名利,不慕富贵,作为民间医生,为百姓解除疾苦。他到过彭城(今江苏徐州)、盐渎(今江苏盐城西北)、广陵(今江苏江都东北)、琅琊(今山东临沂北)、甘陵(今山东青平南)等地行医,深受人民群众的爱戴。

③ 华佗对麻醉学的贡献已得到国际医药界的承认。在20世纪30年代,美国人拉瓦尔(Lawall)在其所著《药学四千年》中指出:"一些阿拉伯权威提及吸入性麻醉术,这可能是从中国人那里演变出来的。因为,据说中国的希波克拉底氏——华佗,曾运用这一技术,把一些含有乌头、曼陀罗及其他草药的混合物应用于此目的。"可见华佗不仅是外科学的鼻祖,也是药物麻醉的先驱者。有研究者认为,保留在《华佗神方》中的麻沸散,是由羊踯躅、茉莉花根、当归、菖蒲四味药组成的。

康和预防疾病的积极作用。他曾教导他的学生吴普说："人体欲得劳动……血脉流通,病不得生,譬如户枢,终不朽也。"[①]在华佗看来,人应该劳动,但不能过度;运动可以帮助消化,流通血脉,预防疾病,就如同门户的转轴不会朽烂一样。为此,他还根据古代的导引方法,引申创造了一种新的运动方法,名为"五禽之戏":一叫虎戏,二叫鹿戏,三叫熊戏,四叫猿戏,五叫鸟戏,即模仿虎、鹿、熊、猿、鸟五种动物的各种姿态来锻炼身体。这里"禽"指禽兽,在古代泛指动物;"戏"在古代是指歌舞杂技之类的活动,在这里是指特殊的运动方式。因为此法的起源可上溯至先秦,如《庄子》中有"熊经鸟伸,为寿而已矣"等载述,可见当时已有多种模仿物形神的锻炼方法。当身体稍有不适的时候,即可作一禽之戏,待有汗出时方息,再扑以干粉使身体干燥。这样,身体就会感觉轻快并增进食欲。华佗经常行此五禽之戏,故年近百岁还如壮年人之容颜;他的弟子吴普习五禽戏,90余岁时还耳目聪明,牙齿坚固。现代医学研究也证明,作为一种医疗体操,五禽戏不仅使人体的肌肉和关节得以舒展,而且有益于提高肺与心脏功能,改善心肌供氧量,提高心肌排血力,促进组织器官的正常发育。作为中国最早的具有完整功法的仿生医疗健身体操,五禽戏也是历代宫廷重视的体育运动之一。

(三) 临床诊断与治疗

华佗在临床诊断方面也很有成就。魏晋时期著名医家王叔和在他的《脉经》中提到华佗诊断生死的要诀,即该书卷五的"扁鹊华佗察声色要诀第四",可能是摘自华佗《观形察色并三部脉经》中的资料,尽管也有扁鹊的论点,但应该看到华佗和扁鹊的意见是一致的。该要诀主要依据病人面目颜色和病状来定人的生死,并据当时的医疗技术来确定疾病是否可治,特别是对危殆病人的面容、颜色和形止举动描写得很清楚,包括虚脱、发绀、神志不清、呼吸困难、浮肿等,可见华佗观察之敏锐,诊断之准确。《后汉书》《三国志·魏书》中记载的许多病例也证明

---

① [晋]陈寿撰,[宋]裴松之注:《三国志·魏书二十九·方技传》。

了华佗诊断经验的丰富。如对盐渎严昕和军吏梅平的望诊,均望而知预后。于前者,华佗说"君有急病见于面,莫多饮酒",后来严昕行数里即头眩坠车,人扶上车,归家即死;对后者说"五日卒",亦如他言。除善观面目颜色诊断外,华佗还善于脉诊。如他为督邮顿子献诊脉,言其病虽愈而体虚,若御内即死,死时当吐舌数寸;为广陵太守陈登诊脉,则知其腹中有虫将成内疽,后均得以证实。以上均显示出华佗高超的诊断技艺。

华佗于临床治疗能深明药性,精于针灸。据史书记载,"其疗疾,合汤不过数种,心解分剂,不复称量,煮熟便饮,语其节度,舍去辄愈。若当灸,不过一两处,每处不过七八壮,病亦应除。若当针,亦不过一两处,下针言'当引某许,若至,语人'。病者言'已到',应便拔针,病亦行差"。说明华佗在治疗中处以汤药,用药不过数种,若施行以针灸,取穴不过一两处,用灸也仅七八壮,都能应手而愈。如广陵太守陈登服药汤一升即瘥;治曹操头风病则针之而症除。华佗所以能用极简便的汤药和几处针灸治愈病人,一方面是他善于应用民间单秘验方;另一方面是他善于辨证施治,应用同病异治、异病同治原则。

华佗对产科病的处理亦颇熟谙。如治甘陵相夫人腹内死胎,汤药下之,即产一死男婴;李将军妻产后病甚,华佗诊为"伤娠而胎未去",原来是双胎,虽因外伤已产下一胎,第二胎亦死,因而为患。华佗为之针刺,又给服汤药,该妇即腹痛难忍,经助产,果又产下一死男婴。可见华佗不仅诊断准确,汤药、针刺效果也极佳。

(四)心理疗法

华佗对病人心理也颇有研究,曾用之治疗痼疾。如一郡守病甚已久,华佗诊断后认为使之大怒可愈,于是多受他的谢金而不积极治疗,后又留书骂他并不辞而别。郡守果然大怒,派人去抓华佗又不获,愤极而吐血数升,病即得愈。这也是我国古代应用心理学治疗的成就。

(五)伤寒学说

华佗对伤寒学说亦有贡献。华佗关于伤寒学说的论述保留在唐代《千金要方》《外台秘要》中,如伤寒的按日传变与治疗、热毒的可下与否、汗吐下法的应用、伤寒发热与虚热的鉴别与用方等,是继《内经》后论述外感热病理论的又一里程碑。因而,张仲景的《伤寒论》有可能是在吸收《内经》和华佗有关伤寒学说的基础上写成的。

华佗的著作有《观形察色并三部脉经》1卷,《枕中灸刺经》1卷,《华佗方》10卷,《华佗内事》5卷,均已散失。旧题华佗撰之《中藏经》,一般认为是六朝人所撰,其中可能包括部分当时尚残存的华佗著作。此外,目前尚传世之《华佗神医秘传》《华佗先生内照图》《内照法》,则都是后世托名之作。

二 华佗弟子的医学成就

华佗的弟子有广陵吴普、彭城樊阿、长安李当之等。吴普、李当之均精本草,分别著有《吴普本草》《本草经》。樊阿善针,一般医生认为胸背不能随便施针,且针刺不能过四五分深,但樊阿能扎入一两寸,非但未造成意外事故,且收到更佳疗效。

(一) 吴普与《吴普本草》

吴普①以华佗所创五禽戏进行养生锻炼,因获长寿,"年九十余,耳目聪明,齿牙完坚",但主要是在本草学上有一定成就。所撰《吴普本草》六卷,又名《吴氏本草》,其书分记神农、黄帝、岐伯、桐君、雷公、扁鹊、华佗、弟子李氏,所说性味甚详,今亦失传。《吴普本草》为《神农本草经》古辑注本之一,流行于世达数百年。后代有不少子书引述其内容,如南北朝贾思勰《齐民要术》,唐代官修《艺文类聚》《唐书·艺文志》还载有该书六卷书目。宋初所修《太平御览》,仍收载其较多条文。自此该书即散佚不存,清焦循有辑本。据辑佚可知,此书对本草药性的叙述较为详明,书中对某一类药常列述前代诸家关于药性的不同叙述,总汇魏晋以前药性研究之成果,又详载药物产地及其生态环境,略述药物形态及采造时月、加工方法等。但南朝齐、梁时的陶弘景《本草经集注》

---

① 吴普,广陵(今江都)人,三国魏医药学家,名医华佗弟子。吴普约3世纪中叶在世,其主要贡献在中医学方面。

对其"草石不分，虫兽无辨"有所批评。

（二）樊阿针灸与探索

樊阿[①]在医学方面的主要成就是跟随华佗学医，擅长针灸并勇于探索。据《三国志·魏书二十九·方技传第二十九》曰："阿善针术。凡医咸言背及胸藏之间不可妄针，针之不过四分，而阿针背入一二寸，巨阙胸藏针下五六寸，而病辄皆瘳。"这一段记载，说明樊阿擅长扎针。一般情况下，医生都认为后背和前胸不能乱下针，即使扎针，进针不过四分，而樊阿扎针进针背到一二寸，巨阙胸藏针下五六寸，而经过他这样治疗的病人的病都好了。樊阿还跟华佗求可以食用并且有益于人身体的药品，华佗给他漆叶青黏散。漆叶屑一升，青黏碎屑十四两，以这个比例，长期服用，可以去三虫，利五脏，轻体，使人的头发不白。据说樊阿遵从华佗的嘱咐，用华佗传授的这种"漆叶青黏散"制药技术而制药服用，活到一百多岁。

---

① 樊阿，彭城人。樊阿曾经跟随华佗学医，擅长针灸并勇于探索。其主要贡献在中医学方面。

第三章 三国—魏晋南北朝—
隋唐时期的科技发展

本章的时间跨度较大，约690年。在三国至隋唐这一历史时期，由于政权更迭频繁，江苏地域历经战争和归属的变化，与此同时，涌现出许多科学家，为江苏乃至全国的科技发展做出了卓越贡献。

第一节 科技发展的背景与概述

三国时期(220—280)是中国历史上东汉之后魏、蜀、吴三国鼎立时期，主要有曹魏、蜀汉及孙吴三个政权。汉末战争不断，使得中国人口急剧下降，经济严重受到损害，因此三国皆重视经济发展，加上战争带来的需求，各种技术都有不少进步。在三国时期，江苏的长江以北地区属于魏国，当时人口较多的有徐州等。而江南(包括现在的南京等地方)属于吴国，吴国凭长江天险固守，并且后期建都南京(当时叫石头城)。也就是说，当时淮南、江南属于东吴，建业(今南京)是东吴的都城，淮北则属于魏国，淮河成为东吴与曹魏的分界线。

晋朝(265—420)上承三国，下启南北朝，分为西晋与东晋。南北朝(420—589)由420年刘裕篡东晋建立南朝宋开始，至589年隋灭南朝陈为止，上承东晋、五胡十六国，下接隋朝。因为南北势力长时间对立，所以称南北朝。

魏晋南北朝是中国历史上政权更迭最频繁的时期。由于长期的封建割据和连绵不断的战争,这一时期中国文化的发展呈现了不同以往的样态。其突出的表现是玄学的兴起、道教的勃兴、佛教的输入、波斯与希腊文化的传入。在从魏至隋的360多年间,30多个大小王朝交替兴灭过程中,上述诸多新的文化因素互相影响,交互渗透,进而使这一时期儒学的发展和历史地位等问题也趋于复杂化。

就江苏地域而言,西晋因永嘉之乱而灭亡后,中原士族衣冠南渡,317年王导辅佐司马睿于建康(今南京)建立东晋王朝。420年开始,以建康为都城,中国南方先后建立了宋、齐、梁、陈(南朝)4个王朝,直到589年隋朝完成统一,江苏北部的淮河再次成为南北朝的分界线,战时就成为前线。魏晋时期,由于江淮间大批豪族士人大规模南迁,这一地区的文化迅速衰落,仅靠政治力量维持着畸形的文化繁荣。到南北朝时期,战乱频仍,文化也遭到毁灭性的打击。

魏晋南北朝时期社会经济的特点主要表现为:第一,南北经济趋于平衡。从历史上看,秦汉时期,黄河流域是中国经济发展的中心,南北方经济发展差距很大。到魏晋南北朝时期,由于大规模的战乱多发生在北方并且时间持续很长,使得北方经济遭到严重破坏;而南方则相对稳定,其经济得到了迅速发展。这样原来以北方黄河流域为重心的经济格局开始改变,南北经济开始趋于平衡。第二,士族庄园经济和寺院经济占有重要地位。士族制的发展和统治者对佛教的崇信,导致地主庄园经济和寺院经济恶性膨胀,造成土地和劳动力的大量流失。第三,商品经济总体水平较低。由于战乱,不少城镇遭到严重破坏,加上南方刚刚开发,商品经济发展缓慢。第四,各民族经济交流加强。由于民族融合的加强,魏晋南北朝时期各民族之间的联系密切,并逐渐融合为一体。各族相互学习,取长补短,促进了经济的恢复和发展。同时也为隋唐时期的繁荣奠定了基础。这一时期的科学技术成就突出。如祖冲之的圆周率的计算,郦道元的《水经注》等。

隋(581—618)、唐(618—907)是经历了五胡乱华和南北朝两个漫长时期后的两个大一统皇朝。两朝在政治、军事、文化、经济、科技上得到了前所未有的发展,隋唐两朝君主在治国政策上较为开明,也影响了周边诸国向中国朝贡、学习。隋唐时期,江淮地区的经济和文化迅速得到恢复,与此同时,文化也得到了迅速的发展,但其总体水平已远远落后于同时期的吴越地区,更无法与黄河流域的关中文化、中原文化相比了。

隋文帝开皇元年(581)隋朝建立,589年平南陈,重新统一南北。隋代淮河以北分属彭城等三郡,淮河以南分属江都等六郡。隋炀帝时贯通了沟通南北的大运河,江都(今扬州)和山阳(今淮安)因此繁荣起来。

由于处于大运河与长江交界处的枢纽地位,以及对外开放港口的国际化优势,在中唐时,扬州成为中国最繁华的商业城市,时有"扬一益二"之称。唐代分天下为十道,江苏分属江南道、淮南道、河南道,其中苏州、常州、润州(今镇江)、升州(今南京)属江南道;扬州、淮安属淮南道;徐州、泗州属河南道。

隋唐时期,采取开放政策,不仅大量吸收外域的有用文化,而且将中国的传统文化传播到世界各地。中国传统的儒学文化得到了整理,道教文化也有了发展,从印度传入的佛教,受到中国传统文化礼俗的影响而中国化了。隋唐时期佛教的发展达到顶峰,佛学水平超过了印度,中国成为世界佛教的中心。由于文化政策相对开明,文禁较少,这时的科学技术、天文历算进步突出,文学艺术百花齐放、绚丽多彩,诗、词、散文、传奇小说、音乐、舞蹈、书法、绘画、雕塑等,都取得了巨大成就并影响着后世。

在这一较大跨度的时间段内,江苏地区在多个科学技术领域涌现出许多科学家。其中在博物学方面有陆机;天文学方面有陈卓、祖冲之;地理学有陶弘景;数学方面有祖冲之、祖暅父子;机械学方面有祖冲之;化学(炼丹术)与医药学方面有葛洪、陶弘景;农学方面有陆龟蒙等。在上述的科学家中,祖冲之和陶弘景在多个领域取得成就,比如,祖冲之不仅在数学方面取得了令人瞩目的成就,而且在天文历法、机械学方面有突出贡献;陶弘景一生著述甚多,内容涉及道教、儒家经典、天文、历算、地理、兵学、医学、药学、炼丹术、文学、艺术、史学等方面,但以化学(炼丹术)与医药学方面取得的成就最为卓著,同时在天文学和地学方面也有突出的贡献。①

第二节　生物学、天文学与地理学发展

这一时期江苏地域的生物学(博物学)发展,突出成果为陆机所著的《毛诗草木鸟兽虫鱼疏》;天文学和地理学的发展,分别体现在陈卓、陶弘景和祖冲之父子的成就中。

一　生物学(博物学)②

陆机③所著《毛诗草木鸟兽虫鱼疏》的主要贡献在博物学方面。这是一部专门针对《诗经》中提到的动植物进行注解的著作,因此有人称它为"中国第一部有关动植物的专著"。④

《毛诗草木鸟兽虫鱼疏》的价值和特点主要体现在以下几个方面⑤:

1. 将动植物知识分列成册

陆机的《毛诗草木鸟兽虫鱼疏》,将动植物知识分列出来单独成册,这是史无前例的创举。该书的出现,使古典博物学开始从儒家经典注疏中分出一支。《毛诗草木鸟兽虫鱼疏》分上、下两卷,其中上卷为植物部分,计有草本植物80种,木本植物34种;下卷为动物部分,其中鸟类

① 由于这一章时间跨度大,学科的呈现基本以时间为序,兼顾数、理、化、天、地、生、工、农、医。

② 参见苟萃华:《陆机》,杜石然主编:《中国古代科学家传记》(上集),第179—183页。

③ 陆机,一作陆玑,字元恪,以博物著称。他是三国时吴国吴郡(今江苏苏州)人,生卒年不详。陆机出身于江南吴郡世族。他做过太子中庶子,官至乌程令。

④《诗经》中提到的动植物多为春秋以前长江以北、黄河流域中下游地区的动植物,名称古老。战国以来,释《诗经》者往往以一物之别名来解释其中的动植物古名。如果学《诗经》者不了解"别名"所指为何物,则《诗经》中之动植物名仍令人费解。陆机治诗,师承郑学,训诂名物,不仅参考前人著述达30种,吸取当代《本草》中动植物知识的新成果,更为重要的是,他根据自己在北方的实地考察所得的"活材料",运用写实和比喻(同类事物的类比)的方法,生动具体地解释《诗经》中的动植物古名,把它置于科学认识的基点上(不仅仅是文字训诂),形成自己独特的风格,大大地超越了前人注释的水平,在古代生物学史上做出了特殊的贡献。

⑤ 参见[晋]陆机《毛诗草木鸟兽虫鱼疏》,文渊阁《四库全书》本,台湾商务印书馆1986年影印本。

23种,兽类9种,虫类20种,鱼类10种。该书介绍了动植物名称(包括各地方的异名)、形态(种类辨别)、生态(习性)、地理分布,同时还叙述了对这些动植物的栽培或者驯化和利用。

2. 翔实描述动植物的形态

陆机对动物的形态描述翔实,据此可以辨别这些动物的种属。例如他对鹭的描述:"水鸟",羽毛"洁白","青脚高七八寸,尾如鹰尾,喙长三寸余。头上有长毛十数尾,长尺余,毿毿然与众毛异"。鹈鹕的形态特征是"颔下胡大如数升囊"。鼍(扬子鳄)"形似水蜥蜴","长丈余","卵生"。而他对于植物的形态特征则描述得更为详尽,如,虻"今药草贝母也。其叶如栝楼而细小。其子在根下如芋子(块根),正白,四方连著有分解(块根、簇生)也"。显然,这是葫芦科的贝母。"薇,亦山菜(野生)也。茎叶皆似小豆,蔓生,其味如小豆,藿可作羹,亦可生食。"薇即豆科植物大巢菜。基于对植物形态特征的认识,陆机能依据某些植物的共同特征对其进行归类。如:"榛,栗属",是以榛、栗果实相似而定;"梅,杏类"也是以其树、叶、果实相似而定。

陆机还根据植物的形态特征辨识了《诗经》中同名异物的植物名称。他认为"苕之华"的"苕"和"邛有旨苕"的"苕"是两种不同种属的植物:前者"似王刍,生下湿水(沼池、下湿地)中,七、八月中华紫(开紫花),似今紫草"(似为禾本科植物);而后者则是幽州人所说的翘饶,蔓生,"茎如劳豆而细,叶似蒺藜而青。其茎、叶绿色,可生食,如小豆藿也",显然是豆科黄芪属植物紫云英。"摽有梅"的"梅",是"杏类也",即如今蔷薇科植物;而"有条有梅"的"梅",却是荆州人所说的"梅",也即如今樟科润楠属植物楠。其他如"蒲","有蒲有荷"的"蒲",即如今生于浅水中的香蒲;"扬之水不流束蒲"的"蒲"却是"柳",即如今杨柳科的蒲柳。"杞","集于苞杞"的"杞"为枸杞("地骨");"无折我树杞"的"杞",是生于"水旁"的"柳属也",即如今杨柳科植物杞柳等。

3. 记载动物的种群生态现象

陆机在书中还记载了动植物的生长地和栖息地,而且着重记载了动物的种群生态现象。鹳"树上作巢,大如车轮",即言其树栖、集群营巢;而苍鹭("负釜""背灶""黑尻")则"泥其巢,一旁为池,含水满之,取鱼置池中……",集群营巢于水边,共食。鹈鹕也是群栖共食,"好群飞,若小泽中有鱼,便群共抒水,满其胡(皮囊)而弃之,令水竭尽,鱼在陆地,乃共食之,故曰淘河"。

他还注意到某些鸟类的雌雄关系,"鹁鸠……阴则屏逐其匹,晴则呼之"。鹑"不乱其匹"。"今云南鸟……啼鸣相呼不同集",以及"布谷生子,鳲鹒养之"的寄生关系和鸠鸽类双亲育子的现象。至于黄鸟,"当葚熟时,来在桑间。故里语曰:黄栗留,看我麦黄葚熟否? 亦是应趋时之鸟也"。这既说明了其栖息地,又说明了其迁移的季节。

关于鱼类的描述,则凸显了生态地理的观念。比如,鲂,"今伊、洛、济、颍鲂鱼也"。即渔阳、泉州及辽东梁水,鲂特肥而厚,尤美于中国鲂。故其乡语曰"居就粮,梁水鲂"。再如,鲔(白鲟),"出江海。三月中,从河下头(即江河入海口处)来(河)上(游)"。说明鲔是生活于淡水和海水中的底栖鱼类。

4. 关注动植物的经济用途

陆机不但真实描述了动植物的形态、生态(种群生态)等,而且还关注动植物的经济用途。关于动物,如鼍(扬子鳄)"其皮坚厚,可以冒鼓"。关于植物则描述更为细致,如对于可供食用的植物,就会指出其可食用部位,并注明食用方法。他还提到一些木材的木理和用途,"条,榙也,今山楸也……材理好,宜为车板。能湿(耐湿性能好),又可为棺木。""柞……其木坚韧有刺,今人以为梳,亦可以为车轴。直理易破,可为犊车轴……直理易破,可为犊车轴,又可为矛戟镦。""楝……其木理赤者为赤楝。白者为楝,其木皆坚韧,今人以为车毂。"而对一些草本植物如麻、莎草、菅的用途也有记载。此外,还提及了一些野生植物如薇、常棣、鹿梨、鼠梨等已为人们栽培;动物中的鹤、白鹭已被人们驯养。

总之,陆机以"是其所是"来观察和描述动植物的形态与特征。因而,《毛诗草木鸟兽虫鱼疏》具有一定的科学水平。但由于陆机主要运用的是直观描述的方法,因此也存在一些不足之处。例如对"螟蛉有子,蜾蠃负之"的寄生现象视之为某种神秘现象。又说"桐有青桐、白桐、赤桐,宜琴瑟",实则只有白桐(泡桐)才能制琴瑟等乐器。

尽管如此,《毛诗草木鸟兽虫鱼疏》仍然是一部优秀的古典博物学著作,尤其是陆机在研治经学过程中独辟蹊径,使生物学从经学中分列出来成为一个分支,不仅在我国古代传统经学中具有启迪作用,而且具有学术意义。东晋郭璞注《尔雅》中的动植物名,就大量引用陆机的著述;东魏农学家贾思勰《齐民要术》中也曾援引。北宋陆佃《埤雅》、南宋罗愿《尔雅翼》均以陆机《诗疏》为其范本。①

二 天文学与地理学

这一时期陈卓的天文学成果主要有《敦煌写本》中的"三家星经"和《玄象诗》中的"玄象诗";陶弘景的贡献则在天文历算和地理学方面;祖冲之父子在天文历法方面的成就,大都体现在《大明历》中。

(一) 陈卓的全天星官系统

陈卓②善于星占,精通天文星象,主要研究领域为天文学,他青壮年时任吴国太史令,曾与吴国天文学家王蕃同时或稍后作《浑天论》,并于这一时期开始收集当时流行的甘氏、石氏、巫咸氏三家星官,进行汇总工作。公元280年晋灭吴后,陈卓自吴都建邺(今南京)入洛阳,任晋国太史令。这期间他绘成了总括三家星官的全天星图,并撰写了占和赞两部分文字,还撰写了占星学方面的著作,如《天文集占》10卷,《四方宿占》和《五星占》各1卷,《万氏星经》7卷,《天官星占》10卷等。4世纪初,陈卓虽然不再担任太史令,但仍参与皇室天文星占事宜。公元316年,西晋亡,陈卓重返江东,于317年在东晋都城建康(今南京)参与了元帝司马睿的立国,再次任太史令。然而,此后在史籍中未见到他活动的相关记载。

---

① 夏纬瑛:《毛诗草木鸟兽虫鱼疏的作者——陆机》,《自然科学史研究》1982年第2期,第176—178页。

② 陈卓是三国时期的吴国人。他一生中最重要的工作是综合甘、石、巫咸三家源于战国或秦汉的天文学派所定的星官,构成了一个相对完整的全天星官系统,其中包括283官、1464颗恒星。由于原著已佚,现在推求陈卓的工作成果只能依据后代的作品,主要有《敦煌写本》中的"三家星经"和《玄象诗》中的"玄象诗",唐代所编的《晋书》和《隋书》中的天文志及《开元占经》等。研究表明,陈卓综合三家星著于图录的大体步骤为,先以二十八宿为基础,再以先石氏、次甘氏、再巫咸氏的原则,将石、甘、巫三家星去其重复,将其不同补入,进而构建了其全天星官系统。

陈卓总结的全天星官名数一直是制作星图、浑象的标准。据记载，刘宋钱乐之在元嘉十三年（436）和十七年（440）两次铸造浑象，都采用陈卓所定的数字，并用三种不同的颜色来区别三家星。隋代庾季才等人即以这种浑象为基础，参照各家星图，绘制了盖图。7世纪末至8世纪初，又有唐代学者王希明作《丹元子步天歌》，以七字一句的诗叙述了陈卓总结的283官、1464颗星，还创造性地把全部天空分作三十一个大区，即后世流传的三垣二十八宿分区法。陈卓的这一分区法一直到近代都是我国观测星象的基础，他的全天星官系统由此沿用了1000多年。[1]

（二）祖冲之与《大明历》[2]

祖冲之[3]在天文历法方面的成就，大都显现在他所编制的《大明历》和为大明历所写的"驳议"之中。祖冲之在实际观测中发现，作为其前辈的著名天文学家何承天所编的当时正在实行的《元嘉历》有许多错误，如日月方位与实测值相差3度，冬至、夏至差了1天，五星的出没则差了40余天，于是他着手编制《大明历》。在《大明历》的编制中，祖冲之最早将岁差引进历法，区分了回归年和恒星年，提出用圭表测量正午太阳影长以定冬至时刻的方法，并采用了391年加144个闰月的新闰周，推算出一个回归年为365.24281481日。一直到南宋的《统天历》，才采用了比这更精确的数据。按祖冲之的自述，大明历"改易之意有二，设法之情有三"。所谓"改易"，是指在历法计算中考虑岁差的影响和闰周的改革；所谓"设法"则与上元积年的推算有关。

① 参见胡铁珠：《陈卓》，杜石然主编：《中国古代科学家传记》（上集），第156—157页。
② 参见［南朝梁］萧子显：《南齐书·卷五十二·列传第三十三·祖冲之》；杜石然：《祖冲之》，杜石然主编：《中国古代科学家传记》（上集），第221—224页。
③ 祖冲之，字文远，范阳遒郡（今河北涞源）人；南北朝刘宋元嘉六年（429）生于建康（今江苏南京）；萧齐永元二年（500）卒。他在天文历法、数学和机械制造等方面成就卓著。祖冲之的祖籍虽然在河北，但却是生长于南北朝时期南朝的政治、经济中心建康（今南京）。

1.《大明历》的"改易"

《大明历》的"改易"包括以下两个方面:一是证实岁差①现象并引入历法。中国古代的天文学家十分注重对冬至点所处恒星间的位置的观测。最初他们认为冬至点是固定不变的:太阳在黄道上,从冬至点开始,经过一个回归年的运行又回到原来的冬至点。但他们经过长时期的观察,逐渐认识到太阳回不到原来的冬至点,即冬至点每年都要向后(即向西)移动。据现代的观测发现,冬至点大约每年沿黄道后移 50.2″,换算成赤经度数大约是 78 年后移 1°。这就是岁差现象,由太阳、月亮和其他行星对地球赤道突出部分的引力使地球自转轴产生进动所引起。入汉以后的诸家历法逐渐发现冬至点逐年的变化并载有冬至点的位置。如西汉的邓平和东汉的刘歆、贾逵等人都曾观测出冬至点后移的现象,不过他们都还没有明确地指出岁差的存在。魏晋以后,观测日趋细密,对岁差现象的探讨更进了一步。如东晋初年的天文学家虞喜"使天为天,岁为岁,乃立差以追其变,使五十年退一度"(唐代一行《大衍历·议》),开始肯定岁差现象的存在,并且首先主张在历法中引入岁差。南朝宋初年的何承天认为岁差每一百年差一度,但是他在制定《元嘉历》时并没有应用岁差。祖冲之继承了前人的研究成果,不但证实了岁差现象的存在,算出岁差是每四十五年十一个月后退一度,而且在他制作的《大明历》中应用了岁差。他在《大明历》中,取回归年长度为 365.24281481 日,与今天的推算值仅相差 46 秒。由于回归年日数和闰周数据都比较精确,因而大明历朔望月日数——29.5305915日也是比较精确的,误差仅为 0.0000056 日,每月约长 0.5 秒。直到宋代的明天历、奉元历、纪元历等历法中,才有更精确的朔望月数据出现。

二是在《大明历》中改革闰法。早在公元前 500 年左右,中国古代天文学家便采用了 19 年 7 闰(即在 19 年里放置 7 个闰月)的闰周。这虽然可以把回归年和朔望月日数之间产生的关系调和得比较好,但闰数仍大了一些。公元 412 年,南北朝时期北凉的赵𢾺提出 600 年间置

---

① 岁差(axial precession),在天文学中是指一个天体的自转轴指向因为重力作用导致在空间中缓慢且连续的变化。例如,地球自转轴的方向逐渐漂移,追踪它摇摆的顶部,以大约 26000 年的周期扫掠出一个圆锥。

入 221 个闰月的新闰周。但何承天在编制元嘉历时,却未能接受这一新的闰周法。而祖冲之在其所编大明历中,吸取了赵匪改革闰法的思想,并且通过观察发现,19 年 7 闰的闰数过多,每 200 年就要差一天;而赵匪 600 年 221 闰也不十分准确。因此,他提出 391 年置入 144 个闰月的新闰周。祖冲之的闰周精密程度极高。

2.《大明历》三项新的"设法"

《大明历》三项新的"设法"都和"上元积年"的计算有关。[①] 其一,祖冲之进一步提出了"上元"之年。在中国古代,天文学家为了计算上的方便,大都先推算出一个若干年前的理想历元,使各种天象周期都处于初始状态。这样,历法中的其他计算均可依此顺利算出。这个理想中的历元被称为"上元",由"上元"到编制历法时止的累计年数被称为"上元积年"。例如汉初时的太初历便提出以"元封七年十一月甲子日朔旦冬至"为上元,后来的历法还提出把五星也包括进去,即"五星连珠"(五星处在同一初始状态),"日月合璧"(日月也同在此方位上)。据大明历正文记载,祖冲之进一步提出:历元必须是"上元之岁,岁在甲子,天正甲子朔夜半冬至,日月五星聚于虚度之初,阴阳迟疾,并自此始",即要求"上元"之年必须是甲子年,此年十一月初一日亦须是甲子日,此日夜半需恰好为合朔和冬至节气,而且需要此时的日月五星(包括月亮又刚好处在近地点和黄白道的一个交点)都聚集在虚宿初度。

其二,关于冬至时刻的推算,祖冲之首创了巧妙的测量与计算方法,并取得相当好的测算结果。

其三,祖冲之在大明历中还给出交点月的日数 27.2122304,这是中国历法史上的第一个交点月日数据。与现代的理论数值(27.2122152 日)相比,仅差 0.0000152 日,每交点月误差为 1.3 秒。

与上述提出"上元"之年相关,祖冲之还对木、水、火、金、土五大行星在天空运行的轨道和运行一周所需的时间也进行了观测和推算,给出了更精确的五星会合周期。

中国古代科学家算出木星(古代称为岁星)每十二年运转一周。西

---

① 参见《南齐书·卷五十二·列传第三十三》。

汉刘歆作《三统历》时,发现木星运转一周不足十二年。祖冲之进行了重新测量,得出木星每 84 年超辰一次的结论,即定木星公转周期为 11.858 年(今测为 11.862 年)。①

(三) 祖暅的天文学成就②

祖暅③精通天文、数学。他的天文学成就一是修订父亲的遗作《大明历》,二是进行天文观测。

公元 504—510 年,祖暅先后三次向梁政府建议修改历法,申明父亲的大明历能纠正何承天元嘉历中的差错。经过实际观测验证后,梁政府终于在 510 年采用了大明历。

祖暅受其父亲的影响,非常注重天文观测。他在嵩山顶上设立八尺高的铜表(扁方形铜板条),下面和一个石圭相连。石圭上开一个小槽,槽内注入清水,用以定平,相对于水准器。他通过观测铜表正午的日影长短,测定纬度,进行多种天文研究。为了确定南北方位,他立一表叫"南表",正午在南表的日影之末再立一表,称为"中表",只要时间准确,二表指示的方向便是南北。夜间,他通过中表望北极星,于中表之北再立一"北表",使中表和北表上的相应点与北极星正好在一条直线上。第二天中午,再根据三表的日影是否在一条直线上来判断中表和北表的方向是否正好指向南北。他经过多次观测,结果都是否定的。他发现北极星并不在正北方,北极星与北天极(不动处)相差"一度有余"。这是一个重要的发现,从此打破了"北极星即天球北极"的错误观点。此外,他还研制了铜日圭、漏壶等精密观测仪器多种。

---

① 参见王诗宗:《古代天文历法成就之八:祖冲之与新历法的诞生(科技史话)》,《人民日报·海外版》,2001 年 11 月 2 日第 6 版。

② 参见孔国平:《祖暅》,杜石然主编:《中国古代科学家传记》(上集)第 235—239 页。

③ 祖暅,字景烁,又称祖暅之,是祖冲之之子,南朝齐、梁间人。他生活于公元 5—6 世纪。主要科学成就在数学、天文学、建筑学等方面。祖暅少传家业,勤奋好学,青年时代在天文学和数学上已经有很深造诣,是祖冲之科学事业的继承人。他与父亲一起解决了球面积的计算问题,得出计算球体体积的正确公式,这一原理被称为"祖暅原理"。此外,他的主要贡献是修补编辑祖冲之的《缀术》,《缀术》可以说是他们父子共同完成的数学杰作。

（四）陶弘景对天文学和地理学的贡献[①]

陶弘景[②]曾经制作浑天象一台,高三尺左右,地居中央,天转而地不动,无论二十八宿度数,七曜行道昏明,中星见伏早晚,以机转动,都与天相会合;他曾检校了 50 家历书的异同,撰写《帝代年历》5 卷。他"以算推知汉熹平三年丁丑冬至,加时在日中,而天实以乙亥冬至,加时在夜半。凡差三十八刻,是汉历后天二日十二刻也"。后来隋朝修历博士姚长谦也参照陶弘景的《帝代年历》撰写《帝历年纪》,由此可见《帝代年历》一书在天文历算方面的独特贡献。此外,陶弘景还著有《天文星经》5 卷、《天仪说要》1 卷、《象历》1 卷、《七曜新旧术》2 卷。

在地理学方面,史书中称陶弘景通晓山川地理、方图产物。他不仅研究古今行政区域的沿革,著有《古今州郡记》3 卷,而且留心西域地理,制作《西域图》1 张。

第三节　数学与机械学发展

这一时期数学与机械学的发展,分别体现在祖冲之父子二人的成就中。

一　数学

这一时期的数学成果,主要有祖冲之的"祖率"与他所著的《缀术》五卷;祖暅在数学方面的主要贡献是求得了正确的球体积公式,提出著

---

① 参见[唐]李延寿:《南史·卷七十六·列传第六十六·隐逸下·陶弘景》;曾敬民:《陶弘景》,杜石然主编:《中国古代科学家传记》(上集),第 240—241 页。

② 陶弘景,字通明,号华阳隐居,谥贞白先生;丹阳秣陵(今江苏南京)人;南北朝刘宋孝建三年(456)生,梁大同二年(536)卒。他出身于丹阳秣陵有名望的世族家庭,年十岁时得葛洪《神仙传》,昼夜研寻,便有养生之志(姚思廉:《梁书》卷五十一,《陶弘景传》)。陶弘景不仅是南北朝时期的道教大师,而且是著名的科学家。他一生著述甚多,共 80 余种,内容涉及道教、儒家经典、天文、历算、地理、兵学、医学、药学、炼丹术、文学、艺术、史学等方面。

名的祖暅原理。

(一) 祖冲之的"祖率"与《缀术》[①]

据《南齐书·祖冲之传》中说,祖冲之曾"注《九章》,造缀术数十篇"。在国内外各种图书目录中可以见到他所撰写的数学著作包括:《缀术》(或题为其子祖暅所撰,或未具名)6 卷、《九章术义注》9卷、《重差注》1 卷。在古代典籍的注释方面,祖冲之有《易义》《老子义》《庄子义》《释论语》《释孝经》等著作,但均已失传。《隋书·经籍志》中列有《长水校尉祖冲之集》51 卷,这可能是他全部著作或是部分著作的汇集,可惜也早已失传了,现仅可知其中收有"上《大明历》表"和"驳议""安边论"等等。祖冲之在数学方面最重要的成就,乃是关于圆周率的计算。

1. 数学史上的创举——"祖率"

"祖率"即圆周率。在中国古代,也和世界上任何文化开发较早的国家和地区一样,最早被人们使用的圆周率是 3。这一误差很大的数值,在中国一直被沿用到汉代。入汉以后,对圆周率的改进引起了不少科学家的注意,例如刘歆、张衡、刘徽、王蕃、皮延宗等人都进行了相关研究。在这许多人的工作中,生活于魏晋之际的数学家刘徽的研究最为重要。我们可以把刘徽称为祖冲之的先行者。

刘徽在计算圆面积的过程中,实际上也计算了圆周率。他从圆的内接正六边形起算,依次将边数加倍,分别求出内接正 12、24、48、96 等多边形的一边之长,从而算出这些正多边形的面积。边数增加得越多,内接正多边形面积与其外接圆面积之差愈小,算得的圆面积就愈准确,求得的圆周率也就更加精确。边数增加愈多,像是把圆愈割愈细,因此刘徽的这种方法称为"割圆术"(载于现有传本的刘徽注《九章算术》)。刘徽用这种方法求得圆周率的近似值是 157/50(相当于 π＝3.14),也有人认为他还求出了圆内接正 3072 边形的面积,得到 π＝3927/1250＝3.1416。

---

① 参见杜石然:《祖冲之》,杜石然主编:《中国古代科学家传记》(上集),第 224—230 页;《南齐书·祖冲之传》。

关于祖冲之在圆周率方面的贡献,其史料仅见于《隋书·律历志上》,但阐述过于简略,其原文曰:"古之九数,圆周率三,圆径率一,其术疏舛。自刘歆、张衡、刘徽、王蕃、皮延宗之徒各设新率,未臻折中。宋末,南徐州从事史祖冲之更开密法,以圆径一亿为一丈,圆周盈数三丈一尺四寸一分五厘九毫二秒七忽,朒数三丈一尺四寸一分五厘九毫二秒六忽,正数在盈朒二数之间。密率:圆径一百一十三,圆周三百五十五。约率:圆径七,圆周二十二。"①这段文本说明:

① 祖冲之计算圆周率是在刘歆、张衡、刘徽、王蕃等人"各设新率"的基础之上"更开密法"的。

② 他以 1 亿为 1 丈,即由 1000000000(九位数)计算起。

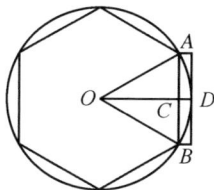
割圆术

③ 他算得过剩近似值和不足近似值,同时指出真值在过剩、不足二近似值之间,相当于算得了 3.1415926＜π＜3.1415927。这样,圆周率的精确度达到小数点后 7 位数字。

④ 他还给出了两个近似的分数值,即

密率:π＝355/113(约为 3.14159292,即小数点后 6 位准确)。

约率:π＝22/7(约为 3.14285714,即小数点后 2 位准确)。

令人遗憾的是,关于祖冲之如何算得出如此精密结果,他使用了什么方法,没有任何史料流传下来。不过,根据当时的情况来进行判断,除了继续使用刘徽"割圆术"之外,并不存在有其他方法的可能性。

清代的数学史家认为,"厥后祖冲之更开密法,仍割之又割耳,未能于徽法之外别有新法也"②,梅文鼎的著作以及《数理精蕴》等书中也都持这种观点。实际上,如按刘徽方法"割之又割",继续算至圆内接正 12288 边形和正 24576 边形,可得出:

内接正 12288 边形面积:S_{12288}＝3.14159251 方丈,

内接正 24576 边形面积:S_{24576}＝3.14159261 方丈。

又据刘徽割圆术可得下列不等式(式中 S 表示圆面积):

① [唐]魏征:《隋书·卷十六·志第十一·律历上》。
② [清]阮元:《畴人传·祖冲之传》。

$$S_{24576} < S < S_{24576} + (S_{24576} - S_{12288}),$$

即可得出

$$3.14159161 < \pi < 3.14159271,$$

而这正是《隋书·律历志》所给出的盈朒二限。

把 1 丈化为 1 亿,从圆的内接正 6 边形算至正 24576 边形,需要把同一个计算程序反复 12 次,而每个计算程序又包括加、减、乘、除、开方等 10 余个步骤。因此,祖冲之为了求得自己的结果,就要从 100000000(九位数)算起,反复进行加、减、乘、除、开方等运算 130 次以上。即使是今天,用纸和笔进行这样的计算,也绝不是一件轻松的事,更何况中国古代的计算都是用罗列算筹来进行的。可以想象,这在当时需要何等的精心和超人的毅力。[1]

2. 数学杰作《缀术》

祖冲之曾写过《缀术》五卷,被收入著名的《算经十书》中。《隋书》评论"学官莫能究其深奥,故废而不理"[2],认为《缀术》理论十分深奥,计算相当精确,学问很高的学者也不易理解它的内容,在当时是数学理论书籍中最难的一本。在唐朝官学中,《缀术》也被列为必读的十部算经之一,且需学习 4 年,年限为各经之首。由此可见其学术价值。[3]

在《缀术》中,祖冲之提出了"开差幂"和"开差立"的问题。"差幂"一词在刘徽为《九章算术》所作的注中就有提及,指的是面积之差。"开差幂"指已知长方形的面积和长宽的差,用开平方的方法求它的长和宽,它的具体解法已经是用二次代数方程求解正根的问题。而"开差立"就是已知长方体的体积和长、宽、高的差,用开立方的办法来求它的边长;同时也包括已知圆柱体、球体的体积来求它们的直径的问题。开差立所用到的计算方法已是用三次方程求解正根的问题了,三次方程的解法以前没有过,祖冲之的解法是一项创举。

---

① 参见杜石然:《祖冲之》,杜石然主编:《中国古代科学家传记》(上集),第 326 页。

② [唐]魏征:《隋书·卷十六·志第十一·律历上》。

③ 参见王诗宗:《中国古代数学成就之十:祖冲之的数学贡献》,《人民日报·海外版》,2002 年 8 月 22 日第 7 版。

《缀术》还曾流传至朝鲜和日本，在朝鲜、日本古代教育制度、书目等资料中，都曾提到《缀术》。但10世纪以后，《缀术》渐渐在各国失传了。不过，《宋史·楚衍传》中有"于《九章》《缉古》《缀术》《海岛》诸算经尤得其妙。天圣初造新历"，这里还是提及了《缀术》。

（二）祖暅与祖暅原理[①]

祖暅在数学方面的主要贡献是在前人成果的基础上，求得正确的球体积公式并提出了著名的祖暅原理。

祖暅原理，又名等幂等积定理，内容是：夹在两个平行平面间的两个几何体，被平行于这两个平行平面的任何平面所截，如果截得两个截面的面积总相等，那么这两个几何体的体积相等。《缀术》有云："缘幂势既同，则积不容异。"

西汉末年成书的《九章算术》中，已经解决了柱、锥、台等的体积计算问题。由于球体积比较难求，一直没有找到正确公式。该书所载的球体积算法，相当于 $V=3/2\pi R^3$（式中 R 为球半径），但是误差太大，与准确公式相比大了1/6倍。为了寻找正确的球体积公式，东汉科学家张衡设想一个边长等于球径的立方体，把球装在里面，使它们正好相切。如果能求出立方体与内切球的体积之比，球体积问题就容易解决了。但是张衡并没有算出正确结果。

三国时期的数学家刘徽发现：对于两个等高的立体，如果用平行于底面的平面截得的面积之比为一常数，则这两立体的体积之比也等于该常数。这就是"刘徽原理"。刘徽用这一原理证明了圆锥、圆台等旋转体的体积公式，然后就集中力量解决球体积问题。他发现《九章算术》和张衡研究中虽然有错误，但张衡的研究方法有一定的可取之处。他把一个球放到另一个能计算体积的立体中去，以便通过上述张衡提出的方法得到计算球体积的公式。但他在张衡提出方法的基础上更进一步：用两个直径等于球径的圆柱从立方体内切贯穿。这时球就包含在两圆柱的公共部分，而且与圆柱相切。刘徽只保留两圆柱的公共部

① 参见孔国平：《祖暅》，杜石然主编：《中国古代科学家传记》（上集），第236—239页。

分,将其取名为"牟合方盖"(以下简称方盖)。如果用一个平行于底面的平面去截立方体,则方盖的截面为正方形,而球截面是正方形的内切圆。刘徽知道正方形与内切圆面积之比为 $4:\pi$,于是根据刘徽原理可以得到球体积:方盖体积$=\pi:4$。

只要求出方盖体积,整个问题就迎刃而解了。但刘徽始终未找到求方盖体积的途径,他最后写道:"以俟能言者",表达了他对于解决这一问题的期待。

祖暅继承了刘徽的思想,并吸取了刘徽的教训,他正是刘徽所期待的一位"能言者"。祖暅不再直接求方盖体积,而是首先研究立方体内除去方盖的部分。他利用了图形的对称性,着重研究这部分的1/8,称为"外棋",相应的方盖的 1/8 为"内棋",内棋与外棋共同构成小立方体,它是原立方体的1/8。

设球半径为 R,于高 h 处作平行于内棋底面的平面。显然,内棋截面是一个正方形,设它的边长为 a,其面积则为 a^2。由于内、外棋截面之 R^2,所以外棋截面为 R^2-a^2,由勾股定理得 $R^2-a^2=h^2$。这就是说外棋在高 h 处的截面积恰为 h^2。祖暅发现:如果作一个底和高都是 R 且有一条棱垂直于底面的倒立四棱锥,则棱锥在高 h 处的截面也是 h^2。他研究了各体积的关系,提出一条重要原理:"幂势既同,则积不容异。"其中"幂"是面积,"势"是关系,"积"是体积。[①] 这句话的意思是:在两立体中作与底平行的截面,若对应处的截面积都相同,则两立体体积相等。这一原理被称为"祖暅原理"。西方称它为"卡瓦列里原理",因为17 世纪时意大利数学家卡瓦列里(Cavalieri)重新发现了这一原理。根据祖暅原理,很容易得到外棋与倒立四棱锥体积相等的结论,而棱锥体积为 $1/3R^3$,所以外棋体积也是 $1/3R^3$,内棋体积为 $R^3-1/3R^3=2/3R^3$,方盖体积为 $8\times2/3R^3=16/3R^3$。[②]

祖暅已经知道刘徽"方盖与内切球体积之比为 $4:\pi$"的结论,就能得出正确的球体体积的公式:

---

① 有些学者把"势"解释为"高","幂势既同"则解释为"等高处的截面积恒相等",亦通。但这恐非作者原意,因为在各种古代文献包括祖暅的其他著述中,未曾发现把势作为"高度"使用的例子。

② 参见孔国平:《祖暅》,杜石然主编:《中国古代科学家传记》(上集),第 238 页。

$$V_\text{球}＝\pi \cdot 16/3R^3 \div 4＝4/3\pi R^3。$$

这表明,自《九章算术》以来,历经四个多世纪,计算球体积问题终于得到圆满的解决,并载入我国数学史。而这一成果的取得亦有祖暅的父亲——祖冲之的功劳。他曾在批驳戴法兴的"驳议"中说:"至若立圆(球)旧误,张衡述而弗改……臣昔以暇日,撰正众谬。"可见他为解决球体积问题曾经进行过相关研究。

二 机械学

这一时期的机械学成果主要包括祖冲之制造的指南车、欹器、千里船等。[①]

除了研究天文历法和数学之外,祖冲之还制造过各种奇巧的机械,同时他还通晓音律,可以称得上是一位博学多才的科学家。他对于各种机械都有着精深的研究。长期以来,他

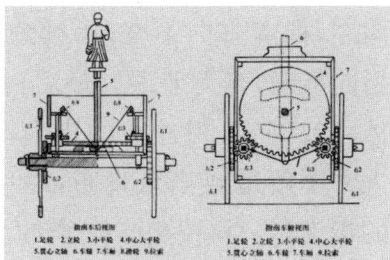

祖冲之指南车结构示意图

奔走民间进行考察,深知民间疾苦,从内心同情劳动人民,有着悲天悯人的博大胸怀。他的多项机械发明,都是本着"不劳人力""不因风水"的理念进行创新和设计,比如他曾设计制造的水碓磨(利用水力加工粮食的工具),铜制机件传动的指南车,一些陆上运输工具,作为计时仪器的漏壶、欹器等工具,都是高效乃至具有革命性的伟大创新。总之,祖冲之就是要减轻劳动人民的负担,让他们专心农业生产。

(一) 巧制指南车[②]

祖冲之曾造过指南车并获得成功。在中国古代,指南车的名称由

① 参见杜石然:《祖冲之》,杜石然主编:《中国古代科学家传记》(上集),第233页。

② 指南车又称司南车,是中国古代用来指示方向的一种装置。与指南针利用地磁效应不同,它不靠磁性,是利用机械传动系统来指明方向的一种机械装置。不论车子转向何方,木人的手始终指向南方,"车虽回运而手常指南"。

来已久，但其机制构造则未见流传。三国时代的马钧曾造指南车，至晋再次亡失。东晋末年刘裕攻长安，得姚秦许多器物，其中也有指南车，但"机数不精，虽曰指南，多不审正，回曲步骤，犹须人功正之"。南朝刘宋升明年间（477—479）萧道成辅政，"使冲之追修古法。冲之改造铜机，圆转不穷而司方如一，马钧以来未有也"。当时还有一位来自北方的工匠名为索驭骥，也自称能造指南车。萧道成"使与冲之各造，使于乐游苑共试校"，而在试车校验过程中索驭骥所造"颇有差僻，乃毁焚之"。①

祖冲之所造的指南车在校验过程中，木头指南人动作协调：车向左时它向右，车向右时它则向左，指南方向不变；后续急速转弯，木头人仍指向准确，毫无差误。最后，裁判官王僧虔和刘休一致判定，祖冲之的指南车完全合格。骠骑大将军萧道成当众宣布，以后自己专用祖冲之的指南车。科技史学家李约瑟博士在对指南

指南车复原图

车的差动齿轮作详细研究后指出：无论如何，指南车是人类历史上第一架有共协稳定的机械。

（二）造欹器

欹器图

祖冲之还曾制造过"欹器"。这种器具用来盛水"中则正，满则覆"，古人常放置在身边以自警，"晋时杜预有巧思，造欹器三改不成"。南齐永明年间（萧赜）竟陵王萧子良"好古，冲之造欹器献之"。关于音律，有的史料记载说"冲之解钟律博塞当时独绝，莫能对者"②。

①［南朝梁］萧子显：《南齐书·卷五十二·列传第三十三》。
②同上。

（三）制千里船

据史料记载，祖冲之还曾制造出一种"千里船"。有关"千里船"的记载最早出现在《南齐书·祖冲之传》中。书中记载："以诸葛亮有木牛流马，乃造一器，不因风水，施机自运，不劳人力。又造千里船，于新亭江试之，日行百余里。"[①]这说明祖冲之不仅以诸葛亮的"木牛流马"为蓝本，发明了

千里船模型图

新式的"木牛流马"，而且还经过认真探索研究，创造出了一种新型的水上交通工具——"千里船"。"千里船"，顾名思义，应该是日行千里的高效的水上交通工具。但从上述记载中我们知道，这种船其实"日行百余里"。史学家认为，祖冲之在新亭江为他的"千里船"所做的处女航，其实追求的不是高效和速度，而是在验证一种高效推进方式的可能性。这种"高速船"，很可能应用了一种新的动力源或者新的动力方式。在古代，船只一般是以风力和人力作为动力源，以桨、橹或水车明轮等作为推进工具。根据当时的历史条件可以推断，祖冲之发明的"千里船"，可能是对传统的船只作了尝试性的改进，以增加一种高效的原动力，或者是基于东晋末年的"蒙冲小舰"改良而来，因而是具有更好的明轮推进装置的新型快速船。

第四节　化学、医药学与农学发展

三国至隋唐时期化学、医药学与农学的发展，分别体现在葛洪、陶弘景与陆龟蒙的成就中。

一　化学(炼丹术)与医药学

这一时期医药学与化学(炼丹术)的成果主要有葛洪的《抱朴子内

---

① [南朝梁]萧子显：《南齐书·卷五十二·列传第三十三》。

篇》20卷,其中的《金丹篇》与《黄白篇》集中反映了汉晋时期中国炼丹术化学的面貌;以及陶弘景的《合丹药诸法式节度》1卷、《集金丹黄白方》1卷、《太清诸丹集要》4卷、《炼化杂术》1卷等。

(一) 葛洪的《抱朴子内篇》①

1. 在炼丹术方面的成就

葛洪②的《抱朴子内篇》③是中国炼丹术发展史上一部极重要的经典著述,是对西汉迄东晋炼丹术早期活动和成就的基本概括和全面总结,具有承前启后的重要作用。这部书对晋代炼丹术活动的各个方面都有翔实记载,其言语质朴,说理明晰。

《抱朴子内篇·金丹》中主要叙述了各种神丹妙药的炼制,其中包括葛洪对金丹长生观的阐述。该书较系统地介绍了《黄帝九鼎神丹经》与《太清神丹经》(这两部道书都问世于西汉末或东汉初),这是了解早期中国炼丹术的珍贵史料。《九鼎丹经》记载了神丹9种:丹华、神符、神丹、还丹、饵丹、炼丹、柔丹、伏丹、寒丹。

2. 炼丹术与化学

在《金丹篇》中,葛洪还具体介绍了"五灵丹法""岷山丹法""务成子丹法"等28种"仙丹"的炼制秘诀。实际上,炼丹过程亦是一种化学实验,因为炼丹有一套较为完整的操作规程,其中广泛地利用了各种矿物原料,在制取"仙丹"即化学制剂的同时,也观察到了许多化学变化。

另由《抱朴子内篇·黄白》可知,东晋时期的炼丹家已经广泛开展实验探究活动,试图转变铜、锡、汞、铁等金属为黄金、白银。葛洪在书中提到,在当时已有"神仙经黄白之方二十五卷"。所谓"黄"即黄金,"白"即白银。在当时的技术条件下实现这种转变是不可能的,但如果他们确实炼制到了某些黄色和白色的金属,那么对古代的合金学则有

---

① 参见赵匡华、蔡景峰:《葛洪》,杜石然主编:《中国古代科学家传记》(上集),第192—198页。

② 葛洪(约283—约343),字稚川,别号抱朴子,丹阳句容(今江苏句容)人。他致力于研究炼丹术、中医学、道教理论等,写成《抱朴子内篇》20卷、《抱朴子外篇》50卷及《神仙传》10卷,以及医书《玉函方》及《肘后备急方》。其《内篇》是讲神仙方药、鬼怪变化、养生延年、禳邪却祸,属于道家;《外篇》讲人间得失、世间褒贬,属于儒家。

③ [晋]葛洪:《抱朴子内篇》,王明校释本,中华书局1980年版。

重要贡献。葛洪陈述道："昔从郑公（郑隐）受《九丹》及《金银液经》，因复求授《黄白中经》五卷。郑君言，曾与左君（左慈）于庐江铜山中试作，皆成也。"这说明他们炼制出了黄、白的合金。他在《黄白篇》中简略地公开了一些他所收集到的黄白术技艺，如"金楼先生所从青林子受作黄金法""角里先生从稷丘子所授化黄金法""小儿作黄金法""务成子法"等，"足以寄意于后代"。

此外，葛洪在其《抱朴子内篇·仙药》中还对石芝、云母、雄黄、诸玉、桂、巨胜、柠木实、松脂、菖蒲等所谓仙药的特征、产地、采集、性质、加工及服食法都进行了详细说明，这对于研究中国古代医药学、动植物学和矿物学都是极为珍贵的资料，对人们了解道教丹鼎派的思想和活动也十分重要。

在《抱朴子内篇》中，葛洪也记载了他的师祖辈和他自己以及其同时代的方士们通过炼丹实践所了解到的一些化学变化。葛洪正是根据这些化学变化及其他一些观察或传闻，提出"变化者，乃天地之自然"，进而坚信人的创造智慧和力量，既可以模仿宇宙天地间的千变万化，又可制造出各种新鲜事物，演绎各种奇异的物类变化，由此论证神丹和黄金皆可炼出。

（二）陶弘景的炼丹术与冶金术

陶弘景不仅在天文学和地理学方面颇有成就，在炼丹术与化学及冶金技术方面也有卓越的贡献。

1. 炼丹术与化学[①]

在炼丹术方面，陶弘景著有《合丹药诸法式节度》1 卷、《集金丹黄白方》1 卷、《太清诸丹集要》4 卷、《炼化杂术》1 卷、《服云母诸石消化三十六水法》1 卷等。据史载，他从梁武帝天监四年（505）到普通六年（525），进行了长达 20 年的炼丹活动，经历过 7 次以上大规模的炼丹实验。《南史·陶弘景传》曰："弘景既得神符秘诀，以为神丹可成，而苦无药物。帝（指梁武帝萧衍）给黄金、朱砂、曾青、雄黄等。后合飞丹，色如

---

① 参见曾敬民：《陶弘景》，杜石然主编：《中国古代科学家传记》（上集），第 245—247 页。

霜雪,服之体轻。及帝服飞丹有验,益敬重之,每得其书,烧香虔受……天监中,献丹于武帝。"《隋书·经籍志四》曾记载梁武帝"令弘景试合神丹,竟不能就,乃言中原隔绝,药物不精故也"。其实,陶弘景多次开丹鼎"皆获霜华"(反应器上部的升华结晶物),其门人都认为丹成,而他认为各种丹成的标准应包括服食成仙加以检验,由此,其所炼之丹未成。而从化学的视角来看,陶弘景每次开鼎"皆获霜华"的炼丹实验是成功的。

由于陶弘景的炼丹著述都早已亡佚,现在只能从他撰的《本草经集注》中略知一二。汞是炼丹的主要原料,陶弘景认为:"水银还复为丹,事出仙经,酒和日暴,服之长生。烧时飞著釜上,灰名汞粉,俗呼为水银粉,最能去虱。"[①]这里的"汞粉""水银灰"是指氧化汞。水银在空气中缓慢加热,会生成红色氧化汞,不过炼丹家们最初不能区分氧化汞与硫化汞,两者常被混淆,因而将其统称为"丹""还丹"或"丹砂"。陶弘景指出这种"汞粉"最能去虱,这是开了将氧化汞作为杀虫药物的先河。他还对人工炼制的水银和天然产的水银进行比较,并指出:水银"甚能消化金银,使成泥,人以镀物是也"。这里明确提到了金银汞齐的性质及其在镀金镀银上的用途。

陶弘景指出,铅也是炼丹中的重要原料。他在《本草经集注·铅丹》中说:铅丹"即今熬铅所作黄丹也,画用者,俗方亦稀用,惟仙经涂丹釜所须。云化成九光丹者,当谓九光丹以为釜尔,无别变炼法"。这里明确指出丹釜须涂铅丹,其作用是在高温下分解放出氧气,以利于氧化汞等丹药的生成。陶弘景还在《本草经集注·粉锡》中指出,粉锡"即今化铅所作胡粉也"。这一论述改变了中国古代不少医药学家铅锡不辨的状况。

陶弘景通过研究黄白术,主张服食真正的金屑和银屑,而且很重视服食药金、药银。他认为雄黄"炼服之法皆在仙经中,以铜为金亦出黄白术中"。这是关于黄白术中以雄黄点铜为砷黄铜的记载。他还陈述了空青"又以合丹,成则化铅为金矣";曾青"化金之法,事同空青";石硫

---

① [南朝梁]陶弘景编著,郭秀梅主编:《本草经集注·水银》,学苑出版社 2000 年版。

黄"仙经颇用之,所化奇物并是黄白术及合丹法";礜石"丹方及黄白术多用之";磁石"仙经丹方,黄白术中多用之"等。至于雌黄,虽然他没有明确提到它在黄白术中的用途,但指出雌黄"仙经无单服法,惟以合丹砂、雄黄共飞炼为丹尔。金精是雌黄,铜精是空青,而服空青反胜于雌黄,其义难了"。这说明他认为雌黄可以与丹砂、雄黄一起飞炼为丹服用;而由于"雌黄"是金精,也可以直接服饵"雌黄"。

陶弘景还曾研究水法炼丹。硝石是古代水法炼丹的重要原料,对此他陈述道,硝石"仙经多用此消化诸石,今无正识别此者……其色理与朴消大同小异,朏朏如握盐雪不冰,强烧之,紫青烟起,仍成灰,不停沸,如朴消,云是真消石也……化消石法在《三十六水方》中"。这实际上就是现代化学中钾盐的火焰分析法。陶弘景的这一陈述是世界化学史上钾盐鉴定的最早记载。

陶弘景对于某些化学变化现象的观察也比前人更为细致,叙述得更为清楚。例如他在《本草经集注·锻石》中说:"今近山生石,青白色,作灶烧竟,以水沃之,即热蒸而解末矣。"这是他对于石灰的制法和化学作用的正确记述。

2. 炼丹与冶金[①]

由于炼丹时,丹炉上须置刀或剑,并悬镜,所以中国古代炼丹家都很重视冶铸技术的研究和革新。陶弘景亦是一位锻炼刀剑的专家,曾著有《剑经》一书。今本《古今刀剑录》题为陶弘景撰,但《四库全书总目》疑有后人窜作。据《梁书》本传记载,梁大通初,陶弘景"又献二刀于高祖(梁武帝),其一名善胜,一名威胜,并为佳宝"。陶弘景在《本草经集注·白青》里提到,以白青炼制"铜剑之法,具在《九元子术》中"。九元子是古代一位著名炼丹家。陶弘景所炼的剑大概是铜制的,而刀可能是钢制的。他在《本草经集注·铁精》里还说过:"钢铁,是杂炼生镊,作刀、镰者。"这是最早明确记载用生铁和熟铁合炼成钢(即灌钢)的文献资料。梁元帝萧绎在《金楼子·终制篇》中提到要在死后带"陶华阳剑一口以自随",由此可见,陶弘景炼制的刀剑在当时很出名。

① 参见曾敬民:《陶弘景》,杜石然主编:《中国古代科学家传记》(上集),第247页。

二 陆龟蒙的农学成就①

隋、唐以后,尤其是在"安史之乱"之后,中国的经济中心开始向南方转移,南方的农业由原来的"火耕水耨"向精耕细作发展。其核心的耕作技术体系是以"耕、耙、耖"为特征。陆龟蒙②的《耒耜经》正是对这一体系的总结。

(一)《耒耜经》

陆龟蒙根据"象耕鸟耘"的传说,将"深耕疾耰"作为精耕细作技术体系的原则。他认为,由于在耕、耙、耖的技术体系中,耕是最关键的环节,因而江东一带水田耕作农具——犁显得非常重要。由此,陆龟蒙写了《耒耜经》一文,对当时耕作所用的农具犁及其各部分构造与功能作了较为详细的记述和说明。

耒、耜是两种原始的翻土农具,传说当年神农氏"斫木为耜,揉木为耒",而最初的耒只是一根尖头木棒,后来又在木棒的下端装上了一根短棒,用于踏脚,这便是耜。使用耒耜的方式多样,一人用的称为"力田",二人用的称为"耦耕",三人或多人用的称为"劦(协)田"。后来随着金属工具和兽力的使用,耒耜就进化为犁。最初的犁只是将原来耒耜的一推一拔变为连续推拔。到秦汉时期,犁已经是由犁铧、犁壁、犁辕、犁梢、犁底、犁横等零部件组装成的一个耕地器械,但大多是直把长辕犁,回转不灵便,在南方水田中使用尤其不便。到了唐代,就将这种长辕犁改进为曲辕犁,在江东一带广泛使用。

根据《耒耜经》记载,江东曲辕犁为铁木结构,由犁铧、犁壁、犁底、

① 参见曾雄生:《陆龟蒙》,杜石然主编:《中国古代科学家传记》(上集),第 420—423 页。
② 陆龟蒙(？—约 881),字鲁望,长洲(今江苏苏州)人。其主要贡献在农学方面。陆龟蒙生于官僚世家,却终身以农为业,虽以隐士自诩,却怀儒家之志,修身持家、治国平天下的理想每见于笔端,饮誉文坛,同时又能对历来不为文人士大夫所重视的农具进行细致的研究总结,为中国古代农具发展史留下宝贵的文字记载。陆龟蒙作为一位文学家,其成就主要在诗歌和小品文方面;作为农学家,其影响则主要在农具方面,而农具方面的成就又突出地体现在对江东犁的总结上。由于犁在农业中的重要作用,可以说犁的进化史就是古代农业史,这就决定了陆龟蒙在中国农业史上的重要地位,以至于研究中国犁的学者,言必称颂陆龟蒙的《耒耜经》。

压镵、策额、犁箭、犁辕、犁评、犁建、犁梢、犁槃等 11 个零部件组成。这些零部件都有其不同的形状和不可或缺的功能。其中犁铧用以起土；犁壁用于翻土；犁底和压镵用以固定犁头；策额保护犁壁；犁箭和犁评用以调节耕地深浅；犁梢控制犁垄的宽窄；犁辕是操作手柄；犁槃可以转动控制方向。这种犁结构合理、回转灵活、使用轻便，它的出现标志着中国传统步犁已基本定型。

《耒耜经》一共记载了 4 种农具，除上述的江东犁以外，还有爬、礰礋和碌碡。关于这三种农具的功能，陆龟蒙在文中阐述道："耕而后有爬，渠疏之义也，散垡去芟者焉。爬而后有礰礋焉，有礰碡焉。"即犁耕了以后就要用爬碎土（散垡）、清理杂草（去芟），接着用礰礋和碌碡将碎土碾平整地。《耒耜经》是中国最早的一部农具专著，也是第一篇谈论江南水田农业生产的专文。

陆龟蒙是农学家，同时也是农学的践行者，他亲自参加大田劳动，中耕除草从不间断。正因有农业生产的亲身体验，他才写出《耒耜经》这样的力作。他不仅对农具进行了阐述，而且在植物保护、动物饲养等方面也多有贡献。比如，他对柑橘害虫桔蠹的形态、习性及自然天敌进行仔细观察，写了《蠹化》一文，虽然他主要是借物抒怀，但是此文也是一篇古代对柑橘害虫的生物防治史料。陆龟蒙还观察凫（野鸭）和鹥（海鸥）对水稻等粮食作物的危害，在《禽暴》一文中提出了网捕和药杀的防治办法。陆龟蒙还在《记稻鼠》一文中指出田鼠对水稻的危害性，提到了驱赶和生物防治两种防治办法。在动物资源保护方面，他在《南泾渔父》诗中强调要保护渔业资源："孜孜戒吾属，天物不可暴。大小参去留，候其孳养报。终朝获渔利，鱼亦未常耗。"他竭力反对以"药鱼"破坏渔业资源的做法，积极提倡采收鱼卵、远运繁殖的"种鱼"方略，以保护渔业资源。

（二）渔具与饮茶的研究

陆龟蒙是研究与实践并重的农学家，同时也是一位诗人，有钓鱼、饮茶、作诗的嗜好，因而对各种渔具和茶具都深谙其妙，为之写诗歌咏。他的渔具诗是研究唐代渔业的珍贵史料；而他的茶具和茶咏诗也影响极为深远,对于茶叶文化和茶叶历史的研究具有十分重要的意义。

陆龟蒙基于多年垂钓江湖的经验,创作了《渔具十五首并序》及《和添渔具五篇》,对渔具和渔法有独到的研究。在《渔具十五首并序》中,他介绍了 13 类共 19 种渔具和两种渔法。19 种渔具中有属于网罟类的罛、罾、翼、罩等;有属于筌类的筒和车;还有梁、笱、罧、猎、叉、射、桹、神、沪、舴艋、笭箵等。这些渔具主要是根据不同的材料和制造方法,不同的用途和用法来划分的。"或以术招之,或药而尽之"为两种渔法。陆龟蒙的好友皮日休十分赞赏陆氏的渔具诗,认为"凡有渔已来,术之与器,莫不尽于是也"。在《和添渔具五篇》中,陆龟蒙还歌咏了与渔人息息相关的五种事物,即渔庵、钓矶、蓑衣、箬笠、背篷等。

陆龟蒙亲自进行茶叶生产实践和经营,对种茶、制茶、品茶、评茶、茶史文献等进行研究,所作咏茶诗《奉和袭美茶具十咏》十分生动形象。这组咏茶诗包括茶人、茶笋、茶籝、茶舍、茶灶、茶焙、茶鼎、茶瓯、煮茶十首,全面地展现了十幅唐代茶事的画卷,对后世影响深远。陆龟蒙写过《茶书》,但已失传,而《奉和袭美茶具十咏》却保留了下来。这是研究唐代茶文化的宝贵资料。

第五节　医学发展

这一时期医学的发展,分别体现在葛洪与陶弘景的成就中。葛洪在致力于炼丹术的同时,勤奋地钻研医术,他是东晋时期对我国医学贡献最大的医学家;陶弘景除上述在天文历算、地理学、炼丹术(化学)冶金方面的贡献以外,在医药学方面也成就卓著。

一　葛洪在医学上的成就[1]

葛洪在医学上的成就是多方面的。他著有一部百卷本的《玉函

---

[1] 参见赵匡华、蔡景峰:《葛洪》,杜石然主编:《中国古代科学家传记》(上集),第 199—202 页。

方》,虽然此书后来失传,但从他的自序可知,此书是他在"周流华夏九州之中,收拾奇异,捃拾遗逸,选而集之。使种类殊分,缓急易简,凡为百卷,名曰玉函"。他的另一部医著是《肘后备急方》,是中国第一部临床急救手册,后人对其作了一些整理,至今仍然是医学方面的重要著作,体现了葛洪在医学上的伟大贡献。《肘后备急方》又名《肘后救卒方》,经梁代陶弘景的增补,改名为《肘后百一方》;后经金代杨用道再度修订整理,更名为《广肘后备急方》,现今的版本即是经杨用道增订的。

(一) 为民的医学思想

葛洪皈依道教,是一个虔诚的道教徒,醉心于炼制仙丹,追求长生不老。在这个过程中,他为了广泛收集资料,也为了寻觅理想的炼丹场所,曾经"周流九州之中"。在与民间广泛、深入的接触中,他深感百姓患病后求治不易,常常因为缺医少药,又无简易的自疗方法,只好任凭疾病折磨。如《肘后备急方》[①]序言曰:"医有方古也。古以来着方书者,无虑数十百家,其方殆未可以数计,篇帙浩瀚,苟无良医师,安所适从?况穷乡远地,有病无医,有方无药,其不罹夭折者几希。"而《肘后备急方》"使有病者得之,虽无韩伯休,家自有药;虽无封君达,人可为医,其以备急固宜"[②]。在病人亟须用药时,可参照《肘后备急方》,选用一些价廉效显、山村僻壤易得的药物治病。

正是基于上述为民的医学思想,葛洪在《玉函方》的基础上,收集各种简便易行的医疗技术和单验方,编撰了《肘后备急方》3 卷(后世整理成 8 卷)。书名"肘后"指可随身携带于臂肘之后,"备急"则多用于急救之病症,这与现代"急救手册"具有同等含义。该书中所列药品都廉价易得,治疗技术也力求简便易行。如对于古代的针灸技术,他只倡用灸疗法,因为针术不是一般患者所能掌握,而灸术则容易做到。关于施灸部位(穴位),他总是以通俗、明确的语言指出其大致的位置,如"两乳间""脐下四寸",而绝少用穴位名。这样,就达到了他所说的:"凡人览之,可了其所用,或不出乎垣篱之内,顾眄可具。"实用简便性是《肘后备

① [晋]葛洪:《肘后备急方》,人民卫生出版社 1982 年影印版。
② [晋]葛洪:《肘后备急方·序一》。

急方》流传不衰的重要原因。

（二）传染病学研究方面的成就

传染病，尤其是急性传染病，自古有之。东汉张仲景的《伤寒论》总结了当时在发热性传染病方面的成就，为人们所推崇和遵循。葛洪认为，尽管张仲景及其所遵循的《黄帝内经》的治疗体系十分严谨，但不适用于穷乡僻壤，而且伤寒学体系并不能诊治全部发热性传染病。他指出，古代治疗伤寒的麻黄汤、桂枝汤、柴胡汤、葛根汤、青龙汤、白虎汤等20多张方子都是"大方"，其药材复杂难备。为了贫穷山村治病之需，他设计了一些简便易行的效方。

自古以来，医界把热性传染病都归入伤寒，认为是伤于寒邪所致，且有"冬伤于寒，春必病温"之说。而葛洪则提出另说。他认为，"疠气兼挟鬼毒相注，名为温病"。由于《肘后备急方》重在提供简易方剂，不是论述医理的专著，所以他对"疠气"并未深入论述。这一学说到了明代，发展成"疠气"说与"杂气"说，从而建立了温病学派的新学说。而葛洪的上述思想则开了温病学说的先河，进而使我国传染病学发展取得了重要的进展。

葛洪对许多急、慢性传染病的记载，在我国医学文献中是首次记录，其中有的甚至是世界医学史上的最早记录。这些疾病包括：

1. 天花

在《肘后备急方》中，葛洪提到：有一年流行一种传染病，病人发病时，全身包括头面都长疮，不多久就遍及全身，发红似火，随后疮里灌脓变白。如得不到治疗，大多会死亡；即使不死，病愈后也留下疮疤并变为黑色。这正是对天花发病的全过程的描述，在国内是最早的记录。

2. 流行性钩端螺旋体病或称出血热

《肘后备急方》指出，有一年发现一种患者会浑身发黄的病。病人起病时只觉四肢沉重，精神不爽，不多久，黄色由双眼遍及全身，并且有全身出血的现象，亦可致人死亡。

3. 黄疸性传染性肝炎

患者的症状为：周身发黄，胸部胀满，四肢肿胀，有时出汗亦是黄色的。

4. 恙虫病

在《肘后备急方》中，葛洪提到一种沙虱病[①]，其病状是："初得之皮上正赤"，大小与豆黍米粟粒一般，用手摸之其痛如刺。几天后，全身疼痛发热，关节疼痛，活动不便，以后皮肤的病变结痂，厉害的可致人死亡。这一记载包括发热、皮疹、焦痂以及得病之经过，与恙虫病相同。该病一般认为是日本的桥本伯寿于 1810 年最早报道，其病名叫"都都瓦"，但是与葛洪的描述相比，实则晚了千年以上。

5. 结核病

类似结核病的记载，也许在葛洪之前的医家早有提及，但都不如葛洪阐述得具体、明确和详尽。他认为，有一种尸注鬼注病，得病者症状很多，可多达 36 种至 99 种，但大多表现为发热畏寒，精神恍惚，说不出具体病痛所在，却又无处不感到难受。这种病可拖得很久，"累年积月，渐就顿滞，以至于死，死后复传之旁人，乃至灭门"[②]是对结核病这种慢性感染的描述。

（三）寄生虫病研究方面的成就

古代对疾病的病原体只能靠肉眼观察，故微生物在当时无法被发现。医学昆虫虽小，却能被认真的"有心人"所发现，葛洪正是这样的"有心人"。

1. 恙螨

这是一种只有针尖大小的传播疾病的医学昆虫。葛洪在书中提到，可以用针把这种恙虫（当时叫沙虱）挑起，它的形状与疥虫相似，只有放在指甲盖上对着日光观察，才能看清。疥虫是一种皮肤寄生虫，只有 0.25 毫米×0.3 毫米大小，葛洪把沙虱与疥虫相比，可见当时他已经知道疥虫，熟悉疥虫的形态。一般医学界认为疥虫是阿拉伯医生阿文佐亚（Avenzoar，1113—1162）发现的，这比葛洪晚了 800 多年，至于恙

---

① 近年有人认为《肘后备急方》中的沙虱病应是现代的血吸虫病，而射工这一类病才是恙虫病。这个问题目前尚难下定论，有待深入探讨。
② ［晋］葛洪：《肘后备急方·治尸注鬼注方第七》。

螨,则更是近代才得以见到,就更无法相比了。

2. 血吸虫病

这是一种寄生在人体肝门脉血管系统中的寄生虫。《肘后备急方》中记载的中溪毒、射工、蜮等病,描述人在溪水中或溪边受感染,起初恶寒发热,皮肤上也有小疱,并可引起疱痢,即发热头痛,四肢烦懒,并有大便下痢的症状。在江南、东间诸县,流行此病。这种下痢及发热、皮疹的病症,与现代描述的血吸虫病(急性期)相似。

(四) 症状学及治疗学方面的成就①

1. 症状学

《肘后备急方》中所记载的各种各类不同疾病和不同病症,都很简练精当,从上述对天花、结核、黄疸型肝炎等症的记载,已可见一斑。他还有两项特殊成就。一是对不同类型的脚气病的描述。他认为脚气病首先是在岭南、江东等地发现和流行的。病人"得之无渐,或微觉疼痹,或两胫小满,或行起忽弱,或小腹不仁,或时冷时热,皆其候也。不即治,转上入腹。便发气,则杀人"②。即病人刚发病时不太觉得,只感到双脚发麻微胀痛,随后可能双小腿浮肿,或双腿乏力,腹部胀满。若不治,则也可能转入腹部,发病后很快死亡。这些症状符合现代所说的缺乏维生素 B 导致的两种脚气病,即干性和湿性脚气病。湿性者主要表现为腿肿发麻;干性者又称心脏型,虽无水肿,但侵犯心脏后会突然发病死亡。葛洪的这些记述十分精要。二是书中所载的"角弓反张"症状。③ 患此症后,全身肌体强直痉挛,尤其背肌收缩导致头颈极度向后弯曲如弓,故称"角弓反张"。葛洪对这一症状的观察仔细入微,这与现代所说的破伤风类病症相同。葛洪描述这一病症所用的"角弓反张"一词一直被临床沿用。

2. 治疗学

葛洪在治疗学方面的贡献更为突出。首先,在治疗被猘犬(即疯

---

① 参见赵匡华、蔡景峰:《葛洪》,杜石然主编:《中国古代科学家传记》(上集),第 202—205 页。
② [晋]葛洪:《肘后备急方·治风毒脚弱痹满上气方第二十一》。
③ 参见[晋]葛洪:《肘后备急方·治中风诸急方第十九》。

狗)咬伤时,他创造性地提出"仍杀所咬犬,取脑傅之,后不复发"①。这种以咬人疯狗的脑髓敷伤处治疗的方法,是否果真能达到"后不复发"的效果,尚待证实,但这种基于古代"以毒攻毒"的治疗思想,却是至可宝贵的。近代曾证实,狂犬病是由狂犬病病毒所致,人被狂犬咬伤后,病毒从伤口进入体内,并与神经组织有特殊的亲和力,导致狂犬病发作。狂犬的脑髓及唾液中均有大量病毒存在,这是客观存在的事实。法国的科学家巴斯德正是从脑组织中分离和培养狂犬病毒,并制成病毒疫苗治疗该病的。这种方法,现在称为被动免疫治疗。因此人们常把葛洪的上述治疗方法,称为免疫治疗思想的萌芽。

其次,葛洪提出了许多特效的治疗药物。这里值得一提的是治疗脚气病和疟疾的药物。在脚气病的治疗方面,他提出用大豆、牛乳、蜀椒和松节松叶等来治疗脚气病。现代化学分析的结果表明,这些药物中包含有较丰富的维生素 B,用其治疗脚气病效果较理想。关于疟疾的治疗,《肘后备急方》中曾提及疟疾种类较多,计有老疟、温疟、瘴疟、劳疟、疟兼痢等多种。治疗的药物也是多样的,计有常山、鼠妇、豆豉、蒜、皂荚、鳖甲等,虽然有的有副作用或毒性,但在古代仍起到积极的治疗作用。值得一提的是还提到一种青蒿治疗法,其法是将"青蒿一握,以水二升渍,绞取汁,尽服之"②。我国当代科学工作者在这一思想的启示下,对青蒿作了研究,发现青蒿中含有青蒿素③,这是一种新型、优质的特效药,它与以往的奎宁、氯喹等不同,对于恶性疟疾,特别是脑型的恶性疟疾,以及对氯喹等具有抗药性的疟疾,均有理想的疗效,被现代药学界誉为继氯喹之后抗疟史上的一个突破。应该指出的是,青蒿中所含的这种有效成分,是一种不耐热的化学物质,在加热后即失去其抗疟性能。而葛洪在书中摒弃了中药最常用的熬汤的剂型,改用绞取汁的方法,这种认真观察和深入实践的科学精神值得弘扬。

《肘后备急方》中还提出不少我国古代独特的治疗技术。比如,捏

① [晋]葛洪:《肘后备急方·治卒为猘犬所咬毒方第五十四》。
② [晋]葛洪:《肘后备急方·治寒热诸疟方第十六》。
③ 2015 年 12 月 7 日下午,当年诺贝尔生理学或医学奖得主、中国科学家屠呦呦在瑞典卡罗林斯卡医学院用中文发表了题为《青蒿素的发现:传统中医献给世界的礼物》的主题演讲。

脊疗法:其方法是令病人伏卧床上,医者用双手的手指拈取患者脊柱旁的皮肤,要深取,使其略有痛感,并从龟尾(就是尾脊处)向上,一直到项背顶端。用这种方法治疗腹痛,尤其是儿童疳积病,效果很好,至今仍为临床常用。

再如食道异物疗法。当病人在进食时不慎将鱼骨鲠喉或误将其他异物吞入食道,葛洪采用的方法是:将一团薤白放入口中咀嚼,使其变柔软;然后以绳系住这团薤,令患者整团吞入,直至鲠骨处。因薤系粗纤维,当即将异物裹入。此时医者手拉绳端,将异物拉出。如果异物较大,如误吞钗,也是用一大团干萎的薤,煮熟后,切食一大团,和钗一起进入腹中,再排出体外。

葛洪还记录了各种食物、药物中毒的治疗方法,毒物有野葛、狼毒、杏仁、水银、羊踯躅、半夏、附子、莨菪、毒菌、毒肉等,所用的解毒剂有甘草、大豆、鸡蛋、荠苊等,其中有的是服用后起化学中和作用而解毒,也有的是催吐使毒物立即被吐出,总之都会产生一定的疗效。对于昏迷不醒的病人,葛洪简便有效的急救方法是用灸法,即灸人中穴、膻中穴等,如果没有灸艾等材料时,他主张用手指甲掐人中穴的方法,至今仍是一种常用易行的急救方法。

《肘后备急方》是一本简易急救疗法手册,各种药物、治疗技术大多是易得、易于掌握的,葛洪的医疗技术被后世誉为"简便验廉"。他的这些诊疗思想和方法,对中医的发展具有较大的影响,尤其是明清时期发展起来的走方医、铃医等学派,都与葛洪上述医学思想有较密切的关系。

二 陶弘景的医学成就①

陶弘景的医药学思想主要蕴含在其撰述的相关道教典籍之中,如《真诰》《登真隐诀》《真灵位业图》等。这些著述都是道教史上重要的经典。

---

① 参见曾敬民:《陶弘景》,杜石然主编:《中国古代科学家传记》(上集),第240—247页。

（一）《本草经集注》

陶弘景著有《本草经集注》7卷、《名医别录》3卷、《补阙肘后百一方》3卷、《药总诀》2卷、《陶氏方》3卷、《效验方》5卷等。但是这些书早已散失，今仅存敦煌石室藏六朝时手抄本《本草经集注》叙录残卷和吐鲁番出土的仅载有燕屎、天鼠屎、鼹鼠、豚卵四味药的《本草经集注》残卷①。今本《肘后备急方》中虽然保存了《补阙肘后百一方》的部分内容，但陶弘景增补内容大多已与葛洪《肘后救卒方》内容重合在一起。《本草经集注》《名医别录》的主要内容保存于《证类本草》《本草纲目》等书中。

自《神农本草经》之后，又陆续有《蔡邕本草》《吴普本草》《李当之药录》等新的本草著作。但这些著作都是在《神农本草经》的基础上，对于魏晋以来所发现的新药进行整理总结而成，其体例都不够统一，内容也比较简单，其中还有许多错误。因此，陶弘景于494—500年间对以前的本草著作进行了勘订整理。他在《本草经集注》中说："以《神农本经》三品，合三百六十五为主，又进名医副品，亦三百六十五，合七百卅种。精粗皆取，无复遗落，分别科条，区轸物类……合为七卷。"②即不仅将《神农本草经》所载的365种药加以订正发挥，还增补了汉魏晋以来的名医如张仲景、华佗、吴普、李当之等的副品药物365种，共计730种，汇编成《本草经集注》。在撰写时，为了区别上述不同的文本，陶弘景将《神农本草经》的内容都用朱笔抄写，而张仲景等名医增录的资料用墨笔抄写，他自己的注文则用小字抄写，这样不仅保存了《神农本草经》的原貌，使其原文得以流传下来，而且使得其他名医本草研究成果得以汇集。

（二）药物学成就

陶弘景对药物学的贡献主要有以下几个方面：第一，首次将《神农

---

① 吐鲁番出土的残卷为一个残片，卷上只有燕屎、天鼠屎的全文及豚卵后半部的注文，还有鼹鼠的前部正文，应是《本草经集注》中兽类药的部分内容。

② ［南朝·梁］陶弘景：《本草经集注·序录上》。

本草经》中的上、中、下三品的药物分类改为按照药物的自然属性分类。比如,他将药物分为玉石、草、木、虫兽、果菜、米食、有名未用等七类,除有名未用一类外,对其他六类中的每一类再将其分为上、中、下三品。第二,对药物的性味、产地、采集、形态、炮制、鉴别及其应用等均有新的阐述。在《本草经集注》中,他对于药物的寒、热性味用朱、墨点予以区别,其中朱点为热、墨点为冷、无点为平。他对于药性则进行了细分,比如,寒、微寒、大寒、平、温、微温、大温、大热共 8 种,这样,有利于进一步提高人们对药性的认识。第三,陶弘景认为:"本草采药时月,皆在建寅岁首,则从汉太初后所记也。其根物多以二月、八月采者,谓春初津润始萌,未冲枝叶,势力淳浓故也。至秋则枝叶就枯,又归流于下。今即事验之,春宁宜早,秋宁宜晚,其花、实、茎、叶,乃各随其成熟耳。"①即药物的产地和采制方法与其疗效密切相关。如,地黄"味甘,温,无毒。主治头眩痛,益气,长肌肉……三月采,立夏后母死"②。第四,他对如何解各类的毒、服药忌食以及药不宜入汤酒者进行了阐述③;还提出了"诸病通用药"名目,比如,治风通用防风、防己、秦九、川芎等,共列举了 80 多种疾病的通用药物。这不仅给医生处方用药带来方便,而且为患者治病以达到相应的疗效提供了指南。

此外,陶弘景还规定了丸剂、散剂、膏剂、汤剂、酒剂等药剂的制作规程,考订了用药剂量的度量衡。④ 在深入研究药物的过程中,陶弘景曾仔细观察大量动植物及其离合关系,进行了生动的阐述,"寻万物之性,皆有离合,虎啸风生,龙吟云起,磁石引针,琥珀拾芥,漆得蟹而散,麻得漆而涌,桂得葱而软,树得桂而枯……",以说明诸药"尤能递为利害",从而提高了人们科学用药的理念。⑤

在《本草经集注》成书后,陶弘景又将汉魏以来名医在《神农本草经》的基础上增录的资料汇集成《名医别录》3 卷。《名医别录》收录药物种类比《本草经集注》中"名医副品"365 种要多,它不仅收录两汉至

---

① ［南朝·梁］陶弘景:《本草经集注·序录上》。
② ［南朝·梁］陶弘景:《本草经集注·序录上》。
③ 参见［南朝·梁］陶弘景:《本草经集注·序录下一》。
④ 参见［南朝·梁］陶弘景:《本草经集注·序录上》。
⑤ ［南朝·梁］陶弘景:《本草经集注·序录下三·上虫兽类》。

刘宋期间名医增录的药物,而且记载了《神农本草经》中药物的新用途。《名医别录》是总结两汉、魏、晋、南宋时期的药物学专著,其中所记录槟榔等的药效以及书中所收录的本草附方,是现存文献中最早的记载。由此可见,陶弘景为保存本草古籍文献做出了重要贡献。

(三)关于病因、病理分析

陶弘景基于道家和道教关于"气"的学说,对相关的病因、病理进行了分析。他认为,疾病之源,在于邪气。他说:"人生气中,如鱼在水,水浊则鱼瘦,气昏则人病。邪气之伤人最为深重,经络既受此气,使入脏腑,随其虚实冷热,结以成病。"[①]他在整理和补充葛洪的《肘后救卒方》基础上所写的方书《补阙肘后百一方》中,就是基于"气"的学说分析一些猝发病的原因。他把疾病的病因归之为邪气、恶气等,这是对我国传统六气(风、寒、暑、湿、燥、火)致病说的进一步发展。

(四)养生学研究

在养生学方面,陶弘景著有《养生延命录》《导引养生图》等书。他主张道士的修炼应从养神、炼形两方面入手。在养神方面,要清心寡欲;在炼形方面,要"饮食有节,起居有度"。陶弘景的养生学,还包括使用行气、导引(加按摩)、房中等方术来养神、炼形,这是积极的养生方法。虽然这些方术并非陶弘景所创造,但他在前人成果的基础上作了进一步的总结和补充。陶弘景通过对中药学、中医学和炼丹术的深入研究,进而提出要"以药石炼其形","以精灵莹其神,以和气濯其质",因而他对养生学也贡献良多。

① [南朝·梁]陶弘景:《本草经集注·序录上》。

第四章　宋元时期的科技发展

　　宋朝(960—1279)是中国历史上承五代十国下启元朝的朝代,分北宋和南宋两个阶段。宋朝的经济繁荣程度可以说是前所未有:农业、印刷业、造纸业、丝织业、制瓷业等均有重大发展;航海业、造船业表现突出;海外贸易兴旺发达,和南太平洋、中东、非洲、欧洲等地区的 50 多个国家通商往来。元朝(1206—1368)是我国历史上蒙古族所建立的统一王朝。元朝经济大致上以农业为主,其整体生产力虽然不如宋朝,但在生产技术、垦田面积、粮食产量、水利兴修以及棉花广泛种植等方面都取得了较大发展。

第一节　科技发展的背景与概述

　　宋代大兴水利,大面积开荒,又注重农具改进,农业发展迅速。许多新型田地在宋朝出现,例如梯田(在山区出现)、淤田(利用河水冲刷形成的淤泥所利用的田地)、沙田(海边的沙淤地)、架田(在湖上以木作架浮于水面,上面铺泥成地)等。这大幅增加了宋朝的耕地面积。至道二年(996),全国耕地面积为 3125200 余顷,到天禧五年(1021)增加到5247500 余顷。各种新的农具在宋朝出现,如代替牛耕的踏犁、用于插秧的秧马。新工具的出现也让农作物产量大幅增加。一般农田每年每亩可收一石,江浙地区一年可达到二至三石。北宋时宋真宗从占城引进耐旱、早熟的稻种,分给江淮两浙,就是后来南方的早稻尖米,又叫占城米、黄籼米。长江流域和珠江流域农业发展迅速。一些北方农作物粟、麦、黍、豆引种到南方。棉花种植盛行于闽、广地区。茶叶种植遍及今苏、浙、皖、闽、赣、鄂、湘、川等地。种桑麻和养蚕的地区也在增加。南宋时太湖地区稻米产量居全国之首,尤其以平江府(今苏州)为代表,有“苏湖熟,天下足”(指苏州和湖州)或“苏常熟,天下足”(指苏州和常州)之称。甘蔗种植遍布苏、浙、闽、广等省,糖已经成为被广泛使用的食品,出现世界上第一部关于制糖术的专著——王灼所著《糖霜谱》。

两宋时期,在整个社会经济、文化全面发展的推动之下,科学技术也取得了长足的进步。两宋的科技成就,不仅成为我国古代科学技术史上的一个高峰,而且在当时的世界范围内也居于领先地位。尤其是对整个人类文明发展产生重大而深远影响的我国古代四大发明,其中的三项——活字印刷、火药、指南针——都是在两宋时期完成或开始应用的。而两宋时期的科学技术成就绝不仅仅包括这三大发明。如沈括就被李约瑟博士誉为“中国整部科学史中最卓越的人物”,因为他的《梦溪笔谈》是“中国科学史上的坐标”。这一时期,医学从此前的三科分为九科,出现了世界上最早的法医学著作《洗冤录》。针灸技术有了很大发展。《经史证类备急本草》所收药物比《唐本草》新增 476 种。在数学方面,两宋时期可谓在中国古代以筹算为主要计算工具的传统数学的发展过程中,达到了登峰造极的地步,在许多方面都取得了极其辉煌的成就,远远超过了同时代的欧洲。如高次方程的数值解法比西方早了近 800 年,多元高次方程组解法和一次同余式的解法要比西方早 500余年,高次有限差分法要比西方早 400 余年,等等。贾宪、秦九韶、杨辉等数学家是中国数学发展史上的杰出代表人物。天文、物理、化学等方面的成就也令人瞩目。

宋时,富裕商人阶层和新兴的工商经济得到迅速发展,苏州、扬州等主要城市成为新兴商业中心。今江苏分属江南东路、两浙西路、淮南东路、京东西路。其中江宁府(今南京)属江南东路;苏州、常州、润州属两浙西路;扬州、淮安、泰州、海州、泗州、通州、真州属于淮南东路;徐州则属于京东西路。

元朝初年，蒙古可汗进入中原之初，残酷的屠杀和劫掠，给北方地区的经济带来了很大的毁坏。蒙古人原来是游牧民族，草原时期经济单一，主要以畜牧为主，未建立土地制度。蒙金战争时期，有臣进言铁木真："汉人无补于国，可悉空其人以为牧地。"①而大臣耶律楚材则建议，保留汉人的农业生产，以提供财政上的收入来源。铁木真采纳了这一建议。窝阔台之后，为了巩固对汉地的统治，实行了一些鼓励生产、安抚流亡的措施，农业生产逐渐恢复。尤其是棉花的种植得到推广，棉花种植和棉纺织品运销在江南一带都比南宋时期有所增加。当时由于元帝集中控制了大量的手工业工匠，经营日用工艺品的生产，因而官营手工业特别发达，民间手工业则有一定的限制。由于元朝提倡商业，使得商品经济十分繁荣，进而中国成为世界上相当富庶的国家。而元朝的首都大都，则成为当时闻名世界的商业中心。商品交流促进了元代交通业的发展，改善了陆路、漕运，内河与海路交通。元朝在货币制度方面，以金银作为储备、在全国范围内推行全面纸币化。② 当时政府的收支、民间贸易，都以元宝钞为准，全国实现了货币统一，促进了商品经济发展。然而，由于滥发纸币，也造成通货膨胀。

元朝在民族文化上，尊重中国各个民族的文化和宗教，并鼓励各民族进行文化交流和融合。元朝还包容和接纳欧洲文化，甚至准许欧洲人在元朝做官，与当地人通婚等。欧洲著名历险家马可·波罗曾是元朝的重要官员，多次奉命出使各地，游历了中国的大部分地区。回国后，他写了影响甚广的《马可·波罗游记》。

元朝注重推进天文历法研究，著名的天文学家有郭守敬、王恂、耶律楚材、扎马鲁丁（波斯人）等。元世祖还邀请阿拉伯的天文学家来华，吸收阿拉伯天文学的技术，并接受了郭守敬的建议："历之本在于测验，而测验之器莫先仪表"③，先后在上都、大都、登封等处兴建天文台与回

---

① 参见［明］宋濂：《元史·卷一百四十六·列传第三十三·耶律楚材》，中华书局1976版。
② 参见李晓、李黎明：《元朝纸币制度的选择、运行与崩溃》，《内蒙古社会科学（汉文版）》2019年第3期，第95—103页。
③ ［明］宋濂：《元史·卷一百六十四·列传第五十一·郭守敬》。

回司天台，设立了远达极北南海的 27 处天文观测站。为了进行"四海测验"，郭守敬研制出了简仪、仰仪、圭表、景符、窥几、正方案、候极仪等十几种天文仪器，这些仪器"皆臻于精妙，卓见绝识，盖有古人所未及者"[①]；扎马鲁丁则制造了西域仪象。元代在测定黄道和恒星观测方面取得的成就远超前代。元代时还多次修订历法，耶律楚材曾编订有《西征庚午元历》，1267 年扎马鲁丁撰进《万年历》，郭守敬主持编订了《授时历》。《授时历》于 1280 年颁行，沿用了 400 多年，是人类历法史上的一大进步。在修订和研究历法的过程中，郭守敬编撰了天文历法著作《推步》《立成》2 卷，《历议拟稿》《仪象法式》等合计 14 种 105 卷。

地理学方面的成就表现为，《元一统志》（元代官修的全国性地理总志）的编纂、河源的探索、《舆地图》的问世与游记类著作的出版。《元一统志》由政府主持，扎马鲁丁、虞应龙具体负责。该书对中国各路府州县的建置沿革、城郭乡镇、山川里至、土产风俗、古迹人物都有详细叙述，是研究历史（包括元史）的珍贵资料。1280 年元世祖忽必烈命女真人都实探求黄河的河源（火敦脑儿）。潘昂霄根据都实考察河源的叙述与记录撰成《河源志》。道士朱思本通过 20 年的实地考察，足迹遍及今华北、华东、中南等地区，寻找遗迹、遗址，考证郡邑之沿革，核实河流山川之名，再与古地图对照，并参阅《元一统志》《河源志》等地理学著作，以"计里划方"法，终于绘制成比前代更为精细详尽的《舆地图》。[②] 这一时期的游记类地理学著作有耶律楚材的《西游录》、李志常的《长春真人西游记》、周达观的《真腊风土记》、汪大渊的《岛夷志略》等，对元朝时国内外的地理地貌、风土人情、贸易来往等都有叙述。此外，元代的农业技术成果主要体现在《农桑辑要》《王祯农书》《农桑衣食撮要》等著作中。

这一时期，江苏的科技发展主要表现在天文学、地理学、数学、水利学和医学等方面，涌现出一批科学家。在天文学上做出杰出贡献的有

---

① 参见［明］宋濂：《元史·卷四十八·志第一·天文一》。
② 明代地理学家罗洪先经过反复比较之后，发现朱思本的《舆地图》是他见过的地图中最正确、最可靠的地图，于是以此为基础增补扩大，绘制了我国历史上第一部综合性地图集——《广舆图》（参见《中国古代科学家传记》（下集），第 802—803 页）。

苏颂,组织制造了水运仪象台和假天仪;地理学上有范成大,他的成就主要表现在自然地理学,地质、矿物和岩学,以及人文地理学方面;在水利学方面,郏亶贡献较大;在医学方面,苏颂的《本草图经》具有深远的影响。其中苏颂不仅在天文学仪器制造方面成就卓著,而且在医学方面也有重要贡献。

第二节　数学、物理、化学、天文学与地理学发展

这一时期的数学、物理、化学、天文学和地理学发展,分别体现在沈括、苏颂和范成大的成就中。

一　数学、物理、化学

(一) 数学①

这一时期的数学成果主要体现在沈括②的《梦溪笔谈》中。

1. 隙积术

隙积术指如何计算垛积,属于高阶等差级数求和的问题。沈括运用类比、归纳的方法,以体积公式为基础,把求解不连续个体的累积数,化为连续整体数值来求解,已具有了用连续模型解决离散问题的思想。在中国数学史上,推进了自南北朝时期就停滞不前的等差级数求和问

① 参见[宋]沈括:《梦溪笔谈·技艺》。
② 沈括(1031—1095),字存中,号梦溪丈人;浙江杭州钱塘县人;北宋政治家、科学家。沈括出身于仕宦之家,青少年时随父宦游各地;嘉祐八年(1063)进士及第,任昭文馆编校。宋神宗时他参与熙宁变法,受王安石器重,历任太子中允、检正中书刑房、提举司天监、史馆检讨、三司使等职。元丰三年(1080),沈括出知延州,兼任鄜延路经略安抚使,驻守边境,抵御西夏,后因永乐城之战牵连被贬;晚年移居润州(今江苏镇江),隐居梦溪园;绍圣二年(1095)因病辞世,享年65岁。沈括一生致志于科学研究,在众多学科领域都有很深的造诣和卓越的成就,被誉为"中国整部科学史中最卓越的人物";其代表作《梦溪笔谈》,内容丰富,集前代科学成就之大成,在世界文化史上有着重要的地位,被称为"中国科学史上的里程碑"(参见金秋鹏:《沈括》,杜石然主编:《中国古代科学家传记》[上集],第501—515页)。

题的研究,并且将其推广为具有普遍意义的"垛积术"。后来南宋数学家杨辉、元朝数学家朱世杰,在沈括的基础上进一步进行研究,取得了令世人瞩目的成就。

2. 会圆术

会圆术是指由已知弓形的圆径和矢高求弧长的方法,其主要思路是局部以直代曲,对圆的弧矢关系给出一个近似公式。在中国数学史上,沈括第一个利用弦、矢求出了弧长的近似值。这一方法的创立,不仅促进了平面几何的发展,而且在天文计算中也起到了重要的作用。比如,郭守敬、王恂在编修《授时历》时,就用会圆术计算黄道积度和时差;同时也为中国球面三角学的发展做出了重要贡献。

(二) 物理

这一时期的物理成就主要可见于沈括的《梦溪笔谈》。

1. 磁学

沈括在《梦溪笔谈》中记录了指南针制作的方法及其特点:"方家以磁石磨针锋,则能指南,然常微偏东,不全南也。"[1]这是关于指南针和地球磁偏角的最早明确记载,比哥伦布横渡大西洋时发现磁偏角现象早了 400 多年。他还比较了指南针的四种装置及其方法:水浮法、碗沿法、指甲法和悬丝法,指出悬丝法最优,并作了相应的分析。通过观察和实验,他发现磁针有指南的,也有指北的。

2. 光学[2]

沈括通过凹面镜成像的实验,对小孔成像、凹面镜成像等原理作了准确而生动的描述,他用"碍"(焦点)的概念,指出了光的直线传播、凹面镜成像的规律,并把光通过"碍"成像称为格术。沈括一是对平面、凹凸面等镜面成像的差异进行研究,注意到镜面曲率不同于成像之间的关系,并指出,若将小平面镜磨凸,就可"全纳人面";若镜面凹,则所照人面放大,镜小了就不能全观人面。二是做模拟实验说明月亮的盈亏现象,即"侧视之则粉处如钩,对视之则正圆"。其说服力很强。

---

① [宋]沈括:《梦溪笔谈·器用》。
② 参见[宋]沈括:《梦溪笔谈·技艺》。

3. 声学

首先,沈括进行了声音共振实验,观察到音调的高低由振动频率决定。[1] 他还把纸人放在琴瑟的基音弦线上,只要拨动相应的泛音弦,小人就会跳动;而拨动其他弦,则纸人不动。这比诺布尔和皮戈特的琴弦上纸游码试验早了 500 年。

其次,沈括提出了"虚能纳声"的空穴效应,以此来解释兵士用皮革箭袋作枕头,能听到数里外人马声的原因。此外,沈括还对海市蜃楼、虹、雷电、乐律等现象进行了研究。

(三) 化学

这一时期的化学研究主要可见于沈括的《梦溪笔谈》。

1. 胆水炼铜

据沈括《梦溪笔谈》记载,信州铅山县有苦泉(硫酸铜溶液),流而成涧。舀取泉水煎熬,就能得到胆矾(硫酸铜),熬制胆矾就能生成铜。熬胆矾的铁锅,日子久了也会变成铜。沈括记录了湿法炼铜的方法,利用化学置换反应的方式提炼金属。

2. 石油制墨

有关石油的记载最早见于东汉史学家班固所著的《汉书》。历史上,石油曾被称为石漆、膏油、肥、石脂、脂水、可燃水等,直到北宋,沈括才第一次将这一液体称为"石油"。据沈括记载,鄜州、延州境内产石油,当地人用野鸡羽毛蘸取它采集到瓦罐里,用于照明。这种油形似纯漆,燃起来像烧麻秆,并冒着很浓的烟,能把帐篷都熏黑。沈括则试着扫石油燃烧后的烟煤,用它制墨,其"黑光如漆,松墨不及也",于是就大量制造,并将其命名为"延川石液",还预言"此物必有大用"。[2]

二 天文学

这一时期天文学的成果主要有苏颂的水运仪象台和假天仪及其著

---

① 参见[宋]沈括:《梦溪笔谈补笔谈卷一》。
② [宋]沈括:《梦溪笔谈·杂志一》。

作《新仪象法要》;沈括改进仪器、进行天象观测和改革历法。

（一）苏颂的天文学成就

1. 水运仪象台和假天仪①

苏颂②所处的时代对天文仪器的制造非常重视。在他造水运仪象台之前,北宋政府至少已造了 4 架观测用的铜浑仪。除了大中祥符三年(1010)所造仪器置于宫内龙图阁之外,至道元年(995)、皇祐三年(1051)和熙宁七年(1074)所造的分别置于测验浑仪刻漏所、翰林天文院及太史局等天文机构内使用。由于上述天文仪器为不同机构所用,究竟以何者为准的问题就显得较为突出。早在宋神宗元丰四年(1081)就有人提出,应有人来详定(即鉴定)。当时专门任命天文学家欧阳发为详定浑仪官。欧阳发详定后,认为这几架仪器都不行,应该重造。据记载宋神宗曾下诏命欧阳发再铸一套浑仪、刻漏和圭表。但是否开铸和铸成,均无可考。几年之后神宗去世,哲宗登位,太皇太后高氏听政。元祐元年(1086)又提出了详定 3 架浑仪。这项任务下给了苏颂,他就召集了许多天文学家,查阅各种相关文书档案,再到各天文机构进行实地调查。经鉴定认为至道、皇祐所造的 2 架"并堪行用",否定了熙宁中所造的仪器,因为该仪器"环、器怯薄,水跌低垫,难以行使"。

苏颂在上奏鉴定结果的同时,也提出了新建议。他指出,汉代的张衡和本朝太平兴国年间的张思训都造过一种水运浑天仪。只有把这种演示用的仪器和观测用的铜浑仪配合起来,才能使天文仪器的妙用得

---

① 参见薄树人、蔡景峰:《苏颂》,杜石然主编:《中国古代科学家传记》(上集),第 480—493 页。

② 苏颂(1020—1101),字子容;泉州府同安县(今福建同安)人。其主要研究领域是天文学和本草学。苏颂出身官宦世家,祖上多有军功。他于仁宗庆历二年(1042)与王安石同榜登进士,时方 23 岁。苏颂初任宿州(今安徽宿县)观察推官(宿州驻军长官的僚属),在此后长达 50 余年的官宦生涯中,他当过江宁县、颍州(今安徽阜阳)、婺州(今浙江金华)、沧州、扬州等地的长官;当过中央政府中礼、吏、刑、工各部的官员,掌管过财政,主持过法院,代皇帝起草过文件,为皇帝讲过课,整理过皇家的图书、档案,修撰过皇朝的历史;当过外交特使,处理过民间饥荒瘟疫等。苏颂的最重要的科技活动有两项。一是天文学方面。由他组织设计制造了水运仪象台、领导制造了假天仪,并撰写了《新仪象法要》一书,为我国的天文学事业立下功勋。二是医学研究方面。校勘了 8 部医药学著作,修撰了《嘉祐补注神农本草》;整理了全国各地绘好交来的大量药物图、说,撰成《本草图经》一书。

到最大程度的发挥。由此,他提出建造一架把铜浑仪和水运浑天仪合在一起的仪器——水运仪象台。元祐二年(1087)八月,苏颂的上述建议得到朝廷的批准,就命其组织一个专门机构——水运浑仪所,从事该仪器的制造。

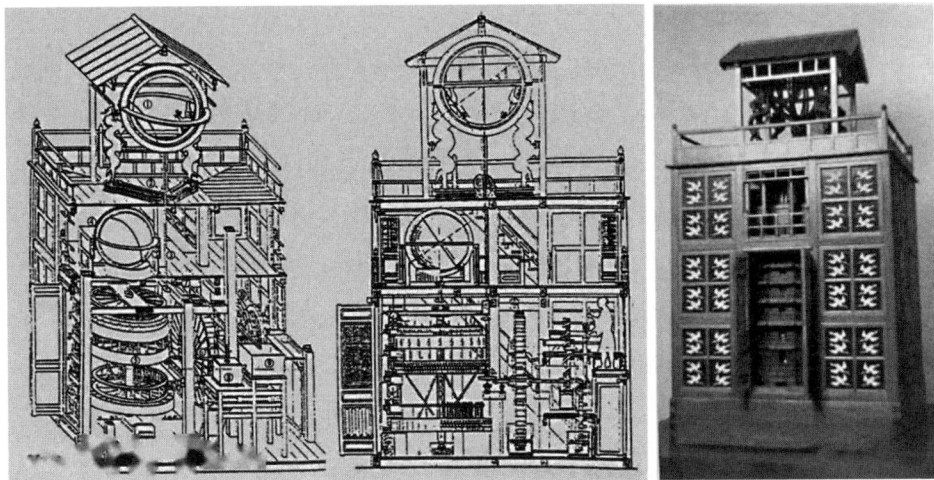

王振铎绘制的水运仪象台剖面、东立面图及复原模型①

在此之前,苏颂在吏部里访到一位守当官(部里的中下级吏员)韩公廉,他不仅善算而且通天文学。苏颂将相关的设计思想告知韩公廉。韩公廉认为,若运用数学就可以重新设计制造。过了若干时日,韩公廉交出了《九章勾股测验浑天书》一卷和一座木样机轮。自朝廷批准了苏颂建造水运仪象台的报告后,他就组织了一支包括行政和研究人员在内 10 余人的队伍,其中韩公廉是工程师。经过一段时间的紧张工作,在元祐三年(1088)五月造成全部仪器的小木样。经检验后,又在这年的十二月造成大木样。朝廷命将大木样置于宫内集英殿,同时又任命翰林学士许将鉴定。许将率领水运浑仪所中的天文工作者周日严、苗景等,昼夜测验了 3 个多月,认为与实际天象相合,朝廷遂命以铜来制造正式的仪器。并因宋朝自谓得五行中的火德,故将水运浑仪改名为元祐浑天仪象。该铜仪于元祐七年(1092)六月完成,并置放在元祐浑

① 卢嘉锡、陆敬严、华觉明等主编:《中国科学技术史·机械卷》,科学出版社 2000 年版。

天仪象所。因仪器是一座 3 丈多的高台，台上又合有浑仪与浑象两种仪器，故又称为合台。仪成之前两个月，曾有诏命苏颂撰写一篇《浑天仪象铭》，苏颂不仅写了《浑天仪象铭》，还绘制了该仪器图形，由此成书《新仪象法要》献上。[①] 仪成后两天即有诏命"三省、枢密院（三省是三个最高政务机构门下省、中书省、尚书省，枢密院则是最高军务机构）官阅之"。

在苏颂造完这台巨大仪器之后，翰林学士许将又上奏朝廷说，元祐浑天仪象实际上是仪、象两件东西合在一台仪器中，莫不如造一台仪器，兼有仪和象的功用。这是一道大难题，因为仪和象分别是观测器与演示器，实在难以合一。而朝廷准奏，并交给苏颂建造。据《宋史》记载："元祐间苏颂更作者，上置浑仪，中设浑象，旁设昏晓更筹，激水以运之。三器一机，吻合躔度，最为奇巧。宣和间，又尝更作之。颂因其家藏小样而悟于心。令公廉布算。数年而器成。"这则史料中还记载了它的大体结构："大如人体。人居其中，有如笼象。因星凿窍如星，以备激轮旋转之势，中星、昏、晚[②]，应时皆见于窍中。"并说："星官历翁聚观骇叹，盖古未尝有也。"据推测苏颂造这件仪器是在元祐四年到元祐七年间（1089—1092），可以说是近代天象仪的祖先[③]。

2.《新仪象法要》[④]

苏颂、韩公廉等人建造的仪器由于种种原因没有留传下来，但幸运的是苏颂的《新仪象法要》全面介绍了水运仪象，使我们得以了解这台

---

① 关于这台仪器的结构，先有英国李约瑟博士作过一些研究和探讨，发现它的水运机构中有类似今日机械钟表中所谓锚状擒纵器的部件，因而提出以苏颂仪器为代表的中国水运仪象乃是世界机械钟表的祖先的论断。其后我国科技史家王振铎通过全面研究，对此仪器进行了完整的复原（原大的 1/5），并恢复了苏颂原来给这台仪器所定的名称——水运仪象台。复原模型现陈列在中国历史博物馆（参见王振铎：《宋代水运仪象台的复原》，载王振铎：《科技考古论丛》，文物出版社 1989 年版，第 238—273 页）。

② 王振铎指出，此应为"晓"字。

③ 根据今仅见于《玉海》的这段珍贵史料，王振铎在 1959 年作了复原模型，陈列在中国历史博物馆。1962 年他发表了研究报告指出，这是中国也是世界上最早的一具假天仪。根据他的研究，苏颂、韩公廉所造的是一具大如人体的天球仪。天球用竹条为骨架，外糊纸。在纸面上按星星的位置凿了一个孔。人由球南端开的口中进入球内，就可以看到满天星斗。在球的转动轴上挂有座椅，供观者乘坐；转动轴上还装有手轮，可用以转动仪器作较快的旋转，以使观者立刻可以得到星星东升西落的印象。

④ 参见薄树人、蔡景峰：《苏颂》，杜石然主编：《中国古代科学家传记》（上集），第 493—496 页。

仪器的重大科学价值。

《新仪象法要》共分3卷。卷上介绍浑仪,卷中介绍浑象,卷下介绍水运仪象台整体和水运、报时机构。除卷上开始是苏颂的《进仪象状》,其他则采取了先图后文的方法,详细介绍了仪器整个面貌和各个部件的结构及其运转方法。今传本共有仪器构造图47幅,这些图是中国科技史上至为宝贵的遗产。我国自张衡以来制造过许多机械化的天文仪器,但都没有留下详细的记载,更没有图形流传下来。现在主要依据《新仪象法要》一书,才得以揭开中国水运天文仪器的秘密。从这个意义上说,苏颂的这部著作,其历史意义与水运仪象台的发明相当。对此,王振铎曾指出:"这些珍贵的附图可以说是我国遗存最早的机械图纸,它一点一线都有根据,与书中所记尺寸数字是准确符合的。"特别是依据《新仪象法要》的机械结构图,我们才得以弄清了天衡的全部机构和工作原理,由此肯定了它是错状擒纵器的祖先。

卷中有5幅星图。它们也是世界星图史上的稀世珍品。这5幅图分2组。1组是以北极为中心的圆图1幅,以赤道为中心线的横图2幅。这是继承古代传统的星图画法,敦煌发现的星图就是如此。另1组是分别以北极和南极为中心,赤道为外界的2幅圆图。这种画法是苏颂的创造。图上所绘是三国时代陈卓所定的283星官1464颗星。据书中所述,图上的星是有色彩的,红色星表示石申夫星官的星,黑色表示甘德星官的星,黄色表示巫咸星官的星。但今传本只见石申夫、巫咸的星为小圈。这5幅星图之后还有9幅四时昏、晓中星图,给出二分、二至日昏、晓2个时刻正南方的赤道度数和太阳所在的位置。这些恒星的位置及图上所附二十八宿距度数值和昏、晓中星、日所在度数等等,据潘鼐研究,都出自元丰七年(1084)的观测。经他核算,其误差都相当小。

卷下"水运仪象台"条中记道:"浑仪……其上以脱摘板屋覆之。"即水运仪象台中已采用了屋顶可以活动的观测室。这是世界最早的活动屋顶观测室的记载。在此之前,观测用天文仪器都是露天放置的。此后13世纪阿拉伯人也曾把一些天文仪器放入室内,但他们的屋顶是开缝的,是否已有了遮蔽风雨的办法则无可考。在欧洲,最早的活动屋顶观测室见于 1561 年的普鲁士卡赛尔天文台,但直到 17 世纪望远镜发明以前仍有许多仪器是露天搁置的。

(二) 沈括的天文学成就

1. 改进仪器[①]

浑仪是测量天体方位的仪器,经过历代的发展演变,到北宋时结构变得十分复杂,使用起来不方便。沈括对此作了很大改进:他首先取消了白道环,简化了浑仪结构[②];然后,"稍稍展窥管",即对窥管口径略作扩展,这样既便于观测极星,又提高了观测精度。至元十三年(1276),郭守敬在这个基础上创制了新式测天仪器——简仪。

浮漏也称漏刻、漏壶,是古代测定时刻的仪器。沈括对浮漏进行了改革,把曲筒铜漏管改作直颈玉嘴,并把其位置移到壶体下部,使流水更加通畅,壶嘴也更坚固耐用。他还改制了用于测日影的铜表,即铜制的圭表,提高了其观测精度。

2. 天象观测[③]

沈括对天象进行细致的观测,取得了一些新的发现与观测结果。例如,他以其改进的新仪器,测量北极星与北天极的真实距离,"每极星入窥管,别画为一图",每夜 3 次即"具初夜、中夜、后夜所见各图之",连续三个月"极星方常循圆规之内,夜夜不差",得 200 余图,进而测得"知天极不动处,远极星犹三度有余"。沈括还用晷漏观测发现了真太阳日有长有短。经现代科学测算,一年中真太阳日的极大值与极小值之差仅为 51 秒。沈括还详细观察了五星运行轨迹和陨石坠落时的情景。

3. 改革历法

沈括提出《十二气历》,以代替阴阳合历。按中国古代历法,不仅节

---

① 参见[宋]沈括:《梦溪笔谈·象数一;象数二》;[明]宋濂:《元史·卷四十八·志第一·天文一》。
② 参见杜石然主编:《中国古代科学家传记》(上集),第 508 页。
③ 参见[宋]沈括:《梦溪笔谈·象数二》。

气和月份的关系不固定,而且阴历和阳历每年相差 11 天多,虽采用置闰的办法加以调整,仍有很多缺陷。沈括提出的新历,不用闰月;不以月亮的朔望定月,而参照节气定月;一年分为 12 个月,每年的立春为第一天,这样既符合天体运行的实际,也有利于农业活动的安排。但《十二气历》"今古未有,为群历人所沮,不能尽其艺",即否定了沿用已久的阴阳历传统,因而难以实行。900 年后,英国气象局用于统计农业气候的《萧伯纳历》,其原理与《十二气历》相同。

三 地理学

这一时期江苏地理学的发展主要体现为沈括的地理学和地图学成就,以及范成大的地理学研究成就。

(一) 沈括的地理学成就

1. 地形学

沈括在《梦溪笔谈》中谈到《海陆变迁》[①],他根据太行山岩石中的生物化石和沉积物,分析出华北平原过去曾是海滨,今已东距大海千余里,而华北平原是由漳水、滹沱、涿水、桑干等河冲积形成的。这是对华北平原成因(冲积平原)最早的科学解释。沈括在《温州雁荡山》谈到:"观雁荡诸峰,皆峭拔险怪,上耸千尺,穿崖巨谷,不类他山,皆包在诸谷中。自岭外望之,都无所见;至谷中则森然干霄。原其理,当是为谷中大水冲激,沙土尽去,唯巨石岿然挺立耳。"[②]即他根据峭拔险峻的雁荡诸峰顶部在同一平面上的现象,推断出雁荡山是由流水侵蚀作用而形成。这种"流水侵蚀作用"的思想在地貌学史上具有重要的意义。这一思想比 18 世纪末英国的赫顿在《地球理论》一书中提出类似观点早了约 700 年。

---

① 参见[宋]沈括:《梦溪笔谈·杂志一》。
② [宋]沈括:《梦溪笔谈·杂志一》。

沈括还详细记录了各地发现的化石,并根据化石来推究古代气候的变迁,解释虹的大气折射现象;尤其是描述龙卷风的生成、形态和破坏威力时十分生动:"旋风自东南来,望之插天如羊角,大木尽拔。俄顷旋风卷入云霄中。""官舍民居……悉卷入云中……卷去复坠地,死伤者数人。"[1]他还用月亮的盈亏来论证日、月的形状及海潮与月球的关系等等。总之,沈括关于自然地理的研究,在许多方面都走在了当时世界的前列。

2. 地图学

元祐二年(1087),沈括奉旨编修《天下州县图》,历经十二年不懈的努力,终于完成《守令图》二十轴。其图幅之大,内容之详,前所罕见。在制图方法上,沈括以"飞鸟图"(飞鸟直达的距离)来绘制地图,代替传统的循路步法制图。即"以二寸折百里为分率,又立准望、牙融,傍验高下、方斜、迂直,七法以取鸟飞之数",还细分四至八到为二十四至,并以十二地支、甲、乙、丙、丁、庚、辛、壬、癸八个天干名和乾、坤、艮、巽四个卦名为二十四至的名称绘制成地图。这样,他把以往的 8 个方位扩展到 24 个方位,并特别注意水平直线距离的测量,从而大大提高了地图的精确度。

沈括还提到过木质地形图:"予奉使按边,始为木图,写其山川道路。……至官所,则以木刻上之。上召辅臣同观。"[2]即他在视察边防的时候,曾经把所考察的山川、道路和地形刻在木板上制成立体地理模型,呈现给神宗。这是中国地图史上木质地形图的第一次明确记载,比瑞士 18 世纪出现的地理模型图早 700 年。

(二) 范成大的地理学成就

范成大的成果主要包括有自然地理学,地质、矿物和岩学以及人文地理学等三个方面。范成大地理著作有自编文集《石湖大全集》和《菊谱》《梅谱》等。

---

① [宋]沈括:《梦溪笔谈·异事异疾》。
② [宋]沈括:《梦溪笔谈·杂志二》。

1. 自然地理学研究①

范成大②的自然地理学研究包括各地地貌差异、气象气候的记述、水文情况的记载和植被的差异考察等。

(1) 各地地貌差异考察

乾道八年(1172),范成大从苏州出发,去静江府上任,观察到沿途各地地貌差异。首先,他记述了江西袁州仰山山间盆地地貌:"四山各有佳峰,每峰如一莲华之叶,如数十峰周遭绕寺,山中目其形胜为莲华盆。"继而又描述了在湖南湘江岸边看到的丘陵地貌:"小山坡陀,其来无穷,亦不间断。又皆土山,略无峰峦秀丽之意,但荒凉相属耳。"他形容江西贵溪、上饶一带的红层地貌,其颜色"如桃花",或"色赤似紫",其形状"如盘、如屏、如几",有的"石上平净,可以摊晒麦禾",有的"如卧牛、蹲螟""如龟",描述十分逼真。这里的红层地貌是指中生代特别是侏罗纪到早第三纪的陆相红色岩系,露出地面后,在热带和亚热带的风化作用下,再受河流切割与散流冲蚀,形成形态奇特的冈丘地貌。范成大所描述的如盘、如屏、如几的地形,就是红层地貌中那些顶部平齐、四壁陡峭的方山地形。而那些"如卧牛、蹲螟""如龟"的地形,则是由于红色岩层有一定倾角,因而形成单斜式丘陵或孤立小山峰。到了江西余干,范成大描述了他所看到的江心洲即河流堆积地貌的特征:它"前尖长,后圆阔,如琵琶……岁涝洲不没,大甚仅漫琵琶之顶,后人谓浮洲"。在湖南零陵和广西桂林,范成大描述了这些地方秀丽的岩溶地貌:"青石如雕镂者,丛卧道傍","桂之千峰,皆旁无延缘,悉自平地,崛然特立,玉笋瑶簪,森列无际"。又将湘、桂两地的岩溶地貌进行对比,发现两者

---

① 参见杨文衡:《范成大》,杜石然主编:《中国古代科学家传记》(上集),第579—584页。

② 范成大(1126—1193),字致能,一字幼元,号石湖居士,又号此山居士;平江府吴县(今苏州)人。其成就主要表现在地理学方面。范成大出身于世代仕宦家庭,由于少时体质孱弱,加之父母早逝,刚成人就挑起抚养4个弟妹的重担。他艰难度日,勤奋苦读,于28岁在前辈规劝下赴金陵(今南京)漕试,得解。第二年又春试礼部,赐同进士出身,开始仕宦生涯。他酷爱旅游,以至"忘劳苦而不惮疾病"。而他的官宦生活又为其提供了广阔的考察地理的场所和时机。通过广泛游历和对大自然的细心观察,他在地理学上取得了较大成就。他不仅写了三部地理游记《揽辔录》《骖鸾录》《吴船录》,而且著有《桂海虞衡志》《太湖石志》《吴郡志》等地理学著作。范成大还是南宋著名的文学家,与陆游、杨万里、尤袤并列为南宋四大家。他写了大量诗词和文章,今存诗词1916首;自编文集《石湖大全集》136卷,其中诗集34卷,文集102卷。《石湖大全集》明代已散佚,今存者只有《石湖居士诗集》34卷、上述游记和地理著作以及《菊谱》《梅谱》等,其余失传。

之间的差异："至湘,山虽佳然,村落蹊,隧犹嫌狭,少夷坦。甫入桂林界,平野豁开,两傍各数里,石峰森峭,罗列左右,如排衙引而南同行。"①《桂海虞衡志·志岩洞》则是范成大考察桂林及其附近地区岩溶地貌后所写的专著。它记述了那里的岩溶湖、峰林、孤峰、溶洞等各种岩溶地貌形态,还分析其成因。它记载的洞穴 38 个,其中 26 个为范成大亲自考察。所记洞穴位置有半山间、半山中、山半腹、山腰和山脚等。洞内有石榻、石床、石钟乳、石台、石果等各种形态的洞穴堆积地貌。此外,还记载了洞穴内的音响、结构、大小、气候和水文等。

（2）各地气象气候的记述

范成大对各地气象气候的记述亦很形象生动。比如描述重庆的夏天:热"如炉炭燔灼"。他还亲身体验了峨眉山上的气温变化:上山时,"初衣暑绤,渐高渐寒;到八十四盘则骤寒;比及山顶,亟挟纩两重,又加毳衲驼茸之裘,尽衣笥中所藏,系重巾,蹑毡靴,犹凛慄不自持,则炽炭护炉危坐"②。下山时,他渐觉暑气,"以次减去绵衲。午至白水寺,则绤绤如故"③。这里他用"渐寒""骤寒""炽炭护炉"及增减身上衣服说明了峨眉山上气温随其高度的不同而变化的规律,这一记载,在中国古代属首次。

范成大还体验了高山的气压与水的沸点之间的关系:"山顶有泉,煮米不成饭,但碎如砂粒"。高山顶上,由于空气稀薄,气压降低,水的沸点也随之降低。山越高,气压越低,水的沸点也越低。这样,米饭就会煮不熟。

与此同时,范成大观察了佛光和其他气象现象,对其进行了生动、详细的描述。他阐述了佛光形成的条件及其与当时天气变化的密切关系:"凡佛光欲现,必先布云……光相依云而出。"此外,范成大还注意到佛光有"小现""大现"和"清现"之分,其中"清现"最难得见。

（3）水文情况的记载

范成大对三峡水文情况的记载让人有身临其境之感。他描述了三

---

① ［宋］范成大:《骖鸾录》卷四,文渊阁《四库全书》本,台湾商务印书馆 1986 年影印本。
② ［宋］范成大:《吴船录》,载陈正祥:《中国游记选注》第一集,商务印书馆香港分馆 1979 年版。
③ ［宋］范成大:《峨眉山行纪》,载陈正祥:《中国游记选注》第一集。

峡段河水暴涨暴落现象,一夜之间"滟滪则已在五丈水下",又一夜之间,"水骤退十许丈"。① 范成大给洪水水位取了不同的名称,如"茶槽齐""青草齐""草根齐"等;用"两边高而中洼下,状如茶碾之槽"来说明"茶槽齐"的水流形状,这是我国最早对洪水横断面的记载。

范成大还记载了长江沿途河水含沙量的情况,并分析了形成原因。如峨眉山下的龙门峡,"峡中绀碧无底,石寒水清"。而到涪州(今涪陵),长江"水色黄浊,黔江(今乌江)乃清冷如玻璃……自成都登舟至此,始见清江"。在汉口,"汉水自北岸出,清碧可鉴,合大江浊流,始不相入,行里许,则为江水所胜,浑而一色。凡水自两岸出于江者皆然。其行缓,故得澄莹。大江如激箭,万里奔流,不得不浊也"。

(4)各地植被的差异研究

范成大考察了各地植被的差异,并认识到同一种植物在不同的地区可以形成不同的形态特征。比如浙江兰溪"村落无处无梅",浙赣交界的常山至沙溪则是"所在多乔木茂林",而赣水下游上江一带则是"橘林翠樾照水,行终日不绝"。湖南山阳驿"夹道皆松木,甚茂大。抵入湖湘,松身皆直如杉。江西则柏亦峭直,叶如璎珞"。然而,这与吴中的松柏迥然相异,因为"吴中松多虬干,柏则怪踦"②。他还描述了峨眉山上多种多样的植物以及植物垂直分布的现象:山的下部为常绿阔叶林;山的中部为落叶乔木,如娑罗即是山茶科的落叶乔木,"其木叶如海桐,又似杨梅,花红白色,春夏间开,惟此山有之。初登山半即见之,至此满山皆是";山的上部为针叶林(冷杉、塔松)和灌丛(杜鹃等)。山顶上由于山高多风,针叶林木也长不高,"重重偃蹇如浮图"。

(5)生物地理学研究

范成大在《桂海虞衡志》"志香""志禽""志虫鱼""志花""志果""志草木"等篇中,专记海南岛、两广、湖南、云南、福建等地特殊动、植物的种类、形态和分布。如荔枝的分布,"志果"篇写道:"自湖南界入桂林,才百余里便有之,亦未甚多。昭平出樵核,临贺出绿色者尤胜。自此而

---

① 参见[宋]范成大《吴船录》,载陈正祥:《中国游记选注》第一集。
② [宋]范成大:《骖鸾录》卷四。

南,诸郡皆有之,悉不宜干,肉薄味浅,不及闽中所产。"《菊谱》和《梅谱》则是专记范村的菊、梅种类、形态和种植方法。

2. 地质、矿物和岩学研究

在《桂海虞衡志·志岩洞》中,范成大指出伏波岩形成是与"前浸江滨,波浪汹涌,日夜漱啮"相关。在《太湖石志》中,他进一步阐释了太湖石形成的两个条件:一是"波涛激啮""风浪冲激",即水的机械侵蚀;二是"浸濯而为光莹",即水对石灰岩的溶蚀。

范成大不仅考察了岩溶地区洞穴和太湖石的形成,而且注重对矿物、岩石的研究。在《桂海虞衡志·志金石》中记述了11种药用矿物的产地、产状、用途、质地优劣等,是我国古代矿物学的重要文献。

《太湖石志》是范成大为太湖石写的专文,篇幅不长仅500余字,其中关于石头的名称就有15个。在阐述太湖石的成因上比前人更为深入,并把太湖石的外形、感觉程度、声音、质地、颜色、用途和产地等都作了具体描述。另外,在《吴郡志》卷二十九中,也载有太湖石,并转录一些历史文献,对于研究中国岩石学史具有重要价值。

3. 人文地理学研究

范成大的人文地理研究体现在《揽辔录》《吴船录》《桂海虞衡志》《吴郡志》中。

他于1170年写的《揽辔录》,记述了他出使金国时走过的路线、地名、地理环境变迁以及金朝人事情况。在《骖鸾录》中,范成大则对从吴郡(今苏州)至广西沿途的农业、手工业、物产、水利设施、集市贸易等有较详细的描述。比如他关于安徽休宁的林业及其利弊的论述非常精到:"休宁山中宜杉,土人稀作田,多以种杉为业。杉又易生之物,故取之难穷。出山时,价极贱,抵郡城已抽解不赀。比及严(州)则所征数百倍。严之官吏方曰,吾州无利孔,微歙杉不为州矣。观此言,则商旅之病何时而疗。盖一木出山,或不直百钱,至浙江乃卖两千,皆重征与久客费使之。"由此可以看出杉在产地与出售地价格的差异。

在《吴船录》中,范成大对各地聚落及城市地理的描述和对比,是关于中国古代聚落地理和城市地理的重要文献。其中他描写的城市有眉州、嘉州、恭州、泸州、万州、归州、鄂渚等。此外,他还记述了南方的地方病。

《桂海虞衡志》是一篇民族地理学文献,其中"志酒""志器""志虫鱼""志花""志果""志草木"等篇中,记述了南方地域的物产。"志蛮"是关于广西的民族地理研究,其中包括地理分布、发展历史、风俗习惯、社会结构、生产资料所有制、婚姻制度、人口数量、居住条件、物产等。

范成大晚年写的《吴郡志》共50卷39门,是地志中的善本,也是人文地理的重要文献。内容包括地域沿革、户口、税租、土贡、风俗、城郭、古迹、水利、人物、宗教、农具、山川等。

第三节 水利工程发展

这一时期水利工程的成果主要有沈括和郏亶的治水实践与理论成果。

一 沈括的治水实践

至和元年(1054),沈括任海州沭阳县主簿,主持治理沭水的工程,修筑渠堰,不仅解除了当地人民的水灾威胁,而且还开垦出良田七千顷,改变了沭阳的面貌。嘉祐六年(1061),沈括任宣州(今安徽宣城)宁国县令时,还参与修筑芜湖万春圩的工程,著有《圩田五说》《万春圩图书》等关于圩田方面的著作。熙宁五年(1072),沈括主持汴河的疏浚工程。为了治理汴河,他亲自测量了汴河下游从开封到泗州淮河岸八百多里河段的地势。用"分段筑堰测量法"测出汴京(今河南开封)上善门至泗州淮口直线距离在840里之内,水平高差为194.86尺。这一测量方法,当时在世界上也是相当先进的。

二 郏亶治水实践与理论①

　　郏亶②最突出的科技成就体现在治理太湖下游塘浦水利及相关论述。由于他生长于太湖之滨，又出身农家，对太湖流域的农田水利特点十分了解。熙宁三年（1070），朝廷诏告天下，征求理财省费、兴利除害之策。郏亶在广东写成论开发苏州（包括今苏州、常熟、吴江、昆山、嘉定、宝山六市县）水利及兴修圩垸、开浚塘浦的专文上奏。由于太湖地区是江南的主要产粮区，在宋代这一地区已有"国之仓庾"的称号。而郏亶的专文论及的问题恰好与之相关，王安石看后非常欣赏，就在熙宁五年命郏亶以司农寺丞的身份前赴苏州，负责圩垸塘浦的具体事宜。但郏亶由于对实际工程的复杂性估计不足，加之他关于圩垸塘浦的规划也过于理想化，在没有向老百姓作充分的宣传动员的情况下，就下达命令，在苏州6郡34县内户户调夫，同时兴办大工，不少老百姓因自身利益受侵害，就极力反对；还有很多人觉得负担太重，不愿出工，或干脆躲起来。一些下级官吏也因为郏亶督催太紧，怨言很多。在这种情形下，宋神宗赵顼及王安石跟前的红人、以反复无常而知名的吕惠卿，也奏言郏亶措置不力。熙宁六年（1073）正月初一，神宗诏令众官员就郏亶修圩事宜再议，已有停工之意。正月十五傍晚张灯时分，一些百姓和下级官员共200多人闯入郏亶住所，围住郏亶哄闹怒骂，并打破大门，踩踏灯笼等，使得郏亶和家人受惊不小。这样，刚被派出去测量标定圩区的各县县令便鸣锣解散人夫，工程便不了了之；郏亶也被免职，在吏部备案候用。然而郏亶并没有因为这一次失败而放弃自己的想法。在他住所的西面有大片水面，叫大泗濛。他按照自己原来的规划，雇人在其旁修筑圩岸，开浚塘浦，仿古人井田制，做到灌排自如，结果收成很

---

① 参见程鹏举：《郏亶》，杜石然主编：《中国古代科学家传记》（上集），第497—500页。
② 郏亶，字正夫；苏州昆山人；约北宋天圣年间生，元祐初年卒年。郏亶出身农家，自幼喜欢读书，对许多事情有自己独到的见解。嘉祐二年（1057）中进士，授职睦州团练推官，知于潜县。熙宁初，任广东安抚使机宜。熙宁五年（1072）任司农寺丞，提举兴修两浙水利，后因措置不力，免官待用。元丰年间（1078—1084）复起用为司农寺丞，迁江东转运判官，知信州府（治今江西上饶），曾主持修建信州州学。元祐初，他以太府丞出知温州，后以比部郎中召回东京（今开封），未至而卒。

好。郑戬于是把这一布置绘制成图进呈,以表明原规划具有可行性,因而重新被起用为司农寺丞。由于有了上述的实践经验,他着手制定了不少关于圩垸形式、塘浦尺度等的具体规定,使之臻于完备。但其规划是否曾大范围实施,效果如何,都未有记载。

郑戬关于太湖水利的主要理论则体现在《吴门水利书》中,该书久佚。但他在广东所作关于苏州水利的奏章和另一篇关于治田的论述,则被收在多种有关史籍中,得以流传至今。在熙宁三年论苏州水利的奏章中,郑戬指出水田为国家之大利,苏州水田条件尤其优越。但要充分开发其潜在的经济效益,必须做到"去六失、行六得"。

(一)"六失"

所谓"六失"是指关于苏州水利的 6 项错误做法及观点,其主要内容可以归纳为以下 3 个方面:

1. 苏州东靠大海、北连长江,排水是第一要务,但以前所开的 3 处入海水口和 2 处通江水道,地势都嫌过高,水大时排水尚畅,水小时反而会有倒灌。

2. 堤防系统不够合理,垸区塘路(圩垸小堤)虽然可以抵挡一般风涛并可通行,但一遇大水就不能确保农田的安全。

3. 昆山以下,旧开有新洋等 10 余浦通江,实际上不能保证垸区渍水尽入江。江水高涨时,内外水面弥漫一片,江潮会乘势上涌,对垸田不利。

(二)"六得"

所谓"六得"是指开发苏州水利中应注意的 6 个方面,其主要内容可以归纳为以下 4 个方面:

1. 辨地形高下之殊。苏州不仅要治涝,还要注意治旱。如昆山以东地势东高西低,常熟以北地势北高南低,两处都被称为高田。而昆山以西、常熟以南,则被称为水田。历来谈苏州水利,往往只重治涝,未论及治旱,是一大缺陷。

2. 求古人蓄泄之迹。昆山以东有不少港汊遗迹,表明前人曾经拦蓄昆山以东之水,使高田得以灌溉。而现在都已废毁,应加恢复。

3. 治田有先后之宜。根据地势的具体情况,应先恢复昆山以东、常熟以北高地的蓄水设施,疏浚其内沟洫遗迹,做到能排能灌,使高地之水不至于尽注低地。再在低地区域内,废除现有杂乱无章的港汊,按古代遗迹,5 至 7 里设一纵浦,7 至 10 里设一横塘。挖出之土,用来修筑塘浦两旁堤岸,一举两得。塘浦纵横,堤高沟深,水不为害。再开挖通江通海水道,即可大功告成。

4. 兴役顺贫富之便。按民户贫富分别对待,贫户每年出工 7 日,富户适当出资,分 5 年完工,使民不苦于治田之役。

(三) 论治田利害

在论治田利害的文章中,郏亶又从三个方面进一步加以论述。主要内容有以下几点:

1. 前代治理高、低田的方法:苏州环太湖之田低于江,而沿海之田高于江。对于低田,古人在江南北岸开纵浦通江,又垂直纵浦开横塘,成圩田之象。塘浦宽者 30 余丈,狭者不下 20 余丈,深者 2—3 丈,浅者也不下 1 丈。目的是用开挖之土筑成高垸堤,壅逼塘浦之水使高于江,利于排水。沿海高田,古人同样开有塘浦而且往往更深,但目的不在排水,而是要引江水到达田边,可以方便地车水灌田。

2. 后代废弃前人之法:古人各圩都设有圩长,负责组织垸堤岁修,维持塘浦的排、引水功能。但长期以来,制度废弛,塘浦渐被侵占、淤浅,以至湖水上升不及 3 尺,低田即一片弥漫。

3. 以往治田的有关论述,只知排水,不知治田:治田为本,排水为末,应以治田为先,排水为后,但三四十年以来只知排水,而少治田,故迄无成效。所以当前应以治田为先,每 5 里为一纵浦,7 里为一横塘。塘浦既浚,则堤防成,而田高于水,水高于江,水即不治而治。

郏亶综合考察苏州水患各方面因素,提出全面整治方法的规划。其中如治田与排涝并举,开挖塘浦与修筑圩岸并举等,都有其独到之处。从郏亶文中可以看出,他对苏州水利作过大量深入细致的调查研究,对苏州境内各港汊的大小、位置等情况了如指掌。他最初实施失败的原因是多方面的。后代曾有过不少与郏亶治水规划类似的做法,证明了郏亶治水思想的有效性。郏亶去世后,其子郏侨曾编辑刊印郏亶治水的有关论述,对太湖水利也颇有见地。父子二人,都为太湖水利做出了贡献。

第四节　医学发展

这一时期的医学发展主要体现在沈括和苏颂的相关医药学成果上。

一　苏颂的医药学成果

苏颂的医药学成果以他修撰的《嘉祐补注神农本草》和所著《本草图经》等为代表。[①]

如前所述,苏颂不仅为我国的天文学事业立下了卓著的功勋,而且在医药学方面亦颇有建树。从仁宗皇祐五年(1053)他被调京任馆阁校勘起,到嘉祐六年(1061)受左、右相富弼、韩琦推举出知颍州止,在长达9年的时间中他一直从事皇家藏书的校勘整理工作。这使他见到了许多罕见的典籍,知识的积累得到了迅速增长。在此期间他奉命和掌禹锡等人校勘了8部医药学著作,修撰了《嘉祐补注神农本草》;整理了全国各地绘好交来的大量药物图、说,撰成《本草图经》一书,为我国本草学的发展做出了巨大的贡献。

本草著作是中国传统医药学的重要组成部分。从唐代的《新修本草》开始,我国有了由政府组织编撰和颁行的本草著作(相当于今国家颁布的药典)。到了宋代,早在太祖开宝六年(973)就组织了《开宝新详定本草》的修撰,次年又加校勘,定名《开宝重定本草》。该书载药从《新修本草》的850种增至983种。到仁宗时,先是在嘉祐二年(1057),经

---

① 参见薄树人、蔡景峰:《苏颂》,杜石然主编:《中国古代科学家传记》(上集),第482—485页。

当时的枢密使韩琦的建议,仁宗下诏命直集贤院检讨掌禹锡和苏颂等四人为校正医书官,在编修院内设置校正医书局(后改称所)。校正医书所共校正了《灵枢》《素问》《甲乙经》《广济方》《千金方》《外台秘要》《太素》《神农本草》等8部医药书。其中对《神农本草》的校正已不限于经文文字,而是在《开宝重定本草》的基础上吸收了《蜀本草》等各家之说,加以正误补注而成,因而称之为《嘉祐补注神农本草》。此书于嘉祐五年(1060)完稿,次年印行,共21卷,载药1082种,其内容和文字都较《开宝重定本草》有很大进步。

在补注《神农本草》过程中,苏颂和校正医书所其他同仁认识到,仅有文字不足以明确无误地辨别、认识各种药物,还必须吸取《新修本草》的经验,要有描绘药物的图形和图说,才能使人正确鉴别相关药物。因此,在嘉祐三年(1058)十月,校正医书所奏请朝廷下诏全国各地,将所产药物详细绘图,并加说明(包括药用动、植物的生长情况、各个有效药用部位、收取时间、药性、主治疾病和有关的处方等),连同标本一起送京,以撰写一部与本草经平行的图经。此奏得准,遂产生一次全国规模的药物普查,送来了数量巨大的药物图和说。面对这一大堆工拙不一的图,详略、雅俗、正讹各异的说,若没有丰富的博物学和药物学知识简直无从下手。掌禹锡等作为纯粹的校书官已无能力来主持这项难度极高的编纂撰述工作,于是,他们荐举苏颂来从事这项工作。得到朝廷的任命后,苏颂就将那一大堆资料逐一进行了鉴别、分类、整理、考订,于嘉祐六年十月撰成《本草图经》一书。此时他已在颖州任职,遂派人将书稿送校正医书所抄写,次年十二月进呈朝廷,奉敕镂版印行。《本草图经》是苏颂对我国医药学的重要贡献,令后人瞩目。

(一)《本草图经》药图并举

苏颂在《本草图经》一书中共收入药物780种,药物图933幅。药物图绝大多数是写实图。这些图至今还有较大的参考价值,而许多植物图则可用于鉴别这些植物的科、属、种。在编纂过程中,苏颂非常重视各地所报材料中的大量民间实际医疗经验。该书与前代的本草著作相比,增加了63种新的药物。这些药物大多是各地民间发现的有效药物。例如,用狼把草可治疗血痢;紫背龙牙"解一切蛇毒甚妙",还可兼治咽喉肿痛;瓜藤治疗诸热毒疮;石南藤治疗腰痛,等等。苏颂在《本草图经》中保存了大量这一类宝贵资料。①

(二)继承传统与创新并举

苏颂既继承了古代本草学的优良传统,还作了进一步发挥。他一般都先引述《神农本草经》或《名医别录》等经典著作中关于某药物的产地、形态、性状、收采时节、炮炙方法、主治功用等内容,然后再详述出产该药的军州郡府名称,还对古今、各地的相关产品进行比较。这对于考察宋代以前直至汉代中药材产地的变迁和北宋中叶地道药材、生态学等都有重要的意义。苏颂对药物基原及原植物的鉴别和描述,也做出了重要的贡献。一般来说,他对每一种药用植物是按苗、茎、叶、花、果、实、根的顺序记载的,还对花萼、子房、种子的形态都有不同的描述。他还对南北朝的《本草经集注》及唐代的《新修本草》中一些常用的植物药,进行了植物学的研究。比如,他用比较研究方法,对包括术、白前、石韦、连翘、泽泄、使君子、茵陈蒿、桔梗等多种植物在内的常用药作了深入的探讨。他尤其注重对那些外形相似实则品种不同的植物,以及同一植物药的不同品种进行比较。这种方法,为后来的本草学家所推崇和采用,直至今日仍有其实际意义。

苏颂描述一些植物形态所用的术语,都是科学的。如对茎的生长状态,用"苗如丝综、蔓延草木之上"来描述缠绕茎,用"苗蔓延木上"来描述攀缘茎,用"布地蔓生"来描述匍匐茎,用"独立而长"来描述直立茎;对于植物叶的着生部位,他提出丛生叶为"叶作丛",轮生叶是"四叶相对而生",对生叶是"两两相当""两两相对于节",等等。这表明苏颂对药用植物学的研究已经非常深入。

(三)注重药物炮制

对于药物炮制,苏颂非常重视。中药的炮制是一门专门学问,南北

---

① 参见[宋]苏颂撰,胡乃长、王致谱辑注:《本草图经》(辑复本),福建科学技术出版社1988年版。

朝开始有炮制专著。由于中药本身的性质,其炮制内容早已超出狭义的中药炮制范畴。比如苏颂提到当时各种食盐的制取法,包括海盐、山盐、大盐、戎盐、石盐、青盐、光明盐、绿盐等的制备过程,对了解当时制盐工艺具有重要的参考意义。其他如制茯苓酥法、汉中干姜法、蜀人稀莶丸法等等,对后世的药物炮制亦有启发意义。

(四)注重保留文献资料

苏颂在《本草图经》中,还保留了十分宝贵的文献资料。他当时在校正医书所参加实际编纂工作,该所因工作需要,征集了大量医书,其中不乏宝贵的珍本、善本医书,也有一些其他类的好书。由于我国本草学具有博物学性质,从事本草著作编撰需要参考数量极多的各种相关著作和所有的医籍。苏颂当时参考了大量医书及经、史、子、集等各类书籍 200 种左右。由于在这些辑录的著作中,包含了一些已佚的医方书,苏颂将这些重要的医学文献保存在《本草图经》中,因而具有珍贵的医学与文献学价值。比如他在《本草图经》中引用了相当一部分汉晋隋唐各代的医方,在人参条下,他引了汉代张仲景治疗胸痹证的理中汤,南北朝胡洽治霍乱的温中汤,还有四顺汤等。他通过将四顺汤与晋葛洪《抱朴子》和唐王焘《外台秘要》所引《小品方》对照,可见到《本草图经》所述的四顺汤在六朝时治疗霍乱症中的作用。该书所保留的诸如此类的资料相当多。

(五)重视药物的实用性

苏颂十分注重药物的实用性,把药物与方剂紧密地结合在一起。在他的《本草图经》问世之前,药物与方剂著作是分别著成的。六朝及唐代的方剂书很多,本草著作也有一些,但还没有将药物与方剂结合在一起的著作。苏颂是最早把本草著作与方剂放在同一部书中叙述的医家。他在每一种药物的最后,基本上都附上以该药为主要成分的方剂,比如该书卷八中桔梗一味之下,录有《古今录验方》疗卒中蛊下血如鸡肝者,昼夜出血石余,四脏皆损,用桔梗捣屑,以酒服方寸匕;又引《集验方》疗肺痈,表现为胸中满而振寒,咽燥不渴,时时出浊唾腥臭,久久吐脓如粳米粥,用桔梗、甘草各二两,以水三升,煮取一升,分再服。又如吴茱萸一药之下,引方三首,即张仲景治呕而胸满者,用茱萸汤:吴茱萸一升,枣二十枚,生姜一大两,人参一两,以水五升煮取三升,每服七合,日三次;《姚僧垣方》治大小便突然不通顺,取吴茱萸南行枝,取一节如食指中节长,含口中,即可通顺;《删繁方》治疗脾劳热,脾中有白虫,病人频频恶心呕吐,用东行吴茱萸根一尺,大麻子八升,橘皮二两,用酒一斗浸一夜,再用微火煨暖,然后于清晨饮汤,虫便可打下,或死或半烂。就此两药所引的《古今录验方》《集验方》《姚僧垣方》《删繁方》等,都是六朝、隋唐时期重要方书,并已全部遗佚。苏颂所辑的这些方剂,每方大多包括病因、病位、症候、病程、预后及处方、制剂方法、服法、疗效等内容,这就为后世保存了大量宝贵的医药资料。明代的李时珍,在《本草纲目》中,每药之后,以"附方"为目,详列有关方剂,深受苏颂的影响。

《本草图经》是我国第一部刻板印刷的本草图谱,然而很遗憾,它失传了。至今我们只能在其后的著作,如北宋唐慎微的《经史证类备急本草》及其衍生发展出来的著作(如艾晟等修订的《大观经史证类备急本草》、曹孝忠等修订的《政和经史证类备用本草》和南宋张存惠增订的《重修政和经史证类备用本草》等)和明李时珍的《本草纲目》巨著中读到苏颂当年所定的图文。虽然不能见到《本草图经》原本,但从后世的大量征引中还可看出苏颂原书的重要性和对后世的影响力。

当然,苏颂的《本草图经》亦有不足。比如,李时珍在肯定该书"考定详明,颇有发挥"的同时,也指出了书中还有多处"图与说异,两不相应"的疏漏。然而,李时珍又说,这是"小小疏漏耳!"

二 沈括的医药学成果[①]

钱塘沈氏有收集药方的传统,受家学传统影响,沈括也注意搜集医方,并汇集成两本医药学著作《良方》和《灵苑方》(早佚),本着为病人负责的精神,沈括收方必"目睹其验",并将实物与文献对证,对药物名称

---

① 参见金秋鹏:《沈括》,杜石然主编:《中国古代科学家传记》(上集),第 511 页。

和功效进行考证,纠正其中的错误。

　　沈括在医药学上的贡献还表现在《良方》《梦溪忘怀录》《梦溪笔谈》中。在《良方》中,沈括详细记述了秋石阴阳二炼法的程序要诀。有论者认为,这应属世界上最早的提取荷尔蒙的记载。在《梦溪忘怀录》中,沈括关于"药石井"的记述,被认为是最早的磁化、矿化水制备法。在《梦溪笔谈》中,沈括还对一些矿物的药用价值进行了记录,如莽草、天竹黄等。

第五章 明朝时期的科技发展

明朝(1368—1644)时期,无论是冶炼、造船、建筑等重工业,还是丝绸、纺织、瓷器、印刷等轻工业,在世界上都遥遥领先,产量占全世界的2/3以上,比农业产量在全世界的占比还要高得多。明朝时民间的手工业不断壮大,而官营工业却不断萎缩。明朝时期的文化和科技发展与这一时期的政治经济密切相关。

第一节 科技发展的背景与概述

朱元璋登基后,调整了赋役制度,编制征收赋役黄册,设置征收赋粮的粮长,绘制清丈田地的鱼鳞图册;奖励垦荒,劝种桑麻;兴修水利,治理大运河,大兴军屯、民屯、商屯等屯田经济。全国垦田达850万余顷,岁入米麦豆粟3278余石。矿冶、陶瓷、造船、纺织、制盐业等都有较大发展。与此同时,他还整顿吏治,惩治贪官污吏及维持地方治安,进而促使社会经济得以恢复和发展,史称洪武之治。

明代中后期,农产品呈现粮食生产的专业化、商业化趋势。江南和广东原来的产粮区由于大半甚至八九成都用来生产棉花、甘蔗等经济作物而成为粮食进口区,其他一些地方则靠供给粮食成为商品粮食出口区。长江三角洲一带是当时桑、棉经济作物和手工业最发达的地区,由于粮食不足因而区域内调剂甚繁,还需由湖北、江西、安徽运入。

明朝是科技发展较为显著的时期。在天文学、数学、物理学方面硕果累累,化学、冶炼和化工方面成就突出,地理、农学及医学方面成绩斐然。

在天文学方面。14世纪中叶的《白猿经》载有132幅云图,并与天气变化联系起来,绝大部分与现代气象学原理相一致。1383年南京设京师观象台,1439年造浑天仪置北京(1900年八国联军侵华期间被德、法军队劫走,1921年索回,置南京紫金山天文台)。1442年在北京设观象台,1446年建晷影堂(位于北京古观象台西南侧)。1607年李之藻撰《浑盖通宪图说》刊行。1617年张燮著《东西洋考》,记载海洋占候等的详细资料。1634年正式安装中国第一架天文望远镜:"筩"。1643年徐光启《崇祯历书》出版。

在数学方面。1450年吴敬撰《九章算法比类大全》。1524年王文素著成近50万字的《新集通证古今算学宝鉴》。1584年朱载堉编著的《律吕精义》刊行。1592年程大位撰《算法统宗》,最早记载使用珠算方法开平方和开立方。1606年徐光启与利玛窦开始合译《几何原本》。1613年,李之藻据西人克拉维斯《实用算术概论》和中国程大位《算法统宗》编译而成《同文算指》。

在物理学方面。1637年,宋应星在《论气·气声》中对声音的产生和传播作出了科学解释,认为声音是由于物体振动或急速运动冲击空气而产生的,并通过空气传播,同水波相类似。方以智在《物理小识》卷2中提出"宙(时间)轮于宇(空间),则宇中有宙,宙中有宇",即提出了时间和空间不能彼此独立存在的时空观。他还在《物理小识》卷1中正确地解释了蒙气差(即大气折射)现象。民间光学仪器制造家孙云球制造放大镜、显微镜等几十种光学仪器,并著《镜史》(已佚)。

在化学、冶炼及化工方面。1521年四川嘉州(今乐山)凿成深达数百米的石油竖井。1596年《唐县志》记载以火爆法的采矿技术。1596年,李时珍在《本草纲目》中记载了276种无机药物的化学性质以及蒸馏、蒸发、升华、重结晶、沉淀、烧灼等技术。1637年,宋应星在《天工开物》中记述冶炼技术时,把铅、铜、汞、硫等许多化学元素看作基本的物质,而把与它们有关的反应所产生的物质看作派生的物质,从而产生化学元素概念的萌芽;书中还记载了当时冶金技术的许多成就,如冶炼生铁和熟铁(低碳钢)的连续生产工艺,退火、正火、淬火等钢铁热处理工艺和固体渗碳工艺等。方以智在《物理小识》卷7中记载了炼焦炭的方法:"煤则各处产之。臭者,烧熔而闭之。成石,再凿而入炉,曰礁。"而欧洲到1771年才开始炼焦。

在地理方面。1405—1433年郑和率大型远洋船队到达西洋30余国;约1425年时编成《郑和航海图》。1536年黄衷著《海语》(记录东南亚史地与中国南洋交通情况)。1565年胡宗宪编《筹海图编》,记录中日交通及抗倭事。1589年出现最早的世界地图《坤舆万国全图》。1639年顾炎武开始编著《肇域志》《天下郡国利病书》。明末徐霞客开始创作《徐霞客游记》。

在农学方面。1376年,俞宗本著《种树书》(记载了多种树木的嫁接方法,近缘嫁接,如桃、李、杏;远缘嫁接,如桑、梨等)。1406年,朱橚《救荒本草》问世(收集414种可供食用的野生植物资料,并载明产地、形态、性味及其可食部位和食用方法,并绘有精细图谱)。1547年马一龙著《农说》(详见本章第四节)。1596年屠本畯著中国现存最早的海洋生物专著《闽中海错疏》(记载了沿海一带以海生无脊椎动物和鱼类为主的二百多种水族生物的形态和生活习性等)。1608年,喻仁(喻本元)、喻杰(喻本亨)合著《元亨疗马集》(著名的兽医学著作,内容包括对马、牛和骆驼的治疗经验,现今仍有实用价值)。1617年赵蛹著《植品》(有关西红柿的种植技术等)。1628年徐光启撰《农政全书》。

在医学方面。1406年,朱棣等主持收集编成《普济方》(载方61739个,是中国现存规模最大的一部医方书)。1567年在宁国府太平县试行中国人痘接种方法预防天花(中国种痘法于17世纪初传入欧洲)。1596年李时珍著《本草纲目》在南京正式出版刊行,同期问世的还有《濒湖脉学》《奇经八脉考》等。1601年,杨继洲著《针灸大成》。1617年,陈实功著《外科正宗》(详见本章第五节)。1624年张景岳撰《类经》刊行,同年他再编《类经图翼》和《类经附翼》。1640年《景岳全书》64卷成书,1641年吴有性撰《瘟疫论》等。

明朝时期江苏科技的发展,与这一时期涌现了一批才能卓著的科学家密切相关。比如,天文学方面有贝琳、徐光启,数学方面有徐光启,地理学方面有徐霞客,地图学方面有郑若曾,建筑学方面有蒯祥和计成,水利学有潘季驯,农学方面有马一龙、黄省曾、徐光启,制造技术方面有徐光启,在医学方面更是人才辈出,有滑寿、薛己、王肯堂、吴有性、陈实功等。

第二节　天文学、数学与地理学发展

这一时期的天文学、数学和地理学发展,分别体现在贝琳、徐光启、徐霞客、黄省曾和郑若曾的成就中。

一　天文学

这一时期取得的天文学成就,主要包括贝琳①整理编译《七政推步②》和徐光启修订历法、编译《崇祯历书》等。

(一)贝琳编译《七政推步》

《七政推步》是我国第一部系统介绍回历和阿拉伯天文学的著作。根据目前的文献,伊斯兰天文学传入中国的历史可上推至宋初回人马依泽父子在宋司天监的工作。元代有扎马鲁丁编纂的万年历。元明两朝,回回历一直与官方的授时历并用。洪武年间(1368—1398),明朝政府曾组织马沙亦黑等人翻译《回回历法》,大约完成于洪武十七年

---

① 贝琳(1420—1490),字宗器,号竹溪拙叟;江南上元(今江苏南京)人。贝琳幼习儒学,兼通天官之学。明正统、景泰年间(1436—1456)曾在军队中服役。天顺年间(1457—1464)因通天象且占候有功,被推荐入钦天监工作。成化年间(1465—1487),他上疏陈述变革图治六事,被提升为钦天监监副,后转南京钦天监副。他于成化六年(1470)受命编译《七政推步》,成化十三年(1477)完成。其子孙一直在明钦天监任事约200年之久。(参见陈久金:《贝琳》,杜石然主编:《中国古代科学家传记》[下集],第781页。)

② "七政"是古代天文学术语,一般指日、月和金、木、水、火、土五星。《明史·天文志一·七政》曰"日月五星各有一重天,其天皆不与地同心,故其距地有高卑之不同。""推步"即推算天象历法。

(1384),从此中国开始有了汉译《回回历法》。① 贝琳在《七政推步·跋》中阐述编译《七政推步》的原因时说:虽明初已将"土盘布算"②译为汉算,但"岁久湮没"。《四库全书总目提要》也说:"明初译汉之后,传习颇寡。故无所校雠,讹脱尤甚。"由于汉译《回回历法》仍有失传的可能,所以贝琳才决心重新编译回回历。《七政推步》的贡献主要有以下四个方面。③

1. 重新整理编译《回回历法》

虽然在历法的数据和内容上,《七政推步》与《回回历法》完全一致,但是贝琳在重新整理编译《回回历法》的过程中对文字进行了整理和加工。例如,在《回回历法》释七曜和宫日中,仅给出七曜的序名和十二宫的宫名及各宫日数,但在《七政推步》中,同时还给出七曜和十二月名的本音名号。经查对,这些名号原属于波斯文。又例如《回回历法》仅介绍回历本身宫分、月分闰日的求法,而《七政推步》在此基础上还介绍了中国闰月的求法。

2.《七政推步》增加了 10 份历算表

《回回历法》中给出了 29 份立成表,供计算中查找,这样可以免除许多重复计算,而钦天监回回历官在应用该历法过程中,发现还要做许多重复的工作。为此,又增加了 10 份算表。贝琳在编修《七政推步》时将这 10 份算表增补入其中,这些算表包括:日五星中行总年、零年、月份、日分立成;日躔交十二宫初日立成;太阴经度总年、零年,月份、日躔交十二宫初、日分立成等。

3. 刊载了第一份中西星名对照表

在《七政推步》中还载有"黄道南北各像内外星经纬度立成"表,表中有 277 颗恒星的中西名称、黄经、黄纬和星等。这是贝琳为中西星名对译所作的首次尝试,对于中西天文学的交流起到了十分积极的促进

---

① 参见[清]张廷玉:《明史·历志·回回历法一》。
② 这里的"土盘布算"与"土盘历法"相关。"土盘历法"也即伊斯兰历法的代称。伊斯兰历法学习了印度的计算方法,用印度数码在沙盘里进行演算,亦称之为土盘算法。(参见陈久金:《贝琳与〈七政推步〉》,《宁夏社会科学》1991 年第 1 期,第 25—31 页)
③ 参见陈久金:《贝琳》,杜石然主编:《中国古代科学家传记》(下集),第 781—783 页。

作用。明初马哈麻等人翻译的《明译天文书》中首次引入了星分六等的概念,还介绍了 20 个星座的名称和共计 30 颗恒星的黄经、黄纬。而大量刊载恒星的星等则始于《七政推步》。这些恒星都集中于黄道附近的 15 个星座,即双鱼、白羊、海兽、金牛、人、阴阳、巨蟹、狮子、双女、天秤、天蝎、人蛇、人马、摩羯、宝瓶。其中人、人蛇、海兽三个星座没有被列入现代西方星座中。

4. 刊载了 13 幅采用黄道坐标的星图

《七政推步》中所载的 13 幅黄道坐标星图的画法,在中国天文学书籍中是首次出现。这些星图属于沿黄道附近的分区图,它们包括毕、井、鬼、轩辕、太微、角、亢、氐、房、心、斗、建星、牛、垒壁阵 14 个星座,其中房、心二宿合为一图。其画法通常是以黄经、黄纬为纵横坐标,以黄道为中轴的横线,1 度 1 格,黄纬包括南北各 10 度的范围。这些星图具有阿拉伯天文学的特点,显然是钦天监中回族天文学家所作。这 13 幅图统称为《凌犯入宿图》,其目的是为星占服务。用它可以方便地预报月亮五星与各恒星凌犯的状况。

(二) 徐光启编纂《崇祯历书》[①]

徐光启[②]在天文历法方面的成就,主要集中在《崇祯历书》的编译和为改革历法所写的各种奏疏之中。编制历法,为历代王朝所重视,但是到了明末却明显地落后了。其原因一是此时西欧的天文学快速发展;二是明王朝"成、弘间尚能建修改之议,万历以后则皆专己守残而已"[③]。这种禁研历法的情形,正如明沈德符在《万历野获编》中所说:"国初,学

---

① 参见杜石然:《徐光启》,杜石然主编:《中国古代科学家传记》(下集),第 893—894 页。

② 徐光启(1562—1633),字子先,号玄扈,天主教圣名保禄;明代著名科学家、政治家。他官至崇祯朝礼部尚书兼文渊阁大学士、内阁次辅。徐氏祖居苏州,以务农为业,后迁至上海。徐光启的祖父因经商而致富,及至父亲徐思诚家道中落,仍转务农。徐光启出生于南直隶松江府上海县(今上海市),少年时代的徐光启在龙华寺读书。他毕生致力于数学、天文、历法、水利等方面的研究,勤奋著述,尤精晓农学;译有《几何原本》,编纂《崇祯历书》,还著有《泰西水法》《农政全书》等;同时他还是一位沟通中西文化的先行者,为 17 世纪中西文化交流做出了重要贡献。崇祯六年徐光启病逝,崇祯帝赠太子太保、少保,谥文定。

③ [清]张廷玉:《明史·志第七·历一》。

天文有历禁,习历者遣戍,造历者殊死。"①其理由是"古法未可轻变","历不可改"。② 而明代所施行的《大统历》是承继了元代《授时历》,随着时间的推移,其误差越来越大。万历三十八年(1610)十一月日食,司天监再次预报错误,朝廷命徐光启等人与传教士共同译西法(当时协助徐光启修改历法的中国人有李之藻、李天经等,外国传教士有龙华民、熊三拔等),供邢云路修改历法时参考,而其后又不了了之。直至崇祯二年(1629)五月朔日食,徐光启以西法推算最为精密,礼部奏请开设历局。以徐光启督修历法,改历工作终于走上正轨,徐光启病逝后,修历则由李天经代之。后来清朝侵入中原,《崇祯历书》在明代并未实行。

徐光启在《崇祯历书》中,引进了大地为球形的概念,明晰地介绍了地球经度和纬度的概念;根据第谷星表和中国传统星表,提供了第一个全天性星图,后成为清代星表的基础;在计算方法上,他引进了球面和平面三角学的准确公式,并首先作了视差、蒙气差和时差的订正。

《崇祯历书》的编译,自明崇祯四年(1631)起直至崇祯十一年(1638)完成。全书46种,137卷,分五次进呈。前三次是徐光启亲自进呈(23种,75卷),后二次因徐光启病逝,由李天经进呈。其中第四次进呈的文本还是由徐光启亲手订正(13种,30卷),第五次则是徐氏"手订及半",最后由李天经完成(10种,32卷)。

除了负责《崇祯历书》全书的总编工作,徐光启还亲自参加了《测天约说》《大测》《日缠历指》《测量全义》《日缠表》等书的具体编译工作。

二 数学

这一时期数学上的发展主要表现为徐光启的数学应用和《几何原本》翻译。③

① 沈德符《万历野获编·卷二十》。
② 参见[清]张廷玉:《明史·志第七·历一》。
③ 参见杜石然:《徐光启》,杜石然主编:《中国古代科学家传记》(下集),第894—896页。

(一)数学应用

徐光启"历法修正十事",阐述了其在历法修正中的数学应用。他在一次关于修改历法的疏奏中,论述了数学应用的十个方面("度数旁通十事"),即天文历法、水利工程、音律、兵器兵法及军事工程、会计理财、建筑工程、机械制造、舆地测量、医药、制造钟漏等计时器。他还曾建议开展这些方面的分科研究。

(二)翻译《几何原本》

徐光启在数学方面的最大贡献是与利玛窦合作翻译《几何原本》(前6卷)。徐光启提出了实用的"度数之学"思想,同时还撰写了《勾股义》《测量异同》两书。"几何"二字,在中文里是一个虚词,意思是"多少",并不是数学专有名词。而徐光启则首先把"几何"一词作为数学的专业名词来使用,用"几何"代替了原来作为中国古代数学分科的"形学"命名。

由于欧几里得的《几何原本》是在公理、公设基础上构建数学演绎体系,因而与中国古代数学的方法体系相去甚远。徐光启作为最先接触这一严密逻辑公理体系的人,感触颇深。他在《徐光启集·几何原本杂议》中指出:该书"有三至、三能:似至晦,实至明,故能以其明明他物之至晦;似至繁,实至简,故能以其简简他物之至繁;似至难,实至易,故能以其易易他物之至难"。他最后对其进行了这样的概括:"易生于简,简生于明,综其妙,在明而已。"这里徐光启指出了《几何原本》的特点在于其体系的自明性,这是难能可贵的。直到20世纪初,中国废科举、兴学校,才以《几何原本》作为中等学校必修科目——初等几何学。《几何原本》的翻译,极大地影响了中国原有的数学学习和研究习惯,在中国数学史上,改变了数学发展的方向。

三 地理学

这一时期的地理学成就主要包括:徐霞客著成《徐霞客游记》;黄省

曾撰有《西洋朝贡典录》;郑若曾写就《郑开阳杂著》《筹海图编》《江南经略》《四隩图论》等地图学著作。

(一) 徐霞客的地理学研究及其成就①

徐霞客②通过长期而艰苦的旅行考察,写下了一部内容丰富的游记著作《徐霞客游记》(以下简称《游记》),对所经各地的山脉、河流、岩石、地貌、气象、生物、物产、交通、工农业生产、商业贸易、城乡聚落、风俗习惯等情况都有详细记载,体现了他实地考察成果的丰富多彩。

1. 岩溶地貌(喀斯特地貌)

《游记》在地理学上突出的成就之一,是对岩溶地貌的考察和研究。广西、贵州和云南三地有厚层石灰岩的连续分布,面积达 50 万平方公里,地处热带、亚热带,高温多雨,岩溶地貌发育最为典型。

徐霞客于 1636—1640 年间在这些地区进行了广泛考察,对岩溶地貌的分布、类型、特征和成因都进行了详细的记录和分析研究。《游记》中记载了峰林、孤峰、石芽、溶沟、落水洞、漏斗、竖井、岩溶盆地、岩溶洼地、岩溶天窗、盲谷、干谷、天生桥、岩溶湖、岩溶泉、穿山、溶帽山、溶洞、石笋、石柱、地下河、地下湖、洞穴瀑布等 20 多种岩溶地貌的特征,并将它们定名和分类。如广西和贵州有很发达的石芽、溶沟地貌,徐霞客将其描述为:"石骨棱棱,如万刀攒侧,不堪着足。"③"石齿如锯,横锋竖锷,莫可投足。"④这里他形象地称"石芽""溶沟"这种地貌为"石齿"。关于岩溶天窗,在《江右游日记十二》中关于江西永新县的梅田洞,有这样的描述,"中有一窍直透山顶,天光直落洞底,日影斜射上层,仰而望之,若

---

① 参见唐锡仁:《徐霞客》,杜石然主编:《中国古代科学家传记》(下集),第 943—952 页。

② 徐霞客(1587—1641),名弘祖,字振之,号霞客;南直隶江阴(今江苏江阴)人。他主要研究岩溶地理学,包括溶地貌(喀斯特地貌)、河流水文、植物地理、火山与地热、人文地理等。徐霞客出身地主家庭,先世科举成名,世代书香,家学渊源,祖传万卷楼留下不少藏书,为他博览群书提供了有利的条件。徐霞客喜欢读历史、地理和游记一类书籍,从而产生了旅行考察的愿望。他的爱好得到父母的理解和支持。其父喜欢自然山水,"为园自隐"。其父去世后,徐霞客在母亲的开导下,走上了旅行考察祖国山川的道路。尽管在旅行考察中多次遭受严重挫折,但他不悲观,不退缩,以惊人的毅力克服困难,写下《徐霞客游记》,还采集了许多珍贵的植物和熔岩标本。

③ [明]徐弘祖撰,褚绍唐、吴应寿整理:《徐霞客游记·粤西游日记三十一》,上海古籍出版社 1980 年版。

④ [明]徐弘祖撰,褚绍唐、吴应寿整理:《徐霞客游记·黔游日记一》。

有仙灵游戏其上者"。在《粤西游日记三十三》中则描述了广西三里的韦龟洞,"其西即洞门,门亦北向。初入甚隘而黑,西南下数步……顶有悬空之穴,天光倒映,正坠其中"。

关于峰林地貌,徐霞客用石山或石峰来形容,在《粤西游日记八》中,他以优美的笔调描述了广西漓江两岸的峰林:"碧崖之南,隔江石峰排列而起,横障南天,上分危岫……"阳朔周围的峰林显现为,"晓月漾波,奇峰环棹",(阳朔)"县之四围,攒作碧莲玉笋世界矣"。徐霞客还考察了从云南罗平县至湖南道县之间的峰林分布区,并观察到这些区域内的地貌并非完全一样,例如柳江沿岸就和桂林、阳朔有很大的差别。在《粤西游日记十四》中,他描写这些地区间地貌类型变化的特点:"自柳州府西北,两岸山土石间出,土山迤逦间,忽石峰数十,挺立成队,峭削森罗,或隐或现。所异于阳朔、桂林者,彼则四顾皆石峰,无一土山相杂,此则如锥处囊中,犹觉有脱颖之异耳。"在分析比较各地岩溶地貌的差异后,徐霞客还将西南三省分为三大区,即云南高原南部、贵州高原南部和广西盆地,这种地貌区划的思想与现代地貌学的分类基本相符。

徐霞客在旅途中,十分注重对溶洞的探查。据统计,在《游记》中记载的石灰岩溶洞有 288 个,他亲自入内考察的有 250 个。在考察中,他对溶洞的形状、大小、深浅和洞口朝向都有详备记载,对洞中情况如洞穴生物、堆积物、水文、洞穴利用等都有详细的观察和记述。对一些大的溶洞,为了深入研究其内部情况,他还多次进入、反复观察。如桂林七星岩是一个巨大而复杂的洞穴结构,1637 年他曾两次前去考察,并有详细的记录。[①]

徐霞客不仅十分注重对溶洞的探查,也注重观察地表水与地下水对石灰岩的溶解作用,还着力探察某些岩溶现象的成因和发育。比如他指出,溶洞中的钟乳石与石笋,是由于石灰岩中的水不断滴下后,经过蒸发,由碳酸钙凝结而成。他认为,落水洞是由水的溶蚀和冲刷而形成;地下河的顶棚陷落后,在地表造成了漏斗和峡谷。

---

① 1953 年中国科学院地理研究所的科学工作者对七星岩进行了实地勘测,他们发现徐霞客当年踏勘过的 15 个洞口,至今大部分还可以找到,他们测绘的七星岩平面图和素描图,也都证实了徐霞客观察与描述的准确性。(参见唐锡仁:《徐霞客》,杜石然主编:《中国古代科学家传记》[下集],第944 页。)

徐霞客作为中国古代系统研究岩溶地貌的先驱,也是世界上岩溶学和洞穴学研究的先行者。他对石灰岩地区的考察和对岩溶地貌特征的准确而生动的描述,在地理学史上具有里程碑的作用,其《游记》则是研究岩溶地貌最早的宝贵文献。

2. 河流水文

《游记》表明,徐霞客不仅关注地貌,同时也注重考察各地河流的分布和水文特征并有详细的记述。《游记》中,关于江、河、溪、湨、涧等的记载有500多条,其中包括河流的发源地、流域面积、流速、含沙量和侵蚀作用等水文情况的描述。

《游记》的一个突出贡献是通过实地考察,确定了长江源头是"金沙江导江"。长江是中国最长的河流,探索其源流的著作《禹贡》成书于公元前3世纪,书中有"岷山导江"的记载,其意为岷山为长江发源地。人们对此未有怀疑。而徐霞客由于家住长江入海口附近的江阴,从小看着长江水滚滚东流,引发了其探索长江源流的兴趣。年长之后,旅行至黄河南北,他看见黄河"河流如带,其阔不及长江三分之一",为什么长江源短而黄河源长?这一疑问常常萦绕于他的心头。带着这一疑问,他在1636—1637年的考察中写下了《江源考》。在文中,他指出:《禹贡》说长江的源头出于岷山,而实际上不在岷山;岷江流入长江,不一定就是长江的江源,这正如渭水流入黄河却不一定是黄河的河源一样;如果把长江上游的大渡河、岷江和金沙江进行比较,岷江没有大渡河长,而大渡河又没有金沙江长,由此,他推断,长江的江源应当从金沙江开始。这样,徐霞客便纠正了流传1000多年的关于长江江源的谬误。

《游记》还记述了河流对山岭的侵蚀作用。在《楚游日记一》中,徐霞客描述了湖南茶陵的云嵝山:"有大溪自北来,直逼山下,盘曲山峡,两旁石崖,水啮成矶。"在《粤西游日记二十三》中,记述了广西扶绥的右江和左江对山岭的侵蚀情况,右江"江流击山,山削成壁",左江则"江流自南冲涌而来,狮石首扼其锐,迎流剟骨,遂成狰狞之状"。这里可以看到河流侵蚀两岸山岭,把山岭侵蚀成为崖壁和岬角。

徐霞客在考察中认识到,河流侵蚀力量的大小与流速有关,而流速又与河床比降有关。崇祯元年(1628),他考察福建的宁洋溪(今九龙江)和建溪,并对比这两条河流发源地的高程与流程,得出了比降与流速的关系。在《闽游日记前》中他记述道:"宁洋之溪,悬溜迅急,十倍建溪,盖浦城至闽安入海,八百余里;宁洋至海澄入海,止三百余里;程愈迫,则流愈急。况梨岭下至延平,不及五百里,而延平上至马岭,不及四百而峻,是二岭之高伯仲也。其高既均,而入海则减,雷轰入地之险,宜咏于此。"这里,徐霞客用基准面和发源地高程相近似的两条河流相比较,认识到河床比降大小与河源距海远近有关,发源地高度相等的河流,流程越短则比降越大,流速越快,河流的侵蚀力量也因之越强。

3. 植物地理

《游记》中植物知识相当丰富,记载了 150 多种植物,并对植物与地理环境的关系作了很多观察,从而产生了规律性的认识。

首先,徐霞客认识到,海拔高度与气温、风速与植物之间有因果联系。他在《游天台山日记》中写道:"循路登绝顶,荒草靡靡,山高风冽,草上结霜高寸许,而四山回映,琪花玉树,玲珑弥望。岭角山花盛开,顶上反不吐色,盖为高寒所勒限制耳。"后来在《滇游日记十》中,他记述了云南棋盘山的情况:"顶间无高松巨木,即丛草亦不甚深茂,盖高寒之故也。"这些记述表明了海拔高度影响植物的分布和开花日期。

其次,徐霞客发现,纬度对植物花期和分布亦有影响,他在《游太和山日记》中写道:在岭南则均州"自此连逾山岭,桃李缤纷,山花夹道,幽艳异常";"至陕州,杏始花,柳色依依向人";"及转入泓峪,而层冰积雪,犹满涧谷,真春风所不度也。"这说明同一个时期,地理纬度不同,不仅桃、杏的开花时间上有差异,而且植物分布有一定界限。比如《粤西游日记三十九》中提到,徐霞客在广西南丹看到"龙眼树至此无",而在南丹东南约 90 公里的德胜则"甚多"。

4. 火山与地热

《游记》记载了对火山的考察。徐霞客在《滇游日记三十一》中,记述了他于崇祯十二年(1639)到云南西部的腾冲考察附近火山遗迹的情形:"山顶之石,色赭赤而质轻浮,状如蜂房,为浮沫结成者,虽大至合抱,而两指可携,然其质仍坚,真劫灰之余也"。他对浮石的形状、质地的描述和解释,可能是历史上的最早记载。

《游记》还记载了对地热的考察。徐霞客在《滇游日记》中,记述了他考察云南的地下热水 18 处,按水温可分为温泉、热水泉、沸泉三类,其中温泉 12 处,热水泉和沸泉各 3 处。他对地下热水作了详细描述,如在腾冲的硫黄塘观察沸泉时写道:水从下沸腾,"作滚涌之状,而势更厉,沸泡大如弹丸,百枚齐跃而有声,其中高且尺余"[①]。

《游记》记述了当时人们对地下热水的利用:最普遍的是用来淋浴治病,或是从地下热水中提取硫黄、硝等矿物资源。这些记述对于地热的开发利用仍然具有现实意义。

5. 人文地理

《游记》不仅描述当地的自然情况,而且很注重人与环境关系的考察。徐霞客考察了人们改造和利用地理环境的各种活动,记述相关的人文地理资料。其一,《游记》中有造纸、采矿、榨油、煎盐、开采大理石等的记述。其中采矿记载最多,记有金、银、铜、锡、铅、煤、硫黄等 10 多种矿物资源的产地 20 余处。有些矿是将开采和冶炼结合起来,规模很大。其二,《游记》中有关于农作物的种类、生长分布、地区差异、农田水利、耕作制度等方面的记载。其三,《游记》对于商业贸易活动,比如城乡的集市、商人的贩运和物价贵贱等情况都有记载。在《滇游日记》《楚游日记》等中,徐霞客不仅重点记述了湖南商人将鱼苗运往广西,云南和广西的客商将锡、铜运往外省的盛况,也记述了边境地区少数民族与缅甸进行贸易或者以物易物的情况。其四,交通运输方面,对水上的舟船航运、陆上的马骡驮运,以及一些重要城市间的交通干道都有详细记述,最有特色的是记述了云南、贵州的高山峡谷之中,少数民族人民建造藤桥、铁索桥以沟通往来的情况。此外,在他的游记中还有以牦牛、大象作为运输工具的记载,今天除在云南西双版纳还有少数野象外,其他地方基本已见不到大象,更没有养象作为运输工具的情况。徐霞客的记载对研究大象在中国的分布等问题很有价值。其五,城乡聚落方面,他记录了大量居民点,大如杭州、衡阳、桂林和昆明等城市,小至广大农村的村镇,有地理位置、规模大小和形态特征的记载。《游记·粤

---

① [明]徐弘祖撰,褚绍唐、吴应寿整理:《徐霞客游记·滇游日记三十四》。

西游、黔游、滇游日记》中对广西、贵州和云南三地少数民族聚居区的10多个少数民族的生产情况、衣食住行、民族语言，特别是衣服装饰、发型和各种节日的风俗习惯，都有很生动的介绍。

6. 徐霞客的地理学研究方法①

徐霞客对地理学研究的卓越贡献，与其地理学研究方法密切相关，主要包括以下四个方面：

第一，重视实地考察。在地理研究过程中，他注意将史籍记载和实地考察结合起来，以实地考察的第一手资料去纠正舆地史籍中的各种错误。如万历四十六年(1618)，徐霞客登黄山之后，在《游黄山日记后》中指出，莲花峰"独出诸峰上"，"即天都峰亦俯首矣"，纠正了历来认为天都峰居各峰之首的误识。徐霞客晚年考察了西南边陲之后，写下了《盘江考》和《江源考》，对西南地区水系源流作了系统记述，澄清了不少问题，比如说对《禹贡》中"岷山导江"说的纠正。他通过对云南、贵州的考察，辨明了碧溪江是漾濞河下流，枯柯河是流入潞江而不是流入澜沧江，纠正了《明一统志》中相关的错误记载。去往广西的旅途中，他发现官府厅堂所挂地图中隆安县地理位置的错误，而深有感触地指出："非躬至，则郡图犹不足凭也。"②

第二，善用描述方法。其一，徐霞客在《游记》中以清新简练和形象化的文字，记载自然景物。如描述岩溶地貌的特征时，有"铮铮骨立"的石山，"如出水青莲，亭亭直上"的峰林，"旋涡成潭，如釜之仰"的落水洞等③。他还以丰富的想象力，为洞中形态万千的钟乳奇景创作了各种形神兼备的名称或动人的神话故事，使本来无生命的山洞岩石充满了生机活力和传奇色彩。这对以后开发岩溶地区的旅游资源，具有重要的启发和借鉴作用。其二，徐霞客十分注重对许多自然现象的定量化描述。例如《滇游日记》记述了他考察怒江时所见大树"本根干高二丈，大十围"；云南鸡足山悉檀寺的虎头兰，"其叶皆阔寸五分，长二尺而柔，花一穗有二十朵；长二尺五者，花朵大二三寸，瓣阔共五六分"。值得注意

---

① 参见唐锡仁：《徐霞客》，杜石然主编：《中国古代科学家传记》(下集)，第949—952页。
② [明]徐弘祖撰，褚绍唐、吴应寿整理：《徐霞客游记·粤西游日记三十一》。
③ [明]徐弘祖撰，褚绍唐、吴应寿整理：《徐霞客游记·粤西游日记一》。

的是,徐霞客在考察岩溶洞穴时,不仅对其瑰丽雄奇的景观有生动描写,而且对很多洞穴形态的高、深、阔都有量化描述。如《粤西游日记十八》记载了对广西三清岩的探查:"其岩西向,横开大穴,阔十余丈,高不过二丈,深不过五丈。"此外,他描述瀑布常常有其落差的数字记述。如《滇游日记》中有关于云南棋盘山宝珠寺瀑布的数字记述:"悬崖三级下,深可十五六丈";在考察北盘江的铁索桥附近陡崖峡谷后,也有这样的记述:"东西两崖,相距不过十五丈,而高且三十丈,水奔腾于下,其深不可测。"难能可贵的是,这些量化的数字记述均出自其目测步量。

第三,注重比较异同与归纳。徐霞客在旅行中,通过细致考察自然景观,能比较其异同,再加以归纳。如在对湖南、广西、贵州、云南的广大石灰岩地区考察过程中,对其所见的岩溶地貌类型、分布以及各地之间的差异进行了具体的分析对比。在其《游记》中明确指出了峰林地形的分布:西起云南的罗平,东北止于湖南的道州(今道县)。同时,通过比较,发现各地峰林地形的差异性。例如《楚游日记十六》曰:"过祁阳,突兀之势以次渐露,至此(指冷水滩)而随地涌出矣",即从湖南的祁阳开始,峰林地形即起变化。而《粤西游日记十四》则记述了,进入广西后各地峰林地形差异更为显著,阳朔、桂林一带,"四顾皆石峰,无一土山相杂";阳朔、佛力司以南,石山分布渐少,至柳州石山土山相间,到了贵县则以土山为主。在此基础上,他对广西、贵州、云南三地的岩溶特征和类型进行了比较分析:"粤西之山,有纯石者,有间石者,各自分行独挺,不相混杂。滇南之山,皆土峰缭绕,间有缀石,亦十不一二,故环洼为多。黔南之山,则界于二者之间,独以逼耸见奇。滇山惟多土,故多壅流成海,而流多浑浊,惟抚仙湖最清。粤山惟石,故多穿穴之流,而水悉澄清。而黔流亦界于二者之间。"[1]这些对比分析十分精辟。此外,徐霞客对岩洞形态结构和河谷特征也进行了许多具体的比较与归纳,还揭示了山地、平原对植被生长影响的差异。

第四,采集标本,描绘图样。根据《游记》的记载,徐霞客不仅关注自然景观特征、风土人情,还采集植物和岩石的标本。据初步统计,他

---

① [明]徐弘祖撰,褚绍唐、吴应寿整理:《徐霞客游记·滇游日记三》。

共采植物标本 17 次，其中采枝叶 4 次，花 6 次，茎 4 次，果实 3 次。比如，崇祯十年(1637)在桂林宝积山上，他看到"有百合花一枝，五萼，甚巨，连根折之，肩而下山"①，这样，他采了根茎叶花的完整标本。又如，崇祯十二年(1639)在云南保山附近的水帘洞考察时，他看见一种石树，"其大拱把，其长丈余，其中树干已腐，而石肤之结于外者，厚可五分，中空如巨竹之筒而无节，击之声甚清越"②。由于石树太长不便携带，徐霞客只截其三尺带走。徐霞客在考察中采集的这些植物或岩石标本，对于相关研究是十分珍贵的。

综上，徐霞客作为明末的地理学家把一生都奉献给了地理考察事业。他在岩溶地貌及植物地理、水文地理、人文地理等多方面取得了卓越成就，他对热带、亚热带的岩溶现象作了大范围、多数量的考察和较为系统的描述，并对岩溶现象的成因和地理分布提出了明确的科学观点，这是当时西方学者所未曾达到的。此外，他运用的地理学的研究方法，至今仍是地理学研究的重要方法。

(二) 黄省曾的《西洋朝贡典录》③

黄省曾④的《西洋朝贡典录》(下称《典录》)是一本记载西洋地理的著作。全书分上、中、下 3 卷，记载了西洋 23 个国家和地区的方域、山川、道里、土风、物产、朝贡等情况。每国(或地区)后面都附有"论"。黄省曾撰录此书的动机是出于历史的责任感。明代随着国力的增强，自郑和下西洋后与许多国家都建立了联系。黄省曾认为，如果对此不加以记述，这些见闻将湮没无闻。于是他便参考了一些随郑和下西洋的随员的著作，如《星槎胜览》《瀛涯胜览》等书，按照典要的体例，使用规

---

① [明]徐弘祖撰，褚绍唐、吴应寿整理：《徐霞客游记·粤西游日记五》。
② [明]徐弘祖撰，褚绍唐、吴应寿整理：《徐霞客游记·滇游日记三十八》。这种石树现在也叫树根管钟乳石，是由碳酸钙凝结而成，较难见到。
③ 参见曾雄生：《黄省曾》，杜石然主编：《中国古代科学家传记》(下集)，第 811—816 页；[明]黄省曾：《西洋朝贡典录校注》，谢方校注，中华书局 2000 年版，第 122 页。
④ 黄省曾，字勉之，号五岳山人；江苏吴县(今苏州)人；生卒年不详，生活于明代中期。其主要贡献是在农学、地学等方面。黄省曾少时喜欢古代散文和辞赋，对词书《尔雅》颇有研究。明嘉靖十年(1531)参加乡试，名列榜首，中举人。后因进士不第，便放弃了科举之路，转攻古代诗词和绘画，并在农学等许多方面卓有建树。

范化的语言,编写了《西洋朝贡典录》,详细记述郑和下西洋时所历各国的各方面情况。他为此走访前辈父老,核查文献书籍,前后 7 次修改,于正德十五年(1520)前后完成了该书的撰写。

《典录》也是研究明初远洋交通的重要资料,书中对大部分国家和地区都有针位①的记载。根据《典录》可以考证明代的一些海外地名,并纠正过去记载的错误;还可以用来校正今本《瀛涯》《星槎》书中不少的文字错误和脱文。因为《典录》所据的《瀛涯》和《星槎》版本较早,与现今通行本稍有出入,三书互校可以发现各自的一些错误。然而,《典录》所采用的多是第二或第三手资料,由于作者对海外地理并不熟悉,虽然力求严谨,也难免出现一些错误。

《典录》又是一本记述海外各国风土的书,在当时并不多见。即使是掌管全国图书的秘书省也没有这类藏书,而掌管外事的礼部也不过有些朝廷聘书、名册、礼品之类的物品。因此,《典录》问世后很快受到人们的关注。黄省曾的同乡、《姑苏志》的作者王鏊,对此就有过很高的评价;黄省曾的同乡友人、书法家祝允明曾为《典录》作过"叙",对此书的内容、写作方法以及黄省曾的成就,均有高度评价。

(三)郑若曾的地图学研究②

郑若曾③在地图学研究方面的重要学术贡献在于编纂《筹海图

---

① 明代以后,为了适应航海的需要,对于各地路程远近、方向、海上的风云气候、海流、潮汐涨退、各地的沙线水道、礁岩隐现、停泊处所的水位深浅以及海底情况都须熟悉,这样就出现了不少相当于现代航海指南类的书,总名为《针经》。据明张燮《东西洋考》称"舶人归有航海针经"。黄省曾书中所载针位,取材于《针位》一书,此书已失传,据考证很可能就是郑和下西洋时舟师所用之书,或其后整理出来的"针薄"。《西洋朝贡典录》部分地保留了《针位》中有关航路的记载。
② 参见曹婉如:《郑若曾》,杜石然主编:《中国古代科学家传记》(下集),第798—800页。
③ 郑若曾(1503—1570),字伯鲁,号开阳;江苏昆山人。其主要的贡献在地图学、军事学等方面。郑若曾出身书香之家,其曾祖、祖父和父亲都是很有学问的人。他自幼受到良好的家庭教育,年长后又得到魏校、王守仁、湛若水等名师的教诲,常与归有光、唐顺之、茅坤等学者交往,一起探讨学问。他注重实学,凡天文、地理、地图、军事和政治等都认真研究,而对科举做官则不感兴趣。明嘉靖三十一年(1552)倭寇猖狂进犯,人们都看不到有关海防的图籍为憾事。于是郑若曾就收集有关资料,编绘了沿海地图 12 幅,并附文字说明。郑若曾在政治、军事和地学方面的才能主要表现为:其一,为抵抗倭寇出谋献策;其二,编撰《筹海图编》。他晚年仍潜心于著述。著作主要有:《郑开阳杂著》《筹海图编》《江南经略》《四隩图论》《尚书集义》等。

编》①和编绘《万里海防图论》。《筹海图编》共 13 卷,是第一部全面论述中国海防的图籍。其内容十分丰富,计有图(包括地图、舰船图、武器图等)172 幅,文字 30 余万。主要记载中国沿海的地理形势、倭寇的情况、明代的海防策略、海防设置、选兵择将、治军原则以及当时的武器装备等等。此书对后世的海防著作有很大的影响。

郑若曾十分重视地图,他在《筹海图编·凡例》中说:"不按图籍不可以知扼塞,不审形势不可以施经略。"为了使人们了解和筹划沿海防务,他不止一次地编绘海防地图,或称《万里海防图》。此图有 12 幅和72 幅两种。12 幅的《万里海防图》收录于《郑开阳杂著》卷八《海防一览》,其中第一幅图名之下注有"原图每方百里";另外还注记"嘉靖辛酉年浙江巡抚胡宗宪序,昆山郑若曾编摹"和"原大图详悉,兹采其概以图之"等语。这些文字说明该图为郑若曾于嘉靖四十年(1561)编绘,图上有画方,在此之前还绘有内容更详细的大图(即注记所称"原大图")②。

72 幅的《万里海防图》见于《筹海图编》卷一的《沿海山沙图》。它是由广东沿海图 11 幅、福建 9 幅、浙江 21 幅、直隶 8 幅、山东 18 幅和辽东 5 幅组成。这 72 幅图再加日本图 3 幅和图论 35 篇,组成了《郑开阳杂著》收录的《万里海防图论》2 卷。

无论是 12 幅或 72 幅的《万里海防图》,所绘中国沿海地区都起自今广西钦州南龙门港西南的海域,向东再向北,直到辽宁的鸭绿江。图幅为"一"字展开式,自右至左展开。《筹海图编·凡例》写道:"今略仿元儒朱思本及近日念庵罗公洪先《广舆图》计里画方之法",可知原图均

---

① 《筹海图编》的作者是郑若曾,但在《明史·艺文志》《四库全书总目》和有些书目录中把该书的作者写作"胡宗宪"。这是因为胡宗宪曾为该书厘订、写序。后来,其孙胡灯和曾孙胡维极于天启年间(1621—1627)重校的《筹海图编》,将原题"昆山郑若曾辑"改为"胡宗宪辑议",并作了某些改动。康熙三十二年(1693)郑若曾的五世孙郑起泓等重刻《筹海图编》时,又进行了必要的更正和说明。(参见杜石然主编:《中国古代科学家传记》[下集],第 798—799 页。)

② 这"原大图"可能就是胡宗宪第一次看到的郑若曾编绘的沿海地图 12 幅。若将该图与现在中国第一历史档案馆收藏的万历三十三年(1605)徐必达题识的彩绘摹本《乾坤一统海防全图》比较,二者不仅图形基本相同,而且 12 幅图中的岛屿和地名在《乾坤一统海防全图》中基本都有。《乾坤一统海防全图》纵 170 厘米,横 605 厘米,所绘的山、川和地名等,确实比 12 幅的《万里海防图》详细得多,而且图上有画方,徐必达写的识文中也提到郑若曾。所以此图应是"原大图"的摹本。郑若曾编绘的"原大图",可将其称为 12 幅的详本《万里海防图》。原图虽已亡佚,但《乾坤一统海防全图》的传世弥补了这一损失。(参见《中国古代科学家传记》[下集],第 799—800 页。)

有画方,而《筹海图编》刻本和《四库全书》本《郑开阳杂著》等均将画方略去。值得注意的是,图上海的位置都居上方,陆地居下。这是由于作者是采用中国绘画以"远景为上,近景为下"的原则布局的。图上所绘沿海地区的山川、海湾、港口、岛屿、礁石以及设置的堡、塞、营、卫、所、烽燧等,都很详悉。该图的绘制以海居上方,很有特色。《万里海防图》是中国海防图的代表作,也是研究明代地图的重要图籍,在中国地图学发展史上占有一定地位。

第三节　建筑学与制造技术发展

这一时期的建筑学和制造技术发展,分别体现在蒯祥、计成和徐光启的成就中。

一　建筑学

这一时期建筑学方面取得的主要成就包括:蒯祥负责设计和组织施工作为宫廷正门的承天门(即今之天安门)等;计成主持建造园林、假山等,写成研究造园的理论著作——《园冶》。

(一) 蒯祥设计和组织施工的承天门等[①]

永乐十五年(1417),明成祖朱棣征召全国各地工匠,前往北京大兴土木营建宫殿庙坛。蒯祥[②]作为明成祖的随从人员,先期北上,参加皇宫建筑设计。由于蒯祥的设计水平高,被任命为皇宫重大工程的设计师。他承接的第一项工程就是负责设计和组织施工作为宫廷正门的承天门。这项工程在蒯祥运筹下于永乐十九年(1421)竣工,其城楼形状

---

① 参见杜石然等编著:《中国科学技术史稿》,北京大学出版社,2012 年版,第 315—316 页。
② 蒯祥(1398—1481),江苏吴县鱼帆村(今属苏州)人;明代建筑匠师。他世袭工匠之职,是承天门城楼的设计者。蒯祥的父亲蒯富,有高超的技艺,被明王朝选入京师,当了总管建筑皇宫的"木工首"。蒯祥自幼随父学艺。蒯富告老还乡后,蒯祥已在木工技艺和营造设计上成名,并继承父业,出任"木工首"。蒯祥曾参加或主持多项重大的皇室工程,景泰七年(1456)任工部右侍郎。

与现在的天安门大致相仿,但规模较小。承天门建成之后,受到文武百官称赞,永乐皇帝龙颜大悦,称他为"蒯鲁班"。1457 年 7 月,承天门被大火烧毁。八年后,明英宗命工部尚书白圭主持重建。白圭请蒯祥重建 9 开 2 层的木结构城楼,以及两宫、五府、六衙署等。由于蒯祥有功于朝廷,就从一名工匠逐步晋升,直至被封为工部左侍郎,授二品官,享受一品官俸禄。

蒯祥在京 40 多年,负责建造的主要工程有北京皇宫(1417)、皇宫前三殿(1436—1449)、北京西苑(今北海、中海、南海)殿宇(1460),以及长陵(1413)、献陵(1425)、隆福寺(1452)、裕陵(1464)等。据明史及有关建筑专著评介,认为蒯祥在建筑学上的技艺与创造达到炉火纯青的程度,主要表现在三个方面。一是他精通尺度计算。在每项工程施工前都要对相关的工程做精确的计算,因而竣工后,这些建筑物的位置、距离、大小尺寸等与原先的设计图分毫不差。二是蒯祥不仅尺度计算精确,而且在榫卯技巧的建筑艺术上也有独到之处。他既注重在用料、施工等方面的精心筹划,又能将榫卯骨架结合得十分准确、牢固。三是巧妙地运用江南的建筑艺术。在北京皇宫府第的建筑中,蒯祥将江南的建筑艺术巧妙地运用于其中,如,他采用了苏州彩画和琉璃金砖等,使得殿堂楼阁更加流光溢彩、富丽堂皇。

(二) 计成的建筑学成就[①]

计成[②]在大江南北主持建造的著名园林共有三处,即东第园、寤园、影园。他所著《园冶》,是中国第一本园林艺术理论专著,是造园学经典著作。

[①] 参见孙剑:《计成》,杜石然主编:《中国古代科学家传记》(下集),第 935—937 页。
[②] 计成(1582—?),字无否(fǒu),号否(pǐ)道人;吴江(今苏州)人;明末造园艺术家。计成出身于有着浓厚书画艺术风气的吴江计姓家族。他自小学画,擅长山水,也工诗文,可惜诗已不传。计成曾游历天下,中年时返回江南,定居镇江。他有一次戏做石壁一座,观者俱称"俨然佳山也",从此传出名声,随后便以造园叠山声誉鹊起,名驰江南。他从一个文人画士,正式改行为人造园叠山。他所建第一座名园是常州吴玄的东第园,这一作品使其一举成名。接着为汪士衡造寤园,获得更大成功。崇祯五年(1632),他完成寤园的建造后又到扬州,为好友郑元勋建造影园。计成所撰的造园专著《园冶》,崇祯四年(1631)成稿,崇祯七年(1634)刊行。明亡后,计成的行踪消失而无从查考,《园冶》也一度沉寂无闻,失传三百余年,直到 20 世纪初才再现世间。

1. 主持建造的著名园林

计成建造的第一座名园是常州东第园,其园主是吴玄①。当时计成以偶造假山闻名,吴玄便招他为其造园。计成勘察了该园的地形为"基形最高,而穷其源最深,乔木参天,虬枝拂地",因而主张掇石而高,搜土而下,令乔木参差山腰,蟠根嵌石,并依水而下,构亭台错落池面,采用"篆壑区廊"可获意外之效。② 该园建成之后,吴玄十分高兴,自诩为"江南之胜,惟吾独收"。

东第园建成之后,计成接着为汪士衡建造寤园。寤园在仪真(今仪征)新济桥,建造于崇祯四至五年间,其景点主要有篆云廊、湛阁、灵岩、荆山亭、扈冶堂等处。建造寤园正是计成造园叠山事业发展过程中的一个重要阶段,在这期间他创作了造园理论著作——《园冶》。

影园是计成建造的第三座名园,其成就最高,也是所知的最后一处名园。该园园主是郑元勋,崇祯十六年(1643)进士,工诗画,是计成的好友。影园始建于崇祯七年(1634),第二年建成,据考在扬州城西南隅,与城墙仅一水之隔(今荷花池以北,西门桥之南)。影园的设计建造基本上是计成《园冶》理论的再实践,门窗洞口形制、墙地装饰也大多按《园冶》成例选用,体现了计成"巧于'因''借',精在'体''宜'"③的造园思想。据郑元勋《影园自记》描述,其地无山,却前后夹水,隔水同峦,蜿蜒起伏,尽作山势。"环四面,柳万屯,荷千余顷,菰苇生之。水清而多鱼,渔棹往来不绝……升高处望之,迷楼、平山皆在项背;江南诸山,历历青来"。地在柳影、水影、山影之间。根据这种地形特点,影园的设计布局为:以点状分布,景点不多,因山因水,朴实无华,疏朗淡泊,融于环境,雅洁小巧,亲切宜人,其因借之法,妙及造化之功,体现了计成"精而合宜""巧而得体"的兴造艺术。④ 因而郑元勋在《园冶·题词》中给予其很高评价;书画名家董其昌书赠"影园"二字。于是影园一时成为江南名构,被公推为扬州的第一名园。现可见的有玉勾草堂、半浮阁、淡

---

① 吴玄是万历二十六年(1598)进士,官至江西布政使右参政,为明末魏党官僚。他在常州城东(今常州旧城城里东水门内水华桥北)得到元朝温丞相故园十五亩,打算以十亩为宅,五亩为园。

② 参见[明]计成:《园冶·卷一·序》。

③ [明]计成:《园冶·卷一·兴造论》。

④ [明]计成:《园冶·卷一·兴造论》。

烟疏雨庭院及读书楼、漷翠亭、一字斋、媚幽阁等景点。入清以后,郑元勋家世衰微,到康熙年间,影园已是旧址依稀,衰草遍地,一片荒芜。计成除建造这三处名园外,其他作品已不可考。

2. 园林艺术理论专著《园冶》①

《园冶》是计成将自己的造园经验进行理论化的加工提炼后,写成的世界上第一部系统研究造园的理论著作,亦是他在建筑学领域最为重要的贡献。

《园冶》成稿于崇祯四年(1631),正是计成建造寤园之时,初名《园牧》,因当时名流曹元甫阅后十分赞赏,改题为《园冶》②,即园林的设计建造之意。崇祯七年(1634)阮大铖请计成叠山,在阮大铖的资助下,《园冶》得以刊刻。原刊本前有阮叙、郑元勋题词及"自序",后附"自识"。③

《园冶》共分3卷,首列兴造论、园说,随后分相地、立基、屋宇、装折;第二卷为栏杆;第三卷分门窗、墙垣、铺地、掇山、选石、借景六篇。其行文多以"骈四俪六"形式,具有骈散兼行或骈体散文小品化风格,尽管有些阐述比较晦涩难懂,但仍然是一部优美典雅的古典文学形式的科技著作。

《园冶》第一卷中的"兴造论"与"园说"是全书之纲,阐述造园的意义。强调造园重在表现其"虽由人作,宛自天开"的最高意境,这也是对中国古典园林艺术特征的高度概括。"相地""立基"相辅相成,即根据不同的地形特点,如山林地、城市地、村庄地、郊野地、傍宅地及江湖地等的不同,使得设计与自然环境相统一。第二卷"栏杆"及第三卷"屋宇"等则论述了园林建筑的内容与形式须服从造园的具体要求,才能使整个园林浑然一体,体现了自然天成的境界。由于山、石是中国园林的重要内容。计成专列"掇山""选石",阐述其造园叠山理论,其中"掇山"是精华所在。他将掇山又分为园山、厅山、楼山、阁山、书房山、池山、内

---

① 参见孙剑:《计成》,杜石然主编:《中国古代科学家传记》(下集),第937—938页。

② 参见[明]计成:《园冶·卷一·序》。

③《园冶》刊布后,由于与阮大铖有关,在清代被列为禁书,只见录于李笠翁《闲情偶寄》。崇祯原刊本只在日本内阁文库等地有全帙,国内还未发现。

室山、峭壁山、山石池、金鱼缸、峰、峦、岩、洞、涧、曲水、瀑布等 17 节,叙述其桩木理论和掇山途径,其要义在于因地制宜,因材致用。"选石"依其造园所用,据杜绾《云林石谱》列出 16 种,并指明"石"产地,如何辨别石性,供掇山造景使用。"借景"是中国园林艺术的传统表现手法,而计成则认为,"借景"是"林园之最要者",并提出"借景"多种样态,如"远借、邻借、仰借、俯借、应时而借"等等,这样,依其园主或者观园者的不同心境,获取不同的感受。这是他"借景"和造园的独到之处。

总之,《园冶》是以"巧于因借,精在体宜"为原则,以因地制宜的山水变化组合为内涵,达到"虽由人作,宛自天开"的境界,使园林成为天然趣成、天人一体的幽静、雅致而美妙的景观。计成的这一思想影响深远,是中国园林学思想的重要组成部分,也是世界园林艺术中别具一格的思想。

二 制造技术

这一时期制造技术的发展主要以徐光启造炮技术为代表。

徐光启特别注重武器制造,尤其是火炮的制造。管状火器原来是中国的发明创造,但时至明代末年,制造火器的技术已逐渐落后,因而边防急需引进火炮制造技术。为此,徐光启一方面曾多方建议,不断上疏;另一方面对火器在实践中运用的方方面面进行探索,比如,火器与城市防御,火器与攻城,火器与步、骑兵种的配合等。因此,在中国军事技术史上,徐光启可以称得上是研究和提出火炮在战争中应用理论的第一人。

第四节 水利与农学发展

这一时期的水利学和农学发展,分别体现在潘季驯、徐光启、马一龙和黄省曾的成就中。

一 水利学

这一时期水利学发展的杰出代表主要是潘季驯的水利学研究成果《总理河漕奏疏》14 卷、《宸断大工录》10 卷、《河防一览》14 卷及其长期的治水实践。

（一）潘季驯的水利学理论成就[①]

潘季驯[②]的水利学著作都与治河有关。其中主要著作有《总理河漕奏疏》14 卷、《宸断大工录》10 卷、《河防一览》14 卷等[③]，其他河工著作还有《潘司空奏疏》《河防榷》《两河经略》《两河管见》等，但其内容大多重复。另有《留余堂尺牍》等书信集，其内容也有不少关涉治河。

潘季驯关于治河的理论和措施，包含在他上疏朝廷的河工奏折中。这些奏折多达 200 余道，是他四次担任总河期间长期治河实践及研究的结晶。奏折中的内容几乎涵盖了所有需要解决的重要河工问题，如从堤工技术到治河行政，从总体规划到一闸、一坝、一条制度的规定等。这些奏折被后人编辑成《总理河漕奏疏》14 卷。万历八年（1580），潘季驯的僚属把他的部分河工奏折和别人给他的赠言汇编成其第一部治河书——《宸断大工录》10 卷。后来，他以该书为基础，进行增补删改，精选了担任第三任总河以后的 41 道治河奏折，编辑成《河防一览》14 卷，约 29 万字。这部书集中、清楚地体现了其主要的治河思想和措施，影响也更为广泛。《防河一览》全书内容包括：皇帝给潘季驯的诏书、黄河图说、治水思想、河防工程的关键地点、修守章程、潘季驯本人奏疏、黄河源与黄河决口、古今治河的重要文献辑录等 8 个部分，既继承了前人

[①] 参见郭涛：《潘季驯》，杜石然主编：《中国古代科学家传记》（下集），第 834—841 页。

[②] 潘季驯（1521—1595），字时良，号印川，浙江湖州人。其主要的贡献在水利学、治河工程学方面。潘季驯出身望族，30 岁中进士，先后在江西、河南、广东等地做地方官。由于为官清廉，他离开广东时，老百姓遮道挽留。潘季驯主持治河后，改变了前期专事分流的方略，提出并实行了束水攻沙的一系列主张和措施，经治理，黄河发生了根本的转变，使摆动不定的黄河主槽逐渐固定下来，形成了相对稳定行水达 300 年之久的明清河槽。

[③] 参见《明史·卷九十八·志第七十四·艺文三》。

治河的主要成果，又系统总结了自己长期治河的新经验，是中国 16 世纪河工水平、水利科学技术水平的集大成者，对此后 300 年的河工实践起着指导性作用。

（二）潘季驯在水利学方面的实践及其贡献[①]

潘季驯在长期治河实践中，吸取前人成果，不断总结经验，逐步形成了"以河治河，以水攻沙"的治理黄河总方略，其核心在于治沙，基本工程措施则是筑堤固槽、以堤治河、遥堤防洪、缕堤攻沙。这不仅改变了明代前期在治黄思想中占主导地位的"分流"方略，而且改变了历代在治黄实践中重治水、轻治沙的片面倾向。

嘉靖四十四年（1565）七月，"河决沛县，上下二百余里运道俱淤"[②]。黄河决口于江苏沛县，沛县南北的运河被泥沙淤塞 200 余里。十一月，朝廷任命潘季驯总理河道。他提出"开导上源，疏浚下流"的治理方案，但朝廷只同意疏浚下流。在他的主持下，用不到一年的时间，挑挖了南阳至留城的新河 140 余里，疏浚了留城以南至境山（今徐州北）旧河 53 里。次年十一月，潘季驯因母亲去世，回籍守制。

隆庆三年（1569）七月，黄河又决口于沛县，次年七月决口于邳州（今江苏睢宁古邳镇）。八月，朝廷再次任命潘季驯总理河道。他提出"加修堤岸"和"塞决开渠"两项治理方略，并认为，其根本之计在于"筑近堤以束河流，筑遥堤以防溃决"，即有了利用双重堤防实现束水攻沙的设想。但限于条件，当时只修筑了徐州至邳州两岸缕堤（近河堤）。隆庆五年十二月，由于在治河方略上与主管者意见不一，潘季驯被人弹劾罢官。

万历四年（1576）八月，黄河在徐州段决口，次年又决崔镇（今属江苏泗阳）等处。当时在朝廷主事的张居正，起用了潘季驯。万历六年二月，潘季驯第三次被任命总理河道，兼管漕运，并提督军务。潘季驯通过对黄、淮、运三河的实地查勘，总结了前两次治河中的经验教训，又认真研究了历代治河的相关成果，在给朝廷《两河经略疏》的奏折中，系统

---

① 参见郭涛：《潘季驯》，杜石然主编：《中国古代科学家传记》（下集），第 835—837 页。
②《明史·卷八十三·志第五十九·河渠一》。

提出了"束水攻沙""蓄清刷黄"的治河理论及其方略共 6 条:其一"塞决口以挽正河";其二"筑堤防以杜溃决";其三"复闸坝以防外河";其四"创滚水坝以固堤岸",其五"止浚海工程以省糜费";其六"寝开老黄河之议以仍利涉","帝悉从其请"。[①] 其具体的工程措施为:

1. 在清口地区,不准淮河水从洪泽湖东泄,只准尽出清口。这既可以蓄淮水之清以刷黄水之浑,又有助于消除淮南和泗州以上地区的水患。而治理黄淮两河关键的工程措施是建好洪泽湖水利枢纽,重点是坚筑高家堰。

2. 在徐州至淮安河段,不准黄河决口分流,只许由河堤上的滚水坝宣泄异常暴涨的洪水。这既可以实现束水攻沙的目的,又可以避免河道决口漫流之患。其主要工程措施是高筑徐州以下黄河两岸遥堤,约拦水势;并在崔镇等处适当位置修建减水坝,分杀异常洪水;修筑归仁大堤,让睢水、邸家湖等清水汇入黄河,既有助于冲刷泥沙,又防止黄河水南泻泗州。

3. 在宝应、高邮、邵伯等淮南诸湖地区,严防湖水泛滥。这既可以维持运河畅通,又可以使高、宝、兴、盐诸邑免受涝灾。其主要工程措施是修宝应堤、西土堤,加固邵伯堤等。

4. 在南旺一带京杭运河翻越山东地垒的最高点,节制湖、泉之水走泄。这样,可以集中利用南旺分水岭及运河两边的水量,以利运船通行。其工程措施是修坎河大坝、何家坝,拦截汶河水入南旺诸湖;修南旺东西湖、马踏湖、蜀山湖、马场湖、安山湖等五湖界堤,以便储蓄汶、泗河水;同时隔一定距离或在关键位置修建斗门、闸坝,控制运河用水。

5. 在黄河与运河交接处的茶城、清口等地,严防黄河洪水倒灌、泥沙淤积运河。其工程措施是增建或改建船闸,并制定严格的启闭制度。

潘季驯按照上述束水攻沙总体规划,在不到两年的时间里,对黄河、运河和淮河进行了大规模整治,共筑土堤 102268 丈,砌石堤 3375 丈,开挖河道二条,堵塞决口 139 处,建滚水坝 4 座,挑浚运河淤浅 11564 丈,栽护堤柳 832200 株,比原计划节省工程经费白银 24 万两。

---

① 参见《明史·卷八十三·志第六十·河渠二》。

对此,《明史·河渠志二》记载,经潘季驯这次治理,黄河、淮河、运河出现了"流连数年,河道无大患"的局面。由于治河成功,潘季驯声名大振,被擢升为工部尚书兼都察院右副都御史。

万历十六年(1588)五月,潘季驯68岁时,朝廷第四次任命其出任总理河道大臣。他更加重视堤防的建设,并提出了新的思路,即利用黄河本身冲淤规律实行"淤滩固堤"的方案,进一步完善了"束水攻沙"的理论和措施,并取得了相应的治理成效。

潘季驯对于水利的贡献主要包括三个方面:其一,治水与治沙并重,把治沙提到治黄方略的高度,实现了治黄战略的重要转变;其二,提出"惟当缮治堤防,俾无旁决,则水由地中,沙随水去,即导河之策"①,并实践了解决黄河泥沙的三条措施,即束水攻沙、蓄清刷黄、淤滩固堤;其三,系统总结、完善了堤防修守的一整套制度和措施。②

二 农学

这一时期的农学成就主要以马一龙的《农说》③、黄省曾的《农圃四书》和徐光启的《农政全书》等著作为代表。

(一) 马一龙的农学成就④

马一龙⑤继承了传统的重农思想和三才理论。他针对当时社会弃

---

① 《明史·卷八十三·志第六十·河渠二》。
② 参见郭涛:《潘季驯》,杜石然主编:《中国古代科学家传记》(下集),第837—839页。
③ 参见[明]徐光启撰、石声汉校注:《农政全书校注》,上海古籍出版社1979年版;桑润生:《马一龙与〈农说〉》,《农业考古》1981年第2期,第154—155页。
④ 参见曾雄生:《马一龙》,杜石然主编:《中国古代科学家传记》(下集),第787—790页。
⑤ 马一龙(1499—1571),字负图,号孟河;江苏溧阳人。其主要的贡献在农学方面。马一龙出身于官僚家庭,其父马性鲁曾任云南寻甸(今寻甸自治县)知府,因瘴气病死任上。从此家境贫困,曾一度依靠表兄的帮助度日。明嘉靖二十六年(1547)马一龙考中进士,被选授为南京国子监司业。因母亲年老多病,他辞官回到故里溧阳,但生活依旧清贫。为摆脱贫困,他便召集当地的一些老农商量对策。由于当时溧阳地区的农民不堪繁重的赋税,多弃地外流或弃农经商,留下大量荒地。马一龙把"力田养母"作为自己平生的志愿,便招募了农民进行垦种,采用分成制的办法,即把田里收获的一半给佣工,一年之后,荒芜的土地全部得到开垦,并取得了好收成。马一龙在和佣工一起劳动时,发现他们虽做农活,却不懂得农事道理。为此,他便根据其农事经验写下了《农说》一书。此书篇幅不长,却是不可多得的农学理论专著。

农经商者甚多的现状,阐述了君、民、食、农、力之间的关系:"君以民为重,民以食为天,食以农为本,农以力为功。"他着重从"农为治本,食乃民天"的高度,论述了农业的重要性。《农说》充分体现了马一龙"教农之法,劝农之政,忧农之心"。

1. "教农之法"

在"教农之法"方面,他十分强调"力不失时,则食不困",因为"力足以胜天"。而如何才能"力足"? 在他看来,须知时(即天时)、知土(即土性)和知其所宜(即农作物),才能"避其不可为"。然而,"知不逾力者,虽劳无功"。就"知时"而言,"时一失,则缓急先后之序皆倒行,而逆施矣安得顺畅,而不困苦哉"。因此,作为一个"上农者"(即好农夫),须"智力兼至",既要"深于农理",又要"勤于农事"。

2. "劝农之政"

在"劝农之政"方面,马一龙则强调:"合天时、地脉、物性之宜,而无所差失,则事半而功倍矣。知其不可先乎?"否则"发不中节其缪千里"。他根据阴阳、气的学说阐述了天时、地脉与农业生产三者之间的关系。并根据"阳主发生,阴主敛息,物之生息随气升降"之理,阐述了其"畜阳"之说,认为"繁殖之道,惟欲阳含土中,运而不息;阴乘其外,谨毖而不出"。为此,他提出了整地的"畜阳"之道,关于整地的时间,"冬耕宜早,春耕宜迟;云早,其在冬至之前;云迟,其在春分之后"。关于整地的深浅,他提出"启原(地势高的田)宜深,启隰(地势低的田)宜浅","九寸为深,三寸为浅","深以接其生气,浅以就其天阳"。关于整地的质量,为了防止"缩科"现象的发生,他要求"犁锄者必翻抄数过",使"田无不耕之土,则土无不毛之病";还要求"细熟平整粗块","旋抄旋耙,旋耙旋莳"。

3. "忧农之心"

马一龙的"忧农之心",主要体现在他在防止作物"疯长"(徒长)和防治作物病虫害以及作物的栽培与田间管理等方面所进行的探索。无论是作物"疯长"还是作物病虫害,都直接影响农作物的生长和收成,与农民的切身利益休戚相关。

首先,在防止作物徒长方面,马一龙根据阴阳的辩证关系,提出了解决的办法,即"以断其浮根,剪其附叶,去田中积污以燥裂其肤理则抑矣"。这种用抑制根系和叶片增长来防止作物徒长的办法现在仍在使用。不过,这仅是治标,马一龙进一步提出应采用增施追肥的办法来固本。因为"草木之生,其命在土,生成化变,不离土气",因而"土敝则草木不长,气衰则生物不遂"。为了促进作物的苗壮生长,须"将衰而沃之,助其力也",但"过滋"又"不能胜而病矣"。如何从根本上防止其徒长?马一龙认为,关键在于"滋源"才能"固其本"。所谓"滋源"即使用基肥。这样,才能令作物的"根深入土中"。其方法是:"在禾苗初旺之时,断去浮面丝根,略燥根下土皮,俾顶根直生向下,则根深而气壮,可以任其土力之发生,实颖实栗矣。"这实际上是对传统的耘田烤田技术做了理论上的阐述。

其次,关于作物(水稻)病虫害的防治,马一龙继承了前人气候生成学说,认为病虫害的发生与天时有关,提出了灌水、长牵、疏齿披拂及石灰桐油布叶的防治方法。他还从生物生长与"气"的关系出发对传统的浸种育秧方法进行了批判,认为这种浸种方法使作物在"胎中受病""祖气不足"。为此,他提出了两种育秧方法:其一,在冬至以后,在地势高的地方选择一块苗圃,治熟,布上种子,盖上疏草,防止鸟雀,培上草木灰,浇上水,至清明再浇上肥水,促使发芽,然后除草施肥,促进生长;其二,用草包裹种子,悬挂在有风的屋檐下,春季后放在深水汪中,但不要使其接近泥土,半个月后布种生芽。这种方法不仅不同于《齐民要术》中的记载,而且也不同于现在仍沿用的传统浸种方法。马一龙提出的育秧方法虽然没有得到推广,但值得进一步研究。

再者,马一龙阐述了水稻栽培和田间管理。他指出,水稻移栽的意义在于"二土之气,交并于一苗,生气积盛矣"。移栽时须纵横成列,以便于耘荡。移栽的密度应根据土壤的肥瘠来确定,肥田密植要合理,瘠田不可密植,"疏者每亩约七千二百科,密则数逾于万"。关于耘荡,他认为要早,以防患于未然,"与其滋蔓而难图,孰若先务予决去"。与此同时,还需看苗色耘荡,即"多苗新土,黄色转青,乃用耘荡"。因为耘荡虽以去草,实以固苗。耘荡的功效在于抑制横根生长,促进顶根入土,以吸收更多的养分,提高每株的穗数和粒数。可见,马一龙的"滋源"

"固本"之法一直贯穿始终。

总之,在农学史上,马一龙的《农说》是古代农书中不可多得的理论性专著。其所提出的"畜阳""足气""滋源""固本"等理论与方法,具有继承性、系统性与创新性。

(二) 黄省曾的《农圃四书》与《芋经》①

黄省曾的农学著作主要有:《农圃四书》《芋经》(又称《种芋法》)1卷、《兽经》1卷。其中《农圃四书》包括《稻品》(又称《理生玉镜稻品》)1卷、《蚕经》(又称《养蚕经》)1卷、《种鱼经》(又称《养鱼经》《鱼经》)1卷、《艺菊书》(又称《艺菊谱》)1卷。

1.《稻品》

《稻品》是一本水稻品种志。此书的写作与《姑苏志》的编纂有关。黄省曾的《稻品》是在《姑苏志》"土产"部分的基础上增补而成。《稻品》先解释了稻(稴、稬)、糯(秫)、秔(粳)、籼等概念,然后列举了34个水稻品种的性状、播种期、成熟期、经济价值以及别名等等。

由于《稻品》与《姑苏志》有关,因而其中所载品种主要以苏州的地方品种为主,记载了周围其他地方的一些品种,其中毗陵(今江苏常州)3个、太平(今安徽当涂)6个、闽2个、松江(今上海松江)8个、四明(今浙江宁波)3个、湖州5个。这些品种在苏州一带也有种植,只是在不同地区有不同名称,对此《稻品》也都有记载。比如,师姑秔,四明称之为矮白;早白稻,松江称之为小白,四明则称之为红白;晚白又称为芦花白,松江称之为大白;胭脂糯,太平称之为朱砂糯;赶陈糯,太平称之为雀不觉,亦称之为籼糯;芦黄糯,湖州称之为泥里变等等。《稻品》在记载水稻品种性状时,注意到这些水稻品种的籽粒、质地、外形、秿芒、株秆,以及抗逆性、产量、品质等属性,还记载了每个水稻品种的播种和成熟月份。《稻品》中的品种以中晚型为主。从性状和生长期来看,明代苏州等地的品种与宋代基本一致。值得一提的是,黄省曾的《稻品》是

---

① 参见曾雄生:《黄省曾》,杜石然主编:《中国古代科学家传记》(下集),第812—815页。

现存最早的关于水稻品种的专志。①

2.《蚕经》

《蚕经》是一本关于苏杭一带种桑养蚕的专书。② 主要包括艺桑、宫宇、器具、种连、育饲、登蔟、择茧、缫拍、戒宜等九部分。除了"艺桑"以外，其余8部分均与养蚕相关，因而其书名为《蚕经》。"艺桑"主要介绍了桑树的品种，有地桑、条桑；桑树的嫁接方法，有嫁桑、接桑；桑园的管理，桑天牛的防治，桑下如何种蔬菜，如何预测桑叶贵贱等。"宫宇"即蚕室，蚕室在设置上要安静、保暖、防湿。"器具"即有关种桑养蚕的工具，其中包括桑刀、方筐、圆箔、火箱等。"种连"即蚕种的繁殖，包括选种、浸种和浴种。"育饲"即蚕的喂养，其桑叶须使用干叶，雨中所采桑叶须擦干或吹干后才能喂养蚕。"登蔟"即上蔟。"择茧"即对蚕茧的挑选，要选茧细丝长而莹白的，其余淘汰。"缫拍"即缫丝。"戒宜"即有关养蚕的注意事项。就黄省曾的《蚕经》所载内容而言，与其此前有关农书相比，并无特别的贡献，而江南地区写作蚕桑专书则是从他的《蚕经》开始的。

3.《鱼经》

《鱼经》是一部关于养鱼的专书。③ 全书共分三个部分。一是介绍了几种鱼类的繁殖方法。这几种鱼包括鲤鱼、鳟鱼、草鱼（鲩鱼）、白鲢、

---

① 我国最早的对于水稻品种的记载始于晋代郭义恭的《广志》（共记载了12个品种），而《广志》早已失传，其所载品种保留在北魏贾思勰的《齐民要术》之中。《齐民要术》是最早记载水稻品种的农书，共记录24个品种，但对于品种生长期和性状等都未作记载，关于水稻品种只是一个名录，不能称之为水稻品种志。直到宋代才出现了第一部水稻志——曾安止的《禾谱》，所记载的主要是江西泰和县的水稻品种，也有江浙一带的品种，但遗憾的是这本书后来失传了，只有部分内容保存在曾氏家谱之中。宋代苏湖一带虽然是中国最发达的稻作地区，但没有一部关于水稻品种的专著，只是在一些地方志中有关于水稻品种的记载，如淳祐《玉峰志》、宝祐《琴川志》、嘉泰《吴兴志》、淳熙《新安志》等。此外，范成大在《劳畲耕·并序》中也记载了"吴中米品"8个。但这些记载均非专志，而黄省曾的《稻品》是独立于方志的最早的水稻品种专志。

② 宋代秦观《蚕书》1卷，所记主要是山东兖州地区的养蚕技术，与吴中养蚕有所不同。宋元时的农书，如《陈旉农书》《农桑辑要》《王祯农书》《农桑撮要》等都记载了丰富的种桑养蚕技术。《蚕经》的部分内容即引自这些农书，但这些书都不是蚕桑专书。《蚕经》之后有关蚕桑的专著很多，据统计达180种，而其中又以江南为盛。

③ 我国历史上成书较早的《陶朱公养鱼法》和《昭明子钓种生鱼鳖》等书都已失传，或仅存辑本，后世所谓渔书又多记海错或鱼品，或记有捕鱼的方法，而关于养鱼的方法则很少记载。《鱼经》则是一本集鱼苗培育、成鱼饲养和鱼品为一体的养鱼专书。

鲻鱼等。其繁殖方法主要有两种:产卵孵化和鱼苗(秧)池养。鱼苗培育所使用的饲料有鸡、鸭蛋黄,或大麦麸,或炒大豆末。关于鲻鱼(生活在海水和河水交界处的一种海洋鱼类)的养殖是我国海鱼淡水养殖的最早记载。二是介绍了养鱼的方法,着重于凿池和喂食两个方面。黄省曾认为,鱼池必须要凿两个,这样可以蓄水,而且卖鱼时可以去大存小。鱼池不宜太深,深则水寒,不利于鱼的生长。池的正北端应挖得深一些,让池中之鱼集中。鱼池三面有阳光,有利于鱼的生长。喂鱼要一日两次,须定时、定量、定位、定质(喂鱼饲料)。三是介绍了江河湖海中19种主要的鱼类,这些鱼多属鱼中珍品,其中包括鲟、鳇、鲈(松江四鳃)、鳊、鲳、石首、白鱼、鳊(鲂鱼)、银鱼、鲫鱼、鲙、鮆(刀鱼)、鳜、河豚(斑鱼)等。

4.《芋经》

《芋经》是一本关于种芋的专著,包括"名""食忌""艺法""事"等4章,大部分是汇录古书中有关芋的记载。如"名"一章中就引用了《说文》《广雅》《广志》等书中有关芋名及其种类的记载。"食忌"一章,则是关于食芋时的注意事项,以及防止食野芋中毒。"事"一章,引述了食芋救饥的一些历史事实。"艺法"一章在农学上意义较大,除汇录了《氾胜之书》《齐民要术》等书中的种芋法以外,还叙述了当时种芋的方法,主要包括选种、藏种、整地育秧、栽种塘土等。关于藏种,黄省曾提出了窖藏越冬法,这样可以防止芋种冻害;关于塘土,即在芋棵行间挖土壅在芋根上,进而使芋根上土壤保护疏松,可以让芋头长得大一些。

芋艿是中国古代重要的农作物,尽管许多农书中对于芋有记载,但黄省曾的《芋经》是第一部,也是唯一的一部关于种芋的专书。

(三) 徐光启的农学成就

徐光启一生关于农学方面的著作甚多,主要有《农政全书》《甘薯疏》《农遗杂疏》《农书草稿》《泰西水法》等。其中《农政全书》[①]是徐光启

---

① 明崇祯元年(1628),徐光启的农书完成初稿,但由于他忙于修订历书,直至崇祯六年(1633)卒于任上都无暇顾及定稿工作。后由其门人陈子龙等人负责修订,经陈子龙删改(大约删者十之三,增者十之二)后,于崇祯十二年(1639)付印(参见[明]徐光启:《农政全书·凡例》,平露堂初刻本,1639)。

的农书代表作,成书于明朝万历年间。全书大量考证和收录了此前我国历代有关农业的文献,囊括了明代农业生产和人民生活的各个方面,可谓既"杂采众家"又"兼出独见",体现了徐光启在农政、水利和农业技术方面的探索成果和译述。《农政全书》共分 12 目(农本、四制、农事、水利、农器、树艺、蚕桑、蚕桑广类、种植、牧养、制造、荒政),60 卷,70 余万言,主要包括农政思想和农业技术两大内容,其中农政占了全书篇幅的一半以上。

1.《农政全书》中的农政思想

在《农政全书》中,徐光启指出,"至于农事,尤所用心。盖以为生民率育之源,国家富强之本"①。可见,他的观点是把"农事"与"生民率育""国家富强"联系在一起,从三者的辩证关系中阐发其农政思想,由于"农事"关系到"生民率育"和"国家富强","农事"又与粮食生产、兴修水利等密切相关,由此,他提出了垦荒、水利、荒政这三大治国理政的方略。

其一,徐光启认为垦荒和兴修水利有利于北方农业生产的发展。我国古代自魏晋以来,北方粮食的供给都是从南方调运的,为此每年政府需耗资亿万来进行漕运,实现南粮北调。到了明末,漕运已成为政府较大的弊政之一。由于"西北之地,夙号沃壤,皆可耕而食也"②,因而徐光启主张以垦荒发展北方的粮食生产,解决南粮北调的困境;而"水利者,农之本也,无水则无田矣"③,水利亦是"国家之基本,生民之命脉"④,因而垦荒必须与兴修水利相结合。为此,徐光启指出:"水利不修,则旱潦无备。旱潦无备,则田里日荒。"⑤只有水利兴,才能旱潦有备。东南地区是农业生产的重要区域,在《农政全书》中,徐光启亦用了四卷的篇幅来讲述东南(尤指太湖)地区的水利、淤淀和湖垦。

其二,荒政作为《农政全书》的一目,有 18 卷之多,篇幅约占全书的1/3,可见徐光启非常重视备荒救灾。徐光启在该目中,对历代备荒的

①《农政全书·凡例》。
②《农政全书·卷十二水利·西北水利》。
③《农政全书·卷十四·水利·东南水利中》。
④《农政全书·卷十二·水利·西北水利》。
⑤《农政全书·卷十二·水利·西北水利》。

议论、政策进行了综述;对水旱灾、虫灾进行了统计;对救灾措施及其利弊进行了分析。他提出荒政包括备荒救荒,其方略是"预弭为上,有备为中,赈济为下"。其中"预弭"即"浚河筑堤,宽民力,祛民害";"有备"即"尚蓄积,禁奢侈,设常平,通商贾";"赈济"即"给米煮糜,计户而救"。他还在《农政全书》的第 46 至 59 卷载录了救荒本草(共 14 卷),第 60 卷则列出了野菜谱 60 种,具有实用价值,无论是在荒年还是丰年都有造福国民的作用。

2.《农政全书》中的农业技术①

徐光启通过广征历史文献、实地调查和亲自做实验,在《农政全书》的树艺、蚕桑、蚕桑广类、种植等目中记有栽培植物一百多种,其中包括了他在农业技术方面的探索。

(1) 批判地继承了中国古代农学中的"风土论"思想

所谓"风"指的是气候条件,"土"是指土壤等地理条件。"风土论"主张:作物是否适合在某地种植,取决于风土。徐光启提出作物种植受风土影响但也不完全依赖于风土。他举出了不少例证,说明通过试验可以使过去被认为不适合在某地种植的作物,推广到该地种植。比如,甘薯是由国外引进的,最初只在福建沿海等地种植,徐光启则把甘薯引进到家乡上海种植,多次试种后终于获得了成功。接着,他还总结编写了《甘薯疏》,介绍甘薯的种植方法,指出其优点,并且宣传和推广种植甘薯。他通过身体力行,不仅发展了中国古代农学的风土论思想,还推进了当时农业技术的发展。

(2) 进一步提高了南方的旱作技术

徐光启不仅总结了南方种麦的避水湿技术、蚕豆的轮作等增产技术,还提出了改进棉、豆、油菜等旱作技术的意见,特别是系统介绍长江三角洲地区棉花的种植与田间管理技术,提出了"精拣核(选种)、早下种、深根、短干、稀稞、肥壅"的十四字诀。

(3) 总结蝗虫虫灾的发生规律和治蝗的方法

徐光启查阅了相关书籍中所记载的我国从春秋时期到元朝发生的

---

① 参见杜石然:《徐光启》,杜石然主编:《中国古代科学家传记》(下集),第 896—898 页。

百余次蝗灾,并对其发生时间和地点进行了分析,发现这些蝗灾盛发于夏秋之间。与此同时,他还对蝗虫的生活习性进行了细致的观察,在此基础上提出了防治办法。

第五节 医学发展

明朝时期医学发展的代表性作品,主要包括滑寿的《十四经发挥》《诊家枢要》《读素问钞》《难经本义》,薛己的《内科摘要》《外科枢要》《疬疡机要》《女科撮要》《正体类要》及《口齿类要》,王肯堂编撰并刊刻的《证治准绳》《郁冈斋笔麈》,陈实功撰著的《外科正宗》,吴有性的《温疫论》,等等。

一 滑寿的医学成就①

滑寿②是元明之际著名的临证医学家,他在医学理论研究及其实践,特别是针灸学方面成就斐然。

(一)医学研究成就

滑寿一生著书10余种,包括对经典医籍的整理与注释,还有本草、方剂、针灸、内科、外科等各科医著及综合性普及医书等,其研究几乎遍及中医学的基本领域,其中许多已失传,流传至今的重要医学著述有以下4部。

---

① 参见廖果:《滑寿》,杜石然主编:《中国古代科学家传记》(下集),第752—757页。

② 滑寿,字伯仁,号樱宁生;许州襄城(今属河南)人,生于仪真(今江苏仪征);生年不详,明洪武年间(1368—1398)卒于浙江余姚。其主要的贡献在于医学研究与实践,尤其是针灸方面。滑寿出身襄城望门贵族,由于其祖父、父亲都在江南做官,便举家自襄城徙居仪真。滑寿自幼聪颖好学,思维敏捷。他青年时曾应乡试,后来放弃科举,转习医术。他博览医籍,师从名医王居中,勤奋学习和研究古典医籍,借鉴前代著名医家张仲景、刘完素、李杲等的医药理论与经验,并将其运用到临证实践中,取得了很好的疗效。后来他又向名医高洞阳学习针灸,在针灸理论与方法上都有较深的造诣。直到70多岁时,滑寿还显得容颜年轻,行步轻捷。滑寿的门人弟子曾将其行医事迹与医疗经验加以整理刊行。(参见《明史·卷二百九十九·列传第一百八十七·方伎·滑寿》。)

1. 《十四经发挥》①

滑寿之所以写作《十四经发挥》一书,一是他感到当时一些医家有忽视针灸学的倾向,二是《内经》关于经脉俞穴理论的阐述,其文字过于简古,对学习者而言不易理解。他通过深入研究《内经》,汇集《素问》"骨空"诸论和《灵枢·本输篇》的有关论述,训其字义,释其名物,疏其本旨,撰成此书。该书共3卷,卷上为"手足阴阳流注篇",统论经脉循行的规律;卷中为"十四经脉气所发篇",即按照十二经脉和督脉、任脉,记述了其所属脏腑的机能,经脉循行径路与所属经穴部位,相关病症等,以及各经经穴歌诀。上、中卷正文部分均遵循元代忽泰必列所撰《金兰循经》(今佚),滑寿则对此做了详细的注释和补充发挥,如补记说明了各经所属经穴,又如补充了督脉主病为冲疝、女子不孕、癃、痔、遗溺等。卷下为"奇经八脉篇",主要参考《素问》《难经》《甲乙经》及《圣济总录》等书,对奇经八脉的循行、主病及所属经穴部位等作了较系统的记述。该书作为针灸学专著,纲目清晰,文字简要,既以注释解疑,又以绘图示意,对经穴分布则以歌括之,书中附有十四经的经穴分图与正背面骨度分寸图16幅。

2. 《诊家枢要》②

《诊家枢要》1卷12篇,约于1359年成书。在此书序中,滑寿指出:"高阳生③之七表八里九道,盖凿凿也。求脉之明,为脉之晦。"他认为高阳生所编撰的《王叔和脉诀》中所提出的"七表、八里、九道"的脉学之说,过于穿凿附会,使得脉学晦涩不明。滑寿坚信"百家者流,莫大于医,医莫先于脉",因而"脉之道大矣"。他在"脉象大旨"篇中,论述了脉象依人体气血、寒热、情志、性别之差异而有所不同的一般规律,随后阐述了左右手对应的脏腑部位、五脏平脉、四时平脉、三部所主、诊脉之道

---

① 《十四经发挥》一书刊于1341年,明代医家吕复称该书为医门之司南。该书是中医针灸经络学名著,后传入日本,被日本医学界视为"习医之根本",学针灸者几乎人手一册。在明代除复刻本外,又经薛铠校正后收入《薛氏医案二十四种》,此外,还有日本八田泰兴氏译本及1956年承淡安氏校注本。

② 此书有明"松菊堂"抄本与清周学海评注本(收入《周氏医学丛书》中),1958年上海卫生出版社出版影印本。

③ 高阳生,五代时人,著有《王叔和脉诀》一书,论述二十四脉,并立七表、八里、九道之名。但对于书中对脉义的理解以及文字等方面,后世颇有微词。

等内容；分析了浮、沉、迟、数、虚、实等 29 种脉象与主病等。该书不仅在阐释脉理、平脉、病脉、小儿指纹诊要诸问题中都有其独到的见解，而且归纳总结出"举"（轻手切脉，即浮取法）、"按"（重手切脉，即沉取法）、"寻"（不轻不重，介于浮取、沉取之间的中取法）三种切脉方法，这为后世医家所重视和效法，并沿用下来。《诊家枢要》论述扼要，内容详明，是学习脉诊的重要参考书。

3.《读素问钞》①

滑寿在钻研《素问》的过程中，感到《素问》内容虽详，但篇目结构有些混乱无绪，于是他在历代医家研究《素问》的基础上，将全书内容进行选择，按专题分门类摘抄，然后对其内容删繁提要，重行编排成 12 类，集成《读素问钞》一书。该书共 3 卷，其 12 类分别为：脏象、经度、脉候、病能、摄生、论治、色脉、针刺、阴阳、标本、运气及汇萃等，滑寿对其分别做了简要注释。全书结构清楚，一目了然。在分类研究《素问》的各家中，滑寿的分类方法基本上起到了提要钩玄的作用，受到后世医家的重视。如明代著名医家张介宾在编写《类经》时，就仿照《读素问钞》的方法进行。

4.《难经本义》②

滑寿在研读《难经》的过程中，感到虽然其对《内经》医学理论的辨析广博，但有不少疏漏与错误，而历代注本虽多却不能阐发其本义，于是他根据《内经》探求《难经》的义旨，并对其加以校正注释，撰成《难经本义》一书。该书正文共有八十一难，分上、下两卷。其中一至三十难为上卷，三十一至八十一难为下卷。首列"汇考"一篇，论书名义之源流，其中引有苏东坡、朱晦庵、项平庵、柳道传等诸氏的学说；次列"阙疑总类"一篇，记脱文误字；继而在"图说"一篇中，附图 11 幅。正文篇首各列"经言"文字，然后据《素问》《灵枢》逐一考订，并融会了张仲景、王叔和、李东垣、杨玄操等 10 余家之说，结合其个人见解，予以诠注。凡

---

① 有明"松菊堂"抄本与清周学海评注本（收入《周氏医学丛书》中），1958 年上海卫生出版社出版影印本。

② 此书在《难经》注本中影响较大，600 余年来一直受到医家的推重，刊行于 1366 年，1956 年有排印本。

荣卫部位、脏腑脉法、经络俞穴及病机、诊断、治疗等,均予辨误考证。该书论述精要,考证翔实,并有重要发挥。

(二)针灸学研究^①

滑寿精于针灸学。他认为,古人治病大都依靠针灸,很少采用药物、汤液,但自方药盛行以来,针灸逐渐被人忽视,医家连经络、俞穴亦不知。因此,他在经络、俞穴的考订上下了很大功夫,并做出了重要贡献。其主要学术思想与成就表现在以下两个方面:

1. 倡导十四经脉说

经络系统有十二经脉和奇经八脉,由于十二经脉为经络系统的主体,因此历来为医家所偏重。滑寿在《十四经发挥·序》中曰:"十四经发挥者,发挥十四经络也。经络在人身:手,三阴三阳;足,三阴三阳,凡十有二,而云十四者,并任,督二脉言也。"他通过深入研究经络发现,奇经八脉中的任、督二脉与其他奇经不同,因为"任脉直行於腹,督脉直行於背,为腹背中行诸穴所系也",故,应与十二经脉相提并论。由于滑寿十四经脉说把督任二脉提高到与十二正经同等的地位,对针灸学的发展影响很大。

2. 考辨俞穴

滑寿在《素问》《灵枢》的基础上,把十四经穴逐一循经做了考证和训释,在《十四经发挥·序》中陈述了通考俞穴共有 657 个,通过辨其阴阳之往来,推其骨孔之所驻会,纠正了前代医籍中某些经穴排列次序的差误及经脉循行走向错误等。他使全身俞穴和经络的关系固定下来,让十四经脉说得到后世医家的重视与赞同,这是滑寿对针灸学和经络学说的重要贡献。

近代著名中医学家承淡安先生认为,针灸得盛于元,应是滑寿之功。滑寿在针灸学上的成就,不仅发展了经络学说,而且扩大了经络理论在临证上的应用,对明清医家具有重要影响,在针灸学发展史上具有较为重要的地位。

---

① 参见廖果:《滑寿》,杜石然主编:《中国古代科学家传记》(下集),第 753—755 页。

（三）临证医案

滑寿在长期的医疗实践中积累了十分丰富的医疗经验。明代朱右根据滑氏门人弟子编集的资料写成一篇《撄宁生传》，传记中记载了滑寿的临证医案 40 余例。这些医案包括内、妇、儿等各科疾病，大多是疑难病症，而滑寿以其高超的医术精心诊治后，均取得良效。滑寿不仅精通《内经》《难经》《伤寒论》等经典医籍，善于汲取历代医家之长，对金元时期的李杲、刘完素、张从正等著名医家的学说有较深的研究，而且在临证实践中，灵活应用相关医理，诊断确切，辨证施治。在治疗中，他有胆有识，疗效神奇。如一孕妇患痢疾，滑寿认为应采用消滞导气的治则，众医因担心有损于胎儿而反对该治理方案，但滑氏根据《素问》的相关医理，力排众议，进行治疗，结果该孕妇病愈而足月顺产。又如，有两名患者，一妇女不孕，一男子鼻衄，经诊断，滑寿认为，两位患者的病机都属积热，采用了下积化瘀的相同治则，这体现了"异病同治"的原则，取得了良效。滑寿在临证中的治疗方法也是多样的，除了采用内服汤剂外，还用灸法治妇女寒疝与小儿泄泻、用辛热药物捣糊为膏治伤寒汗后体虚、背寒等，这些均体现了他在治疗中灵活应用相关医理，辨证施治的高超医术。

二 薛己的医学成就①

薛己②作为明代中叶的名医，撰写和整理了很多医著，对后世影响较为广泛。

---

① 参见余瀛鳌、万芳:《薛己》，杜石然主编:《中国古代科学家传记》(下集)，第 791—793 页。

② 薛己(1487—1559)，字新甫;江苏吴县(今苏州)人。其主要贡献体现在中医学方面。薛己出身于医门，其父薛铠精于诊疗，尤长于儿科，曾任南京太医院医士，后为院使，撰有《保婴撮要》传世，并将元明之际的滑寿所撰《十四经发挥》予以校刊。薛己少承庭训，传父医业，学习勤勉，进取心强，其学术经验以精博著称。他于正德初年(1506)任南京太医院院士，后晋升为太医院御医，正德十五年(1520)授太医院院判。嘉靖九年(1530)以奉政大夫、南京太医院院使致仕归里，继续在家乡为民众诊病。在业医过程中，薛己初为疡医(包括外科和皮肤科)，后数十年在临床实践中对各科(内、外、妇、儿、骨伤、眼、口齿等)均有较深的造诣，是临床上的一位多面手。

（一）医学著作

薛己自撰的临床学科著作有《内科摘要》《外科枢要》《女科撮要》《口齿类要》，以及《疠疡机要》（麻风病专著）、《正体类要》（骨伤科专著）等。

在《内科摘要》中，薛己论述了多种内科杂病，主要有脾肾亏损病证，兼及其他脏腑病证，附有薛氏所治二百余例医案。

《外科枢要》则以介绍疮疡诊候、辨证及人体各部疮疡（共 30 余种）之症状和治疗为主，附有医案及治疗方剂。

《女科撮要》论述了经、带、胎、产多种病证，并介绍部分妇科杂病及妇女常见的外科病（乳岩、乳痈、阴疮等），结合医案阐述其治法。书末有附方并加注释。

《口齿类要》介绍了茧唇、口疮、齿痛、舌证、喉痹、喉间杂症等 12 类口齿咽喉病证的辨证、医案及方剂。

《疠疡机要》详述了麻风病之本症、变症、兼症及类似病证的辨证治疗，附有相关的医案及方药介绍。

《正体类要》一书中，薛己列述了骨伤科病证主治大法及扑伤、坠跌、金伤及汤火伤三类共 64 种病证的医案，并介绍伤科常用方剂。该书为我国现存较早的骨伤科专著。

此外，经薛己校订、补充、注释或改写的著作又有多种。如其父薛铠所撰之《保婴撮要》的传本系经薛己予以补撰、整理，其内容较原著更为丰富，切乎实用。另有《保婴金镜录》一书，撰者不详，其内容侧重于儿科诊法及儿科常用方，薛氏对该书予以整理、加注释后刊行。妇科则有《校注妇人良方》。宋代陈自明曾撰有《妇人大全良方》，是我国较早的一部妇产科综合性名著，内容非常丰富。薛己将此书予以删节或增补，并以医案为主，还对其增补内容加以校注。实际上，薛己的校注本已是一部新的妇科著作。该书刊行后，其影响超出了陈自明的原著。另有《外科精要》（陈自明原著）、《伤寒全镜录》（舌诊专著，元代杜本撰）、《明医杂著》（明代王纶著）、《本草发挥》

（明代徐彦纯撰）等书，薛己均予校订后刊行。①

（二）临床诊治

作为一位临床医学的多面手，薛己能在前贤理论、经验的基础上，博采众长，并通过自己的独立思考，提出学术见解。在薛己临床各科中，其外科的特色尤为明显。明代以前，论痈疽治法的外科著作，较为盛行"托里内消"论。而薛己认为痈疽、疮疖均有气血壅滞之病理，辨证当察其表里、虚实，才能及早治疗。尽管不少患者可用内消法，但若"毒气已结，就勿泥此内消之法。因而，当辨脓之有无、深浅"等，再定治法。显然，薛己的这一思想较符合临床实际。对于外科疮疡之"五善七恶"说等，薛己亦持异议，并提出疮疡恶证在治疗上"法当纯补胃气"。对于脏腑学说，薛己依据《内经》"治病必求于本"的思想，尤侧重于脾肾。就调治脾胃而言，他认为："真精合而人生，是人亦借脾土以王（旺）。"其脾胃学说源于金代李东垣，多用甘温益中、补土培元之法；再就肾及命门学说而言，薛己十分重视，以其内涵真阴、真阳，因为"气血阴阳，皆其所论"。在临床上，他善于应用张仲景的八味肾气丸和钱仲阳的六味地黄丸。他认为，此二方是直补真阴、真阳的要剂。薛己的这一思想对后世温补学派颇具影响。

三 王肯堂的医学成就②

王肯堂③在医学上的贡献，主要是编辑了《证治准绳》；辑刻有《古今医统正脉全书》。

---

① 薛己的著述对后世影响较大，在他逝世后，明代吴琯辑《薛氏医案（24 种）》，以薛己著作为主，并有自宋迄明其他名医著作多种，另有《薛氏医案（16 种）》《薛氏医案（9 种）》等版本。
② 参见伊广谦：《王肯堂》，杜石然主编：《中国古代科学家传记》（下集），第 875—877 页。
③ 王肯堂（1549—1613），字宇泰，一字损仲，号损庵，又号念西居士；镇江府金坛人。其主要的贡献在中医学方面。王肯堂出身于官宦之家，少时即喜欢阅读医书，涉猎了《素问》《难经》《金匮要略》《甲乙经》等中医经典著作。万历十七年（1589）他考取进士，选庶吉士，授翰林检讨。他曾广泛浏览馆阁中收藏的医学秘籍，后返回故里，家居 14 年，钻研医学，陆续编撰并刊刻了《证治准绳》《郁冈斋笔麈》等著作，以医术闻名于世。

(一)《证治准绳》

《证治准绳》是一部医学全书性质的巨著,共 44 卷。由于这部书对疾病的证候和治法叙述详细,使不明医理的人也可将之作为准绳,"因证检书而得治法",因而被称为《证治准绳》;又因其包括杂病、类方、伤寒、疡医、幼科、女科等六科,亦被称为《六科准绳》。该书在编写方法上是按证分类辑录历代医家有关证治方面的论述,其内容广博,编辑严谨,持论平正,参验脉证,辨析透彻,对用药的寒温攻补没有偏见。其中《杂病证治准绳》8 卷,分 13 门,主要论述中风、水肿、痰饮、眩晕、黄疸、咯血、腹泻、癫、狂、痫、疠风等内科病证的证治;书中对多种精神神经疾病进行了认真观察和记述;卷七"七窍门上"对于"目"之疾病的症状几乎记载无遗。《杂病证治类方》8 卷,可谓集明代以前杂病用方之大成,其中分类收辑诸家及王肯堂经验方。《伤寒证治准绳》8 卷,总结了明以前诸家的成就,以证归类,重新编排了张仲景《伤寒论》条文。《疡医证治准绳》6 卷,广集历代外科名医方论,并最早逐一记述人体骨骼的名称和形状。《幼科证治准绳》9卷,分别记述了幼科的初生门、肝脏部、心脏部、脾脏部、肺脏部、肾脏部疾病的各种症候与证治,尤其重视天花和麻疹的防治。《女科证治准绳》5 卷,以宋陈自明《妇人大全良方》为蓝本,广集张仲景、孙思邈、薛己、戴思恭等医家的论述和方药,成为代表明代水平的妇产科专著。

(二)《古今医统正脉全书》等

王肯堂辑刻有《古今医统正脉全书》,这是一部对后世很有影响的大型医学丛书。收辑上自《内经》下至明代的历代代表性医著 44 种。他还著有《针灸准绳》《医学正宗》《念西笔尘》等。这些医著为我国的医药学保存了许多有价值的资料。此外,他还撰有《论语义府》《尚书要旨》《律例笺释》等书。

四 陈实功的医学贡献[①]

陈实功[②]撰著的《外科正宗》,共 4 卷(包括痈疽门、上部疽毒门、下部痈毒门和杂疮毒门),叙述了外科疾病 100 余种,每病列病理、症状、诊断、治法、成败病案,最后选列方剂。《外科正宗》素有"列证详,论治精"之赞誉,现存有 1617 年之首刻本,先后刊刻十余次。陈实功在诊治方法方面,既重视内治,也强调外治;既主张早期手术,又反对滥施针刀。他对截肢术、下颌正复术、死骨剔除术、鼻瘜肉摘除术、痔漏手术等均深有研究。陈实功在外科方面的贡献主要表现在以下几个方面。

(一) 辨析痈疽病因

陈实功在辨析痈疽生成的病因(原委)时指出,百病由火而生。火既生,七情六欲皆随应而入之;既入之后,百病发焉。发于内者,为风劳、蛊膈、痰喘、内伤;发于外者,成痈疽、发背、对口、疔疮,即火毒引发痈疽。正如他在该书的《自序》中所言:"内之症或不及其外,外之症则必根于其内也。"由于七情六欲盗人元气,若人能对此加以节制,则有利于人健康长寿。比如,他在分析疮疾产生时指出,肾为性命之根本,藏精、藏气、藏神,又受命先天,育女、育男、育寿。是为疾者,因其房劳过度,气竭精伤,其脏必虚,所以诸火诸邪乘虚而入,既入之后,浑结为疮。

(二) 治疗痈毒

关于痈毒及其治疗,陈实功将其分为上下两部。上部包括脑疽、疔

---

① 参见李经纬:《陈实功》,杜石然主编:《中国古代科学家传记》(下集),第 882—887 页。

② 陈实功(1555—1636),字毓仁,号若虚;东海崇川(江苏南通)人。其主要的贡献在中医学、外科学方面。陈实功少年时期开始习医。他随师一面精研医理和道德修养,一面临症观察诊断和治疗等。他还广泛阅读古今前贤书籍及近时名公新刊医理,成为一名既通文学、儒理、哲学,又精医理的外科学者。他的医学思想集中体现在《外科正宗》一书中,这是他 40 余年的医术结晶,对于外科医学发展起到了重要作用。

疮、脱疽、咽喉、肺痈等；下部包括乳痈、骨疽、肠痈论、痔疮论、臀痈论、杨梅疮、多骨疽等。在《外科正宗·痈疽治法总论》中，他阐述了治疗的程序，首先，要从容立定主意，看疮形与生成日期；其次，看患者的受病之源，即发于何脏腑，出于何部位，对于身体有上下及相关部位有险与否，辨疮之形色，察患者之精神状态；复次，看患者年纪老壮，气血盛衰，发阴发阳，毒深毒浅，以拟相关的治疗方略；再者，通过诊脉以探虚实、知顺险，以决其终：凡疮溃与脉病相应。当上述一一参明，表里透彻，然后确定治法。凡疮七日以前，情势未成，元气未弱，不论阴阳、表里、寒热、虚实，俱先当灸，轻者使毒瓦斯随火而散，重者拔引郁毒，通彻内外。同时兼求标本参治，必须以脉合药，以药合病，如此治之。还需注意，整个治疗过程都不可损伤元气与脾胃。陈实功在痈毒及其治疗，特别是对于脓性感染的痈毒诊断、治疗、护理方面倡导内治与外治结合，并有许多革新和创造，大大提高了痈、疽、疮、疡的治愈率，不仅扩大了传统外科的治疗范围，而且继承发扬了失传近千年的外科手术疗法。从某种意义上说，使中医外科学有了现代外科学的雏形。下面列举陈实功对于脱疽与肠痈的治疗。

1. 治疗脱疽

陈实功所论述的脱疽，相当于现代医学之血栓闭塞性脉管炎。这种病至今在世界各国都还没有一个理想的治疗方法。中医学在两千年前虽已对此有所认识，但也没有较理想的治法。《内经》有"急斩之，不则死"的论断，但未作具体的叙述，实际上这种截去趾、指、肢的方法已经失传了。唐代孙思邈也只是指出：在肉则割，在指则切。而陈实功继承了前人思想，并根据患者的病情进行保守治疗或手术截趾（指）。他针对大量病例总结道：脱疽多生手足，且以足趾为多，其发病严重者皮犹煮熟红枣，黑气浸漫相传，五趾传遍则上至脚面，疼痛如烫泼火燃。因而，他认为，对这种疾病的患者须尽早手术。陈实功的手术方法是用头发十余根，在患趾的近心关节处缠扎十余圈，并渐紧之，勿使毒气攻延良肉。继而用麻药作饼放在坏死趾上，加艾灸至肉枯疮毒死为度。次日，当病趾尽黑，再用利刀将患趾徐顺取下（即关节离断手术），术毕用止血药敷之。他还根据患者术后的不同情况予以不同的治疗，并对其进行较为长期的预后观察。由此,他指出:如果手术早,治疗中无并发症,有 30%—40%的患者可以治愈。

2. 治疗肠痈

肠痈,现代医学称之为阑尾炎,中国古代医学家则称之为肠痈。陈实功在描述肠痈生成的三大病因时指出:其一,男子患肠痈往往与其暴急奔走,进而引致消化道传送食饮糟粕不能舒利畅达,使浊气、败血壅塞肠道不出相关;其二,妇人患肠痈则多与其产后体虚多卧,久不起、坐、运动等,以致肠内容物长期停滞相关;其三,一般患者总是与其饥饱劳伤、担负搬运重物、醉饱生冷并进、肠胃道功能减低运化不通以及其他因素相关,进而引起肠内容物凝滞。陈实功不但分析了诱发阑尾炎(肠痈)的多种病因,还绘制了肠痈图,确定出肠痈的体表部位,在此基础上,根据不同患者的病情,确定相应的治疗方略。这说明他在外科疾病的认识方面较其先辈们有了进一步的提高。

(三) 治疗杂疮毒

在该书第四卷·杂疮毒门中,陈实功叙述了阴疮、小腹痈、石榴疽、穿踝疽、大麻风、翻花疮、腋痈、胁痈、鼻痔、紫白癜风、齿病、脑漏、破伤风、金疮、杖疮、汤泼火烧、茧唇、天蛇毒、鼻出血、鹅掌风、顽癣、火丹、肺风粉刺酒鼻、雀斑、耳病、疯犬伤、误吞针铁骨鲠咽喉、落下颏拿法、救自刎断喉法等百余种杂疮毒及其治疗方法。下面列举一些杂疮毒的治疗。

1. 治疗鼻痔(鼻息肉手术)

陈实功首先论述了鼻痔(即鼻息肉)的形成、症状、发展过程,并介绍了鼻痔初起时所用的药物治疗方法和方剂(包括内服药和外用药),这是他一直采用的治疗方法。若患者进行了长期保守治疗而无明显效果,陈实功就采取外科手术疗法,即"取鼻痔秘法"。此法是先用茴香草散向鼻腔连吹两次进行局部麻醉,继而用细铜箸(铜筷子)二根,箸头各钻一小孔,用丝线穿孔内,使两铜箸相连距离五分许,然后以穿丝线一头直入鼻息肉根部,使患者的鼻痔自然脱落,再用预先制好的止血药吹入鼻内,直至伤口出血即止。陈实功所创制的鼻息肉摘除器械和手术方法与现代的手术器械及方法在原理和基本要求上完全一致。

2. 救自刎断喉（自杀）法

对于刎颈自杀之抢救,陈实功强调:自刎者必须尽早抢救,不可迟延。其方法是急用丝线缝合刀口,敷上桃花散止血消炎,用绵纸4—5层盖住伤口,并以长绷带缠绕颈部使头能抬起。绷带扎紧后,即令患者仰卧高枕,枕置脑后以促伤口紧合不开为宜。衣、被和房间要温暖,待呼吸从口鼻通后,即喂以人参粥汤等流质饮食。3日后换药,再如以上般包扎2日,而后可用软绢蘸消毒药水洗伤处,敷以消炎止痛生肌药膏,以药棉薄盖,再用长4寸、宽2寸的膏药粘贴伤口及其周围健康皮肉处,再用绷带绢条围缠三转,用线缝绢头使不脱落,每两日换药一次。陈实功指出,他所抢救的十余刎颈者,单纯气管切断者,40日即愈;气管与食管均断者,须百日方可痊愈。由此可知,陈实功弥合食管、气管的外科手术已达到很高水平。

3. 落下颏拿法（下颌关节脱臼的复位）

下颌关节脱臼的复位手法在唐代已有记述,其治疗效果较好。陈实功不仅在下颌关节脱臼的整复固定手法方面有所创新,而且阐述了患者下颌关节脱臼的病因是"气虚",因而不能收束关窍。陈实功整复时令患者平身正坐,然后用两手托住患者下颌,左右两拇指伸入口内,捺两侧臼齿上,用力端紧下颌骨,并向前下方向捺开下颌关节,然后向脑后送上,脱位之下颌骨即复原位,再用绢条兜下颌于头顶约一小时许,去之即愈。陈实功的整复固定法已达到与现代基本相当的水平。

4. 治疗误吞针、铁、骨刺哽塞咽喉

陈实功对于误吞针、铁、骨刺哽塞咽喉的治疗技术虽不是首创,但较前代有所发展,更加丰富。其一,将异物从口腔取出,即用乱麻筋一团,揉搓成龙眼大,以线穿系网之,留一线头在外,以热汤浸湿,使麻团柔软,急吞下咽,顷刻慢慢拉出,其针、铁钉、骨刺等多能刺入麻团中同出。如异物不出,可再吞再拉,以出为止。其二,将异物推入胃肠从大便排出,即用乌龙针(细铁丝)烧软双头,用黄蜡作丸(龙眼大),裹铁丝头上,外用丝绵裹之,推入咽下,针、铁钉、骨刺等可自然顺势推下进入胃肠,然后服用含纤维多的食物以促其从大便排出。上述方法虽然还比较原始,但行之有效。

在癌肿治疗方面,陈实功分别在第二至四卷中论述了乳岩(乳腺癌)、翻花疮(皮肤癌等)、茧唇(唇癌)的疗法。对颈部、鼻咽以及内脏等癌肿转移至颈淋巴所出现的恶液质,陈实功将其命名为失荣。他对这类恶性肿瘤的症状及特征以及体表形态均作了比较科学的论述。如,"不痛不痒,渐渐而大","溃烂深者如岩穴、凸者若泛莲","若菌无苦,无痛,揩损每流鲜血","坚硬如石,推之不移,按之不动","形容瘦削"等。他以"外之症则必根于其内"的思想分析了这些病症的病因与预后关系,进而指出,"忧郁伤肝,思虑伤脾,积想在心。所愿不得达者,致经络痞涩,积聚成痰核"。即忧郁、心所愿不志等不良因素是发病的重要原因。他认为失荣症是因先得后失、始富终贫、六欲不随所致。他的这些见解,使中国医学对癌肿的认识明显提高了一步,其中的一些论述至今还有其科学的价值。尽管他认为癌肿是不治之症,但还是总结了许多治疗药物和手术方法,并客观地指出,虽不能获痊愈,亦可缓命。

总之,陈实功治疗外科疑难重症每获奇效,深为乡里、医学界所赞颂。万历进士、主管皇室膳食官员、词作家范凤翼,称赞陈实功医理精良,慷慨仁爱。陈实功年老时,积其 40 余年医疗经验与心得体会,编撰《外科正宗》一书,于万历丁巳(1617)七月成书之时,已是须鬓皆白。

陈实功一生,因医术高明,日久随着诊金收入的增加,家境也逐渐富裕,他以其诊金收入用于赈济穷苦病人,为无依无靠之死者购置薄棺以埋葬,还不惜千金建祠堂以纪念医圣和先代良医。他还谢绝了巨富、高官的重金酬谢。《通州直隶州志》载有"通济桥明天启元年,陈实功易石"。

五 吴有性的医学成就①

吴有性②的《温疫论》是论述温疫即急性传染病的专著,在温疫证的病原探索、与伤寒证的异同、杂气说及温热病的治疗等方面都有其独到的见解。

(一) 探原病

吴有性在《温疫论·上卷·原病》中,一是探讨了温疫爆发的缘由,同时纠正了多年来人们对于温疫爆发原因的误识。他指出:"病疫之由,昔以为非其时有其气,春应温而反大寒,夏应热而反大凉,秋应凉而反大热,冬应寒而反大温,得非时之气长幼之病相似以为疫。"实际上,"寒热温凉乃四时之常",而"疫者感天地之厉气",温疫存在于四时,长年不断,只要"此气之来,无论老少强弱,触之者即病"。二是他指出了温疫传播的途径,"自口鼻而入",并且具有传染性。由于经为表,胃为里,而病邪藏伏于膜原,即其侵入的部位不在脏腑,也不在经络,而是在夹脊之内,离肌表不远,在"经胃交关之所,故为半表半里"。吴有性这一"膜原"说,创造性地将《内经》的膜原说应用于温疫病的阐释。三是吴有性还阐述了瘟疫感染者的症状的分布及其表征:"观之邪越太阳居多,阳明次之,少阳又其次也。"因而"如浮越於太阳,则有头颈痛、腰痛";"如浮越於阳明,则有目痛、眉棱骨痛、鼻乾";"如浮越於少阳,则有脇痛、耳聋、寒热呕而口苦"。四是他注意到了人体抵抗力在发病过程中所起的重要作用。他指出:在同一环境中,尽管"不论强弱正气稍衰

---

① 参见洪武娌:《吴又可》,杜石然主编:《中国古代科学家传记》(下集),第931—934页。
② 吴有性,字又可,汉族,江苏吴县(今苏州)人;明末清初传染病学家。吴有性所处的明末年间,人民生活极度贫困,社会上瘟疫不断流行。在永乐六年(1408)到崇祯十六年(1643)这两百多年间,瘟疫大流行就发生了19次之多,劳动人民死亡不计其数。这一严酷的现实,对医学提出了进一步发展防治瘟疫病的要求。吴有性通过长期医疗实践,潜心钻研,认真总结,提出了"墨守古法不合今病"的革新思想,并在病原学、传染途径和方式、流行特点、治疗原则等方面,对温疫病进行了全面研究,提出了一套新的观点,强调这种病属温疫,不论从病因、病机到诊断、治疗均与伤寒病绝然不同,进而为温病学说的形成与发展做出了贡献。吴有性于1642年著成《温疫论》一书,是其代表作。此外,他还著有《伤寒实录》(已佚)和《温疫合璧》等书。

者,触之即病",但病情程度有别:"其感之深者,中而即发,感之浅者,邪不胜正,未能顿发,或遇饥饱劳碌,忧思气怒,正气被伤,邪气始得张溢。"五是在温疫病的治疗方面,吴有性进行了精心的探索,他认为须"因证而知变,因变而知治"。他根据患者传变和病情变化的表里先后不同,将其分为以下诸种,即"有先表而后里者,有先里而后表者,有但表而不里者,有但里而不表者,有表里偏胜者,有表里分传者,有表而再表者,有里而再里者"。由此,他根据其"邪在膜原"的理论,创制了达原饮的治疗方剂。达原饮是治疗温热病的首选方,在临床应用时,根据患者病情变化因证施治。如,若热邪影响于少阳经,可在达原饮方中的若邪热影响于太阳经,可在本方中加羌活;若热邪影响于阳明经,可在达原饮方中加葛根。还有,关于疫病流行特点,他认为有大流行和散在流行两种情况。这较前人有了很大进步。

(二) 辩伤寒与时疫

吴有性在《温疫论·上卷·辩明伤寒时疫》中,从病因与症状、治疗、传染性等多重视角辨析了伤寒与时疫的差异,大大提高了人们对温疫病症的认知水平。一是关于病因与症状,他指出"伤寒必有感冒之因,或单衣风露,或强力入水,或临风脱衣……既而四肢拘急恶风恶寒,然后头疼身痛发热恶寒,脉浮而数脉紧,无汗为伤寒;脉缓有汗为伤风",而"若时疫初起原无感冒之因,忽觉凛凛以后,但热而不恶寒,然亦有所触因而发者,或饥饱劳碌,或焦思气郁,皆能触动其邪,是促其发也。不因所触无故自发者居多"。二是在传染性方面的差异:"伤寒不传染於人,时疫能传染於人";"伤寒之邪自毫窍而入,时疫之邪自口鼻而入;伤寒感而即发,时疫感久而后发"。三是在治疗等方面的差异:"伤寒投剂一汗而解,时疫发散虽汗不解";"伤寒汗解在前,时疫汗解在后;伤寒投剂可使立汗,时疫汗解俟其内溃汗出,自然不可以期;伤寒解以发汗,时疫解以战汗;伤寒发斑则病笃,时疫发斑则病衰"。四是两者发病过程的不同:"伤寒感邪在经以经传经,时疫感邪在内,内溢於经经不自传;伤寒感发甚暴,时疫多有淹二三日,或渐加重,或淹缠五六日忽然加重;伤寒初起以发表为先,时疫初起以疏利为主。"虽有上述种种不同,但也有其所同:"伤寒时疫皆能传胃,至是同归于一,故用承气汤辈导邪而出要之,伤寒时疫始异而终同也。"吴有性通过上述两者的比较,进而指出,尽管伤寒时疫终同,但是如果细较之,其终又有不同。因为"伤寒感天地之正气,时疫感天地之戾气",既然气不同,其治疗方略和用药也不尽相同。

(三)论杂气

吴有性在《温疫论·杂气论》中,一是论述了杂气的性质,"然气无形可求,无象可见,况无声复无臭","其来无时,其着无方,"凡是与之有触者,就会各随其气而得诸病。二是指出了当时医界对于相关病症归因的误识。他指出,"杂气为病最多,而举世皆误认为六气",还将五运六气作为百病皆原,"於风寒暑湿燥火谓无出此六气为病",殊不知"杂气为病更多於六气",六气有限,而杂气无穷,且茫然不可测。当把大麻风、痛风、历节风、疬风等归因为风邪所致,把疔疽、痈疽、流注、流火、丹毒、痘疹之类归因为火邪所致,而采用风药或者投芩连栀栢进行治疗时,结果是均无疗效。因为"既已错认病原,未免误投他药"。三是指出了瘟疫的危害性。吴有性认为,疫气是杂气之一,但有甚于其他杂气,因此其致病颇重,他将其称之为"厉气"。这种"厉气""虽有多寡不同,然无岁不有,至於瓜瓤瘟、疙瘩瘟,缓者朝发夕死,急者顷刻而亡,此又诸疫之最"。其重者可能是几百年来罕有,因此,该证不可以常疫并论。四是进一步说明杂气作为病源,其种类很多,其"为病种种,难以枚举"。比如,发颐、大头瘟、咽痛、虾蟆瘟、疟、痢、痘疮、斑疹等等,都是杂气所致,这些病情轻重不同,则与杂气毒力的强弱、地域、季节、时间等因素相关。五是,吴有性在《瘟疫论·卷下·论气所伤不同》中指出了杂气的另一个特点,即"气所伤不同"。其一,某种杂气侵犯某一经络或某一脏器,可以"专发为某病";其二,某种杂气可致某种动物发病,而不致其他种动物发病,如"牛病而羊不病,鸡病而鸭不病,人病而禽兽不病"。这是由于"其气各异",也即各种动物的致病杂气各不相同。

（四）关于温热病的治疗

吴有性对温热病的治疗,强调以驱邪为主。他指出:"客邪贵乎早逐","邪不去则病不愈",重用攻下法。与此同时,他告诫医者用攻下法时,"要谅人之虚实,度邪之轻重,察病之缓急,揣邪气离膜原之多寡",即须根据辨证论治的治疗原则,灵活运用攻下法。为此,他还详细论述了温疫病各种变证及其治疗,比如,汗吐下的各种适应证及禁忌证。还附有不少典型病案,以便在诊治温疫病时有所参考。

吴有性是明清时期湿病学说的先驱,其创立的温热病学产生了很大的影响。许多医家纷纷研究疫病,著书立说。如余师愚《疫疹一得》、戴北山《广温疫论》、刘松峰《说疫》、陈耕道《疫痧草》、熊立品《治疫全书》等,都是在吴有性的温热病学的基础上有所发挥。《温疫论》问世后不久,还传至日本。由于历史条件的限制,《温疫论》在治疗方面主要强调攻法,至于疫病的预防,几乎很少涉及。

第六章　清朝时期的科技发展

清朝(1644—1912)时期,中国一度是东方的一大强国。清王朝对于中国统一的多民族国家的形成和巩固,做出了历史性的贡献。在鼎盛阶段,清朝在经济、文化、科技等方面取得了许多超过以往历代封建王朝的重大成就。但后期由于闭关锁国,对内实行文化思想专制统治,抵御国外列强侵略的综合国力大大减弱,与此同时,中国与欧美等国科技水平的差距日益加大。①

第一节　科技发展的背景与概述

清朝从兴盛到衰亡,经历了开国、巩固国基、鼎盛、衰落、覆亡等阶段。开国阶段创建了八旗制度,巩固国基阶段平定了三藩之乱等,使清王朝逐步得到拓展和巩固。鼎盛阶段即康雍乾三朝,在此期间,康熙革除了清朝初期民族压迫等种种弊政,采取施惠于民的举措,以恢复经济。为了缓和清初以来的满汉矛盾,康熙尊孔崇儒、开鸿博科,笼络汉族士大夫和广大士人,大兴文教,进而确立了在中原的统治地位。从康熙后期到雍乾二朝的 100 年间,国力达到鼎盛。雍正朝 13 年,定火耗、

① 参见《新编中国小百科全书》第 2 卷,第 980—981 页。

设养廉,摊丁入亩,台省合一,设立军机处、密折奏事等成为定制,并且大规模推行土地归流等。乾隆朝 60 余年间,经济繁荣,财政充裕,海内富庶,社会稳定,文化与科技成就可观,多民族的统一国家进一步得到巩固,人口增长迅速,疆域辽阔。清朝中后期由于政治僵化、闭关锁国、文化专制、思想禁锢、科技停滞等因素,中国逐步落后于西方。鸦片战争后,由于帝国主义列强入侵,中国沦为半殖民地半封建社会,主权和领土严重丧失。之后虽然开启了洋务运动和戊戌变法,但是甲午战争和八国联军侵华战争使得民族危机进一步加深。1911 年,辛亥革命爆发,清朝统治瓦解,1912 年 2 月 12 日,北洋军阀袁世凯逼清末帝溥仪逊位,隆裕太后接受优待条件,清帝颁布了退位诏书,清朝从此结束。

在行政区划方面,清初为便于统治明代故土,仍沿用明制承宣布政使司,仅改北直隶为直隶,南直隶为江南承宣布政使司,即废除了南京的留都地位。康熙初年改布政使司为省,由于认为全国区划为 15 省,其制过大,因而分湖广省为湖南、湖北两省,分江南省为江苏、安徽两省,分陕西省为陕西、甘肃两省。汉地被析为 18 省,分别为:直隶、江苏、安徽、山西、山东、河南、陕西、甘肃、浙江、江西、湖北、湖南、四川、福建、广东、广西、云南、贵州。光绪十年(1884)置新疆省,光绪十三年(1887)置台湾省,光绪三十三年(1907)改奉天、吉林、黑龙江三个将军辖区为省,加上内地 18 省共为 23 省。因光绪二十一年(1895)清政府签订了丧权辱国的马关条约,台湾省被割让给日本,所以史称 22 省。清朝的 22 省,为中国现代省的政区划分奠定了基础。

清代的农业、手工业和商业均有所发展。其一,农业方面,清初为缓和阶级矛盾,实行奖励垦荒、移民边区和减免捐税的政策,推广新作物以提高生产量。这样使内地和边疆的社会经济都有所发展。其二,在手工业方面,改工匠的徭役制为代税役制。产业以纺织和瓷器业为重,棉织业超越丝织业,瓷器以珐琅画在瓷胎上,江西景德镇为瓷器中心。其三,在商业方面,清朝有十大商帮。其中晋商、徽商支配中国的金融业,闽商、潮商掌握海外贸易。清朝曾实施海禁政策,直到占领台湾后,沿海贸易才稍为活络,货币方面采取银铜双本位制。康熙晚期为防止民变,推行禁矿政策。

在科技方面,清朝的科技虽有成就,但从清初起就与世界科技发展水平渐渐拉大了差距,而与此前的各朝相比还是有所发展的,尤其在地学、制图学、数学方面都有新的进展,在物理学、化学、造船、武器制造上取得了前所未有的突破。①

一是出现了许多在多个学科都有贡献的科学家。如,爱新觉罗·玄烨在日理万机之暇,努力研究并涉猎了天文学、数学、物理学、化学、医学、地学、制图学、测量学、铸炮术、农学、消化、营养及血液循环学,还研究过乐理学、逻辑学及拉丁文。他著有《康熙几暇格物编》,会同陆厚耀、何国宗及明安图等编成《律历渊源》共 100 卷。1708—1716 年派出中西人士组成的测绘队伍分路至各地,以 641 处作为测量网点在全国完成三角测量,1717 年各路测绘队齐集京师,再进行汇总,经玄烨审定后,绘制成《皇舆全览图》及各省分图。在这次科学测绘中统一了长度单位,发现子午线 1°的长度南北不同,证实了地球为扁球形。玄烨还曾在丰泽园(今中南海)内辟几亩水田,亲自种稻,培育出的优秀稻种称为"御稻米"。他参照当时资料著成《御制耕织图》(1690),收载耕图及织图各 23 幅,他对每图各赋一诗,反映中国古代农业耕具及纺织技术情况,图绘精美,诗句通俗,并在国内外广为流传。1708 年编成《广群芳谱》100 卷,由他亲自写序,提倡研究植物学。此外,郑复光 1841 年撰成《费隐与知录》一书,用科学原理解释那些为"世人惊骇以为灾祥奇怪之事"二百余则,内容包括天文、地理、气象、化学、物理等自然界和日常生活中的各类现象。邹伯奇研究了几何光学、测绘、天文、数学,并且是我国照相术的先驱。戴震精通数学、天文学、地理学、工程技术,著有《勾股割圜记》3 卷;撰《观象授时》14 卷、《释天》4 卷等;三次校勘地学名著《水经注》;编修《直隶河渠书》(未完)、《汾州府志》等。阮元主编的《畴人传》是一部记述历代天文学家、数学家活动的传记集,全书 46 卷,269 篇。李善兰著有《方圆阐幽》《弧矢启秘》《对数探源》等数学专著;还同伟烈亚力(A. Wylie)合译《谈天》,其内容包括哥白尼日心地动学说、开普勒行星椭圆运动定律和牛顿万有引力定律等;同艾约瑟合译

① 参见杜石然主编:《中国古代科学家传记》(下集),第 972—1273 页。

的《重学》，是中国近代科学史上第一部包括运动学和动力学、刚体力学和流体力学在内的力学译著，也是当时影响最大的物理学译著；同韦廉臣合译的《植物学》，是我国最早介绍西方近代植物学的译著。华蘅芳著有《学算笔谈》；与玛高温(D. J. Macgowan)合译《金石识别》12 卷；还引进介绍西方数学家的代数学、三角学、微积分学和概率论等。吴其濬在植物学方面著有《植物名实图考》《植物名实图考长篇》，在矿物学方面著有《滇南矿厂图略》《滇行纪程集》等。丁守存在化学、机械制造方面颇有研究，不仅著有《自来火铳造法》一书，主要研制雷管作为火器起爆装置，还成功地研制出雷管，改变了传统的纸药引信或火绳、火石引燃铳炮的方法；他制造的轮船，省人力，不用火，可以行驶在海上。徐寿主持研制了我国第一艘以蒸汽为动力的轮船"黄鹄"号；最早把西方 19 世纪以来的近代化学知识系统地介绍到我国，并首创一套化学元素的中文名称；其著作与译著广泛涉及数学、化学、物理、天文、地理、植物、测绘、兵学、冶金学、造船等方面的内容以及各种工艺，甚至医学、音乐等。徐建寅在化学、物理学、军工技术、造船方面的译作共有 25 种。

二是在天文历法、地学、数学、物理、化学、食品、建筑、陶瓷、水利、农学、医学等方面都有所发展。

天文历法方面，有王锡阐《晓庵新法》《五星行度解》，梅文鼎的《梅勿庵先生历算全书》共 29 种 74 卷，梅毂成编纂的《历象考成》，明安图编撰的《仪象考成》等。

地学方面有顾祖禹《读史方舆纪要》共 130 卷，280 余万字；图理琛《异域录》；齐召南《大清一统志》《水道提纲》28 卷等；魏源的《海国图志》100 卷，90 万字；徐继畬《瀛环志略》10 卷，20 万字；曹廷杰《西伯利亚东偏纪要》《东北边防辑要》《东三省舆地图说》；邹代钧创办的中国近代地理学最早组织舆地学会，致力于编绘中外地图，邹代钧著有《光绪湖北地纪》《蒙古地记》《日本地记》《中国海岸记》等多部地理著作；何秋涛《北徼汇编》6 卷，《朔方备乘》凡例目录 1 卷、正文 8 卷，这是清代关于边疆史地研究的重要代表作。

物理学方面，郑复光著有光学专著《镜镜詅痴》5 卷，约 7 万字。

数学方面，有汪莱《衡斋算学》，李锐《勾股算术细草》《磬折说》《戈载考《开方说》《乘除通变本末》《田亩比类捷法》《续古摘奇算法》共 3 种 6 卷等,项名达《象数一原》6 卷、《勾股六术》1 卷等,董祐诚《董方立遗书》9 种 16 卷,徐有壬《堆垛测圆》3 卷、《圆率通考》1 卷、《四元算式》1 卷等,戴煦《重差图说》《勾股和较集成》《割圆捷法》等。

食品学方面,朱彝尊《食宪鸿秘》有饼之属、饭之属、粉之属、饵之属、肉之属、鱼之属、禽之属、蔬之属、酱之属等。

建筑方面,雷发达(样式雷)世家主持皇家园林建筑工程,带领样式房样子匠进行设计(画样)、制模(烫样),圆满地完成了多项工程的设计施工。其独特的设计理念和技术创新主要体现在图样的绘制和模型的制作上。

制造方面,龚振麟著有《铸炮铁模图说》一书,首创铸造铁炮。

陶瓷制作方面,唐英不仅监督烧造了精美绝伦的瓷器,而且编成《陶冶图说》,著有《陶成纪事》《瓷务事宜示谕稿》《陶人心语》等。

农学方面,有张履祥《补农书》,杨屾《知本提纲》和《论蚕桑要法》各 10 卷、《经国五政纲目》8 卷、《豳风广义》4 卷、《修齐直指》1 卷,包世臣《郡县农政》《记直隶水道》《庚辰杂著二》等。

水利方面,靳辅撰有《治河方略》《靳文襄公奏疏》,并在黄淮运治理上取得巨大成就;陈潢辅助靳辅治河前后达 10 年之久,著有《河防述言》12 篇、《历代河防统纂》28 卷;郭大昌主持重大堵口工程时屡有重要建树;栗毓美重视黄河修防,试行"抛砖筑坝"。

医学方面,有傅山《傅青主女科》,汪昂《本草备要》《医方集解》《汤头歌诀》《素问灵枢类纂约注》2 卷,叶天士《温热论》《临证指南医案》,徐大椿《难经经释》2 卷、《神农本草经百种录》1 卷、《医贯砭》2 卷、《医学源流论》2 卷、《慎疾刍言》等,赵学敏《串雅》《医林集腋》《本草纲目拾遗》等,魏之琇《续名医类案》《柳州医话》,陈修园《伤寒论浅注》《新方八阵砭》《时方妙用》《神农本草经读》等,吴瑭《温病条辨》6 卷、《医医病书》2 卷、《解产难》和《解儿难》各 1 卷等,王清任《医林改错》,吴尚先《理瀹骈文》,王士雄《温热经纬》《随息居霍乱论》《王氏医案》,唐宗海《医易通论》《中西汇通医经精义》《中西医解》和《血证论》8 卷、《中西医学入门》2 卷、《本草问答》2 卷、《伤寒论浅注补正》7 卷、《金匮要略浅注补正》9 卷等。

　　清朝时期,江苏不仅在传统的天文学、地理学、数学、水利、医学等方面取得令人瞩目的成就,而且在化学、物理学、工程技术方面都具有新的进展。

第二节　天文学、数学与地理学发展

　　清朝时期,江苏天文学、数学和地理学的发展分别体现在王锡阐、阮元、李锐、董祐诚、华蘅芳和顾祖禹的成就中。

一　天文学

　　这一时期江苏天文学的发展,主要以王锡阐和阮元的天文学成就为代表。

(一)王锡阐的天文学成就①

　　王锡阐②的天文学成就,体现为其天文历法著作《晓庵新法》《五星行度解》,以及他在天文观测方面的理论和实践。

　　1.《晓庵新法》③

　　《晓庵新法》全书共 6 卷,成书于 1663 年秋。这是王锡阐最系统、最全面的天文学力作。在自序中,对于当年徐光启表示要“熔彼方之材质,入大统之型模”而最终修成的《崇祯历书》却完全没有采统模式,王锡阐感到遗憾:“且译书之初,本言取西历之材质,归大统之型范,不谓尽堕成宪而专用西法如今日者也!”为此他在《晓庵新法》中要实践其中西兼采的主张。

---

① 参见江晓原:《王锡阐》,杜石然主编:《中国古代科学家传记》(下集),第 1005—1009 页。
② 王锡阐(1628—1682),字寅旭,号晓庵;江苏吴江(今苏州)人。他是天文历算学家,主要贡献在天文学方面。王锡阐出身于贫寒之家。他拒绝从事科举以求仕进,终身以明朝遗民自居,成为清初东南遗民圈中的重要人物。
③ 参见江晓原:《王锡阐》,杜石然主编:《中国古代科学家传记》(下集),第 1009—1012 页。

《晓庵新法》第一卷叙述了天文学计算中需要的三角学知识,定义了正弦、余弦、正切等函数,尽管他是以纯文字表述的,而本质上和现代三角学知识是一致的。第二卷列出天文数据,除了有些是基本数据,大部分则是导出常数,还有二十八宿的跨度黄经和距星黄纬。第三卷兼用中西法推求朔、望、节气时刻及日、月、五大行星的位置。第四卷研究昼夜长短、晨昏蒙影、月亮和内行星的位相,以及日、月、五大行星的视直径。第五卷则是王锡阐首创的方法,称为"月体光魄定向"。他先讨论时差和视差,进而提出确定日心和月心连线的方法。第六卷先讨论了交食,然后以"月体光魄定向"法计算初亏、复圆方位角。继而用相似方法研究金星凌日,并提出了推算方法。还讨论了"凌犯",即月掩恒星、月掩行星、行星掩恒星、行星互掩等各种情况。其中对金星凌日和"凌犯"的计算,是王锡阐首次提出。

《晓庵新法》虽在计算中采用了西方的三角学知识,但并没有使用西方的小轮几何体系,也没有建立宇宙模型,而是按照中国古典历法的传统,只需预推天体视位置,而不涉及宇宙模型问题。《晓庵新法》在计算"月体光魄定向"、金星凌日、"凌犯"等方法上,显示了其独特的创造才能。该书的不足之处表现为,第二卷给出了200多个导出数据,却没有说明这些数据是如何导出的;但是以下四卷中的各种计算都是从这些数据出发的。还有,后四卷中出现的新数据,包括计算过程中的中间值在内,各有其专名,其中包括同名异义、同义异名等情况。这些都使读者在理解《晓庵新法》内容时产生困惑,因此该书成为中国古典天文学著作中最难解读的一部。[①]

2.《五星行度解》《历说》等

王锡阐1673年完成了其另一部重要著作《五星行度解》。从天文学发展史上看,《五星行度解》的重要性在《晓庵新法》之上。《五星行度解》是为改进和完善西法中的行星运动理论而作,采用了西方的小轮几

① 王锡阐在《晓庵新法》中,通过对历元和"里差之元"的技术处理,隐晦地寄托了他对故国的怀念。他在各种场合都拒绝使用清朝年号,采用崇祯元年(1628)作为历元,因为这一年是他的诞生之年。他又选择南京作为"里差之元",虽然南京不是他生活的地方,从天文学或地理学上也没有任何特殊之处,但南京是明朝的旧都,王锡阐也许表达了一种对故国的眷恋。

何体系,有示意图 6 幅,全书清晰易懂。

《五星行度解》不分卷。在此书中,王锡阐建立了其宇宙模型,该模型与《崇祯历书》中采用的第谷(Tycho Brahe)模型稍有不同。其特点如下:一是他主张本天皆为实体,这与古希腊亚里士多德的水晶球宇宙模型颇为相似。他还引用《楚辞·天问》中"圜则九重,孰营度之"的话来证明"七政异天之说,古必有之"。二是他对行星运动的物理机制进行了讨论。他试图用磁引力来说明行星环绕太阳所作的运动。他的这一思想可能是受了开普勒关于天体磁引力思想的启发。三是王锡阐认为:"五星之中,土、木、火皆左旋。"即和天体的周日视运动同方向。他由此推导出一组计算行星视黄经的公式。这一思想在当时很新颖(实际上,这是错误的)。四是在《五星行度解》中,王锡阐明确提出了"水内行星"说,他是历史最早提出这一猜测的人之一。他指出:"日中常有黑子,未详其故。因疑水星本天之内尚有多星,各星本天层叠包裹,近日而止。但诸星天周愈小,去日愈近,故常伏不见,唯退合时星在日下,星体着日中如黑子耳。"他认为内行星凌日可以解释太阳黑子。[①]

王锡阐的其他天文学著作主要有:《历说》5 篇(约 1659 年),《历策》(约 1668 年后),《日月左右旋问答》(1673),《推步交朔序》(1681),《测日小记序》(1681),以及《大统历法启蒙》(1663 年后)和载有 24 份天文表的《历表》3 册。王锡阐还有一些已经佚失的天文学著述:《西历启蒙》简述西方天文学纲要;《历稿》是用中国传统历法推算的年历;《圜解》是讨论几何学的;《三辰晷志》是他为自己设计制造的一架天文观测仪器所写的说明书。

3. 天文观测[②]

王锡阐著书立说,与他坚持勤勉观测密切相关。在他去世前一年(1681),他在《推步交朔序》中说:"每遇交会必以所步所测课较疏密,疾病寒暑无间。变周改应,增损经纬迟疾诸率,于兹三十年所。"在观测理论上,他已达到较高的认识水平。

---

① 王锡阐的这一思想在当时欧洲的伽利略《关于托勒密和哥白尼两大世界体系的对话》一书中亦有提及。

② 参见江晓原:《王锡阐》,杜石然主编:《中国古代科学家传记》(下集),第 1012—1013 页。

在同年写成的《测日小记序》中,王锡阐回顾了自己的天文观测工作并指出,除了要有熟练的观测者和精密的仪器之外,还必须善于使用仪器:"一器而使两人测之,所见必殊,则其心目不能一也;一人而用两器测之,所见必殊,则其工巧不能齐也。"这表明王锡阐意识到仪器的系统误差(工巧不齐)和观测中的人差(心目不一)都会影响观察结果。不过,根据当时的条件,王锡阐观测的精度会受到一定的限制。

王锡阐虽然一生贫困,但为了观测,他曾"创造一晷,可兼测日、月、星",取名"三辰晷"。但这至多只是一架小型仪器,而且实用价值有多大还值得怀疑,因为关于他的天文观测活动留下的唯一一条记载是:"每遇天色晴霁,辄登屋卧鸱吻间仰察星象,竟夕不寐",即在旧式瓦房的人字形屋顶上作目视观测。而影响观测精度最重要的因素之一是计时精度。王锡阐在《测日小记序》中谈到观测交食的食分、时刻时,认为"半刻半分之差,要非躁率之人,粗疏之器所可得也",表明"半刻"(按中国古代百刻制,约当今的七分十二秒)的精度在他已是不易达到的佳境。可知他始终缺乏精密的时计。例如,1681 年 9 月 12 日发生日食,事先王锡阐和几个民间天文学家各自作了推算,当天还进行了一次"五家法同测",即用五种不同方案推算,待日食发生时作观测,验证结果表明,王锡阐所推最接近实测,但他自己事后却感叹道:"及至实测,虽疏近不同,而求其纤微无爽者,卒未之睹也。"

4. 在天文学史上的地位[①]

王锡阐因矢忠故国而在明朝遗民圈子里受到很大尊敬,他的天文学造诣则使遗民们引以为豪。王锡阐的天文学成就在清代得到了一定程度的承认。1722 年,"御定"的《历象考成》中采用了王锡阐的"月体光魄定向"方法。1772 年,《四库全书》子部天文算法类收入《晓庵新法》。《晓庵新法》是中国历史上最后一部传统历法。王锡阐在《五星行度解》中试图对第谷宇宙模型以及《崇祯历书》中的行星运动理论有所改进,开启了清代天文学一个新的研究方向。此后梅文鼎、杨文言、江永等人的研究,或多或少受到王锡阐思想的影响和启发。

① 参见江晓原:《王锡阐》,杜石然主编:《中国古代科学家传记》(下集),第 1013—1014 页。

（二）阮元的《畴人传》①

由阮元②主编，李锐、周治平参与编纂的《畴人传》，是一部述评天文学家、数学家学术活动的传记集。全书 46 卷，269 篇，列叙中国上起三皇五帝时代，下迄嘉庆初年去世的天文历法家、数学家 275 人，西洋天文学家、数学家和来华传教士 41 人。传记写作的体例一般是在姓名、字号、籍贯、科举出身和主要官职之后，介绍传主有关天文学、数学的"议论行事"。凡是有天文学、数学著作的，不论存佚，都列出其名目，并录其序言、凡例，记其摘要。该书中搜集整理了丰富的天文学、数学史料。各篇传记之后，由阮元撰写"论"，即对相关人物的思想和成就进行评说，或对学术的源流沿革进行分析。阮元自订的宗旨是"综算氏之大名，纪步天之正轨"。因而，《畴人传》是中国最早的一部科学史著作。

阮元在《畴人传》中摒弃星占学和术数等迷信色彩，具有严肃的科学态度。在一系列传后的"论"中，阮元提倡继承前代成果，不断创新，批判泥古守旧的保守思想，主张"择取西说之长"，赞扬引进西方科学的徐光启，抨击抱残守缺的杨光先等。这是《畴人传》进步性的一面。不过，阮元在书中持"西学东源说"，表现出狭隘性和历史局限性。他在介绍哥白尼学说后作出有贬低

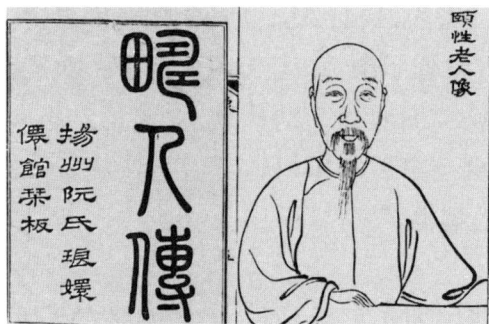

《畴人传》

---

① 参见傅祚华：《阮元》，杜石然主编：《中国古代科学家传记》（下集），第 1128—1130 页。

② 阮元（1764—1849），字伯元，号云台；江苏仪征人。其主要贡献在数学、天文学等方面。阮元乾隆四十九年（1784）中秀才，五十一年中举人，五十四年中进士，随后入翰林院参与编定书画、校勘石经。以后数任学职：山东、浙江学政，经筵讲官、兼管国子监算学，翰林院侍讲，兼国史馆总辑，会试副总裁，总裁等。也多次领封疆：浙江、河南、江西巡抚，湖广、漕运、两广、云贵总督。最后以体仁阁大学士、经筵讲官致仕，加加太傅衔。阮元大力罗致学者，编书刊印，本人也亲自动手。以他的名义编纂的书籍，从经籍训诂到吉金石刻，以至天文、历算、地理，范围很广，数量很多。著名的如《经籍纂诂》116 卷、《十三经校勘记》243 卷、《皇清经解》1400 卷。也有不少当时学者的天文学、数学著作赖他之力得以出版，如钱大昕研究中国古代历法的《三统术衍》和介绍哥白尼学说的《地球图说》、孔广森的《少广正负术内外篇》、焦循的《里堂学算记》、李锐的《李氏算学遗书》等。

性的评论,亦被一些研究者批评为保守。

二 数学

这一时期的数学发展,主要以李锐的《开方说》《日法朔余强弱考》、董祐诚的《董方立遗书》与《割圆连比例图解》3 卷、华蘅芳的《行素轩算稿》与《学算笔谈》等为代表。

(一) 李锐的数学成就①

李锐②是乾嘉时代在天文学、数学领域中影响最大的一位学者,他的研究成果在清代科学史上占有重要的一页。在数学方面,他先后校勘和整理了李冶的《测圆海镜》《益古演段》、王孝通的《辑古算经》,以及秦九韶的《数书九章》,又于嘉庆三年(1798)撰成《弧矢算术细草》一书。

1. 方程论研究

李锐对方程论的兴趣发轫于对李冶、秦九韶等宋元数学家著作的整理,但其直接的导因则是汪莱对各类数字方程是否仅有一个正根的讨论。他在"衡斋算学第五册跋"中提出的三例本是对汪氏 96 条"可知"与"不可知"的归纳,其中的第一例说明系数序列有一次变号的方程只有一个正根,第三例说明系数序列有偶数次变号的方程不会只有一个正根。③ 在《开方说》卷上中,李锐提出(实系数)数字方程所具有的正根个数等于其系数符号序列的变化数或比此数少 2(精确的陈述应为

---

① 参见刘钝:《李锐》,杜石然主编:《中国古代科学家传记》(下集),第 1145—1152 页。

② 李锐(1769—1817),又名向,字尚之,号四香;江苏元和(今苏州)人。其主要贡献在数学、天文学等方面。李锐先世居河南,乾隆五十六年(1791)从紫阳书院肄业,开始从钱大昕学习天文学、数学。在钱大昕门下,李锐又分别钻研了大统历法、回回历法,以及蒋友仁(M. Benoist)的《地球图说》等。同时,通过钱大昕的介绍,他与焦循通信讨论天文、数学问题。乾隆六十年(1795),阮元任浙江学政,开始筹划编纂《畴人传》一事,李锐随后被邀至杭州,成为这一巨著的主笔。除了对中国古代天文学、数学中的一些代表作品进行研究以外,在经学方面,他曾协助阮元校勘《周易》《谷梁》及《孟子》,其成果已载入阮元编的《十三经注疏》之中;他又自撰《周易虞氏略例》《召诰日名考》《方程新术草》等。李锐衰年仍然关念宋元算书的整理和自己所撰《开方说》一书的定稿。李锐的主要著作都被收集在《李氏算学遗书》之中。此外,他还著有《测圆海镜细草》《海岛算经细草》《缉古算经细草》《补宋金六家术》《回回历元考》等书。

③ 这与 16 世纪意大利数学家卡尔达诺(G. Cardano)提出的两个命题极为相似。

"少一个偶数")。① 此外,李锐在《开方说》中还将正根以外的适合方程的解称之为"无数",指出"凡无数必两,无一无数者";在整数范围内讨论了二次方程和双二次方程无实根的判别条件;引进了负根和重根的概念;充实完善了宋元算家关于倍根变换、缩根变换、减根变换、负根变换等方程的变形法;创造了先求出一根的首位,再由变形方程续求其余位数字乃至其余根的"代开法"。李锐的这些研究成果标志着其在方程论领域的工作已突破了中国古典代数学的研究范式,成为清代数学史新的理论成果。

2. 天文历法的数学研究

在天文学方面,李锐先后对三统、四分、乾象、奉元、占天、淳佑、会天、大明、大统等历法进行了疏解,其中前五种的书稿被保存下来。李锐对天文历法的研究体现了鲜明的数理特征,其代表作是《日法朔余强弱考》中关于古代调日法的研究。调日法是中国古代天文学家以分数来渐近表示朔望月长度的一种数理方法,对这一方法,《宋书·律历志》中记载道:"宋世何承天更以四十九分之二十六为强率,十七分之九为弱率,于强弱之际以求日法。"但是元明以来一直无人对此作进一步的研究,因而李锐是元代以后第一个对调日法予以重视并作出正确解释的学者。他指出:何承天分别以 26/49 和 9/17 为强、弱率,将朔望月的奇零部分表示为:

$$(26\times15+9\times1)/(49\times15+17\times1)=399/752$$

分母、分子则分别称为"日法""朔余"。在此基础上,李锐进一步对古代 51 家历法所提供的数据进行考核,试图将每一历法的日法、朔余值表示成上述强、弱二率带权加成的形式,并以此来判断其与调日法有无相关性。② 而李锐亦感到这一设想的困难,但他并没有因此而却步,而是又创造性地提出了一种"以日法求强弱(数)"的方法,其目的仍然是把朔余与日法的比值表示为 26/49 和 9/17 的带权加成。即若以 A 表示

---

① 李锐的这一思想与笛卡尔于 1637 年提出的一条关于判断方程正根个数的符号法则相似。

② 从现代数学的观点来看,李锐的这一设想是有问题的,因为位于 26/49 和 9/17 之间的任何一个分数实际上都可以表示成它们二者的带权加成形式,虽然许多历法的数据恰好满足这一条件,但这些数据很可能与调日法无关。同时,由于精度所限和运算上的繁复,古代天文学家也不大可能都用这种累乘累加的方法来确定日法和朔余。

日法，x 和 y 分别表示强、弱二数，李锐的"以日法求强、弱（数）"，相当于求解二元一次不定方程

$$49_x + 17_y = A$$

这样，李锐在中国数学史上第一次沟通了不定方程和同余式组理论之间的关系。

虽然李锐在学术上取得了辉煌的成就，但因为他没有固定的经济来源，其生活经常处于贫困境地。他嗜书如命，由于自己买不起书，不得不靠借书和抄书来获得珍贵的资料。他正是在这样的逆境中，顽强地坚持天文学和数学研究。他的每部著作完成之后，都要先送给学术知己看。他热心扶植后学，总是把自己研究的最新成果教授给其弟子们。比如，他的《勾股算术细草》最初就是为许云庵、万小廉两人写的讲义；《开方说》则是在教授黎应南的过程中随时讲解随时修改完善的。

（二）董祐诚的数学成就[①]

董祐诚[②]在数学方面的代表作是《割圆连比例图解》3 卷。自康熙四十年（1701）法国人杜德美将 π、sinx、versx 等三个幂级数展开式传入中国之后，幂级数的研究就成为中国数学中一个相当活跃的研究领域。梅毂成《赤水遗珍》最先记载杜德美的三术。明安图则另创六术，并以《数理精蕴》下编卷十六介绍的连比例四率法为基本方法对九术予以推导。其研究成果由其弟子陈际新于 1774 年整理成《割圆密率捷法》4 卷并于 1839 年出版。

董祐诚认为，梅毂成所载"语焉不详，罕通其故"，因此欲另创通法，

① 参见李兆华：《董祐诚》，杜石然主编：《中国古代科学家传记》（下集），第 1180—1182 页。
② 董祐诚（1791—1823），字方立；江苏阳湖（今常州）人。他在数学方面成果卓著。董祐诚少时正值家道中落，常为衣食奔走。1808 年，董祐诚始与同里张惠言之子张成孙共同研治经史、数学，历时二载。此后八九年便是"足迹半天下"的谋生生涯，其学识亦得以速进。1815 年，他开始地理学的研究。1817 年，其兄董基诚中进士，董祐诚随兄客居北京，境遇有所好转，其主要精力已转向数学研究与著述。董祐诚在数学、历法、地理等方面皆有作品传世。其兄董基诚将其遗稿选编为《董方立遗书》9 种 16 卷。今通行者有同治八年董方立之子贻清成都翻刻本等版本，计有《割圆连比例图解》3 卷（1819），《椭圆求周术》1 卷（1821），《斜弧三边求角补术》1 卷（1821），《堞积求积术》1 卷（1821），《三统术衍补》1 卷，《水经注图说残稿》4 卷（约 1815 年），《文甲集》2 卷，《文乙集》2 卷，《兰石词》1 卷。

然而其"覃精累年,迄无所得"。1819 年春,朱鸿以明安图的九术抄本给董祐诚研读。董祐诚据此"反复寻绎,究其立法之原",撰写了《割圆连比例图解》3 卷。该书所得的结果为"有通弦,求通弧加倍几分之通弦","有矢,求通弧加倍几分之矢","有通弦,求几分通弧之一通弦","有矢,求几分通弧之一矢"等四个展开式。其方法是以连比例四率法并结合中国传统数学的垛积求积术求得前两式,又以级数回求法得后两式。

　　董祐诚的《割圆连比例图解》在明安图的研究之后,又在项名达与徐有壬的研究之前,因而其具有继往开来之功。董祐诚的四术为明安图九术的"立法之原",即由此四术可推得明安图的九术。项名达《象数一原》(1843)将董祐诚的四术精确化并将其概括为二术。徐有壬由董祐诚的四术导出大小弦互求,大小矢互求四术,进而给出大小八线互求十八术,共二十二术,使得三角函数的幂级数展开式大体完备。

(三) 华蘅芳的数学成就[1]

　　华蘅芳[2]在数学方面的研究成果主要见于其所著《行素轩算稿》一书中。该书于 1882 年初版时收入《开方别术》1 卷,《数根术解》1 卷,《开方古义》2 卷,《积较术》3 卷,《学算笔谈》前 6 卷,计 5 种 13 卷。1893 年续成《学算笔谈》后 6 卷,《算草丛存》前 4 卷。1897 年再续《算草丛存》后 4 卷,共计

华蘅芳像

---

[1] 参见王渝生:《华蘅芳》,杜石然主编:《中国古代科学家传记》(下集),第 1245—1252 页。

[2] 华蘅芳(1833—1902),字畹香,号若汀;江苏常州金匮(今无锡)人。其主要贡献在数学、地学等方面。华蘅芳出身于官宦人家,世居无锡惠山下。他在青少年时代就比较系统地学习了中国传统数学知识。华蘅芳不仅博览算书,刻苦自学,还善于寻师访友。1862 年初他同徐寿一道来到安庆军械所内军械分局,着手机动船只的研制工作。经过 3 个月的努力,他们试制成功了一台船用汽机模型。1863 年底试制了一艘小型木质轮船。1865 年造成了一艘新的木壳大轮船"黄鹄"号。这艘轮船,除回转轴、烟囱和锅炉所用的钢铁系国外进口以外,其他一切工具和设备,完全用国产原料自行加工制造。自 1867 年起,华蘅芳、徐寿就开始同外国人合作翻译西方近代科技书籍。华蘅芳分工翻译有关数学、地学方面的书,徐寿则侧重于化学、汽机等方面。1886 年,李鸿章创办天津武备学堂,为清末北洋军阀培养军事人员。1887 年,华蘅芳曾到该处担任教习。1892 年,年届花甲的华蘅芳远涉湖北武昌,主讲两湖书院的数学课程。1893 年,湖广总督张之洞与湖北巡抚谭继洵在武昌建立新型的自强学堂,分方言(外语)、算学、格致(自然科学)、商务四科,第二年所设的算学一科也移至两湖书院由华蘅芳讲授。1898 年,65 岁的华蘅芳回到家乡,执教于无锡竢实学堂。他晚年投身教育界,在数学普及和人才培养方面贡献殊多,成为晚清数学教育的一代宗师。

6 种 27 卷。此外,华蘅芳的数学著作还有《算法须知》和《西算初阶》。

1. 开方术、积较术和数根术研究

在《开方别术》等著作中,华蘅芳提出求整系数高次方程的整数根的新方法——"数根开方法",对此李善兰评价道:"并诸商为一商,故无'翻积''益积',不特生面独开,且较旧法简易十倍。"但是,华蘅芳则指出,"凡正负诸乘方其元之同数若非整数及分数者,则数根开方之术不能驭",即不能求方程的无理数根。

在《积较术》等著作中,华蘅芳探讨了招差法在代数整多项式研究和垛积术中所起的作用。其中,"诸乘方正元积较表""和较还原表"分别定义了两种计数函数,还给出一组乘方乘垛互反公式和若干组合恒等式,这是计数理论的中心问题,在组合数学和差分理论中都有一定的意义。

在《数根术解》等著作中,华蘅芳指出:"有单位之数根(即素数),即可求两位之数根;有两位之数根,即可求四位之数根。"他所用的方法是:"以单位之数根 3,5 与 7 连乘,得 105,以与两位之数求等(即公约数),其有等者可以等数约之,故非数根;其无等者除 1 之外俱不能度,故为数根。"此即现代数学中的"筛法"。这样就得到两位数的素数 21个。华蘅芳还指出,随着自然数的位数增加,素数的间隔愈稀,但素数的个数是无穷的。他用诸乘尖堆法证明了费马素数定理与欧拉证法相似。不过,他没有如同李善兰《考数根法》中那样指出费马定理的逆定理不真。尽管华蘅芳的数学成就在当时受到数学界的高度评价,但他的开方术、积较术、数根术,比起李善兰的尖锥术、垛积术、素数论还是略有逊色。

2. 关于数学思想和数学教育

华蘅芳关于数学思想和数学教育等方面的评论性著作《学算笔谈》则独具特色。一是在《学算笔谈》中,华蘅芳指出:"一切算法,其初皆从算理而出。惟既得其法,则其理即寓于法之中,可以从法以得理,亦可舍理以用法。苟其法不误,则其理亦必不误也。"二是阐述了数学理论与方法之间的辩证关系。他又说:"凡天文之高远,地域之广轮,居家而布帛粟菽,在官而兵河盐漕,以至儒者读书考证经史,商贾持筹权衡子母,算不待治于算,此又算之切于日用,斯须不可离者也。"三是论述了数学教学和学习的方法,其中包括"论看题之法""论驭题之法"等。他要求学生在做数学习题时须遵循以下步骤:"一必详载题目;二必解明算理;三必全写算式,与其简也宁繁;四必用格式影写,与其作草书宁可作正书。"这样的严格要求体现了数学课程的特点。华蘅芳的《学算笔谈》在 19 世纪 90 年代被各地再版多次,被许多学院和新式学堂用作数学教材。①

3. 合作译书

华蘅芳与精于数学又"深通中国语言文字"的英国人傅兰雅(John Fryer)合译了不少西方近代数学书籍。在 20 余年间,出版了《代数术》(*Algebra*,英国人华莱士撰,原载《大英百科全书》第八版,1853)25 卷,1872 年初刊;《微积溯源》(*Fluxions*,华莱士撰,同前)8 卷,1874 年初刊;《三角数理》(*A Treatise on Plane and Spherical Trigonometry*,英国人 J. 海麻士撰,1858)12 卷,1878 年初刊;《代数难题解法》(*A Companion to Wood's Algebra*,英国人伦德撰,1878)16 卷,1879 年初刊,等等。

在上述各书中,华蘅芳介绍西方数学家的代数学、三角学、微积分学和概率论。如《决疑数学》是中国第一部编译的概率论著作,书中介绍了人口估测、人寿保险、预求定案准确率和统计邮政、医疗事业中某些平均数的方法,还详细叙述了西方概率论史,涉及著名数学家约 30 人,这些内容令人耳目一新。又如,上述的《代数难题解法》,还有《算式别解》,都是原书刚出版,第二年就译出刊行,及时向国人介绍了当时西方数学的发展。

由于华蘅芳在翻译中主张"其文义但求明白晓畅,不失原书之真意",后人称赞他"译书文辞朗畅,足兼信、达、雅三者之长",因而他所译的关于数学、地学等方面的书传播广泛,在当时发挥了启蒙的作用。

---

① 陕西刘光蕡于 1897 年序刻《学算笔谈》前 6 卷,作为其主讲味经书院的教本,湖南王先谦主办、梁启超主讲的长沙时务学堂算学课也以《学算笔谈》为教本。

三 地理学

这一时期江苏的地理学发展主要以顾祖禹的《读史方舆纪要》、华蘅芳的《金石识别》,以及华蘅芳与傅兰雅合译的德国人希理哈的《防海新论》等为代表。

(一) 顾祖禹的《读史方舆纪要》[①]

顾祖禹[②]所著的《读史方舆纪要》共 130 卷,280 余万字。第 1 卷至第 9 卷是概述历代州域形势;第 10 卷至第 123 卷分别叙述了明代行政区域包括二京(直隶、江南)、十三布政司(山东、山西、河南、陕西、四川、湖广、江西、浙江、福建、广东、广西、云南、贵州)的历史沿革和地理形势,共 114 卷;第 124 卷至 129 卷是历代地理书中关于河流的记载;第 130 卷是史书中关于各地星宿分野的记载。顾祖禹在书中重点叙述了全国的州域形势、山川险隘、关塞攻守等情况,大量引证历史事实,并推论其成败得失。他以其"人地相关论"的观点指出:"夫地利亦何常有之哉?函关、剑阁,天下之险地也。秦人用函关,却六国而有余;迨其末也,拒群盗而不足。诸葛武侯出剑阁,震秦陇,规三辅;刘禅有剑阁,而成都不能保也。故金城汤池,不得其人以守之,曾不及培嵝之邱,泛滥之水。得其人,即枯木朽株,皆可以为敌难。是故九折之阪,羊肠之径,不在邛峡之道,太行之山。无景之溪,千寻之壑,不在岷江之峡,洞庭之津。及肩之墙,有时百仞之城不能也。渐车之浍,有时天堑之险不能及也。知求地利于崇山深谷、名城大都,而不知地利

---

① 参见唐锡仁:《顾祖禹》,杜石然主编:《中国古代科学家传记》(下集),第 1019—1021 页。

② 顾祖禹(1631—1692),字景范,学者称宛溪先生;江苏无锡人。其主要贡献在地理学方面。顾祖禹的先世曾任明朝官吏,高祖顾大栋在嘉靖年间任光禄丞,曾祖顾文耀在万历年间以光禄大官正奉使九边。他们都关心国家的疆域形势,"好谈边徼利病"(《读史方舆纪要·总序》),这对顾祖禹日后治学著述、注重军事地理的研究,有一定的影响。而对其影响最大的还是他的父亲顾柔谦。顾柔谦秉承家学,熟谙经史,学识广博。临终前,他对顾祖禹说:过去一些人认为明《一统志》是本好书,可是我却认为它对古今战守、攻取之要论得不详细,对于山川条列,又写得割裂失伦、源流不备。他要求儿子"掇拾遗言,网罗旧典,发舒志意,昭示来兹"。顾祖禹谨记父亲的遗言,发愤读书,隐居不仕,立志著述。从 29 岁起,一日不辍,直到 50 岁时终于写成了《读史方舆纪要》这一巨著。

即在指掌之际。乌足于言地利哉？"顾祖禹以大量的历史事件为依据，阐释了地利与人为的关系是辩证的，这种观点在古代地理学史上是至为宝贵的。

顾祖禹之所以潜心著述，以大半生的精力写出《读史方舆纪要》这一卷帙浩繁的巨著，一是受家庭影响，谨记父亲的遗言。二是反思明朝覆灭原因。如同其在该书的序言中所说："凡吾所以为此书者，亦重望夫世之先知之也；不先知之，而以惘然无所适从者，任天下之事，举宗庙社稷之重，一旦束手而界之他人。此先君子所为愤痛呼号，扼腕以至于死也。"可见，明亡之后，他痛心于明统治者对全国山川形势险要漠然置之，以致用兵失败，王朝覆灭。三是弥补过去的舆地著作存在的不足。他在"凡例"中说："余尝读《元和志》，善其敷陈时事，条列兵戌，然考古无乃太疏。《寰宇记》自谓远轶贾（耽）李（吉甫）之上，而引据不经，指陈多误。《纪胜》山川稍备，求其攻守利害则已迂；《广记》考核有余，而于形势险夷则未尽晰也。《胜览》以下，皆偏于词章之学，于民物远犹无当焉。国家著作之材，虽接踵而出，大都取材于乐史、祝穆之间，求其越而上之者，盖鲜也。"即他认为，过去的舆地著作存在诸多缺陷。为了克服这些不足之处，顾祖禹在写作《读史方舆纪要》的过程中，广征博引，考订精详，贯通古今，使其成为一部传世之作。该书是研究中国历史地理和军事地理的重要参考文献。

（二）华蘅芳在地学等方面的贡献[①]

华蘅芳不仅在数学方面著书立说，而且通过翻译将当时西方的科学著作介绍到我国，其研究领域涉及地学、气象学、军事学等。

首先，华蘅芳与玛高温合译的第一部书，是《金石识别》12卷，1869年译成，1872年上海江南制造局初刊，首次将近代矿物学和晶体物理学知识系统介绍到我国。原著是美国著名地质学家、矿物学家代那（J. D. Dana）的《矿物学手册》（*Manual of*

---

① 参见王渝生：《华蘅芳》，杜石然主编：《中国古代科学家传记》（下集），第1248页；纪志刚：《杰出的翻译家和实践家——华蘅芳》，科学出版社2000年版，第45—52页。

Mineralogy,1848），主要介绍了矿石的形状、辨色、性质、用途、分类及其鉴别方法。

其次，译完《金石识别》之后，华蘅芳认为"金石与地学互相表里，地之层累不明，无从察金石之脉络"，为了进一步弄清"金石之脉络"，他又与玛高温合作，翻译了英国地质学家赖尔（C. Lyell）的《地学浅释》（*Elements of Geology*，第 6 版，1865，今称《地质学纲要》）38 卷，1871年上海江南制造局初刊。此书在中国最早介绍了赖尔的地质进化均变说和达尔文的生物进化论，也是第一部由西方传入中国的地质学教科书。

此外，华蘅芳还同傅兰雅合译了比利时人 V. 谢里哈的《防海新论》（1868）18 卷，1873 年上海江南制造局初刊。该书联系战争实际阐释水路攻守之法。他同金楷理（C. T. Kreyer）则合译了《御风要术》3 卷（1871 年上海江南制造局初刊）和《测候丛谈》4 卷（1877 年上海江南制造局初刊），分别介绍了海洋台风和大气现象及其变化等方面的知识。

第三节　化学、物理学与工程技术发展

这一时期江苏的化学、物理学与工程技术发展，分别体现在徐寿、徐建寅和龚振麟的成就中。

一　化学、物理学

这一时期有代表性的成果主要包括：徐寿与英国学者傅兰雅合作，翻译了《化学鉴原》《化学鉴原续编》《化学鉴原补编》《化学考质》《化学求数》《物体遇热改易记》等 6 部重要的化学著作；徐寿的次子徐建寅与傅兰雅合译《运规约指》《化学分原》《器象显真》《汽机新制》《汽机必以》《声学》《电学》《艺器记珠》等。

（一）徐寿对化学和教育学等的贡献

徐寿①的成就涉及多个领域：他不仅在化学和工程技术及教育等方面做出了巨大贡献，而且在医学、兵学、测绘学、音乐等方面亦有建树。

1. 徐寿的化学成就②

徐寿最早把西方 19 世纪以来的近代化学知识系统地介绍到我国，并首创一套化学元素的中文名称。③ 其最突出的贡献，是与英国学者傅兰雅合作，翻译了上述 6 部重要的化学著作，系统地介绍了近代无机化学、有机化学、物理化学、分析化学及工业化学知识，为中国近代化学和化学

徐寿像

---

① 徐寿（1818—1884），字雪村，号生元；江苏无锡人。其主要贡献在化学、物理学、机械制造、教育等方面。徐寿先世曾为无锡望族，到曾祖父徐士才时，家道衰落。徐寿 20 岁时，就为自己写下了座右铭："不二色，不诳语，接人以诚。"他决心抛弃八股制艺，"专研格物致知之学"，就此走上了与科学结缘，并为之奋斗终身的艰难之路。他与同乡华蘅芳等人"究察物理，推考格致"，对中国的古天算博物之书和明末清初耶稣会士的格致之学的译著，都加以研究。当时介绍西方近代科技的书籍很少，徐寿于 1857 年与华蘅芳一道赴上海，搜求书籍，访问同道。1855 年出版《博物新编》一书，该书介绍西方近代物理、化学等自然科学最基本的知识和若干化学实验方法。自沪返乡后，他和华蘅芳就照该书进行研究试验，并多次到上海访学和购买书籍及相关仪器。1862 年 4 月，在曾国藩的举荐下，徐寿到安庆军械所工作，与华蘅芳一起接受了试制轮船的任务。他倡议并组织设立翻译馆，从此专事翻译西方科技著作和普及科技知识的工作，一直到去世。徐寿还从科技方面，为中国近代其他一些民族工业的创立发挥了很大的作用。徐寿的贡献涉及多个领域：在医学上，他与赵元益、傅兰雅合作翻译了《法律医学》一书，写有《论医学》专文，介绍了西方的法医知识和科学的治疗方法，并能临床施治。在兵学上，翻译了《营城揭要》一书，介绍了作战时筑造城营的作图法。在测绘学上，他在《测地绘图》一书中叙述了测量地面、绘制地图的方法，包括测绘军事地图、测绘经度纬度所需的数据表、照相印图技术等。在音乐方面，他专门写了《考证律吕说》一文，探索我国古代音乐的起源和乐器的演变及音谱原理。徐寿译著的《西艺知新》《宝藏兴焉》《化学鉴原》等书，更是广泛涉及物理、化学、冶金学等方面的内容以及各种工艺，为我国近代科学发展和化学学科的建立发挥了巨大作用。

② 参见曾敬民：《徐寿》，杜石然主编：《中国古代科学家传记》（下集），第 1230—1235 页。

③ 徐寿之所以重视翻译工作，是因为他在研制轮船的实践中，进一步认识到，要引进外国的先进科技，就必须系统地介绍外国一些重要的科技著作。他到制造局后不久就向两江总督曾国藩条陈四事：一是采煤炼铁，二是自造大炮，三是操练轮船水师，四是翻译西书。在徐寿积极倡议和亲自筹划下，江南制造局于 1868 年 6 月专设一译学馆，聘请傅兰雅、金楷理、林乐知（Y. J. Allen）等著名外籍学者任翻译，专事翻译西方科技著作的工作。因徐寿等人不晓西文，其翻译工作是沿袭自明末清初所形成的"外人口授，中人笔达成文"的方法进行。徐寿先与伟烈亚力合作，继而与傅兰雅合作。从 1867 年进入制造局到 1884 年去世的 17 年中，徐寿共译书 20 多部，专论 9 篇，校阅书一部。

工业的产生和发展奠定了基础。其中《化学鉴原》是根据威尔斯 (D. A. Wells)所撰的《威尔斯的化学原理及应用》(*Wells' Principles and Applications of Chemistry*)的无机部分,并增补一些新材料编译的,于1871年出版。威尔斯的这本书是当时美国流行的教科书,从1858年初版至1868年的10年中,修订了十几次。

在翻译过程中,徐寿和傅兰雅第一次提出了化学元素汉译名的原则。

关于这个原则,《化学鉴原》卷一的第29节"华字命名"中说:"西国质名,字多音繁,翻译华文,不能尽叶。今惟以一字为原质之名。……原质之名,中华古昔已有者仍之,如金、银、铜、铁、铅、锡、汞、硫、磷、炭是也……昔人所译而合宜者亦仍之,如养气、淡气、轻气是也……此外尚有数十品,皆为从古所未知,或虽有其物而名阙如,而西书赅备无遗,译其意殊难简括,全译其音苦于繁冗,今取罗马文之首音,译一华字,首音不合,则用次音,并加偏旁以别其类,而读仍本音。"这里提出用单字表示元素之名和加偏旁以别其类的规定,是受到中国古代已有的铁、铜、硫等元素名称的启发而定的。徐寿和傅兰雅的重要贡献在于,他们首创了以西文首音或次音翻译元素名的造字法。这样,不仅能够对已知的元素给出满意的命名,而且为以后新发现的元素译名提供了可借鉴的原则。虽然美国人嘉约翰(J. G. Kerr)和中国人何瞭然所译的《化学初阶》略早于《化学鉴原》出版(两书都在1871年出版),但《化学初阶》亦借鉴了徐寿、傅兰雅拟译的部分元素汉译名。所以,列出第一张中文化学元素表的人是徐寿和傅兰雅。在他们译定的64个元素汉名之中,有44个一直沿用至今。徐寿和傅兰雅在翻译《化学鉴原》等书的过程中,还编写了两部中西化学名称对照表:《化学材料中西名目表》《西药大成中西名目表》,为中国近代化学学科的建立做出了突出贡献。

《化学鉴原续编》主要介绍有机化学方面的知识;《化学鉴原补编》则是关于无机化学和化学实验方面的书,其中介绍了几种主要元素的性质及其测定方法,包括1875年发现的新元素镓(Ga)。这两本书主要译自英国化学家蒲陆山(C. L. Bloxam)所著的《无机及有机化学》

（*Chemistry，Inorganic and Organic，with Experiments and a Comparison of Equivalent and Molecular Formulae*）。《化学考质》是一本定性分析著作，译自德国化学家弗雷森尼乌斯（K. R. Fresenius）所著的《定性分析导论》（*Anleitung zur Qualitativen Chemischen Analyse*）一书的 1875 年英文版。《化学求数》是一本定量分析方面的书，译自弗雷森尼乌斯的《定量分析导论》（*Anleitung zur Quantitativen Chemischen Analyse*）一书的 1876 年英文版。《物体遇热改易记》是一部热学著作，译自英国化学家和物理学家福斯特（G. Foster）所撰的《由热引起的体积变化》（*Changes of Volume Produced by Heat*）（载于瓦特斯编《化学及其他科学的相关分支辞典》[*A Dictionary of Chemistry and Allied Branches of Other Science*，1875]），主要介绍气、液、固体膨胀定律及其应用和膨胀系数的测定方法。徐寿和傅兰雅精心选译当时的化学名著，且译文流畅，科学概念较准确，被当时的学术界誉为善本。徐寿不仅在国内很有声望，而且在国外也有一定的影响。他创造了许多科学名词，其中大部分至今仍沿用。

2. 创办格致书院和《格致汇编》①

除了从事化学著作的翻译，徐寿还主持创办中国最早的科学教育机构之一——格致书院，并创办了中国最早的科技期刊《格致汇编》。

1874 年 3 月 5 日，英国驻上海领事麦华陀（W. H. Medhurst）倡议创设格致书院，并拟定 15 条章程，确定创立宗旨和筹备事项。他还组织了一个由 8 人组成的创始董事会，中外各 4 人，即麦华陀、福弼士（F. B. Forbes）、伟烈亚力、傅兰雅、徐寿、徐建寅、唐廷枢、王荣和。

徐寿对推动书院建成功绩最大。他将原拟定的 15 条章程修改补充后，重新拟定了 6 条作为格致书院章程。《章程》中规定每月设定日期，轮流讲论格致一切，如天文、算法、制造、化学、地质等门类，书院专讲格致，不涉及传教。徐寿还两次主持起草上书北洋大臣李鸿章和南洋大臣李宗羲的禀文，以争取得到官方的支持。在得到南、北洋大臣支持后，徐寿与傅兰雅即绘制建筑院舍图样，并作详细估价。为了筹建书

① 参见曾敬民：《徐寿》，杜石然主编：《中国古代科学家传记》（下集），第 1237—1238 页。

院,徐寿还四处筹集资金,购置各种科学仪器和教学设备。经过两年的积极筹备,书院终于在1875年落成,并于1876年6月22日正式开院。

最初几年由于经费不足,格致书院直到1879年10月才正式招生,次年2月开始授课,设置的课程主要有:矿物、电务、测绘、工程、汽机、制造等,聘请中外学者来院授课或举行专题讲论。在教学过程中,书院既重视基础理论的传授,又重视科学实验,课堂气氛生动活跃。

书院除了由徐寿主持入院学生的定期课艺以外,还举办定期科学讲座。例如,1877年6月29日,美国传教士狄考文(C. W. Mateer)来院讲电学原理,并作演示实验,听众达50多人。格致书院从创办到停办,前后达40年,它不但开了中国近代科技教育的先河,培育了一批优秀的科技人才,系统地传播了近代科学知识,而且对我国兴办近代科学教育具有示范作用。后来在厦门创办的博文书院和在宁波创办的宁波格致书院,都是仿效上海格致书院的章程和规模相继建立的。

在创办格致书院的同时,1876年2月,徐寿和傅兰雅还刊行了中国最早的科技期刊——《格致汇编》。由傅兰雅担任主编,徐寿具体负责主持刊物的集稿和编辑工作。徐寿亲自撰写了发刊词,宣布"此《汇编》之意,欲将西方格致之学广行于中华,令中土之人不无裨益"。《格致汇编》的前身是1872年在北京创刊的《中西见闻录》。《中西见闻录》是综合性期刊,内容包括社会科学和部分自然科学,而《格致汇编》则专载自然科学内容。《格致汇编》起初为月刊,后改为季刊。此刊前后续办了16年,实际上发行只有7年,共出7卷60册。《格致汇编》的主要栏目包括论述、新闻、通讯三大类,内容十分广泛,凡西方科技新知、国人发明创造,几乎无所不及。徐寿除了主持编辑工作外,还亲自为刊物撰写科技论文、新闻报道。他曾先后在刊物上发表了《论医学》《汽机命名说》《考证律吕说》等专题论文。《格致汇编》创刊时每期印数为3000本,到1890年复刊后,印数增至4000本。据1880年4月统计,除对新加坡和日本的神户、横滨发行外,国内主要销售于北京、上海、天津等70多处。从每期刊载的"答读者问",也可看出此刊拥有大量的读者,激发了许多人学习科学的兴趣,在国内外产生了很大的影响。《格致汇编》为传播科学知识、交流技术工艺做出了重要贡献。

（二）徐建寅在化学和物理学等方面的贡献①

徐建寅像

徐建寅②和傅兰雅合作翻译的许多科技书籍，反映了当时西方先进的科学技术水平。他们所选译的大部分著作是 19 世纪 60 年代欧美流行的科技名著。这些著作的汉译，对中国近代自然科学的一些学科的建立和发展起到一定的作用。

1. 化学译著

徐建寅和傅兰雅合译了一本化学著作《化学分原》，全书共 2 册 8 卷，附插图 59 幅，约 8 万字，1872 年江南制造局出版。该书译自 1866 年出版的一本欧洲化学名著，书名为《实用化学及分析化学导论》(*An Introduction to Practical Chemistry, Including Analysis*)，原作者是英国化学家包曼 (J. E. Bowman)，后经英人蒲陆山增订。《化学分原》的内容包括定性分析和定量分析两个方面，主要介绍多种仪器的制作和使用方法，各种元素及其化合物的定性和定量分析方法。这是我国出版最早的一本分

① 参见曾敬民：《徐建寅》，杜石然主编：《中国古代科学家传记》(下集)，第 1253—1256 页。
② 徐建寅(1845—1901)，字仲虎；江苏无锡人。其主要贡献在化学、物理学、军工技术、造船等方面。徐建寅是徐寿的次子。童年时他勤奋好学，善察隐微；少时就随父亲钻研科学书籍，进行科学实验。17 岁时他随父入曾国藩幕府，继而入安庆大营军械所，协助其父和华蘅芳等试制我国第一艘轮船"黄鹄"号。在设计和造船过程中，徐建寅协助父亲解决了不少技术上的难点。1867 年，他随父亲到上海江南制造局继续建造轮船。他先后参加了"惠吉""操江""测海""澄庆""驭远"等轮船的建造工作，还参与制造枪炮、弹药、硫酸、硝酸、硝棉火药和雷汞等，协助仿设机器局。1868 年，徐建寅与英国人傅兰雅、金楷理等合作翻译近代西方科技、军事等方面的著作；1873 年被任命为江南制造局提调；1874 年，奉调天津制造局督办造锰水，他亲自操作，很快造出了价廉物美的硫酸；1879—1881 年，任驻德使馆二等参赞，赴德、英、法等国考察科学技术，订制铁甲战舰。在欧洲，他参观了许多工厂和科研机构，不但了解到德国军队的编制和训练情况，还参观了德国议会，写成《欧游杂录》2 卷；1886 年，督办金陵机器局，炼成铸钢，并仿照西方制造后膛抬枪，还仿西洋办法进行人事机构和工资改革；1901 年 3 月 31 日因试制无烟火药失事，以身殉职。他为中国近代科学技术和近代民族工业的建立做出了重要贡献。另外，他和傅兰雅等合作翻译了许多西方科技书籍，最早将西方近代分析化学、声学以及电学的基本知识，系统地介绍到中国。他一生著译甚丰，其中著作有《兵法新书》《欧游杂录》《水雷术要》；译作共有 25 种，其中《运规约指》《化学分原》《器象显真》《汽机新制》《汽机必以》《声学》《电学》等 15 种已出版发行，其余 10 种，即《汽机尺寸》《造船全法》《摄铁器说》《绘图船线》《石板印法》《造硫强水法》等，已经译出但未出版。他在《格致汇编》上还发表论文 9 篇，译文 1 篇。

析化学译著,也是中国近代化学奠基性著作之一。徐建寅和傅兰雅翻译该书是一项开创性工作,因为当时既无英汉词典可查,又无旧译化学著作可供参考,书中的许多化学名词术语都是由他们新创的译名。

2. 数学、物理学等译著

《运规约指》是徐建寅与傅兰雅合作翻译的第一本书。全书共 3 卷,插图 136 幅,约 3 万字。原本出版于 1855 年,原著者是英人白起德,其内容为初等实用几何学,包括作各种几何图形的方法和求面积的公式等。该书于 1868 年 5 月开始翻译,1870 年出版,是江南制造局最先译出的 3 本书(另两本是《汽机发轫》和《金石识别》)之一。

《声学》和《电学》是徐建寅和傅兰雅合译的两部物理学名著。其中《声学》是我国最早翻译出版的声学专著,全书共 2 册 8 卷,出版于 1874 年,原著者是英国著名物理学家丁铎尔(J. Tydall)。该书详细叙述了声学基本理论和实验内容,比较准确地介绍了许多物理概念。《电学》共 8 册 10 卷,出版于 1879 年。该书英文原本为诺德(H. M. Nood)编的《电学教科书》(*The Student's Text of Electricity*),该书比较系统地介绍了 19 世纪 60 年代以前的电学基本知识,其中包括:电的发明史以及静电学、静磁学、生物电、化学电、热效应、磁效应、电磁感应、电热器、电报、电钟等基础知识和基本原理。徐建寅翻译介绍的《声学》和《电学》都是根据欧洲当时较新的版本译出的,因而对我国近代物理学的形成和发展起到了重要的作用。

《谈天》一书的中译本出版于 1859 年,是由李善兰和英国人伟烈亚力合译的,原本是英国著名天文学家赫歇尔(J. Herschel)所著的《天文学纲要》(*The Outline of Astronomy*)。徐建寅于 1874 年将该书补充续译,增加了 1851—1871 年间天文学上的许多新发现和研究新成果。徐建寅续译的《谈天》问世后,曾对我国当时的知识界、思想界产生了深远的影响。

二 工程技术

这一时期工程技术发展的代表性成果主要包括:龚振麟的《铸炮铁

模图说》和造船技术;徐寿主持研制了我国第一艘以蒸汽为动力的轮船"黄鹄"号;徐建寅撰著《水雷录要》,以及将19世纪西欧各类工厂和科研单位的先进生产工艺和管理经验引入我国等。

(一) 龚振麟的造船与铸炮技术[①]

1. 造船术

龚振麟[②]在英军入侵舟山时,奉命去甬东,见到英军用蒸汽机驱动的火轮,他参考林则徐提供的《车轮船图》进行仿制,先用人力驱动叶轮,在湖中试航成功,后又制成更大的舰只,可在海洋中行驶。

2.《铸炮铁模图说》

1841年春,林则徐因抗击英军侵略,被清廷革职,令其"戴罪立功"。他来到浙江后,委派龚振麟把只能直击的旧式炮架改成能上下左右改变射击角度和方位的新式炮车。由于龚振麟平时注重学习科学技术,他监制的新炮车灵巧坚固,富有成效。

1841年8月,英军入侵浙江省蛟门地区,清军再次失利。浙江省遂增设炮局,赶铸新炮,以应急需,仍委派龚振麟监制。铸造火炮的方法历来是先制好泥型,然后等其干透,一般从开工到出炮,需要一个月左右的时间。而那年冬天,雨雪连绵,泥型干不了,炮就制不出来。对此,龚振麟创议用铁模(即铁范)铸造铁炮。在他主持下铁炮很快试制成功,而且大大加快了制炮的速度。由于铁模铸炮有很多优点,引起许多人的重视,龚振麟就撰写了《铸炮铁模图说》一书,于1842年刊印分发沿海各地区,使铸炮铁模法得以推广,后由魏源收入其所编著的《海国图志》中。

---

① 参见[清]魏源:《海国图志》,1847;华觉明:《关于金属型的札记三则·龚振麟和〈铸炮铁模图说〉》,见《中国冶铸史论集》,文物出版社1986年版。

② 龚振麟,生卒年不详,江苏长洲(今苏州)人。他在清嘉庆年间的主要贡献在造船及铸炮技术等方面。龚振麟和林则徐、魏源是同时代人,从政为长洲县监生,有革新思想,好研习西学,对西方的算学、火器有一定研究。道光十九年(1839)任浙江省嘉兴县县丞。1840年鸦片战争爆发,帝国主义对中国的侵略激起了中国人民的坚决抵抗。同年夏天,他奉调到宁波军营监制军械,恪尽职责,多有建树。(参见华觉明:《龚振麟》,杜石然主编:《中国古代科学家传记》[下集],第1194页。)

龚振麟在《铸炮铁模图说》中，详细地叙述了铁模铸炮的工艺过程和技术措施：

① 按铁炮大小，分 4—7 节，做出泥炮。

② 按泥炮节数分制铁模泥型，每节泥型分成两瓣，用车板旋制内面，使表面光洁，形状规整，然后烘干备用。泥型内放入预制的把手，浇注时和铁模铸成一体。

③ 用泥型翻铸铁模时，先将炮口那一节倒置在泥制平板上，用泥充填其中一瓣，烘干后，盖上泥制平板，将型箍紧，浇注后便得到第一节铁模的一瓣。然后除去填泥，再按照上述方法铸得另一瓣铁模。这样逐节浇注，就可铸成层层榫合的整套铁模。

④ 用铁模铸造铁炮时，先在模的内表面刷上用细稻壳灰与细砂泥加水和成的涂料，再涂刷用极细煤粉调制的第二层涂料，然后箍紧铁模、烘热、装配泥芯，浇入铁水。待凝固后，立即脱去铁模，趁炮身还是红热时，清除毛刺，除净泥芯，得到成品。

中国是世界上最早使用金属型铸造的国家，早在战国时代就用铁范成批铸造生铁农具和工具。《铸炮铁模图说》所述的铸造工艺，如铁模各瓣之间和各节之间采用的定位方法、铁模把手分铸、采用双层涂料等方法，不仅采用了传统金属型铸造技术，而且继承和发展了古代陶范和金属型的榫卯定位工艺及其措施，并在此基础上进一步发展和创新。

龚振麟在《铸炮铁模图说》中，还总结了铁模铸炮的七个优点。其中包括一模多铸，成本低、工时少，"用一工之费而收数百工之利"，"用匠之省无算"；减少表面清理，镟铣内腔的工作量；铸型不含水分，少生气孔，用后收藏，维修方便；如果战时紧迫，能很快投产以应急需等等。铁模铸炮在一些主要技术问题上，与现代铸造学对金属型的认识是一致的。用黑色金属型铸造重数百斤至数千斤的大型铸铁件，难度很大，即使现代也非易事。因而龚振麟首创铁模铸炮，其技术成就卓著。他撰写的《铸炮铁模图说》一书亦是世界上最早系统论述金属型铸造的专著。龚振麟的爱国主义精神和创新精神值得后人效仿和敬仰。

（二）徐寿研制了我国第一艘蒸汽轮船"黄鹄"号①

徐寿主持研制了我国第一艘以蒸汽为动力的轮船"黄鹄"号。鸦片战争后，林则徐、魏源、丁守存、丁拱辰、郑复光等对火轮船的制造作过一些研究，但都未能造出近代蒸汽轮船。1861年，曾国藩在安庆设立了制造军火的军械所以后，就把制造火轮船一事提上了议事日程。接着征聘了徐寿、华蘅芳、吴嘉廉等6位科学家来所工作，其目的是想由中国人自制蒸汽轮船。

徐寿的造船知识，来自合信的《博物新编》一书。该书初集中有"热论"一章，介绍了蒸汽机和轮船的基本工作原理并有略图。徐寿制造轮船，得到了次子徐建寅的有力协作。徐寿父子和华蘅芳等人除了依据《博物新编》的"热论"，还到停泊在长江的一艘外国轮船上考察，仔细研究蒸汽机的工作情况。经过3个多月反复研制，他们造出了轮船关键部件蒸汽机小样。② 接着徐寿等人立即进行木质船体的试制工作。经过一年多的准备和制造，于1863年底制成一艘实验性的小型木质蒸汽轮船。

然而，由于缺乏经验，所制轮机不能连续供给蒸汽，试航的小轮船行驶一里左右就停止了。对此，徐寿等人并不灰心，经反复研究，找出了问题的症结所在，修改了该船的汽缸和船体结构，使轮船可以连续行驶，时速达13里。尽管该木质小轮船"行驶迟钝，不甚得法"，但它的制成标志着我国近代造船业的开始。

1864年，徐寿随军械所由安庆迁到南京。徐寿等人在上述试制轮船的基础上，继续研究改进，于1865年终于制成了我国造船史上第一艘自制的实用性蒸汽轮船——"黄鹄"号。该船的尺寸和下水时间尚存在争议，一说其1866年4月在南京正式下水试航；船长约17米，自重25吨。据《清史稿·徐寿传》记载，"黄鹄"号航速达每小时20余里，"造器置机，皆出徐寿手制，不假西人"。1867年徐寿父子到上海江南制造

---

① 参见曾敬民：《徐寿》，杜石然主编：《中国古代科学家传记》（下集），第1231—1233页。

② 这是中国科学家制造的第一台蒸汽轮机，在中国近代科技发展史上具有重要意义。曾国藩看了蒸汽样机后，在当天（同治元年七月初四）的日记中写道："窃喜洋人之智巧我中国人也能为之，彼不能傲我以其所不知矣。"（参见杜石然主编：《中国古代科学家传记》［下集］，第1232页。）

局工作后,继续进行汽机轮船的研制工作。据史载,他们所研制的轮船有"恬吉"(后改名"惠吉")和"操江""测海""威靖""海安""驭远""澄庆"号等。其中"恬吉"号为制造局于1868年8月制成的第一艘兵轮。该船长十八丈五尺,宽二丈七尺二寸,程式新颖,制作精良。在吴淞口外近海试船后,又驶至南京,时速上水行近40里,下水行60里。曾国藩乘船巡航后称该船"坚致灵便,可以涉历重洋"。"恬吉"号的锅炉、船壳均系自造,汽机是购买外国旧机经修整后安装在该船。在修整和装配这台外国汽机的过程中,徐寿仔细研究其构造,并参考了西方有关汽机方面的著作,对汽机原理有了进一步的认识。他和伟烈亚力合译的第一部译著《汽机发轫》,就是在这一时期完成的。其主要内容包括蒸汽机原理、锅炉构造、计算功率的数据、蒸汽机的操纵规程和注意事项等主要内容。该书于1871年刊行,是我国第一本系统介绍蒸汽机的著作。

(三)徐建寅对近代制造业的贡献[①]

1.引入国外先进生产工艺和管理经验

徐建寅首次对欧洲的近代工业进行了系统的考察,并将19世纪西欧各类工厂和科研单位的先进生产工艺和管理经验引入我国。

1879年,徐建寅在山东机器局竣工后,以驻德国使馆二等参赞的名义出国考察。此次受命赴西洋考察的具体任务,一是向英、德等国商议订购铁甲军舰;二是考察欧洲各国各类工厂,重点是军火工厂。他是我国科技人员中第一个对西欧近代工业进行系统考察的人。

徐建寅于1879年9月21日乘坐"扬子"号轮船由吴淞口出洋,1881年8月回国。在这两年中,徐建寅不仅出色地完成了订购铁甲军舰的任务,而且对西欧工业进行了系统、全面的考察。他深入工厂、矿山,边参观、边记录,及时地撰写了10篇专论寄回国内,由《格致汇编》刊登。他还撰著了《欧游杂录》《水雷录要》,介绍西欧近代先进工艺技术、军工企业和管理制度等。根据《欧游杂录》记载,徐建寅考察了德国、法国和英国的工厂、矿山和作坊等共80多个,详细记录了各个工厂的规模、设备、生产技

---

① 参见曾敬民:《徐建寅》,杜石然主编:《中国古代科学家传记》(下集),第1256—1259页。

术、工艺过程和工厂管理情况,涉及 200 多项工艺技术。在这 80 多个单位中,制枪、炮、弹药、水雷等的工厂有 17 个,造铁甲战舰工厂 13 个,炼铁、炼钢、炼铜以及开采铜矿等工厂矿山共 13 个,制耐火砖、水泥、瓷器、皮革、染丝、印刷以及机器厂、电机厂、汽机厂等共 23 个,仪器厂(玻璃仪器、光学仪器、千里镜、气象仪器)及化工厂(制油烛、肥皂、香水、硫酸、硝酸、樟脑、硼砂、氯化铵、漂白粉、氯气等)共 13 个,公共设施和商务学堂、蜡像院等 10 个。此外,徐建寅还参观了柏林科学院、巴黎矿务院、博物院、基尔天文台等科研机构 10 余个。徐建寅所记录的许多先进的制造工艺,当时在我国还是空白。如制造水泥,我国当时还没有办工厂,徐建寅在《欧游杂录》中详细记录了水泥配方和成分分析数据。毫无疑问,《欧游杂录》所介绍的许多工艺技术,对我国近代工业的形成和发展起了很大的作用。《欧游杂录》可谓中国近代科学技术发展史上的珍贵资料。

2. 开创中国近代制酸、军火等民族工业

1874 年,徐建寅奉调到天津机器制造局主持制酸的研究,研造成功国产硝酸(时称镪水),为国内解决了硝酸完全依赖进口的问题。据《格致汇编》1876 年春季卷记载:"近知中国已有两处置铅房造硫镪水,皆得其法。所造之镪水,可与西国来者相比,难分轩轾矣。一在上海龙华火药厂,系徐雪村创造之;一在天津火药厂,系徐仲虎造云。其两处所自制之硫镪水,已足敷两厂之用,无须向西国购办矣。"可见徐寿、徐建寅父子都是我国近代制酸工业的创始人。

徐建寅在其一生的科学活动中,大部分是从事兵工生产、管理、研究和考察。早在青年时代,他就不仅是其父翻译西书的同道,也是徐寿从事军火工业研究和生产的得力助手。之后他在山东机器局任内时,主要的技术工作便是制造军火。如前所述,在出使欧洲时,他特别注意对军火工业的考察,除了写成《阅克鹿卜厂造炮记》和《水雷外壳造法》两篇文章发回国以外,还将其参观考察所得写成《水雷录要》一书。1886 年在金陵制造局时,他又研制生产了"西式后膛抬枪"。1900 年,他被调至武汉,督办保安火药局兼办汉阳钢药厂,肩负起研制无烟火药的重任。由于徐建寅曾在翻译西书时接触和阅读了西方有关无烟火药制造的资料,在欧洲还考察过硝化纤维炸药的生产过程,因此他具备了承担这个重任的条件。他上任后,不顾个人安危,"日手杵臼,亲自研炼"。经过3个月的努力,到1901年春,无烟火药终于研制成功,经试验,"药力颇称充足",质量"与外洋来之称善者,几无认辨","唯烧后稍有渣滓"。为此,徐建寅继续进行探索,"复殚精竭思,究加研炼,于二月初六日手自造成数磅,试验竟无渣滓,即拟开机多造"。1901年3月31日,徐建寅在厂监工,亲临拌药房,不料机器突然炸裂,徐建寅当场殒命,以身殉职。徐建寅为创建中国近代军火工业贡献出了自己的智慧与生命。①

第四节 水利工程发展

这一时期江苏的水利发展主要体现在以下方面:靳辅《治河方略》和《靳文襄公奏疏》的治河思想;嵇璜的《治河年谱》与治河实践;郭大昌对于黄河、淮河、运河道的治理等。

一 靳辅的治河思想与实践

(一)靳辅的治河思想②

靳辅③的治河思想是以明代潘季驯"坚筑堤防""束水攻沙"的理论

---

① 虽然在江南制造局工作的王世绶是中国研制出无烟火药的第一人,其制成的时间是1895年,但徐建寅在1910年的研制工作也是独立进行的,因此,徐建寅也是中国无烟火药研制的先驱者之一(参见杜石然主编:《中国古代科学家传记》[下集],第1258页)。

② 参见赵尔巽等:《清史稿》,卷二百七十九·列传六十六;程鹏举:《靳辅》,杜石然主编:《中国古代科学家传记》(下集),第1022—1025页。

③ 靳辅(1633—1692),字紫垣;辽阳人。其主要贡献在水利等方面。靳辅祖籍济南,始祖靳清于明洪武年间戍守辽阳,从此定居。靳辅19岁时,以官学生选入翰林院为编修。顺治十五年(1658),靳辅任内阁中书,不久又改任兵部员外郎;康熙元年(1662)迁郎中;康熙七年,迁通政使司右通政;次年,升任国史院学士,并任《世祖章皇帝实录》副总裁官;康熙九年十月,改任内阁学士;康熙十年六月,外任安徽巡抚。在任安徽巡抚期间,靳辅巡视各地,制定了一些安抚流民的措施,数千户流民返归故里。对最为贫困的凤阳地区,他提出了募民开荒、给本劝垦、六年升科的三条针对性措施。他还推行沟田法,在田里按实际情况开沟,道高沟低,涝时田里积水排入沟里,旱时取沟里的蓄水灌溉。这样就可以不虞水旱,还可缓和下游水势,增加赋税。康熙十六年(1677)三月,靳辅被任命为河道总督。在他的主持下,黄、淮、运河治理工程于康熙二十二年(1683)底完工。康熙三十一年(1692)二月,靳辅重任河道总督,十一月卒于官署。

为基础。康熙十五年(1676),黄淮并涨,高家堰大堤决口 34 处,运河河堤也决口 30 多处,淮安、扬州两府 7 县被淹,漕运被迫中断。靳辅上任后,与陈潢进行了两个多月勘察,对于徐州以下黄河两岸和附近的运河河道及黄、淮、运交汇地区的情形了如指掌。经过周密的筹划,靳辅奏上《河道败坏已极疏》和《经理河工八疏》,提出了先下游、后上游,疏堵结合的全面治理方案。在两疏中,靳辅首先指出运道大坏的根本原因是以前的治河只着眼于运河通漕,持"治河服从治运"的错误方针。对运道有碍的决口全力堵塞,而一时无碍运道的决口往往迁延时日。但黄河多沙,决口分水使水流变缓,泥沙淤积增加,其结果是河道愈来愈坏、运道随之梗塞。当时黄河入海口淤高,黄河倒灌洪泽湖,淮河则涓滴不出清口(淮河先入洪泽湖,由清口通黄河)。靳辅认为必须视河道运道为一体,进行全面治理,才能长治久安。为此,他提出应采取以下 8 项措施:

(1) 先疏浚黄河清江浦以下经云梯关入海的旧道,使水有去路。疏浚时,在距水 3 丈之外,两旁各挖一道面宽 8 丈、底宽 2 丈、深 1.2 丈的引河,与旧河身形成"川"字形。这样河水下注冲入引河时,中间宽 3 丈的未挖部分在三河夹攻之下,很容易冲刷掉,旧河与引河合而为一,宽达 40 丈,大致就可恢复到原有状况。引河挖出的土用来培筑堤岸,一举两得。

(2) 挑浚清口烂泥浅,疏通淮水入黄之路,达到引淮刷黄之效。

(3) 在堵筑高家堰(洪泽湖东南大堤)各决口之前,先要修好其残存的堤段,否则很可能旧口刚堵,又决新口。应将高家堰临湖边原来的陡坡,改为平缓的坦坡,风浪无所施其力,不易冲溃。

(4) 开通淮水出路并修好坦坡后,堵筑高家堰全部决口,逼淮水由清口入黄。堵口中将原用埽工草料改用蒲包装土堵口,可达到费省工固的效果。

(5) 高家堰修筑坚固,再挑挖清口到清水潭的 230 里运河河道。挖出之土用于培修运河东西两堤,易遭水冲的西堤应修成坦坡。

(6) 修堤后,淮安、扬州涸出的农田应征收治河费,过往淮扬的商船也适当征收浚河费。

（7）裁去职责重复的管河机构和河官冗员，以专责成。

（8）改原来夫役守堤为军兵守堤。平时种柳种草，培修堤堰。每月定期乘浚船，以铁扫帚爬刷河底淤沙，减缓淤积。共设河兵 5860 人，建浚船 296 艘。

可见，上述 8 项措施环环相扣，具有很强的可行性。

（二）靳辅的治河实践①

清初时，江苏淮安已经成为黄河、运河、淮河的交汇处，是治河的关键点，所以靳辅在康熙十六年（1677）出任河道总督后，首先就把总督府从山东济宁迁到江苏淮安的清江浦，以示治水决心。康熙十七年（1678）正月，靳辅的治河计划被批准实行，二月拨发大修工费银 250 余万两。自此，靳辅指挥的大规模的河道整治工程全面展开。

康熙十七年十一月，从清江浦至海口段的疏浚和该段内决口的堵塞工程完工，主流两边各挑引河长 95400 丈（31.8 千米）。第二年春，开始恢复并增筑宿迁附近黄河南岸长 6300 余丈（约 2.1 千米）的归仁堤，受洪水影响，到康熙二十年（1681）三月才完工。前后经历了五年的治理，至康熙二十二年（1683），终于将黄河两岸大小决口全部堵塞，黄河复归故道。

洪泽湖一带，高家堰坦坡和 30 多处决口堵口工程于康熙十七年九月结束。十一月开始堵塞翟家坝大工，第二年五月竣工。与此同时，靳辅将南运口改移到离清口较远的七里闸，使黄水不容易内灌运河。对于从长江北岸江都（今扬州）到黄河南岸清河（今淮安）300 多里的运河河道，进行了大规模的挑浚，堵塞运河堤决口 32 处并加增筑。其中的清水潭决口宽 300 多丈，决口处水深达七八丈，决后 10 余年间历经三任河臣，已用工费 57 万多两，仍未能堵合。水流迅急，漕船极易出事。对此，靳辅总结了先前的经验教训，采取了迂回战术，即先堵合高家堰各决口，减少清水潭来水，再从离两坝头各五六十丈远的地方开始，筑月堤，沿水较浅处进占堵合，终于获得成功。此项工程仅用银 9 万多

① 参见程鹏举：《靳辅》，杜石然主编：《中国古代科学家传记》（下集）。

两。康熙特地赐名为永安河,堤为永安堤。这些工程到康熙十八年(1679)初均完成。

康熙十九年初,靳辅开始实施皂河工程。原来漕船出清口后,沿黄河上溯约200里,再经由宿迁骆马湖北上,湖中水浅难行。靳辅利用宿迁西北皂河集的40里旧河道,加以挑浚,又开新河3000丈(10千米)至黄河北岸张家庄,连接淮河和黄河,使漕船北上不再经过骆马湖,进而使航运更加便利。

尽管靳辅上述治河业绩显著,但其过程却一波三折。康熙十七年靳辅上报治河规划时,曾保证在三年内完工,但康熙十九、二十年两年正逢大水之年,阻碍了其工程的进展。康熙二十年二月,因三年期限已到而工程未完成,靳辅不得不上疏自请处分,继而被革职并令戴罪督修。康熙二十、二十一年黄河上杨家庄、徐家湾、萧家渡等处先后决口,进而引起康熙的不满。这时,候补布政使崔维雅奏呈《河防刍议》和《两河治略》二书以及有关治河24事,完全否定靳辅的治绩和规划,建议全部毁弃靳辅所建黄河上减水闸坝,重定治河规划。康熙特派大臣实地查勘,并和靳、崔二人一起讨论。靳、崔二人辩论激烈,崔虽被驳得一败涂地,但仍然固执己见。对此,钦差大臣也难以下定论。康熙在看过靳辅反驳崔的奏疏后,坦承道:起初看到崔的建议,觉得还有可取之处,但读了靳辅的回奏后,才发现崔的建议毫无用处。他将靳辅召回北京,当面询问,靳辅坚持原议。康熙对几次决口之事严厉批评靳辅,之后,还是决定让靳辅按原规划继续进行治理工程。到康熙二十二年四月,萧家渡决口堵合,靳辅的治河规划终告完成。次年十月,康熙南巡,对河工成就非常满意。他在山东召见靳辅,慰问有加,赐以手书的《阅河堤诗》。又命靳辅将治河经验编纂成书,以便后人借鉴,还亲自定名为《治河书》。

自此以后,靳辅除继续善后工程外,最重要的是开辟避开黄河航运之险的中河工程。当时漕船出清口后,要上溯黄河200里才能进皂河北上。靳辅在陈潢的建议下,决定从骆马湖开始,在北岸的遥、缕二堤之间开新河名中河,由清口斜对岸仲家庄通黄河。这样,漕船一出清口,只需溯黄河数里就可由中河北上,不再受黄河风涛的威胁。工程从康熙二十五年(1686)开始,直到康熙二十七年(1688)初才完成。

靳辅治河,为千百万百姓解除了洪涝灾害,促进了社会安定。由于他对运河这一交通命脉作了大的改建,在以后较长时间内确保了运输畅通。康熙三十一年十一月十九日,靳辅在官署去世。康熙得知,"临轩叹息"。评价他"排众议而不挠,竭精勤以自效","有大建树于国家"。

(三)靳辅的治河思想渊源①

靳辅撰有《治河方略》(即前述《治河书》)和《靳文襄公奏疏》,反映了他的治河思想及治理过程。靳辅的治河思想受陈潢影响,继承潘季驯"坚筑堤防""束水攻沙"理论,但也有与潘季驯不同的看法。在学习潘季驯逼淮入黄、以清刷浑的同时,沿高家堰增筑减水坝,以削减淮河洪峰;又在黄河南岸大修减水坝,一则削减黄河洪峰,二则减下的水沿途澄清后,再汇入洪泽湖以借清刷浑。对于海口的积沙,潘季驯认为可以听由河水自行冲刷,而靳辅则认为治水必须从下而上,"下流疏通,则上流自不饱涨"。他还接受陈潢提出的流量概念,用以规划减水坝工程。

不过,靳辅、陈潢的治河工程,也有不尽如人意之处。首先是没有考虑减少黄河泥沙来源的问题,对徐州以上河南黄河修防也不够注意。另外,和潘季驯一样,他未能解决好淮水出路问题,使下河地区成为实际上的分蓄洪区,长年饱受内涝之苦。

二 嵇璜的水利贡献②

嵇璜③对水利事业贡献卓著。他曾随其父嵇曾筠④习河工,帮办河

---

① 参见程鹏举:《靳辅》,杜石然主编:《中国古代科学家传记》(下集)。
② 参见赵尔巽等:《清史稿》,卷三百十·列传九十七;张捷夫主编:《清代人物传稿》上编·第九卷,中华书局 1995 年版,第 119—125 页。
③ 嵇璜(1711—1794),字尚佐,晚号拙修;江苏无锡人。其为清朝水利专家、大学士,河道总督嵇曾筠之子。他于雍正八年(1730)中进士,历任日讲起居注官、翰林院侍读学士、通政司副使、吏部右侍郎、工部尚书、礼部尚书等职。嵇璜有《治河年谱》传世,书法也享有盛名。
④ 嵇曾筠(1670—1738),字松友,号礼斋。清代治河官员、水利专家。他康熙四十五年(1706)中进士,前后任过翰林院编修、山西学政、兵部侍郎、兵部尚书、吏部尚书等职。雍正元年(1723),河南中牟黄河决口,嵇曾筠奉命治黄,备尝艰辛功劳卓著;雍正五年(1727),又兼山东治黄,曾条奏河工六事;后来虽升任兵部、吏部两部的尚书,但一直兼管水利,兼治黄河、运河水利。乾隆三年(1738),嵇曾筠病卒于浙江任上。

务,同其父一样有志于经世之务。对于黄河、淮河等经常决堤、泛滥造成的严重灾害,他十分关注。自北宋时黄河改道、下游南迁、夺淮入海以来,豫东、皖北及江苏徐、淮、盐、扬地区水灾不断发生。至清初,因泥沙大量沉积,黄河河床越来越高,水患愈演愈烈。

至清康熙、雍正两朝,在靳辅、陈潢等努力治理下灾情暂时减轻,乾隆初年,因水利工程年久失修,灾祸又频发,严重影响着运河的漕运。

乾隆九年(1744),嵇璜视察了河北、河南、山东等地的水情,在《河工疏筑事宜》中提出开河引流、分泄涨水等治水方略;鉴于直隶(今河北省)州县工役,常被奸蠹包揽克扣,致使工程不坚固,故请严禁扶头包揽,建议直接招募无业贫民参加施工,按散工工价发给工钱。嵇璜的奏疏,均被采纳施行。

嵇璜不仅在河工理论上进行阐述,而且还亲自参加建设。乾隆十八年(1753)秋,黄河在河南阳武、江苏铜山决口,淮河亦在高邮一带泛滥,嵇璜上疏《宣防八事》,建议制平底方舟拖带大铁耙疏浚黄河河床,加紧修复加固关键地段的河堤闸门,常年储备筑堤材料,开挖有关河道,既重视堵防,又重视宣泄。其奏疏被朝廷采纳,并被委派督办有关工程。

乾隆二十年(1755)二月,嵇璜因母病归省。乾隆二十二年(1757),苏北淮、徐、扬等地水患,嵇璜在无锡奏请采购小麦运往灾区,平价卖出,以济灾民。乾隆二十三年(1758)正月,母病稍愈,他奉命前往江浦(今淮安)任南河副河总,提出疏浚淮、扬运河,开启芒稻河闸,使黄、淮两大河流入运河与高宝湖的水就近宣泄入江以防水患而利灌溉的建议,得到乾隆帝的赞赏。于是他立即规划兴办,是年秋水大涨,所建工程发挥了作用,湖、河安然无恙,嵇璜因功擢升礼部尚书。

嵇璜后历任河东河道总督、兵部尚书、《四库全书》正总裁、翰林院掌院学士、吏部尚书兼协办大学士、文渊阁大学士兼国史馆正总裁等职,备受乾隆恩宠,多次随从南巡。乾隆四十六年(1781),黄河决口,部分河水北流进山东黄河故道。嵇璜立即前往实地考察,提出让黄河北流重返山东故道以结束黄淮合流局面的建议。建议震动朝廷,多数官员反对而乾隆举棋不定,事遂延搁。咸丰五年(1855),黄河在河南兰考铜瓦厢大决口,自动回归山东故道,证实了嵇璜生前见解的正确。

三 郭大昌的治水贡献①

郭大昌②一生未脱离黄、淮、运河道的治理实践,虽然"讷于言而拙于文",但是在主持重大堵口工程中屡有建树。在治水过程中,他廉洁奉公,刚正不阿,不徇私情。

乾隆三十九年(1774)八月,黄河在清江浦老坝口决口,口门一夜冲阔至 400 多米,洪水冲入运河。淮安、宝应、高邮、扬州四城居民纷纷爬到屋顶躲避洪水,南河总督吴嗣爵对此手足无措,请郭大昌出来主持堵口。郭大昌问吴嗣爵有何要求,吴嗣爵提出最好工费不超过 50 万两,50 天内完工。郭大昌则提出只需 20 天,工费不超过 10 万两,条件是要派文武汛官各一人在工所维持秩序,此外不许任何官员到场,工料也由他随时调取。吴嗣爵就将图章交给郭大昌,又命令库房只要见郭大昌片纸只字即给发工费料物。郭大昌如期完工,工费料物仅花费合银10.2 万两。后来包世臣③闻听此事,曾去河督公署查阅原档,其工期与银数均属实。包世臣对郭大昌不禁由衷钦佩。

嘉庆元年(1796)黄河在江苏丰县决口,负责堵口的官员申报工费120 万两。南河总督觉得该官员申报工费过多,应减去一半,继而找郭

---

① 参见［清］包世臣:《包世臣全集》,李星点校,黄山书社 1993 年版,第 35—46 页;程鹏举:《郭大昌》,杜石然主编:《中国古代科学家传记》(下集),第 1116—1118 页。

② 郭大昌(1741—1815),字禹修,江苏淮安人。其主要贡献在水利等方面。郭大昌 16 岁时入河库道当"贴书",历时 3 年,学习工程核算、料物管理方面的知识。由于他聪明好学,尤其对水情、溜势的变化有敏锐的观察力,被提拔参与管理工作。河库道员嘉谟极器重郭大昌,遇事多听取他的建议。后嘉谟升任漕运总督,想让郭大昌随同前往。淮扬道提出黄淮两河正值多事之时,向嘉谟请求留郭大昌助理河工。郭大昌从此客居河道署。后来,包世臣被郭大昌在河工方面的渊博学识所吸引,多次随郭大昌考察河道情形,并屡次上陈郭大昌的治理意见。在考察过程中郭大昌将自己的河工知识及治理经验等向包世臣悉心传授,并由包世臣记载于《中衢一勺》一书中。郭大昌 74 岁时因风痹症去世。

③ 包世臣(1775—1855),字慎伯,晚号倦翁;安徽泾县人。他是清代学者、书法家,北宋名臣包拯二十九世孙。包世臣于嘉庆二十年(1815)中举人,曾任江西新喻知县,被劾去官。他学识渊博,喜兵家言,治经济学,对农政、货币以及文学等均有研究。包世臣著有《中衢一勺》《艺舟双楫》《管情三义》《齐民四术》,合刻为《安吴四种》;其中《中衢一勺》一书中有《郭大昌传》《南河杂记》《漆室问答》诸杂文,是考据嘉庆、道光两朝河工、盐、漕诸政的重要史料。

大昌商量。郭大昌认为此工费再减一半也足够了。总督听后面有难色,郭大昌则毫不客气地说:15万两用来堵口,另外15万两你和其他官员分掉,还嫌少吗? 河督听罢大怒。从此,郭大昌决意不再与南河官员共事。

嘉庆十三年(1808),因治河官拟改黄河下游从射阳湖或灌河口入海,这将使淮河下游受极大的威胁。郭大昌邀包世臣一同勘察黄淮下游河湖状况,并请包世臣在朝廷使臣到来时陈明其利害,包世臣欣然同意。他们勘察了上起徐州、下至射阳湖一带的黄河、淮河、运河形势,历时两个月。

其间每至一地,郭大昌便为包世臣讲解水性地势,现场总结前人的经验教训。回清江浦后,包世臣撰文两篇阐述心得。使臣长麟见到包世臣文稿,深为钦佩,在到达清江浦的次日即会见包世臣。包世臣于是把勘察所得——陈明,指出不需改道,只要在清口筑盖坝助淮水入黄,并修缮以下黄河两岸堤防即可。长麟采纳此建议上奏,奉旨允行。不料此时马港口决口,不少官员即提出以决河为黄河入海河道。此后近3年任水泛滥,当地的百姓颇受水害之苦。虽然其间修堤筑坝,并于嘉庆十五年(1810)冬完工,但因主管官员偷工减料,堤防高宽不到原奏的一半,结果次年三月即被冲溃一口,河官又不许堵筑,到五月运河又决口。此时百龄受命任两江总督。他一上任,便请包世臣前来议事。包世臣先请教了郭大昌,郭大昌便将当时的水情告知包世臣:黄河上游李家楼已决口,溃水半个月内将到洪泽湖,再过10天洪泽湖必然蓄满。然而洪泽湖出口不畅,形势危急。由此郭大昌建议,只有坚持加长盖坝助洪泽湖水入黄并坚筑下游长堤使黄河畅泄入海的方案,才能保证运河两岸百万生命的安全。包世臣见百龄后,力陈当时水情的利害,并说服百龄按郭大昌建议行事。当加长盖坝后,其效果明显:黄、淮水流畅泄,运河水位有所下降。

嘉庆十八年(1813),郭大昌与包世臣最后一次巡视清口以下大堤。他嘱托包世臣说:现在黄、淮、运工程,虽然没有完全按照我的建议办,但10多年内不会有大事。可是目前又有人建议多开减坝,分泄黄河、淮河,如果实行,10年之内高家堰拦淮大堤将不可守。今后在有关官员面前请多多进言,杜绝这一隐患。

郭大昌虽然一生不得志,由于不善文辞,也无著作传世,但在当地老百姓心目中享有很高的威望。包世臣在和郭大昌勘察黄、淮、运河水势的过程中,亲眼见到民众为郭大昌所立的牌位不下二三十处。

第五节　医学发展

这一时期江苏名医辈出,医学发展的成果主要有:叶天士的《温热论》和《临证指南医案》(10 卷本),徐大椿的《难经经释》《神农本草经百种录》《医贯砭》《医学源流论》《伤寒论类方》等,吴瑭的《温病条辨》《医病书》《解产难》《解儿难》等。

一　叶天士的医学成就

叶天士①在中医学等方面贡献突出。他在《素问·热论》及张仲景、刘完素、吴有性等前贤医著的基础上,结合个人长期的经验心得,为后世留下《温热论》《临证指南医案》(前者由叶氏口授,门人顾景文笔录而成;后者由门人华岫云等衷集编注)等名著,这是我们今天寻绎其学术思想的重要资料。

(一)《温热论》②

叶天士的《温热论》作为温病之学术论著,全书词简意深、论析精

---

① 叶天士(1667—1745),名桂,字天士,号香岩;江苏吴县(今苏州)人。他是清代杰出的医学家,温病学派的代表人物。叶天士出身于世医家庭,自幼聪颖勤奋,白天习读经典、诗文词赋及经史子集,课后又随父学医。14 岁时父亲去世,他继续向其父门人学医并应诊。未及数年,叶氏之名超过其师,年未弱冠已远近闻名,求医者络绎不绝。叶天士博取诸家之长,信守古训"三人行必有我师",故凡诊疗上有特色的人,不论尊卑,均向之请教或拜师,前后拜师达 17 人之多。叶天士求知若渴、博采众长,又善于融会贯通,经过不断的拜师学习,医术突飞猛进,30 岁前就声名鹊起,史书称其"当时名满天下,为众医之冠"。
② 参见赵尔巽等:《清史稿》,卷五百零二·列传二百八十九·艺术;余瀛鳌、陶晓华:《叶天士》,杜石然主编:《中国古代科学家传记》(下集),第 1059—1062 页。

辟、说理透彻,是中医温病学中一部提纲挈领的代表作。它对温热病的发生与发展,诊断与治疗,以及预后的顺逆,从原则到具体,提出了一套完整的理法方药,在温病学说的发展中具有承先启后、继往开来的作用。后世不少医家深受其影响,至今在中医急症治疗上它仍然具有重要的指导意义。其论述的主要内容如下。

1. 创立卫气营血辨治大法

卫气营血辨证是叶天士创立的一种论治外感温热病的辨证方法。他将温病发展过程中的临床表现进行分析和归纳,概括为卫分证、气分证、营分证、血分证四个不同病理阶段,用以阐明其病位的深浅、病情的轻重、传变的规律,从而指导临床治疗。卫气营血证作为外感温热病的四种不同证候,主要临床表现包括:身热夜甚,口渴,心烦不寐,甚或神昏谵语,斑疹隐隐,舌红绛,脉细数等。叶天士提出诊治温病"卫之后方言气,营之后方言血",并根据不同病程阶段,斟酌相应治疗措施,确立治疗大法,所谓"在卫汗之可也,到气才可清气,入营犹可透热转气……入血就恐耗血动血,直须凉血散血"。卫气营血辨证弥补了六经辨证的不足,丰富了外感热病学辨证论治的方法,为温病的辨证诊断打下了良好的理论基础。

2. 察舌、验齿、辨斑疹白㾦

对温热病的病邪部位、津液存亡、病情轻重以及预后转归等情况,叶天士常通过察舌、验齿等进行辨析。他在这方面的丰富经验,体现了他对温病诊断学方面的独特建树,为后世所重视并沿用。

首先,察舌苔。叶天士非常重视辨苔察舌,对舌诊有深刻的研究,他在《温热论》中对辨舌记述甚详,对于其在临床诊断中的运用阐述得全面具体。他对舌苔的观察很精细,从白苔、黄苔到绛舌、紫舌、淡红舌、黑苔,通过舌苔、舌质的性状、形态、色泽、润燥等变化,辨别疾病卫气营血及三焦的发展过程,判断津液存亡之程度。例如邪热从卫分转入气分,舌苔由白变黄;入营,其舌必绛;腻苔渐化,表示湿热之邪将退;剥舌逐渐生苔,表示胃气津液来复;等等。

其次,叶天士认为验齿在诊察温热病中具有重要意义。他说:"看舌之后,亦须验齿。齿为肾之余,龈为胃之络,热邪不燥胃津,必耗肾液。"对温邪的劫灼阴液,有一定临床诊断价值。因胃、肾二经之血,均上走于齿及龈,故病深动血,结瓣于上,阳血色紫,紫如干漆;阴血色黄,黄如酱瓣。比如胃热甚、心火上炎、风痰阻络、肾热津劫等,牙关或牙齿均有不同的见证。

复次,在温病发展过程中,斑疹常现于胸背和两胁间,点大而在皮肤之上者为斑,或云头隐隐、或琐碎小粒者为疹。前者多属血分,后者多属气分,均为邪气外露之象,宜见而不宜多。色泽方面,大抵红者属胃热,紫者属热极,黑者为胃烂。若色紫而小点,属心包热;点大而紫,为胃中热;黑而光亮,乃热胜毒盛,依法治之尚可救;黑而晦暗,预后不良。在透发斑疹过程中,如神情清爽,为外解里和之征象;如出现神昏,每属正不胜邪,或"内隐为患",或"胃津内涸"所致。

再者,对于白㾦的望诊,叶天士亦有独到的临床心得。他认为"白㾦小粒,如水晶色者",为湿热伤肺,邪虽出而气液枯,须用甘药补之。如"白如枯骨者多凶,为气液竭也"。

上述这些宝贵经验,备受后世医家所推崇。另外,在《温热论》中,叶天士对妇人温病,分胎前、产后、经水适来、适断等疾患,提出了具体证治。清代名医章虚谷高度评价《温热论》,说此书"不独为后学指南,而实补仲景书之残缺,厥功大矣"(《医门棒喝·叶天士温热论》)。

(二)《临证指南医案》①

叶天士是清代具有代表性的临床医学家,除上述温病学上的贡献,他在诊治疾病方面的医疗经验较集中地以医案形式反映于《临证指南医案》(10卷本)中。该书以介绍内科杂病和温热病医案为主,另有叶氏诊治妇、儿、五官科等病证的案例。此书在古代个人医案著作中极负盛名,刊本达数十种之多。叶天士的方治特色在书中有鲜明的反映,他既善于灵活运用张仲景之经方,尤擅用时方,又在朱丹溪杂病证治基础上取得了较大的发展。《临证指南医案》作为后世研究时方临床应用的名著,较完善地体现了叶天士在临床医学方面的重要建树。

---

① 参见余瀛鳌、陶晓华:《叶天士》,杜石然主编:《中国古代科学家传记》(下集),第 1062—1065 页。

1. 阐发脾升胃降,创立胃阴学说

金代李东垣《脾胃论》对叶天士学术思想有很大的影响。在《临证指南医案》中,叶天士援引东垣甘温的方剂治疗气虚阳陷的病案较多。但是东垣论脾胃,重在阳气的升发,而未详及脾胃之阴;元代朱丹溪提示"脾土之阴",但实际上是将脾胃合一而论;明代多种医著对"脾阴"尽管有所载述,但较少论及"胃阴"。叶天士倡言胃阴,使脾胃学说有了新的发展。

叶天士认为脾胃虽同属中土,但两者不能混为一谈,治脾可宗东垣甘温升发,治胃则宜甘凉通降。脾胃分治,的确是叶天士的创见。他治胃所用的通降法,系指用"甘平或甘凉濡润以养胃阴","津液来复,使之通降"。显然,甘凉育养胃阴的方法,适用于"脾阳不亏,胃有燥火"的病证。

2. 提出调补奇经八脉学说

叶天士十分重视奇经辨证,他在实践的基础上发展了奇经八脉的辨证论治法则。在生理上,他认为奇经有收摄精气、调节正经气血以及维续、护卫、包举形体的作用;在病理上,凡肝、肾、脾、胃之病,久虚不复,必延及奇经;在辨证上,奇经之病须分虚实;治疗上,常须"通""补"兼施。

关于奇经病证的治疗,叶天士认为,凡奇经实证,用苦辛芳香以缓通脉络,疏达宣痹;虚证则须用补法,主张用血肉有情之品进行填补,以壮奇经;对于虚中挟实的病证,往往用通补兼施的方法。

3. 关于"久病入络说"

叶天士认为,凡寒、暑、劳形、阳气受损、嗔怒动肝、七情郁结等,均能造成气血阻滞而伤人经络。"视为气结在经",症状表现为胀痛无形;"久则血伤入络",由气钝而致血滞、络脉痹窒、败血瘀留而成为症积、疟母、内疝,痛势沉着,局部或现硬块等证。

有关络病的治疗,叶天士主张以辛润通络为基础,药用新绛、旋复、青葱、当归、桃仁、柏子仁等;如见阴寒之证,则佐以肉桂、桂枝、茴香等辛温通络之品;如络病日深,则非峻攻可效,须用虫类辛咸之品,以搜剔络邪,并常服丸剂缓缓见功。

4. 理虚大法

叶天士在虚损的辨证方面,综合《难经》五脏之损及《金匮》论虚劳等内容,以上损、中损、下损为经,伤阴、伤阳为纬,提纲挈领地分别论治。一是在治虚过程中十分重视正气,重视用甘药培中。对虚损久病患者,无论上损及下,或下损及上,均以护养脾胃为关键。二是叶天士治中损,着意于恢复胃气,还重视食养,在治疗虚损时也常顾及肾脏。三是治疗下损时,认为应避免用温燥的肉桂、附子,又不宜用苦寒的知母、黄柏,这也是他理虚大法中的用药特色之一。

5. 阳化内风

阳化内风是指"身中阳气之动变"而导致"内风动越"的一种病理现象,亦即"肝阳化风"。临床表现为眩晕、头胀、耳鸣、心悸、失眠、肢麻、蜗斜、咽喉不利、肢体痿废、猝厥、瘛疭等症。叶氏在书中对此有专论,他在前人论述的基础上,将中风的主要病机归纳为由"阳化内风"所致,充实和提高了我国传统医学的内风病机学说。

(三)门人纂辑的医书及其影响①

叶天士一生忙于诊务,无暇著书立说,只是把自己的医疗经验随时口授给他的学生,因而他的著作均由其学生或后人整理而成。除上述《温热论》《临证指南医案》外,还有《徐洄溪先生手批叶天士先生方案真本》、《未刻本叶氏医案》(门人周仲升抄录)、《叶氏医案存真》(玄孙叶万青编辑)、《种福堂公选良方》(华岫云拾叶案之遗而成)、《眉寿堂方案选存》(郭维浚纂辑)等多种,这些医案已成为研究叶天士学术思想的珍贵资料。叶天士学术思想对后世影响极为深远,清代著名医家吴瑭、王孟英、章虚谷等都在叶氏理论影响下对温病学理论做出了新的贡献。如吴瑭在看到叶天士《临证指南医案》中治疗温热病的种种方法后,颇为折服,认为此书持论平和,立法精细。于是,他采取历代各家之说,宗叶天士之法,取其精微,结合自己的体会,写成《温病条辨》一书。

叶天士在医学上的突出贡献是:创立了温病的辨治体系;较完整地

① 参见余瀛鳌、陶晓华:《叶天士》,杜石然主编:《中国古代科学家传记》(下集),第 1065—1066 页。

介绍其学术临床经验，为后世时方应用提供了丰富的经验、方药和医案。他曾告诫子女说："医可为而不可为，必天资敏悟，读万卷书，而后可借术以济世。不然，鲜有不杀人者。是以药饵为刀刃也，吾死，子孙慎勿轻言医。"这个遗嘱，强调了医者的责任感和高超医术的辩证关系，反映了他严谨的治学态度和崇高的人道主义精神，对后世具有深刻的教育意义。

二 徐大椿的医学成就①

（一）倡导治学态度严谨

徐大椿②治学态度严谨，主张"凡读书议论，必审其所以然之故……方不为邪说所误"（《医学源流论·邪说陷溺论》）。针对当时医界受明末温补学派影响，医生崇尚薛己、赵养葵、张景岳等温补说，用补成风，并有执一两个温补方而通治百病者，徐大椿撰写《医贯砭》予以评责，虽然其中不免有矫枉过正之言，但对于纠正滥用温补之弊是有益的。徐大椿认为学习医学必须从源到流，重视理论学习，提倡先熟读《内经》《本草经》《伤寒论》等经典，以明经脉脏腑、药性之理及制方之义，然后博览《千金》《外台》以下各书，以取长补短，才不至为后世偏杂驳乱之书所惑。他在理论上力求"全体明"，于临床上主张"精思历试"，重视理论联系实际，并据此以撰《治人必考其验否论》一文。他在《医学源流论·诊脉决生死论说》中说："病名有万，而脉之象不过数十种……何能诊脉而即知何病？

---

① 参见傅芳：《徐大椿》，杜石然主编：《中国古代科学家传记》（下集），第1086—1088页。
② 徐大椿（1693—1771），又名大业，字灵胎，晚年号洄溪道人；江苏吴江（今苏州）人。其主要贡献在中医学方面。徐大椿家原为有声望的世家大族，他却看淡功名，最终选择了学医济世的道路。徐大椿青年时习儒，为诸生，凡天文地理、音乐武术均有研究。他30岁时，因三弟患病，遂有机会与名医讲论医学并研制药物，后四弟、五弟相继病故，他的父亲也悲悼成疾。由此，他发奋研读医书，自《内经》以至元明医家著作，皆广求博采、精心钻研，50年间，经他批阅之书千余卷，泛览之书达万余卷。他在临床中治疗效果良好，因而医名鹊起，甚至怪症痼疾，亦多效验，远近慕名前来求治者很多。乾隆二十五年（1760），文华殿大学士蒋文恪患病，徐大椿应召进京诊治，检查后直言蒋氏的病已无药可救，高宗欣赏他的朴诚，欲留他在京效力，徐大椿则乞旧故里，后隐居于吴山眉泉。乾隆三十六年（1771）十月又被召入京，其时徐大椿年已79岁，有病在身，由其子徐爔陪同前往，抵京三日后病逝。

此皆推测偶中,以此欺人也。"这反映了他实事求是的精神。

(二) 提出"元气"说

在学术上,他提出"五脏之真精"是"元气之分体",命门为"元气之根本所在",阐明了元气与命门、脏腑之间的关系。他又将元气与生命的关系比喻为薪与火,置薪于火,薪尽火也灭。40 岁以前,人体是元气渐盛;40 岁以后,元气日减,故他治病很注意顾护元气。他说:"若夫有疾病而保全之法何如? 盖元气虽自有所在,然实与脏腑相连属者也……故人之一身,无处不宜谨护,而药不可轻试也。若夫预防之道,惟上工能虑在病前,不使其势已横而莫救,使元气克全,则自能托邪于外。若邪盛为害,则乘元气未动,与之背城而一决,勿使后事生悔,此神而明之术也",可见,徐大椿采用祛邪安正和补气养正之法来顾护元气,是对扶正法的发挥。他还主张识病求因,在《兰台轨范·序》中,他强调"欲治病者,必先识病之名;能识病名,而后求其病之所由生……然后考其治之之法,一病必有主方,一方必有主药",从而批评了"自宋以来,无非阴阳气血,寒热补泻,诸肤廓笼统之谈"。

(三) 反对机械套用"药物归经"说

在用药方面,徐大椿反对机械套用"药物归经"说,认为"以某药为能治某经之病则可,以某药为独治某经则不可;谓某经之病当用某药则可;谓某药不复入他经则不可"。"不知经络而用药,其失也泛,必无捷效;执经络而用药,其失也泥,反能致害",凡此,均切合实用的原则。此外,他还主张用药宜清淡,治病方法不应单用汤药,而应以针、砭、熨、引、按摩诸法配合。他的这些思想在临床上有一定的积极意义。

徐大椿是医学史上敢于直言不讳评述古代医家得失的第一人。但他亦过于尊经崇古,比如,他强调"言必本于圣经,治必遵乎古法"等,在一定程度上限制了其学术发展,也影响了当时医学的发展。

(四) 医学著作

徐大椿所撰写的医学著作有 7 种:《难经经释》2 卷(1727),《神农本草经百种录》1 卷（1736），《医贯砭》2 卷（1741），《医学源流论》2 卷（1757），《伤寒论类方》1 卷（1759），《兰台轨范》8 卷（1764），《慎疾刍言》（又名《医砭》）1 卷（1769）。他评注前人的著述则有《外科正宗》《评叶氏临证指南》；经治案例由后人整理而成的医案著作 1 种，即《洄溪医案》；另有未刊稿本《管见集》。后人辑刊或托名为徐大椿撰著的医书如《内经诠释》《杂病证治》《女科医案》等共 16 种。

三 吴瑭的《温病条辨》①

吴瑭②的医学成就，集中体现在其代表性著作《温病条辨》一书之中。该书共 6 卷，另有卷首 1 卷"原病篇"。正文前 3 卷为全书的中心，按上、中、下三焦立篇目。上焦列治法 58 条，方 48 首；中焦列治法 102 条，方 91 首；下焦列治法 78 条，方 64 首。他把风温、温热、湿温、温疫、秋燥等病，都分为上、中、下三焦来论述。

（一）三焦辨证纲领

首先，吴瑭采用三焦辨证纲领以别于伤寒六经分证。他认为，伤寒与温病，有水火之分。寒病之原，原于水；温病之原，原于火。伤寒病之寒邪，是水之气，而膀胱者水之腑，寒邪先伤足太阳膀胱经；温热病之温邪，是火之气，而肺者金之脏，温邪先伤手太阴肺经，这便是伤寒与温病病机的最根本区别。由于吴瑭是以这种分辨阴阳水火的理

---

① 参见王致谱：《吴瑭》，杜石然主编：《中国古代科学家传记》（下集），第 1124—1127 页。

② 吴瑭（1758—1836），字鞠通；江苏淮阴（今属淮安）人，清代著名医学家。吴瑭在少年时苦读诗书，希望通过考试中举步入仕途。他 19 岁时，父亲患病去世，于是立志学医。几年以后，他的侄儿又身患传染病，遍请当地名医诊治无效，最后高烧并周身发黄而死。他深感要治病救人必须精通医疗技艺，从此更加刻苦学习。其时在江苏一带，苏州叶天士以擅长治疗外感热病而享有盛名，他的学术思想对吴瑭影响很大。吴瑭 26 岁到北京，在参与抄写重校《四库全书》时，有机会广览医籍，其中吴有性的《温疫论》使他深受启发。清乾隆五十八年（1793），北京急性传染病流行。吴瑭运用 10 余年临床经验，并且结合学习吴有性、叶天士诸家治疗外感热病学的心得，在这次瘟疫流行时救治了无数患者。此后的 5 年时间里，他参阅历代医学文献，结合自己的实践经验，总结吴有性、叶天士等温病学家的学术思想，建立了以三焦辨证为纲的温病学说体系，在嘉庆三年（1798）完成他的代表作《温病条辨》，全书 6 卷。此书刊行之后，受到医界重视，曾翻刻 50 余次，传播广泛。他还著有《医医病书》2 卷，其医疗经验经后人整理辑成《吴鞠通先生医案》5 卷。

论作为温病学说的主导思想,因而他的三焦辨证纲领是其学术思想的核心。他认为:上焦为湿病初期症状(类似于呼吸系统病变);中焦以邪入胃府为中心(类似于消化系统病变);下焦则以温病后期以及误治产生变症为主(相当于机体抵抗力减退而形成的虚弱症候)。在吴瑭之前,叶天士提出温邪首先犯肺,逆传心包,而肺、心包属上焦。可见,叶天士的卫气营血辨证和吴瑭的三焦辨证相辅相成,互为羽翼。

其次,吴瑭概括其学术思想特点而有别于伤寒者,他指出:"伤寒论六经,由表入里,由浅及深,须横看;本论论三焦,由上及下,亦由浅入深,须竖看。"因为六经为横指伤寒系寒邪自横侵袭,由表入里,而温病于此有别,因而治法殊异。在此,吴瑭囊括了宋元以降的寒、温之争,综合了王履、吴有性、杨栗山、喻嘉言、叶天士诸家有关伤寒、湿病治法应予分家的主导思想。因此,吴瑭的《温病条辨》是在前人基础上整理总结,建立了以三焦辨证为纲的温病学说体系,完成了温病学说体系的建构。对此,吴氏自己曾作客观的评价:"诸贤如木工钻眼已至九分,瑭特透此一分。"由于吴氏最后作这"一分"的努力,使之圆满贯通,其功劳不可磨灭。《温病条辨》对后世医家如王孟英等有较大影响。从医学发展史的眼光来看,温病学说至此总结出卫气营血与三焦辨证,它所论述的是传染病学总论而已,随着人们对传染病斗争的经验日益丰富,医学将向攻克各种传染病、探索疾病预防治疗方法的方向发展。

(二)温病的治疗

吴瑭在温病治疗上采取了甘润以救阴液的治法。他用加减复脉汤作为甘润存津治法。复脉汤又名炙甘草汤,原是张仲景用以治疗伤于寒邪而心气、阴液俱伤的方剂,吴瑭将其化裁为治疗阴液耗伤的温病,减去原方中辛温阳药,加上和阴之品(如白芍)而成为加减复脉汤这张名方。同时他还有一甲复脉、二甲复脉、三甲复脉汤等一系列方剂,用咸寒甘润之法,治疗湿病而致阴虚不能潜阳,肝风内动,即将发生痉厥等危重病情。吴瑭创制的名方银翘散、桑菊饮,广泛应用于临床。

　　吴瑭创制的上述汤方,乃是在叶天士临床经验的基础上发展而来。吴瑭指出:对于温热病"治上焦如羽(像羽毛),非轻不举也",他和叶天士都擅长用轻清"薄剂"治病。吴瑭治学审慎,精益求精,为人谦逊,为医界所重。

下　编

民国时期科技发展

第七章 民国时期的科技发展概述

鸦片战争以后,西方科学大量传入中国,从洋务运动到戊戌变法,人们逐渐看到,仅仅搬用西方先进技术还不行,必须同时改良社会制度,兴办科学事业,开展科学研究工作。科举制曾经是中国封建社会培养官僚的教育制度,也是培养、承继儒学人才的教育制度。1905 年,清政府明令取消科举制,并着手兴办新式学堂。1900 年又派遣大批留学生赴西方学习科学技术。到 1906 年,留学生总人数不下几万人。康有为在百日维新中,首次创议奖励科学技术的发明创造。严复大力宣传"物竞天择,适者生存"的进化思想,力图唤醒国人的危机感。他驳斥把科技当作"末业"的旧观念,指出:"其曰政本而艺末也,愈所谓颠倒错乱者矣。且其所谓艺者,非指科学乎? 名、数、质、力四者皆科学也。"他们的言行起到了唤醒国民重视科学的启蒙作用。而真正引起中国近代经济、政治和文化的重大变革从而推进科技发展的,是辛亥革命。因为辛亥革命推翻了清朝政府的封建专制统治,建立了资产阶级民主共和国,成为中国从传统社会向近代社会转变过程中的一个重要里程碑,同时也为中国传统教育与科技文化向近代教育与科技的转向与发展开辟了道路。

第一节　科技发展的文化背景

辛亥革命后,孙中山在南京成立临时政府,他在《建国方略》和许多讲话中都十分强调教育立国、人才兴邦和振兴实业。他指出,国之富强在于"人能尽其才,地能尽其利,物能尽其用,货能畅其流",因而需要振兴实业,发展工业。因为"机器巧,则百艺兴,制作盛,上而军国要需,下而民生日用,皆能日就精良而省财力"①。由此,全社会兴起了创办资本主义实业的热潮。仅以民国元年(1912)为例,据统计,当年全国开设的各类公司共有 998 家,大小工厂有 2000 多家,是中国历史上兴办企业数量最多的一年。② 当时倡导实业救国的突出代表是清末状元张謇,作为中国近代实业家、政治家、教育家,他倡行的"父教育而母实业"极具代表性,他一生创办了 370 多所学校,20 多个企业,为民国时期的民族工业兴起和教育事业发展做出了重要贡献。孙中山十分重视科技教育,他指出,"盖学问为立国之本,东西各国之文明,皆由学问购来","世界进化随学问转移","然后有各种政治,实业之天然进化"。③ 他强调:"教之有道则人才济济,风俗丕丕,而国以强。"④在 1912 年 7 月召开的全国临时教育会议上,蔡元培明确指出,教育文化是一个国家的立国之本,而科学研究则是一切事业的基础。民国初期(1912—1931)开展了一场影响极为广泛而深远的教育改革运动,新式学校、科技期刊、译著书籍、留学教育和科学社团等蓬勃发展起来。

首先,民国时期的科技发展与教育的发展密切相关。尤其是江苏当时的科技发展与南京作为民国时期的首都及其教育发展密切相关。其一,实施教育改革,构建新的学校教育体制。辛亥革命胜利后,孙中山即电召蔡元培回国,并任命其为教育总长。蔡元培于 1912 年 1 月 19 日通电各省颁行《普通教育暂行办法》继而颁布了《普通教育暂行课程

---

① 孙中山著、孟庆鹏编:《孙中山文集》,团结出版社 1997 年版,第 591—595 页。
② 参见中国社会科学院近代史研究所近代史资料编辑组编:《近代史资料》,总 58 号,中国社会科学出版社 1985 年版。
③ 孙中山:《孙中山全集》,第二卷,中华书局 1995 年版,第 422—423 页。
④ 孙中山著、孟庆鹏编:《孙中山文集》,第 589 页。

标准》，明确提出"对旧制之抵触国体者去之，不抵触者存之"的原则，规定小学废除读经，禁用前清的教科书等。1912年（壬子年）7月，教育部颁布了《学校系统令》，继而陆续颁布了关于各级各类学校的一系列法令法规，到1913年（癸丑年）时，已经初步形成了比较完整的学校教育体制，史称"壬子癸丑学制"。"壬子癸丑学制"较之于晚清的"癸卯学制"具有显著的进步，全面地学习和引进西方资本主义教育制度，是中国教育史上第一个资产阶级性质的学制。《大学令》和《专门学校令》规定："专门学校以教授高等学术、养成专门人才为宗旨"，"大学以教授高深学术、养成硕学闳材、应国家需要为宗旨"。从课程的总体设计来看，废除了读经讲经课，充实了自然科学类课程，新设了法学、经济学、农工商业等课程。仅以"癸卯学制"和"壬子癸丑学制"的理科课程设置为例，前者将格致科大学分为算学、星学、物理学、化学、动植物和地质学等六门；后者则将理科分为数学、星学、理论物理学、实验物理学、化学、动物学、植物学、地质学和矿学等九门。比较两者，后者显然在课程设置中大幅提高了科技含量。[1] 1922年《学校系统改革案》规定中小学实行"六三三"制，大学修业年限为四至六年。大学采用选科制。其二，倡导民主和科学，形成新型教育体系。注重科学教育和职业教育，提出了培育人格健全的新型科技人才的教育宗旨，明确了"崇科学、重文艺、讲实用"的人才培养理念。这样，就走出了洋务运动时期地域的狭隘性、专业的单调性和层次的单一性，向着地域的广泛性、专业的多样性和层次的全面性的方向发展，初步构筑了与清末学堂教育理念迥然不同的新型教育体系。

其次，民国时期大批学生出国留学，进而为科技发展储备了人才资源。民国初期学生出国留学的渠道主要有两种，一是政府选派的庚款赴美留学，始自清末1909年，在民国初期达到高潮。晚清时期留学生仅限于学习西方器物类科学，而民国政府选派留学生要求"应注重自然科学及应用科学，以应中国物质建设的需要，并储备专科学校及大学

---

[1] 参见夏劲：《民国初期科技教育蓬勃发展的动因、特点及其影响探析》，《自然辩证法通讯》2017年第5期。第143—150页。

理、农、工、医各学院的师资"[1]。据统计,这一时期由清华派出的庚款留美学生前后共有 20 批,其所选习的专业达 73 种之多,其中不仅包括了当时急需的专业,如纺织工程、化学工程、机械工程、土木工程等,还包括了反映世界科学技术发展新趋势的专业,如汽车工程、飞机工程、电气工程等。[2] 二是由留法俭学会发起的赴法勤工俭学。由于民国初年政体更迭过程中带来的留学经费拮据,李石曾、吴稚晖、吴玉章等教育界精英于 1912 年在北京发起成立留法俭学会,鼓励向往去国外学习新知识的广大青年学生以低廉的费用赴法留学。因为他们认为法国是"民智民气先进之国","欲造成新社会新国民",以留学法国最为适宜。从 1912 年初"留法俭学会"的成立到 1913 年 6 月,先后组织了两批共 80 人赴法,这个数字超过了过去自费留学生的总数。[3] 1917—1918 年,华法教育会在北京、保定、上海、成都、重庆、广州、济南和武汉等地开办留法预备学校和各种形式的留法预备班,把留法勤工俭学运动推向了全国,留法勤工俭学运动在 1919 年以后异军突起,一直延至 1925 年。据 20 世纪 20 年代末的统计资料显示,中国留学生分布在日本、美国、法国、德国、英国、比利时、意大利、瑞典、丹麦、荷兰、瑞士等近 20 个国家。大批中国留学生远涉重洋放眼世界,在各国广泛地学习、消化和吸取其科学技术文化。从而形成了学贯中西、兼容古今的新型先进知识群体。大批留学生陆续回国,其中大多数人朝气蓬勃,年轻有为,热心发展祖国的科学事业。他们大力宣传科学,传播当时西方最新的科学知识,并且身体力行,在民国初年的中国青年知识分子和学生中形成一股新的思潮。

再者,民国时期的科技发展与科技研究院所和科学社团的兴起以及科技期刊的创办密切相关。因为研究院所的成立、科学社团的兴起以及科技期刊的创办促进了中外学术交流,提高了民众的科学素养。其一,科技研究院所的成立。民国时期的科技发展与科技研究院所的

---

① 李喜所:《近代中国的留美教育》,天津古籍出版社 2000 年版,第 194 页。

② 参见《清华大学史料选编(一)》,清华大学出版社 1991 年版,第 56—57 页。

③ 参见夏劲:《民国初期科技教育蓬勃发展的动因、特点及其影响探析》,《自然辩证法通讯》2017 年第 5 期,第 143—150 页。

成立密切相关。1912年,地质学家章鸿钊首先呼吁成立地质调查所;同年高鲁着手筹办中央观象台;1928年,在著名教育家蔡元培等人的努力下成立了中央研究院;随后北平研究院及各研究所也相继成立,此外,还有几所民办研究机构也相继成立。研究院所的成立是中国科技史上具有划时代意义的大事,它表明中国已经形成了一支专业科技队伍,他们是建立和发展中国近代科技事业的中坚,是复兴中国科技的保障。其二,科学社团的兴起。自1912年至1937年间,不过25年的时间,各种学会组织就达到了110多个(不包括医学部分),涉及近代科学技术的广大领域。某些学科如地质学、气象学、物理学等在各自领域中曾取得了一批具有当时国际先进水平的成果。通过科学社团的学术交流,推动了学科的发展。当某一学科形成一定规模、具备一定专业水平的时候,同行间便组织起来,相互切磋和进行学术交流,这时往往由学科的带头人发起,联络各地同行组成学会,因此,这一时期某一学会的成立,则标志着某一学科的兴起。我国第一个近代专业学会是1909年创立的地学会。然而在民国初年影响较大的学会组织是由一群留美学生发起组织的"中国科学社"。此后的学会都遵循着大致相同的组织方式和活动形式,即制定了指导性的文件"社章",规定了各类成员的专业标准。在组织上设置理事会、评议会及办事机构,规定了理事长、各理事的职权范围及任期,重大决策由理事会或评议会民主议决。活动方式以举办年会为主,也涉及其他的活动如科普活动、设图书馆等。近代学会的建立加强了中国近代科技工作者之间的交流,卓有成效地推动了学术的发展,沟通了中外学术的定期交流,使得以往耳目闭塞、闭门造车的局面得以扭转,也有利于中国近代科技汇入世界科技发展的大潮。其三,科技期刊的创办。当时科学社团(学会)还负责本专业或综合性刊物及相关图书的出版工作等。比如,1915年1月中国科学社任鸿隽等人创办了《科学》杂志,它不仅率先"以传播世界最新科学知识为帜志"而成为中国最早的科技刊物,还特辟"通论"专栏向国人介绍蕴含于各个"学科"之中的"整个科学",使国人对科学的认知从知识层面深入到观念层面。《科学》杂志作为民国初期创刊最早、发行时间最长、影响最大的综合性科学期刊,开启了科学传播的新时代。据有关资料统计,在 1912—1931 年间陆续创办的科技期刊高达百余种,既有向大众普及科技知识的综合性科技期刊,又有专业学术群体创办的刊登科学研究成果的学术性较强的刊物,学科的涵盖领域极其广泛,涉及物理学、化学、数学、天文学、地质学、生物学、医学、农学、林学、工矿、交通等自然科学和工程技术的诸多学科。[1] 民国初期新问世的科技期刊种类之多、发行的数量增长之快,超过了辛亥革命之前的任何一个时期。科技期刊在全国各地的广泛发行,对于提高民众的科学素养产生了深远的影响。

还有,大规模编译出版国外科技论著和教材,进一步推进了民国时期的科技发展。辛亥革命前,我国新学堂使用的教科书绝大部分来源于翻译外国各学科的教科书或著作。其翻译模式是"西译中述",即在外国人口译的基础上,再由中国人写成文字表述。这些科学译书的知识内容总体来说比较浅显,除少量经典著作之外,大多数相当于国外中等教学用的教材。民国初期各类新式学校迅速发展,对外国教科书和科学名著的需求激增。当时赴欧美留学并取得了硕士或博士学位的科技人才陆续回国,这些人兼通中外文和专业知识,他们中的许多人纷纷进入高校和出版机构担任要职,成为民国时期科学教育翻译的主要力量,从根本上改变了原来"西译中述"的翻译模式。译书中有了许多科学专著,知识层次显著提高,成为高等院校学生研习的书籍。国民政府于 1925 年设立了国立编译馆,译介科学书籍,编译中等、高等教科书。与此同时,民间的翻译出版机构以及科学社团在科学译书方面所发挥的作用远远超越官办编译机构,如商务印书馆、生活周刊社、亚东图书馆和中华书局等著名民间翻译出版机构都大量译介西方的科学书籍,其规模蔚为大观。另外,中华工程师学会、中国科学社、中华医学会、中国农学会、中国心理学会、中国化工学会、中国天文学会、中国地质学会等都通过自己的刊物译介了许多西方科技文章。正是这样大规模地编译国外科技论著和教材,促进了我国各科学门类的发展。

---

① 参见夏劲:《民国初期科技教育蓬勃发展的动因、特点及其影响探析》,《自然辩证法通讯》2017 年第 5 期,第 143—150 页。

值得指出的是，这一时期在工程技术方面，可以仿造万吨级轮船和比较先进的飞机、汽车、各种机床。中国的工程师们已经掌握了运用钢筋混凝土建筑高层建筑的技术，建成了具有国际水平的钱塘江大桥。中国近代科学技术在这一时期得到发展，并大大缩短了我国科技落后西方的差距，这在中国科技史上具有特殊的意义。

第二节　中央大学与中央研究院

在民国时期的江苏乃至全国的科技发展过程中，国立中央大学和中央研究院发挥了重要的作用。而国立中央大学和中央研究院的发展过程，也是这一时期科技发展水平的具体体现。

一　国立中央大学历史沿革及其发展

国立中央大学办学 22 年（1927—1949），经历了十年内战、十四年抗战和人民解放战争三个历史时期，历尽坎坷曲折。国立中央大学是在东南大学、第四中山大学的基础上建立和发展起来的，其间几经调整、充实，在抗日战争中迅速地壮大起来，成为我国规模最大的综合大学。其学科之完备，师资之雄厚，培养学生之众，拔

国立中央大学校门

尖人才之多，均居我国之前列，是当时中国高等教育的最高峰，是民国第一学府。①

（一）历史沿革

国立中央大学的前身是三江师范学堂。三江师范学堂是张之洞署

① 参见朱斐：《东南大学史》第 1 卷，东南大学出版社 2012 年版，第 339 页。

理两江总督时于 1902 年创立的。学堂开办之初受限于学生来源,故先办速成科及初级师范本科。1904 年冬,学堂正式对外招生,计有最速成科(修业一年)58 名,速成科(修业二年)20 名,共 78 名学生入学就读。三江师范学堂开办之后,因清廷限制江宁藩司铸铜圆数额,加上铜贵钱贱,致使江宁藩司收入锐减,不能按时拨足学堂经费;而安徽、江西两省的协款又屡不拨付,造成学校经济常陷困境。及后,江宁士绅不满江西省不拨付协款,故而提议减少或取消江西籍学生名额,因而引发争端。

1906 年,两江总督周馥将学堂改名"两江优级师范学堂",希冀以总督之名"两江"弭平纷争。李瑞清出任两江师范学堂监督(校长)。两江优级师范学堂初期,设有速成科、初级师范本科、优级师范本科之公共科。1907 年 10 月,设立优级本科之理化数学部、博物农学部和图画手工三个选科,另外招考历史地理的预科及补习科学生,原初设立的初级师范本科,于学生毕业后便停止招生。1910 年 3 月,学堂增设地理历史部与国文外国语部,并将理化数学部改为数学物理化学部,博物农学部改为农学博物部,共有四部。1911 年,辛亥革命爆发后,学堂师生员工因战乱而离散,仅留少数员工保护校产,学堂停办。

1914 年,兴学之风渐起,由于师资缺乏,江苏第二师范学校校长贾丰臻联合各界上书教育部及省公署,呈请设立高等师范学校。同年 8 月 30 日,获得江苏巡按使(省长)韩国钧首肯,批准成立南京高等师范学校,并命教育司长江谦为创校校长,于两江师范学堂原址勘察筹备南京高等师范学校。

五四运动后,中国教育联合会屡次在会议上呼吁"改高师为大学"。此时,郭秉文认为大学科系远比单一性质的师范学校来得多元完备,有利于学科互补与师资培育。

1920 年 12 月 7 日,北京政府国务会议同意南高师筹建大学的提案,并正式定名为"国立东南大学"。1922 年 12 月 6 日,南高师校评议会和东南大学教授联席会共同通过《南京高等师范归并东南大学办法》。1923 年 7 月 3 日,南高师行政会议议决南高师正式并入"东南大学",撤除南高师校名、校牌,所属中小学改称东南大学附属中小学,国立南京高等师范学校正式成为历史。

东南大学实行文理并重、"学"与"术"并重、通才教育与专才教育并重的教育方针,寓文、理、工、农、商、教育于一体。这样,原来单科性的高等师范学校,就被改建成了多学科的综合性大学。其学科之齐备居当时全国之冠。同时东南大学倡导民族精神和科学精神相结合的办学理念,主张民主治校、学术自由,德智体三育并重,以美国教育体制、学制为模本,以中国国情和社会需要为依据,谋发展,图创新。东南大学延师有道,俊彦云集,筹资有方,兴馆建舍;学科迅增,各富特色;交流学术,面向世界,校誉日隆,生机勃勃,为中央大学的成立奠定了基础,对中国的教育、科学事业做出了较大贡献。然而,1923 年 8 月,因经费紧张,东南大学不得不停办工科,其工科与河海工程专门学校合组为河海工科大学。1925 年皖系军阀执政,数度直接干预东大校政,导致了一场罕见的易长风潮,历时一整年,余波连三载,全体师生几乎均被卷入了旋涡。学校无主,事业受阻,教师分裂,师生红脸;多位名教授痛心不已,愤而离去,学校元气大伤,东南大学由盛而衰。①

1927 年 4 月,国民革命军北伐至江苏,东南大学被迫停课,师生因战事四散,仅留部分职工看管学校,由文科主任卢锡荣维持校务。1927 年 6 月,国民政府教育行政委员会颁布大学区制,裁撤江苏教育厅,更名教育行政院,明令江苏境内专科以上学校,包括东南大学、河海工科大学、上海商科大学、江苏法政大学、江苏医科大学、南京工业专门学校、苏州工业专门学校、上海商业专门学校及南京农业学校等九校进行合并,组成国立第四中山大学,以纪念孙中山先生及北伐军攻克的第四座历史文化名城。合并后的国立第四中山大学初设九个学院,即自然科学院、社会科学院、文学院、哲学院、教育学院、工学院、农学院、商学院、医学院,以及附属实验学校。

(二) 国立中央大学成立与发展

然而,学校更名国立第四中山大学后,由于以中山大学命名的学校

① 参见朱斐:《东南大学史》第 1 卷,第 93 页。

不只一处,造成公文传送上的混淆,遂有改名之议。1928 年 2 月,大学院颁布 165 号训令,国立第四中山大学改名为江苏大学。由于校名前不加国立二字,引发学生不满,不但罢课 3 天,还拆下校牌。1928 年 4 月 24 日,中华民国中央政府大学委员会议决将江苏大学改名为国立中央大学,校长由张乃燕担任。

国立中央大学作为现代综合大学,其发展可分为三个阶段:第一个阶段,全国抗战前的中央大学(1928 年 5 月—1937 年 7 月),从更名为国立中央大学起,由混乱走向稳定,逐步调整、充实和发展;第二个阶段,全国抗战中的中央大学(1937 年 8 月—1945 年 8 月),举校西迁重庆,校业恢张,成为校史上的鼎盛时期之一;第三个阶段,抗战胜利后的中央大学(1945 年 9 月—1949 年 4 月),复员南京,艰苦维持,护校迎解放。①

首先,国立中央大学成立以后,对原第四中山大学的院系进行了调整。原来的自然科学院、社会科学院,因名义过于宽泛,改称理学院、法学院;又将仅一个系的哲学院撤销。这样,原第四中山大学的九个学院,调整为文、理、法、数、农、工、商、医等八个学院。在系科方面,把史地学系分为文学系和地学系,前者划归文学院,后者划归理学院。理学院撤销人类学系,文学院撤销语言系,将外国文学系改为外国语文系,把原社会科学院的社会学系划归文学院。此外,还有附属实验学校,农学院附属的探先农村小学,工学院附属的苏州职业学校(1930 年 7 月 24 日由教育厅接办)及医学院附属的苏州产科学校等。②

其次,国立中央大学成立前后,学校汇集了一大批全国一流的专家和学者。如中国文学方面有黄侃、王伯沆、胡小石、吴梅、陈中凡;西洋文学方面有梅光迪、吴宓;数学方面有熊庆来、何鲁;化学方面有张子高、孙洪芬;生物方面有秉志、胡光炜、钱崇澍;物理方面有胡刚复;历史方面有柳诒徵;哲学方面有汤用彤;教育心理学方面有陈鹤琴;艺术方面有徐悲鸿、陈之佛;地理地质方面有竺可桢等;还有陶行知、杨杏佛等著名人物。国内外著名的学者梁启超、泰戈尔、杜威、罗素等人都曾应

---

① 参见朱斐:《东南大学史》第 1 卷,第 193 页。
② 参见朱斐:《东南大学史》第 1 卷,第 206 页。

邀到校讲学。① 中央大学致力于延聘博学潜修、造诣精湛的学者专家。如聘请留美的罗荣安教授办机械特别研究班,从而为我国开创了第一个航空工程系;聘请徐悲鸿为艺术系系主任,中西画家云集,使中央大学成为美术家的大本营。又如,聘请地质专家竺可桢、教育家陶行知、著名诗人徐志摩等到该校任教。全校各院系人才济济,多为蜚声海内外的专家。中央大学教授、副教授约占40%,且均亲临教学、科研第一线。由此,国内青年慕名而来。被录取者多是十里挑一、百里挑一的优秀青年。②

再者,在办学模式方面不断进行调整和改进。1929年停止实行大学区制。这样,中央大学摆脱管辖江苏省高等、中小学及普通教育等繁杂事务,得以专注自身发展,同时对院系再度进行调整。1932年8月罗家伦出任中央大学校长以后,制定了"安定""充实""发展"三个阶段的治校方针。1935年,罗家伦鉴于当时中国急需医护人才,于5月再度创设医学院,聘请中央医院内科主任戚寿南担任院长。1936年,中央大学成立理科研究所、农科研究所,翌年成立中大研究院,培养了不少高等专门研究人才,同时附属办理幼儿园、附小、附中及国立牙医专门学校。1937年7月抗战爆发,他带领全校师生西迁重建,同时在贫困匮乏的窘境下,激发学生对振兴民族的责任感。1945年8月抗战胜利后,吴有训出任校长。1946年11月1日在南京开学。中央大学不断进行系科、学科的调整,形成了比较完备、合理和具有发展前景的学科,包括文、理、工、法、农、师范、医共7个学院37个系,成为当时国内学科最全、实力最雄厚的综合院校。③ 据1947年1月的统计,全校共有教职员1266人,本科学生4556人,先修班95人,研究生68人,合计在校生4719人。④

---

① 参见李雪、张刚:《刑天舞干戚,猛志固常在——国立中央大学(下)》,《科学中国人》2009年第2期,第40—45页。

② 参见朱斐:《东南大学史》第1卷,第340页。

③ 1952年,该校在中华人民共和国实施的高校院系调整中是重点调整对象,与金陵大学等校的有关院系合并调整,形成南京大学、南京工学院、南京农学院、南京师范学院、华东水利学院、华东航空学院、南京林学院、第四军医大学等高校。1958年,以源于该校的中国主要科学团体为基础,在北京组建中国科学技术协会。

④ 参见朱斐:《东南大学史》第1卷,第193—279页。

二 国立中央研究院及其历史沿革

江苏科技发展不仅与这一时期大学创办与发展密切相关,而且与相关的科技研究机构的成立与发展密切相关。而国立中央研究院的成立及其发展对于这一时期全国包括江苏科技发展具有重要的推进作用。同时也是这一时期科技发展专业水平的体现和科技专家团队形成的重要标志。

(一) 中央研究院的筹备与成立①

1927 年 4 月 17 日,中国国民党中央政治会议第七十四次会议在首都南京举行,李石曾提出设立中央研究院案,决议推李石曾、蔡元培、张人杰共同起草中研院组织法。同年 5 月 9 日,中央政治会议第九十次会议议决设立中研院筹备处,并推定蔡元培、李煜瀛、张人杰、褚民谊、许崇清、金湘帆为筹备委员。7 月 4 日,《中华民国大学院组织条例》公布,改列筹设中的中央研究院为中华民国大学院的附属机关之一。10 月大学院成立。11 月 9 日,《中央研究院组织法》公布,明定"中央研究院直隶于中华民国国民政府,为中华民国最高学术研究机关",设立物理、化学、工程、地质、天文、气象、历史语言、国文学、考古学、心理学、教育、社会科学、动物、植物等十四个研究所。11 月 20 日,大学院院长蔡元培聘请学术界人士王季同、张乃燕、杨杏佛等 30 人在南京的大学院召开中研院筹备会及各专门委员会联合成立大会,讨论中研院组织大纲及筹备会进行方法。议决先筹设备研究单位,计有:理化实业研究所、地质调查所、社会科学研究所、观象台四个研究机构,并推定各所常务筹备委员,积极展开筹备工作,并通过《中华民国大学院中央研究院组织条例》。

中央研究院于 1928 年成立。这是中国历史上第一个集自然科学

---

① 孙宅巍:《中央研究院的来龙去脉》,《民国档案》1997 年第 1 期,第 119—126 页;樊洪业:《中央研究院机构沿革大事记》,《中国科技史料》1985 年第 2 期,第 29—31 页;李政刚、吴通:《民国时期中央研究院的管理体制及运行机制考察》,《兰台世界》第 9 期,第 52—53 页。

和人文社会科学于一体的国家科学研究院，直隶于南京国民政府，与教育部平行，代表中国与国际学术界对话。1935 年中央研究院成立了评议会。1946 年 10 月 20 至 22 日在南京召开了第二届第三次年会，讨论了一系列有关院士制度的具体问题，最终 1947 年 4 月形成《院士选举规程草案》，并以通信投票的方式选出 15 名第一次院士选举筹备委员会委员：数理组（吴有训、茅以升、吴学周、谢家荣、凌鸿勋）；生物组（王家楫、罗宗洛、林可胜、汪敬熙、秉志）；人文组（胡适、傅斯

首任院长蔡元培像

年、王世杰、陶孟和、李济）。之后便进行第一次院士选举的正式筹备工作：拟定候选人评议员名单、提出院士候选人名单、批准《国立中央研究院院士选举规程》。1947 年 5 月 16 日，院士候选人的提名在全国展开。正式提名结束后，选举筹备会于 8 月 27 日至 10 月 13 日连续召开了四次会议，按照《选举规程》对各方提名进行严格的初审，结果在所提的510 人中，删掉了 108 人，将剩余的 402 人再提交给评议会。1947 年 10 月 15 日至 17 日，评议会第四次年会召开，审议 402 人的名单，最终议决 150 名院士候选人。《选举规程》曾对院士的选举资格作出规定：其一，对所习的专业有特殊著作发明或贡献；其二，专业学术机关领导或主持在五年以上，成绩卓著。二者符合其一，即可当选院士。而候选人的学术水平，则是评议会尤其要考察的。1948 年 3 月 25 日至 28 日召开的评议会第五次年会，经过分组审查、一次普选（67 人）和四次补选（11＋1＋1＋1），最终确定了 81 名中央研究院的首届院士。而所有的候选人必须经过 4/5 人投同意票才可当选，即在 25 名评议员中需要得到 20 名评议员的票。

（二）中央研究院院士

中央研究院首届 81 名院士中，有人文组院士 28 人，数理组院士 28 人，生物组院士 25 人，囊括了胡适、傅斯年、朱家骅、梁思成、胡先骕、凌鸿勋等一大批学术奇才。1948 年 9 月 23 日第一次院士会议举行，中研

院之体制始告完成。

中央研究院院士仅为荣誉头衔,平常并无任何职务或实质酬劳,而两年一次的院士会议,则为院士唯一需要出席的活动。虽然院士并不担任中研院任何职务,但许多院士是在中央研究院担任研究员时当选,或是当选后兼任研究员或通信研究员,所以院士同时担任研究员的比率相当高。

中央研究院第一届院士合影

附:中央研究院第一届院士名单

数理组院士 28 人:

姜立夫(1890.7.4—1978.2.3),数学家。

许宝騄(1910.9.1—1970.12.18),数学家。

陈省身(1911.10.28—2004.12.3),数学家。

华罗庚(1910.11.12—1985.6.12),数学家。

苏步青(1902.9.23—2003.3.17),数学家。

吴大猷(1907.9.29—2000.3.4),物理学家。

吴有训(1897.4.26—1977.11.30),物理学家。

李书华(1889.2.10—1979.7.5),物理学家。

叶企孙(1898.7.16—1977.1.13),物理学家。

赵忠尧(1902.6.27—1998.5.28),核物理学家。

严济慈(1901.1.23—1996.11.2),物理学家。

饶毓泰(1891.12.1—1968.10.16),物理学家。

吴宪(1893.11.24—1959.8.8),生物化学家、营养学家。

吴学周(1902.9.20—1983.10.31),物理化学家。

庄长恭(1894.12.25—1962.2.15),有机化学家。

曾昭抡(1899.5.25—1967.12.8),化学家。

朱家骅(1893.5.30—1963.1.3),地质学家。

李四光(1889.10.26—1971.4.29),地质学家。

翁文灏(1889.7.26—1971.1.27),地质学家。

黄汲清(1904.3.30—1995.3.22),地质学家。

杨钟健(1897.6.1—1979.1.15),古生物学家、地层学家、地质学家。

谢家荣(1903.9.7—1966.8.14),地质学家、矿床学家。

竺可桢(1890.3.7—1974.2.7),地理学家、气象学家。

周仁(1892.8.5—1973.12.3),冶金学家、陶瓷学家。

侯德榜(1890.8.9—1974.8.26),化学家。

茅以升(1896.1.9—1989.11.12),土木工程学家、桥梁专家。

凌鸿勋(1894.4.15—1981.8.15),土木、铁路工程专家。

萨本栋(1902.7.24—1949.1.31),物理学家、电机工程专家。

生物组院士 25 人：

王家楫(1898.5.5—1976.12.19),动物学家。

伍献文(1900.3.15—1985.4.3),动物学家、鱼类学家、线虫学家。

贝时璋(1903.10.10—2009.10.29),实验生物学家、细胞生物学家。

秉志(1886.4.9—1965.2.21),动物学家。

陈桢(1894.3.12—1957.11.15),动物学家、遗传学家。

童第周(1902.5.28—1979.3.30),实验胚胎学家。

胡先骕(1894.5.24—1968.7.16),植物学家。

殷宏章(1908.10.1—1992.11.30),植物生理学家。

张景钺(1895.10.29—1975.4.24),植物形态学家。

钱崇澍(1883.11.11—1965.12.28),植物学家。

戴芳澜(1893.5.4—1973.1.3),真菌学家、植物病理学家。

罗宗洛(1898.8.2—1978.10.26),植物生理学家。

李宗恩(1894.9.10—1962),热带病学医学家。

袁贻瑾(1899.10.30—2003.3.22),医学家。

张孝骞(1897.12.28—1987.8.8),内科专家、医学教育家。

陈克恢(1898.2.26—1988.12.12),药理学家。

吴定良(1893.1.5—1969.3.24),人类学家。

汪敬熙(1893.7.7—1968.6.30),现代生理心理学家。

林可胜(1897.10.15—1969.7.8),生理学家。

汤佩松(1903.11.12—2001.9.6),植物生理学家、生物化学家。

冯德培(1907.2.20—1995.4.10),生理学家、神经生物学家。

蔡翘(1897.10.11—1990.7.29),生理学家、医学教育家。

李先闻(1902.10.10—1976.7.4),细胞遗传学家、作物育种学家。

俞大绂(1901.2.19—1993.5.15),植物病理学家、农业微生物学家。

邓叔群(1902.12.12—1970.5.1),真菌学家、植物病理学家、森林学家。

人文组院士 28 人：

吴敬恒(1865.3.25—1953.10.30),政治学家、教育家。

金岳霖(1895.7.14—1984.10.19),哲学家、逻辑学家。

汤用彤(1893.8.4—1964.5.1),哲学史家、佛教史家。

冯友兰(1895.12.4—1990.11.26),哲学家。

余嘉锡(1884.2.9—1955.1.23),语言学家、目录学家、古文献学家。

胡适(1891.12.17—1962.2.24),历史学家、文学家、哲学家。

张元济(1867.10.25—1959.8.14),出版家。

杨树达(1885.6.1—1956.2.14),中国语言文字学家。

柳诒徵(1880.2.5—1956.2.3),历史学家、古典文学家、图书馆学家。

陈垣(1880.11.12—1971.6.21),历史学家、宗教史学家。

陈寅恪(1890.7.3—1969.10.7),历史学家、古典文学研究家、语言学家。

傅斯年(1896.3.26—1950.12.20),历史学家、古典文学研究专家。

顾颉刚(1893.5.8—1980.12.25),历史学家、民俗学家。

李方桂(1902.8.20—1987.8.21),语言学家。

赵元任(1892.11.3—1982.2.25),语言学家。

李济(1896.7.12—1979.8.1),人类学家、考古学家。

梁思永(1904.11.13—1954.4.2),人类学家、考古学家。

郭沫若(1892.11.16—1978.6.12),文学家、考古学家、历史学家。

董作宾(1895.3.20—1963.11.23),甲骨学家、古史学家。

梁思成(1901.4.20—1972.1.9),建筑学家。

王世杰(1891.3.10—1981.4.21),法学家。

王宠惠(1881.10.10—1958.3.15),政治学家、法学家。

周鲠生(1889.3.6—1971.4.20),法学家。

钱端升(1900.2.25 –1990.1.21),政治学家、法学家。

萧公权(1897.11.29—1981.11.4),政治学家。

马寅初(1882.6.24—1982.5.10),经济学家、教育学家、人口学家。

陈达(1892.4.4—1975.1.16),社会学家、人口学家。

陶孟和(1887.11.5—1960.4.17),社会学家。

第八章　民国时期的数学与物理学发展

中国古代数学领域曾有过许多极为辉煌的成就。而近代我国包括江苏数学的发展与一大批留学回国的青年才俊致力于数学研究与教学所取得的成就密切相关。这一时期数学的成果在初等数学方面有初等代数、几何、排列组合;高等数学方面主要有熊氏无穷级、微积分教学与研究等。

这一时期我国包括江苏的物理学发展,相对于中国古代而言具有开拓性的意义,无论就其研究领域还是研究方法,都不再因袭古代方式,而是汲取西方物理学的最新发展成果,进而推进了我国包括江苏的现代物理学发展。其中包括在理论物理方面,对于 X 射线研究、康普顿效应的验证;还有光学、磁学、力学等多方面的研究[①]。

第一节　数学发展

这一时期的数学发展,可以追溯到 1902 年。因为从 1902 年始,清政府颁布钦定学堂章程,我国开始有统一学制。1902 至 1911 年这一时期,中学数学教科书以翻译本居多,亦出现我国自编的一些教本,但质

---

① 热学与电学的发展将在第十四章中阐述。

量较差。1912 年中华民国成立,不久便颁布新学制。中学为四年制,配有统一的课程标准。我国自编的数学教科书开始有计划有系统地出版。主要有《共和国教科书》《民国新教科书》等。1922 年 11 月全国进行学制改革,实行六三三学制。新学制课程标准起草委员会拟定了初中算学,高中代数、几何、三角及解析几何大意课程纲要。该纲要中有一显著改进,即初中数学课程采用混合法讲授。以代数几何为主,算术、三角为辅,合一炉而冶。为此出版了《新学制混合算学教科书》(段育华编,六册,1926)。但不少学校对混合讲授持有异议,坚持分科讲授。为此商务印书馆又出版一套现代初中教科书,包括算术、代数学、几何和三角术。其中代数学(两册)是由吴在渊编写的。①

这一时期涌现的江苏籍或者在江苏工作的数学家有:崔朝庆、杨冰、吴在渊、胡明复、华罗庚,以及为江苏乃至全国数学发展做出杰出贡献的浙江籍的数学家钱宝琮和云南籍的数学家熊庆来,他们分别对初等数学的初等代数、几何、排列组合,对高等数学、微分方程式或者数学史有独到的研究,进而推进了这一时期江苏乃至全国数学的发展。

一 民国早期数学研究的先驱者

江苏民国早期数学研究先驱,主要有"算圣"崔朝庆和数学家杨冰。

(一)"算圣"崔朝庆②

崔朝庆(1860—1943),字聘臣,江苏海门人,清末民国时期著名的数学家、教育家。他一生致力于数学的研究与传播,培养了大数学家杨冰。崔朝庆融中外古今学理,创造新说,被誉为清末

崔朝庆像

---

① 参见朱庆葆等:《教育的变革与发展》,张宪文、张玉法主编:《中华民国专题史》第十卷,南京大学出版社 2015 年版,第 34—46 页。
② 参见陆伯生(南通中学原副校长):《南通早期闻名的数学家崔朝庆》,《南通县文史资料第九辑》,1992 年第 11 期;屈蓓蓓、代钦:《崔朝庆的数学教育贡献》,《咸阳师范学院学报》2014 年第 4 期。

"算圣"。崔朝庆曾在多所学校任数学教师,他独特的教学方法与深厚的数学功底为人们所称道。在江阴南菁书院任教时,他主要讲授代数、几何和微积分及古算书。在南通中学任教时,他被称为"算圣""数学书库",那是因为在教学中,他既善于总结指导又善于解惑,有问必答,深受学生爱戴。崔朝庆在科举未废之前就致力于数学研究,由于在数学上的造诣颇深,清廷曾聘请他教授光绪皇帝数学,后又应聘为商务印书馆《数学辞典》编辑。

崔朝庆著有多部数学专著,如《数学智珠》《读代数术记》《算理轴寄》《计息一得》《素因数表》《平立高积表》《平立方根》等,还主编《中西算学课艺鸿裁》四卷(1897年)石印小本。1889年至1894年在南菁书院任职时,他撰写了《造勾股法》,该著作后被刊入《南菁书院文集》《一得斋算草》。杨冰曾慕名到南菁书院学习,与崔朝庆共任江南师范学堂算学教习。他们二人组织了20多人共同编纂《算表合璧》,由江楚书局刊刻。1898年崔朝庆同顾儒基合编《算理抽奇初编》一卷,南通刊本。他还大量翻译日本数学教科书及辅助教材,编纂数学教科书。1912年他创办《数学杂志》,为我国数学知识的普及做出了重要贡献。

(二)数学家杨冰①

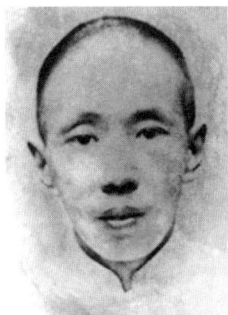

光绪三十一年(1905),杨冰②受聘到江南高等学堂(南京大学前身)任教微积分。不久,被派往日本考察学制,经赵伯先介绍,与孙中山、黄兴等革命先驱交往甚密,深受孙中山先生器重。日本明治大学得知杨冰数学造诣颇深,邀他前往讲学,受到日本师生的热烈欢迎。日本明治大学教授长泽龟之助更是对他盛赞有加。

杨冰像

杨冰一直以振兴民族教育为己任。他先后执

---

① 陶建明、季春杰:《清末南通大数学家杨冰》,《江海晚报》(文化周刊)2023年2月8日第A11版。
② 杨冰(1871—1913),字冷仙,江苏东台县仇湖乡(今属南通海安市)人。清末数学家,著有《植树九行图》《球面三角法》《原函数》等。在东台倡建东台县中学堂和东台县师范学堂,兼任两校名誉校长;1911年在南京筹建南京公学并任校长。

教于江南高等学堂、三江师范学堂、江南优级师范学堂,并被聘到济南高校(今山东大学)任教一年。任教之余,杨冰潜心研究数学,先后撰写了《三角讲义》《球面三角法》《原函数》《微分应用题解》《植树九行图》等多种专业论著,并在权威学术期刊《数学杂志》上发表《救救数学》《微积分补代数未尽说》等著名论文。

杨冰认为,要使民族振兴,必先振兴教育,所以,他积极创办学堂,让更多的人接受教化。他先后在扬州、泰州、东台创办学会,并在东台倡建东台县中学堂和东台县师范学堂,杨冰兼任两校名誉监督(名誉校长)。清宣统三年(1911),杨冰在南京筹建南京公学,并任校长,受到南京各界人士的称赞。

1913 年 1 月 17 日,杨冰当选为江苏省首届议员,并计划于 20 日参加国会众议员决选。其时,他突发疾病,医治无效去世,年仅 41 岁。南京各界惊悉噩耗后,深表哀痛,上海、山东、日本等地名流纷纷致电吊唁。孙中山先生特地命人为其敬献花圈,大学者黄炎培为其特撰祭文,吴稚晖为其撰写了墓表。

二 民国时期数学发展与数学家

这一时期的数学家有吴在渊、胡明复、钱宝琮、熊庆来、华罗庚等。

(一)吴在渊在数学上的贡献[①]

吴在渊[②]是一位自学成才的数学家,也是我国早期数学教育的奠基人之一,对我国数学教育的发展做出了杰出的贡献。由于民国时期中国教育事业正处于一个大变革时期,因而他提出"中国学

吴在渊像

术,要求自立"的主张,为此,须注重讲演、翻译、编纂和著述。他自己更是身体力行,为中国的教育事业和学术研究,鞠躬尽瘁,死而后已。吴在渊在数学上的卓越贡献主要包括以下几方面。

1. 参与创办大同大学

1911年夏天,他与同在清华任教的胡敦复、朱香晚、华绾言、顾养言、顾珊臣、周润初、张季源等11人成立了"立达社",立达社于1912年3月19日在上海创办了大同学院。大同学院初创时期,办学经费短缺,条件十分艰苦。然而吴在渊并没有被艰苦和困难吓倒,他在这样艰苦条件下,白天教书,晚上译著,乐此不疲。自大同创建到他去世20余年间,吴在渊将毕生精力献给了大同大学。他长期担任数学系主任,其教学深受学生欢迎,逐渐成为全国知名的数学教授。①

2. 编著数学教科书

民国初年,中国的大学和中学的数学教科书,几乎都是使用国外的教材,因而使教科书本国化,是促进数学教育发展的一个根本环节。为此,在大同学院成立不久,吴在渊等14人参与了由胡敦复领衔的"大同学院丛书丛刊"编辑。这样,该校所用的教材和参考用书,大都由他们自己编写。他们的工作为我国早期的大学和中学的数学教科书建设起了重要作用。吴在渊所编《近世初等代数学》《近世初等几何学》《现代初中代数学》《数论初步》等十多部教材是我国早期自编的中学数学教科书,影响较大。其中有些教材自1922年至1931年分别初版后,曾多次再版。吴在渊作为大同大学数学系教授,也编写了很多大学数学讲义,先后达数十种。主要有《微分积分学纲要》《微积分学及题解》等。

吴在渊在繁忙的教学工作之余,还大量翻译外文数学书籍和文章。主要译作有迪克森的《代数方程式论入门》、希尔的《比例论》、欧几里得的《几何原本》(不全)、彼得森的《几何作图题解法及原理》《微分积分学》、科恩的《微分方程式》等。

———————————

① 大同学院初设文理科,后增设商科及教育科,1922年改称为大同大学。该学校是民国时期上海有名的私立大学之一,有"北南开,南大同"之美誉(参见代钦、李春兰:《吴在渊的数学教育思想》,《数学通报》2010年第3期,第1—5,15页)。

3. 研究初等数学

吴在渊通过各种有效途径为我国数学教育水平的提高做了大量的工作，他的初等数学研究成果发表在中等教育杂志上，这为中等学校师生的教学和学习提供了极大的帮助。比如，他在《学生杂志》上连载了几何、代数和三角方面的重要文章；他去世后，其遗稿在《中等算学月刊》上集中被刊载。这些文章在当时是中等学校师生学习数学的极其珍贵的参考资料。

4. 探究数学教学

吴在渊在教学中既不迷信古人，对传统教学方法抱残守缺，也不对西方教学方法顶礼膜拜，而是通过实践，探究数学教学。他在数学教学中，既十分注意数学理论的系统讲授，又能提纲挈领，重点突出，启迪学生的思维。在数学教学中他非常注意教学语言的科学性和趣味性，他的教学语言不仅诙谐有趣，富有启发性，而且能把抽象枯燥的数学讲得有声有色。他的数学教学有如下特点：一是注重讲清楚基础知识的同时，注意给学生提供丰富的教材，进行实践能力的培养。二是提倡启发式教学法，反对经院式、填鸭式教学。他认为讲授平面几何时，应先从观察、实量、作图入手，逐渐培养学生研究量之兴趣。三是重视传授治学思想和方法。他曾多次告诫青年要防止学业上"三病"即观念不清、怕烦、怕难。只有去三病才能有大成。四是注重培养学生的良好学习方法和习惯。他告诫学生，学习须诚信研究，孜孜不倦。五是注重培养学生重视演题过程，即注重基本技能的培养。他认为，学者演题写式，宜力求简洁明净，眉目清爽，则思想亦易有条理，积小成大，习惯良美，则无形中获益甚多。六是提倡学生拥有多种数学参考书，反对购阅例题详解之类的书籍。七是要求学生准备"小册子"。他认为，代数学中有定义，有原理，有法则，有公式，有理论，有应用。初学者当于讲义或教科书以外，另备小册，分类择要笔录。有不易明了者，务宜详问教师。此小册随身携带，有暇时即可浏览，既不费时而获益甚大。

胡明复像

（二）胡明复的数学与科学研究①

1. 积分—微分方程研究②

胡明复③在哈佛大学研究院的博士论文题目是：《具有边界条件的线性积分—微分方程》。这篇博士论文，是对伏尔泰拉、希尔伯特等人早期工作的继续与推广。他将当时数学家广为关注的第一类、第二类积分方程推广到含有微分的形式。然后，利用伯克霍夫建立的积分变换公式，将积分—微分方程转变为第二类积分方程。在给定的边界条件下，他把伏尔泰拉尚不大用的，希尔伯特积极倡导的"极限过程"方法的应用范围进一步扩展，由此得到了所研究的积分—微分方程的解存在和唯一的充分必要条件，并得到了在边界条件下方程及其解的性质。胡明复确定以积分方程作为博士论文的研究课题，其博士论文于1917年答辩通过后，胡明复向美国数学会提交了这篇论文。当时主持美国数学会的著名数学家伯克霍夫与摩尔（E. H. Moore）对他的工作十分赏识。该论文于1918年刊载于《美国数学会会刊》（第19卷第4期），这是我国学者首次在国际著名刊物上发表论文。胡明复的博士论文在中国现代数学史上具有重要的影响。④

---

① 参见中央大学南京校友会、中央大学校友文选编纂委员会编：《南雍骊珠：中央大学名师传略再续》，南京大学出版社2010年版，第173—176页。

② 参见宋晋凯、张培富：《民国算学哲学反思之先声——胡明复算学思想探析》，《山西大学学报》（哲学社会科学版）2019年第2期，第129—133页。

③ 胡明复（1891—1927），名达，字明复，江苏省无锡人；数学家，是中国以攻读数学在国外获得博士学位的第一人。他1910年考取了官费留美生，于同年秋季进入美国康奈尔大学文学院，1914年毕业后进入哈佛大学研究院，专攻数学；1917年完成博士论文，获哲学博士学位。1917年9月他回到上海，在大同大学任教；1921年应聘于国立东南大学任教授。他参与创办了中国最早的综合性科学团体中国科学社和最早的综合性科学杂志《科学》。

④ 1947年李仲珩在《三十年来中国的算学》一文中指出，胡明复的博士论文"是中国人在美国发表最早的算学论文"；大同大学数理研究会编辑的纪念册《明复》，全文转载了他的这篇博士论文（英文），胡明复的学生严济慈还专门为《科学》杂志撰写了《胡明复博士论文的分析》一文。

2. 创建科学社与创办《科学》杂志[①]

胡明复与许多中国留学生一样,具有科学救国的理想,关心祖国的前途命运,他曾于1912年11月在康奈尔大学与中国留学生发起成立了"中国学生政治研究会",进行过有关租税制度的研究。1914年他同在美国康奈尔大学留学的赵元任、任鸿隽、周仁、秉志、杨杏佛等人在一起讨论世界风云与中国形势,决定组织"科学社"并创办《科学》杂志。胡明复与任鸿隽、杨杏佛三人被大家委托起草招股章程。以提倡科学,鼓吹实业,审定名词,传播知识为宗旨。同年暑假,胡明复与任鸿隽、赵元任等夜以继日地为即将创刊的《科学》杂志撰写稿件。胡明复在暑假期间为前3期《科学》杂志撰写了10篇文章,其中有《万有引力之定律》《算学于科学中之地位》《近世科学的宇宙观》《近世纯粹几何学》《用合金取轻(氢)气法》《雪花以上之显花植物》等论文。胡明复还负责审稿和繁重的编辑等工作。经过他们的努力,1915年1月,中国历史上第一份综合性现代科学杂志——《科学》月刊,终于与国人见面。由于该杂志题材广泛,形式活泼,令人耳目一新,在这一时期产生了很大影响。

1915年10月他们拟定的新社章获通过,科学社更名为"中国科学社",其宗旨是联络,研究学术,以共图中国科学之发展。胡明复被选为第一届董事会董事并兼任会计(会计工作他一直兼任至1925年才卸任)。1918年,中国科学社由美国迁回祖国,胡明复继续为中国科学社服务。胡明复认为,他们这一代生长在苦难深重的中国,为使中国富强,必须甘当为中国科学开路的"小工"。胡明复除了尽心服务于中国科学社,在《科学》杂志上撰写学术论文,介绍西方先进的科学技术外,他还为科学的传播做出了许多贡献。1924年,上海商务印书馆编译所所长王云五聘请胡明复兼任数学函授社主任。胡明复联络南京、上海的一批数学教师,与商务印书馆几位编辑一道,主持编写了一批普及性的数学书籍。他还曾翻译并出版了《科学大纲》等普及性科学书籍,编写过微积分、高等分析等方面的教材。

[①] 参见张祖贵:《中国第一位现代数学博士——胡明复》,光明网2005年6月7日;《中国科学社与明复图书馆》,《图书馆报》2017年9月6日。

3. 拟定数学名词

1918年7月，鉴于若干年来从西方传入的科学名词、术语的翻译十分混乱，学术界成立了科学名词审查委员会。受中国科学社的委托，胡明复与姜立夫一起负责拟定数学名词（当时称算学名词）。为做好这项工作，胡明复提出了许多好的建议，如确定数学名词的标准，"中国旧名及日本名词之勉强可用者，一概仍旧，其有名义不切或与统系上有窒碍者，酌改"，"算学名词，拟另编中西文字典及索引"，以及如何做到准确地翻译名词等。他与姜立夫、何鲁、胡敦复、吴在渊等人一起，审定了初等几何学、平面三角、解析几何学、空间几何、射影几何、代数学、微积分、函数论等数学分支的名词。1938年出版的《算学名词汇编》序中写道："本篇既脱稿，以胡君明复姜君立夫对于算学名词风着精勤，惜胡君早逝，未获观成。"姜立夫先生，以及后来主持数学名词审定工作的江泽涵先生，都多次提到胡明复在数学名词方面的工作，赞誉有加。[①]

4. 探讨科学方法与科学精神[②]

胡明复曾就如何发展科学提出过许多独到的见解，涉及科技政策和科学哲学问题。1915年，胡明复写了《论近年派送留学政策——为一般国民与有志留学者告》一文，仔细研究了自1909年以来利用庚子赔款选派留学生的情况，认为仅依靠清华学校并非良策，应在中国范围内选拔留学生，而且每个人留学年限的长短、学校及专业的选择，不应在出国之前就确定，而应根据每个人的实际情况而定。他还从中日两国的留学政策出发分析两国之兴衰，提出应从国家前途命运角度制定留学政策。

1916年胡明复发表《科学方法论——科学方法与精神之大概及其实质》，认为科学方法是科学的本质，"科学方法之唯一精神，曰'求真'"，并认为中国需要的就是这种科学精神。对于科学救国问题，他阐述了科学求真的精神与实用的关系，并利用科学史事实，批驳了急功近利发展科学的思想。在这篇文章中，他还介绍了庞加莱的科学美学思

---

① 参见徐乃楠、刘鹏飞、张建双：《试论胡明复对数学的贡献及其他》，《通化师范学院学报》2012年第12期，第8—10页。
② 参见李醒民：《胡明复的科学论思想及其导源》，《哲学分析》2018年第2期，第146—166页。

想,马赫的思维经济原则。

在《科学方法论二——科学之律例》中,胡明复对当时在西方尚不大引人注目的科学哲学阐述了自己的观点。他指出:"科学律例(理论),其即自然之真理乎？盖大有研究之地。"他得到的结论是,科学理论只具有或然性,乃是统计规律。后来,他在其论文《几率论》《误差论》中也指出:"科学律例……以应用于未来者,属于几率之范围。"

(三) 钱宝琮的数学史研究[①]

钱宝琮[②]从事中国数学史研究始于五四运动时期。当时的新文化运动对知识界产生了强烈的冲击,也给予正执教于苏州工业学校的钱宝琮以很大的启发。他常到书店买新出版的杂志看,读过全部再版的《新青年》,尤其喜欢看胡适、钱玄同等的文章。在吸取新思想之后,他抛弃了以前的"保存国粹"的想法,渐渐知道"整理国故""发扬国学"的必要,于是努力学习清代汉学家的考证工作,注意收集中算古籍,准备研究中国古代数学的发展历史。自 20 世纪 20 年代初,钱宝琮陆续有研究论文问世。如 1921 年发表的《九章问题分类考》《方程算法源流考》《百鸡术源流考》《求一术源流考》《记数法源流考》等,就是他最早的一批文章。此后,他继续在中国数学史和中国天文学史领域辛勤耕耘数十年,获得了丰硕的成果,为中国科学史这一学科的建设和发展做出了巨大的贡献。

钱宝琮像

[①] 参见孙文治主编:《东南大学校友业绩》第 1 卷,东南大学出版社 2002 年版,第 103—104 页。

[②] 钱宝琮(1892—1974),字琢如;浙江嘉兴人。他于 1907 年春考入苏州江苏省铁路学堂土木科,学习成绩优异,1908—1911 年在英国伯明翰大学土木工程系学习,获理科学士学位;随后又就读于曼彻斯特工学院建筑系。1912 年 2 月钱宝琮回国,在苏州的江苏省立第二工业学校(后改组为省立苏州工业专门学校)任教,讲授土木工程兼代土木工科主任,又兼教初等代数;1927 年 9 月,在南京第四中山大学(后改为中央大学)工作,任数学系副教授;1928 年 8 月转任杭州浙江大学文理学院数学系副教授,后升任教授,任浙江大学数学系主任。钱宝琮是数学史家、数学教育家,中国古代数学史和中国古代天文学史研究领域的开拓者之一。他率先为大学师生和中学教师开设了数学史课程。

1. 撰写《中国算学史》[①]

钱宝琮在经过多年专题研究之后，于1924年秋着手撰写中国数学史专著，并在执教南开大学时编成《中国算学史讲义》，随后又几经增减，于1932年出版了《中国算学史》(上卷)。书中论述了从上古、先秦一直到明万历年间西方数学传入之前中国数学的发展情形和主要成就，并且包含有关天文历法和中外数学交流等方面的丰富内容。1933年5月，钱宝琮在南京中央大学作关于《中国算学史》的学术报告，强调了中国古代数学的重要性和独特性。他指出："民国以还，海禁大开，欧化东渐，国人益觉本国知识之缺乏，而接受泰西学术，多不知中国算学为何物，诚不胜有今昔之感也。"

2. 校点《算经十书》[②]

中国古代数学典籍虽然很丰富，但在漫长的流传过程中，散失、伪托和衍文脱误的情况十分严重。因此，数学史的史料和典籍的考订工作是数学史研究的一项重要的基础工作。钱宝琮确立了"事皆征实，言必近真""旁征群籍，博引异说，参以己见"的治学准则，始终坚持独立思辨，认真求证，不人云亦云，不迷信权威。对于像戴震这样的自乾嘉以来一直受人尊崇的朴学大师，钱宝琮亦是既肯定其杰出贡献，又指出其算学天文著作中的严重错误。他在《戴震算学天文著作考》(1934年)中指出："震于《算经十书》之校勘，用力颇勤，实有不可没之功绩。然原本显有误文而不知订正，及原来未误而妄事改窜之处，亦复不少。盖校勘算书，事属创举。"经过近二十年的不懈努力，钱宝琮在大量考证与专题研究基础上，对《算经十书》重新进行了精心的校订，写出校勘记770余条，还在每一部算经之前，撰写提要一篇，方便读者参阅。[③]

3. 与数学史有关的学科史研究[④]

钱宝琮认为，数学的发展不可能是孤立的，它与其他学科(特别是

---

①② 参见钱永红：《中国古代数学史研究的开拓者——钱宝琮》，《钟山风雨》2021年第5期，第33—37页。

③ 1963年，中华书局正式出版了钱宝琮校点本《算经十书》(上、下册)。

④ 参见邵红能：《钱宝琮：中国近代数学史研究的先驱》，《文史春秋》2014年第4期，第25—28页。

天文历法)的发展,常有密切之关系。因此在研究数学史的同时,他还对天文历法、音律和《墨经》力学等进行了深入的研究。他所撰写的论文,如《甘石星经源流考》《论二十八宿之来历》《授时历法略论》《盖天说源流考》《从春秋到明末的历法沿革》等,所论及的都是众说纷纭、难度很大的问题,有很高的水平,产生了广泛的影响。例如在《授时历法略论》中,他指出授时历法在天文数据及招差法、弧矢割圆法等方面的成就,并且把授时历法和当时的西域回回历法作了对比研究,否定了明末以来一些人认为授时历来自回回历的论点。《从春秋到明末的历法沿革》则为中国历法史的研究建立了新的数理基础。钱宝琮的这些论文和其他一些论文已经成为中国古代天文历法研究者必读的作品。

4. 中外数学比较和中外数学交流[①]

从 20 世纪 20 年代起,钱宝琮就着手研究中国数学对印度数学的影响。1932 年出版的《中国算学史》(上卷)指出:"考之印度算学发展史,凡印度算法与中法雷同者,皆在第六世纪以后。中国算学输入印度为彼方历算家所取法,则彰彰可考也。"1944 年,钱宝琮在中国科学社湄潭区举行的第 12 届年会上作"中国古代数学发展之特点"专题演讲,阐述中国古代数学的起始以及中国数学与西方、印度数学发展的差异,特别指出"中国与印度,自汉以后曾发生接触。据考证之结果,印度是受中国之影响",引起了在场嘉宾李约瑟的浓厚兴趣。

5. 数学教育理念与实践[②]

钱宝琮是中国著名的数学教育家,浙江大学首任数学系主任。在多年的教学生涯中,他呕心沥血,形成自己的教学特色。他认为,数学教育的功效并不仅仅着眼于数学技能与数学知识的培养,更应重在对于学生数学思维的启发和数学思维方法的训练。他十分关注中学数学教育,对数学教学法很有研究,认为中学教师需要教学法,应该了解数

---

① 参见钱永红:《中国古代数学史研究的开拓者——钱宝琮》,《钟山风雨》2021 年第 5 期,第 33—37 页。

② 参见钱永红:《钱宝琮先生的数学教育理念与实践》,《数学教育学报》2010 年第 2 期,第 8—10 页。

学史。他关怀和指导后学,如我国著名的数学家陈省身和华罗庚当年都得到他满腔热情的指导。在教学中,他非常注重调动学生学习的自觉性和主动性,善于启发学生自己思考,鼓励学生质疑问难。他的数学教育理念和教学实践对于当代数学的研究与教学都具有重要的借鉴作用。

(四)熊庆来与"熊氏无穷极"[①]

熊庆来[②]是我国著名数学家、教育家、现代数学的耕耘者,为我国数学教学和研究做了许多开创性的工作。

1. 创办算学系,自编教科书

熊庆来 1921 年从法国留学回国后,先任云南工业学校、云南路政学校教员,同年受聘南京高等师范学校、国立东南大学,不仅创办了该校的算学系,任教授兼主任,而且开设了 10 多门课程并自编 10 多种教材、讲义,其中出版的《高等算学分析》是《大学丛书》中第一本自编的微积分教科书,也是现代学制颁布后第一本白话文微积分教科书。由于当时我国高等教育的教科书严重缺乏,该书的出版填补了中文微积分教科书的空白。就该书而言,其结构严谨,逻辑清晰;取材广泛,自成体例;版面新颖,推陈出新——该教科书采用了现代横排方式印刷,在叙述上采用白话文,既有章节,也有对应的页码;知识点多,注重推理证明,选取的习题精要,综合性较强。[③]

[①] 参见中央大学南京校友会、中央大学校友文选编纂委员会编:《南雍骊珠:中央大学名师传略续篇》,南京大学出版社 2006 年版,第 233—236 页。

[②] 熊庆来(1893—1969),字迪之,云南弥勒人。1913 年他以优异成绩考取云南教育司主持的留学比利时公费生,但因 1914 年第一次世界大战爆发,1915 年转赴法国,在格诺大学、巴黎大学等大学攻读数学,1920 年获马赛大学理科硕士学位。他用法文撰写发表了《无穷极之函数问题》等多篇论文;1934 年获得法国国家理科博士学位。熊庆来 1921 年回国后受聘南京高等师范学校、国立东南大学,创办了该校的算学系,任教授兼主任;1925 年应聘为清华大学教授兼主任。他是《中国数学会学报》创办人之一。他毕生追求"科学救国、教育救国"思想,以数学为终生专业,致力于为国家培育人才,如华罗庚、陈省身等等。

[③] 参见刘盛利,代钦:《民国时期微积分教科书研究——以熊庆来的〈高等算学分析〉为例》,《内蒙古师范大学学报(自然科学汉文版)》2012 年第 3 期,第 328—332 页。

2. 培养英才，定义无穷极

1925年熊庆来应聘为清华大学教授，任算学系主任；1930年在清华大学创办了数学研究部，并开始招收数学专业的研究生，于是陈省身、吴大任成为国内最早的数学研究生。在熊庆来的影响下，先后出国学习数学的有江泽涵（1927）、陈省身（1934）、华罗庚（1936）、许宝騄（1936）等人，他们学成回国后都成为数学界的后起之秀。

1931年年初放寒假以后，熊庆来在图书馆看到《科学》杂志上发表的一篇数学论文，标题为《苏家驹之代数的五次方程式解法不能成立的理由》，作者是名不见经传的华罗庚。于是在他和叶企孙的推荐下，清华大学破格录用了华罗庚任助理员。[①]

熊庆来认为，大学的重要，在其学术的生命与精神，因而他特别重视开展学术活动。在东南大学期间，他不仅购置了大量图书期刊与名家专集，而且大力倡导学术交流。在清华大学期间，他还聘请法国数学大师哈达马和美国数学家维纳（控制论发明人）到清华开课讲学。[②]

1932年，熊庆来代表中国出席在瑞士苏黎世召开的世界数学会议。[③] 会议结束后，熊庆来利用清华规定的五年一次的休假，前往巴黎专攻函数论，于1933年获得法国国家理科博士学位，成为第一个获此学位的中国人。其间，熊庆来写成了论文《关于整函数与无穷极的亚纯函数》，该文中定义的无穷极，被数学界称为"熊氏无穷极"，又称"熊氏定理"，被载入世界数学史册，奠定了他在国际数学界的地位。1934年，他返回清华，仍任算学系主任。1935年，中国数学会在上海成立，他任首届理事会理事，还会同上海、北京等地的会员倡议并创办了中国数学会会刊——《中国数学会学报》，任编辑委员。

①② 参见智效民：《数学泰斗熊庆来的跌宕人生》，《民主与科学》2014年第3期，第43—48页。
③ 这是中国代表第一次出席数学会议。世界数学界的先进行列中，从此有了中国人。

（五）华罗庚的数学成就[①]

华罗庚[②]是中国解析数论、矩阵几何学、典型群、自守函数论等多方面研究的创始人和开拓者。在国际上以华氏命名的数学科研成果就有"华氏定理""怀依-华不等式""华氏不等式""嘉当-普芬威尔-华定理""华氏算子""华-王方法"等。华罗庚的主要成果反映在其专著《堆垒素数论》中，该书先后被译成俄、日、德、匈、英文出版，至今仍是被征引的重要文献。与此同时，还形成了在国际上颇具影响力的华罗庚数学学术传统的中国群体[③]，该学术群体对于求解质数分布问题与哥德巴赫猜想做出了许多重大贡献。

华罗庚像

1."华氏定理"[④]

华罗庚早年的研究领域是解析数论。因为很多数论重要问题的解决，都可以归结为某种三角和的估计，因而三角和的估计是近代数论研究的中心问题之一。高斯是这个领域的创始人，关于二次多项式对应的完整三角和就被称为高斯和。高斯本人解决了它的最佳估计问题。经历了二百多年之后，才由华罗庚在1938年解决了任意多项式、系数为整数的一般完整三角和的最佳估计。这项工作在数论中有广泛的应用，华林问

---

① 参见李景文：《华罗庚传》，河南文艺出版社2019年版，第21—53页；王元：《我的老师华罗庚》，《中国科学院院刊》1986年第1期（创刊号），第79—83页。

② 华罗庚（1910—1985），江苏常州金坛人。他被誉为"中国现代数学之父"，是20世纪享誉世界的杰出数学家。1931年华罗庚入清华大学数学系任助理员，之后晋升为助教、教员；1936年赴英国剑桥大学进修，在国际数学界崭露头角；他于1938年回国，任西南联合大学（简称"西南联大"）、清华大学教授；1942年，他以书稿《堆垒素数论》获1941年度国家学术奖励金一等奖。华罗庚先后当选中央研究院、中国科学院、美国科学院、联邦德国巴伐利亚科学院、第三世界科学院院士。他一生留下了十部巨著：《堆垒素数论》《指数和的估价及其在数论中的应用》《多复变函数论中的典型域的调和分析》《数论导引》《优选学》《计划经济范围最优化的数学理论》等，其中八部为国外翻译出版，已列入20世纪数学的经典著作之列；此外，还有学术论文150余篇（参见陈克胜：《华罗庚数学学术谱系及其思考》，《自然辩证法研究》2021年第9期，第95—100页；郭金海：《中央研究院与华罗庚对苏联的访问》，《中国科技史杂志》2020年第4期，第496—509页）。

③ 参见陈克胜：《华罗庚数学学术谱系及其思考》，《自然辩证法研究》2021年第9期，第95—100页。

④ 参见王元：《我的老师华罗庚》，《中国科学院院刊》1986年第1期（创刊号），第79—83页。

题推广中的主要困难就是依靠这条定理克服的。所以，国际上称华罗庚的关于完整三角和的成果为"华氏定理"。

2."华氏不等式"[①]

华罗庚关于三角和的积分平均估计（1938），是处理低次华林问题的重要工具，国际上称为"华氏不等式"。"华氏不等式"是关于维诺格拉朵夫方法的改进与简化的研究成果。华罗庚首先指出维诺格拉朵夫方法的核心为一个积分平均，他称其为维诺格拉朵夫中值定理。1950年梯其玛奇的专著《黎曼 ξ—函数》，其中在论维诺格拉朵夫方法时，就采用华罗庚的形式。以后相关的著作，包括帕拉哈、瓦尔菲茨、卡拉楚巴、沃恩等人的著作中，都按照华罗庚的形式来论述维诺格拉朵夫方法。

3."嘉当-普芬威尔-华定理"[②]

在代数方面，华罗庚证明了"体半构必是自同构或反自同构"，这条定理去掉了体的半自构概念，由此可以证明特征≠2 的映射几何的基本定理，充分体现了代数的优美性。1956 年，阿丁在专著《几何的代数》中记述了这个定理，并称之为美丽的"华氏定理"。1949 年，华罗庚又证明了"体的每个真正规子体均包含在它的中心之中"。嘉当最初证明这个结果时，用了伽罗华理论，并仅对可除代数加以证明。上述结果则是普芬威尔与华罗庚证明的，国际称为"嘉当-普芬威尔-华定理"。

此外，华罗庚关于典型群的研究也有其独特性。他提出，先解决低维问题，再用归纳法处理高维问题。这与狄多涅从高维入手相比，不仅方法上更为初等，而且解决了用处理高维的方法不能解决的低维问题的困难。

第二节　物理学发展

这一时期江苏籍或者在江苏工作的物理学家主要有：胡刚复、吴有

---

①② 参见王元：《我的老师华罗庚》，《中国科学院院刊》1986 年第 1 期（创刊号）。

训、施汝为、周同庆、钱伟长。

一 胡刚复的物理学贡献

胡刚复[①]是中国第一代物理学家、著名科学教育家，也是中国近代物理的先驱之一。他毕生致力于祖国的科学与高等教育工作，时间近半个世纪，为国家培养了一大批优秀科学技术人才。[②]

1. X 射线研究[③]

胡刚复 1913 年大学毕业，获奖学金入哈佛大学研究院，在杜安（W. Duane）教授指导下，从事镭的提纯工作并在亨廷顿癌症医院从事癌症放射性临床治疗。1914 年开始研究当时物理系前沿课题之一的 X 射线。因而从 1914 年到 1918 年，在攻读博士学位期间，他与杜安教授合作，研究了 X 射线 K 线系与化学元素原子数之间的关系，其重要学术成果有：一是用布喇格方法精确测定了原子序数自 25 至 34 的元素 K 线的临界吸收波长。他以电子速度和原子序数作图，提高了莫塞莱定律的精度，验明了 X 射线临界吸收频率、吸收体内临界电离频率、X 射线管中由激励电子能量确定的临界 X 射线频率和最高特征发射频率都相等。二是首次在 X 射线频率范围内测定了光电子在不同方向的速度分布和 X 射线散射的空间分布及其光谱特性，明确了选择性光电效应和选择散射的存在，确定了 X 射线光电子的最大发射速度。这些成果对于确定 X 射线谱项结构、揭示原子发射 X 射线

胡刚复像

---

① 胡刚复（1892—1966），原名文生，又名光复，江苏无锡人。他于 1909 年考取首批庚款留美，入哈佛大学物理系学习，1913 年大学毕业，入哈佛大学研究院，1914 年获硕士学位，1918 年获得哈佛大学哲学博士学位。胡刚复历任南京高等师范学校、东南大学物理系教授兼系主任，厦门大学物理系教授兼理学院院长、中央研究院物理研究所专任研究员、浙江大学物理系教授兼理学院院长等职；1952 年任南开大学物理系教授。

② 参见凌瑞良：《中国物理学前辈——胡刚复》，《大学物理》2009 年第 4 期，第 43—51 页。

③ 参见中央大学南京校友会、中央大学校友文选编纂委员会编：《南雍骊珠：中央大学名师传略再续》，第 185—188 页。

的机制、理解原子内层电子构造都有重要意义。

2. "熵"等物理学名词确定[①]

自然科学特别是物理学在中国并不像哲学、文学有深远的根源，"物理学"这个名词是舶来品，晚清时才被引入中国。而相关的物理学名词，在中文字典中也很难找到与之匹配的字或者词。比如，德国物理学家克劳修斯（1822—1888）于 1865 年类比热力学第一定律的数学表达式：态函数——内能（U），以一个新概念——态函数熵（S），表述热力学第二定律。而"S"的物理意义与"能"有相近的亲缘关系，克劳修斯就将其定名为"Entropy"。由于"Entropy"为克劳修斯所创，是个新概念，含义较为抽象，因而不易找到一个与此意思匹配的中文字。鉴于此，胡刚复在翻译时，灵机一动，想了一个简单的方法，即根据公式 dS＝dQ/dT，他认为 S 为热量与温度之商，而且此概念与火有关（象征着热），于是在商字上加火字旁，构成一个"熵"。这样，"Entropy"就有了中文名"熵"——利用汉字以偏旁来表达字义的特色相当贴切，同时又颇为形象地表达了态函数"Entropy"的物理概念。后来胡刚复翻译的这篇文章发表在《科学》第 8 卷中，得到学术界的赞同，此译法一直沿用到今天。"熵"在文化意义上，则是在浩瀚的汉字文库中又增加了一个新字。

胡刚复是中国科学社名词审查委员会的主要成员，除了上述解决了热力学上"熵"这个难翻译的概念译名外，他还提出电学中难译的译名——"电位"等物理学名词的定名，并且于 1916 年在《科学》杂志上，发表了《大地电象》《电位定名解》等论文，进一步以定性和定量的方法来说明这些译法，其理由充分，论证严谨，受到学术界的认同。另外，在国家度量衡方面，胡刚复和其他物理学家还一起提出 1 米等于 3 尺和 1 公斤等于 2 市斤的方案。

3. 倾心物理学教育事业[②]

胡刚复自 1918 年回国以后，就在南京东南大学物理系任教，他创

---

① 参见凌瑞良：《中国物理学前辈——胡刚复》，《大学物理》2009 年第 4 期，第 43—51 页；解俊民：《胡刚复》，科学家传纪大辞典编辑部：《中国现代科学家传记》第二集，科学出版社 1997 年版，第 141—145 页。

② 参见罗程辉：《胡刚复与中国科学社》，《物理通报》2014 年第 11 期，第 118—121 页。

办了我国第一个大学物理实验室,首开物理实验教学先河,这对于当时我国高校的物理实验改革具有重要意义. 其后他不断奔波于沪宁和南北地域之间,在上海交通大学、厦门大学、浙江大学、南开大学等高校就职,活跃在近代物理的讲台上,为了培养物理学人才,不辞辛劳;将人生主要的精力都投入在我国的物理教育事业上。①

二 吴有训的物理学贡献

吴有训②是中国著名的物理学家,对近代物理学的重要贡献,主要是全面地验证了康普顿效应和开展 X 射线散射研究。

吴有训像

1. 验证康普顿效应 ③

康普顿最初发表的论文只涉及一种散射物质(石墨),尽管已经获得明确的数据,但终究只限于某一特殊条件。为了证明这一效应的普遍性,吴有训在康普顿的指导下,做了 7 种物质的 X 射线散射曲线,证明只要散射角相同,不同物质散射的效果都一样,变线和不变线的偏离与物质成分无关。他们在 1924 年联名发表《经轻元素散射后的钼 K 射线的波长》一文,论文刊登于《美国科学院院报》($Proc. Nat. Acad. Sci.$)第 10 卷上。文中写道:"这些实验无可置疑地证明了散射量子理论所预言的光谱位移的真实性。"吴有训这一研究得到了康普顿的高度评价。

---

① 1946 年胡刚复被委派率学生前往英国学习雷达技术,为中国培养第一批雷达高技术人才。在英国期间,他每周均到剑桥大学听课,学习微波原理和他以前没有正规学过的量子力学、电动力学和统计力学等课程。

② 吴有训(1897—1977),字正之,江西高安人。他是中国近代物理学研究的开拓者和奠基人之一,被称为中国物理学研究的"开山祖师"。吴有训毕业于美国芝加哥大学,历任江西大学和国立中央大学教授,清华大学教授、物理系主任、理学院院长,中央大学校长、交通大学教授等职。他 1948 年当选为中央研究院院士,1955 年选聘为中国科学院学部委员(院士);其代表作品有《经轻元素散射后的钼 K 射线的波长》《康普顿效应与三次 X 辐射》等。

③ 中央大学南京校友会、中央大学校友文选编纂委员会编:《南雍骊珠:中央大学名师传略》,第 8—15 页。

2. X射线散射研究[1]

吴有训1925年获美国芝加哥大学博士学位,于1926年回国,从1930年到1937年全国性抗日战争爆发前,他在清华大学物理系开展X射线散射研究,总共在国内外学术刊物上发表了15篇论文,其中在英国《自然》(Nature)杂志上发表2篇,在美国《物理评论》(Phys. Rev.)上发表3篇,在《美国科学院院报》上发表2篇。这是当时中国物理学家所取得的相当好的成绩。其中1930年10月,在《自然》杂志发表了他回国后的第一篇理论文章:《论单原子气体全散射X射线的强度》,开始了对单原子气体、双原子气体和晶体散射的散射强度理论研究。1932年,吴有训在美国《物理评论》上发表了《双原子气体X射线散射》一文,认为当时华盛顿大学物理系教授江赛的散射强度公式缺少一个校正因子,并令人信服地阐明了他分析的正确性。吴有训在国内的X射线散射研究成果在当时受到了国外同行的重视。比如,1934年,英国物理学家兰达尔(J. T. Randall)在其专著《X射线与电子受非晶态固体、液体和气体的衍射》一书中引用了吴有训的论文。与此同时,吴有训还指导研究生开展这方面的研究。他指导的研究生及其论文题目分别有:黄席棠的《液体对于X射线之散射》;钱伟长的《晶体对于X射线之散射》;陆学善的《多原子气体所散射X线之强度》等。

三 施汝为的磁学贡献[2]

施汝为[3],物理学家,中国近代磁学的奠基者和开拓者之一。他在铁磁合金和磁铁矿的磁晶各向异性、磁畴观察研究和铝镍钴系永磁合金磁性改进等方面做出了重要贡献,并在中央研究院建立了我国第一个磁学研究实验室,培养了大量磁学专门人才。

---

[1] 参见张逢:《吴有训的X射线研究与"学术独立"》,《科学学研究》2007年第2期,第239—244页。

[2] 参见中央大学南京校友会、中央大学校友文选编纂委员会编:《南雍骊珠:中央大学名师传略续篇》,第248—252页。

[3] 施汝为(1901—1983),江苏省崇明县(今属上海市)人,毕业于美国耶鲁大学。施汝为1955年当选为中国科学院学部委员(院士),中国科学技术大学物理系创始人,他长期担任中国科学院物理研究所所长,为我国磁学研究和物理学研究事业的发展做出了贡献。

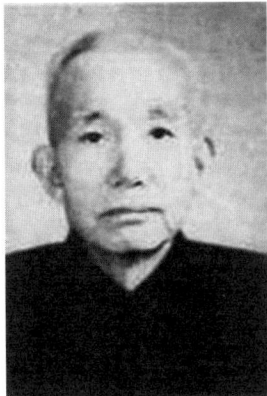

施汝为像

1. 创建中国第一个磁学研究实验室①

施汝为于 1934 年在美国学成回国,即应聘到国立中央研究院物理研究所任研究员,从事磁学研究。他怀着"科学救国"、希望祖国富强的爱国主义精神和强烈事业心,带领几名刚从大学毕业的青年助手,建立起近代中国的第一个磁学研究实验室。经过短短的几年时间,他领导建立的磁学实验室已初具规模,拥有由所内工厂自制和由国外订购的五线摆均匀梯度磁场磁强计,外斯(Weiss)型强电磁体、高频感应电炉、X 射线衍射仪和大型金相显微照相仪等重要实验设备;开展了制备磁性合金样品、分析物相和结构,观察磁畴粉纹图和磁性测量等较为全面的金属磁性研究工作;进行了镍—钴(Ni—Co)单晶体磁各向异性、各向同性铁磁材料磁性,以及巨姆合金晶体、磁铁矿晶体和多晶铁磁体的磁畴粉纹图等多项磁学课题研究。

1938 年,施汝为带领物理研究所的人员携重要实验设备,从已被日本侵略军占领的上海(当时物理研究所在上海租界内)迁往内地。途中历经艰辛,还曾绕道越南,到 1940 年才在桂林与物理研究所的其他人员会合。在桂林,他又领导重建了磁学实验室。由于日本飞机经常轰炸,当时的生活极不安定。即使在这样困难的情况下,他和助手们还完成和发表了在上海未完成的两项磁畴粉纹研究工作。1944 年,日本侵略军发动湘桂战役,进犯桂林,物理研究所人员不得不迁移到重庆北碚的中央研究院,由于途中遭受洪水灾害,实验仪器和私人书物等损失很大。1945 年,日本投降后不久,施汝为代表物理研究所去上海接收日本政府 20 年代后期在上海租界内建立的自然科学研究所。1947—1948 年间,物理研究所在南京九华山新建的物理实验楼落成,他随全所人员从上海迁往南京,积极恢复受抗日战争搬迁而损失严重的磁学实验室。

---

① 参见赵见高:《中国现代磁学事业的开创者之一——施汝为院士》,《物理》2005 年第 10 期,第 758—764 页。

2. 磁学研究成就

施汝为对于近代中国磁学研究的开创和发展所做贡献主要有以下几个方面：一是对铁磁（性）合金单晶体的研究。施汝为在研究中首次指出，铁磁晶体的易磁化方向不仅依赖于晶体结构，而且与晶体所包含的原子种类有关。他在这些铁磁合金中首次发现其易磁化方向随合金成分的改变而变化。二是对铁磁合金和磁铁矿单晶体及铁磁多晶体的磁畴观测研究。施汝为对多种典型的铁磁材料的磁畴进行了较仔细的观测研究，其中一部分研究成果是在抗日战争十分困难的环境中完成和发表的。三是30年代早期在研究无水和含水的氯化铬的顺磁性时，首次测定和研究其两种六水合物的磁化率，发现部分水从化合水转变为结晶水时，磁化率显著增加。他利用原子（分子）磁团间距受水的影响而改变的模型，解释了所测得的实验结果。

四　周同庆的物理学成就[①]

周同庆[②]是物理学家、教育家。他在物理学方面的成就主要体现在光学和"声回响"理论及应用的研究上。

1. 光学研究

周同庆在美国普林斯顿大学四年学习期间，认真钻研光电，撰写了《氩放电管中的振动和移动辉纹》（1931）、《二氧化碳的发射和吸收光谱》（1931）、《二氧化硫气体光谱》（1933），分别发表在美国的《物理评论》《物理学会会刊》

周同庆像

---

① 参见中央大学南京校友会、中央大学校友文选编纂委员会编：《南雍骊珠：中央大学名师传略再续》，第193—197页。

② 周同庆（1907—1989），江苏昆山人。他1929年毕业于清华大学，1933年获美国普林斯顿大学物理学博士学位。长期从事光学与光谱学、气体放电、等离子体以及物质结构等方面的研究工作，是我国早期光学、真空电子学和等离子体物理学等领域的领军人物之一。他历任中央大学物理系教授、系主任，交通大学物理系主任、理学院院长，复旦大学信息技术学科领域的学科带头人。他主持研制出中国第一只X光管；中国第一台质子静电加速器和第一台电子模拟计算机，建立了原子物理实验室，还开展了原子物理方面的科学研究。1955年当选为中国科学院学部委员（院士）。

《物理杂志》上。其博士论文《二氧化硫气体光谱》至今仍保留在普林斯顿大学图书馆中。由于他学业优异,在获得普林斯顿大学哲学博士学位的同时,该校校长还亲自授予其"金钥匙奖"。

2."声回响"理论及应用研究

1940年在重庆中央大学期间,为了测量长江—嘉陵江沿江小城市的吃水线和水下暗礁,以保证安全航行,周同庆带领讲师李博、助教林大中等探索测量方法。他们自己争取经费,动手设计制作仪器,在参阅国外有关文献的基础上,确定了利用超声反射的方案。它的原理和当时刚刚出现的雷达相似,后来被称为"声纳",当时周同庆把这一原理称为"声回响(Echo Sounding)"。他和中央工业实验所合作,研制成功了超声发生器和超声探测器,最后制成磁伸缩式高频声波自动记录的回声测深仪。周同庆和助手们还不畏艰险,坐船在江上实地试验,证明这种仪器既能相当准确地测量河道深度,又能简便地探出暗礁位置。这项研究成果获得了当时教育部的嘉奖,并移交有关部门使用。

五 钱伟长的力学贡献[①]

钱伟长[②]是中国近代力学的奠基人之一,他在力学研究上的最主要贡献包括弹性板壳统一的内禀理论;摄动理论;广义变分原理与有限元法。同时,他在环壳理论与应用、变扭的扭转问题、二维叶栅出流角的保角变换解法以及薄板压延理论等方面亦有重要的研究成果。另外,

---

[①] 参见中国科学技术协会:《中国科学技术专家传略·理学编·力学卷》,中国科学技术出版社1993年版,第166—195页。

[②] 钱伟长(1912—2010),江苏无锡人,毕业于清华大学,1942年获得加拿大多伦多大学理学博士学位。历任美国加州理工学院喷射推进研究所研究总工程师,清华大学机械系教授,兼北京大学、燕京大学教授;主持组建新上海大学,终身担任上海大学校长。钱伟长参与创建中国第一个力学系和力学专业及中国第一个力学研究所;他开创了全国现代数学与力学系列学术会议,开创了理论力学的研究方向和非线性力学的学术方向;为中国的机械工业、土木建筑、航空航天和军工事业做出了贡献,被人称为中国近代"力学之父"和"应用数学之父"。他共发表论文100余篇,300余万字;还担任5种国际学术刊物的编委和一些国内学术刊物的顾问;曾创办《应用数学和力学》刊物,采用中英文两种文字,在国内外发行。钱伟长著有《变分法及有限元》《广义变分原理》《穿甲力学》,合著有《弹性力学》等。1955年当选为中国科学院学部委员(院士)。

在汉字信息处理(钱码)、三角级数求和法等方面他也有重要的贡献。①

1. 提出"钱伟长方程":弹性板壳统一的内禀理论

钱伟长于 1938—1939 年在国内时就开始对弹性板壳理论问题的研究。在研究中他发现那时的弹性板壳理论中采用了各种各样的近似简化条件,割断了同三维弹性力学理论的联系,局面相当混乱,很难对它们的合理性和准确性做出

钱伟长像

统一的对比和评价。为了改变这一状况,他首次应用微观应力应变关系将三维弹性力学平衡方程改写成以应变张量来表示的形式,同时,采用拖带坐标系,通过张量分析,导出了以中面拉伸张量和弯曲张量表示的 3 个平衡方程和 3 个协调方程,从而建立了板壳精确的微观通用内禀理论。当钱伟长于 1940 年 9 月与其导师辛吉(Synge)教授第一次面谈时,发现他们两人都在研究同一个问题。只是辛吉用宏观的内力素张量求得在外力作用下板壳的张量平衡方程,称之为宏观方程组;而钱伟长建立的板壳的微观通用内禀理论的方程被称为微观方程组。辛吉认为虽然两种理论所用的力学量和符号有所不同,但其实质是等同的。辛吉教授提出把两种理论合在一起,钱伟长写成一篇论文《弹性板壳的内禀理论》,发表于冯·卡门教授(von Karman)教授 60 寿辰祝贺文集之中。值得指出的是该文集只收编了 21 篇论文,其作者(共 26 人),除年仅 29 岁的钱伟长外,都是当时世界权威学者(其中有爱因斯坦、冯诺依曼、冯米塞斯、库朗等)。这篇论文发表后,颇受学术界的重视,例如荷兰力学家鲁滕(Rutten)教授对它做了高度评价。在 20 世纪 50—60 年代,这篇论文曾多次被美国和苏联等国的学者引用。

1942 年,钱伟长在其博士论文中继续深化和发展了他的微观内禀理论,主要贡献有:(1) 按板壳厚度和曲率的量级分析来进行系统分类,

---

① 参见刘高联:《钱伟长——我国近代力学和国际奇异摄动理论的奠基人》,《科学家》2006 年第 2 期,第 159—163 页。

得到不同精度的 12 类薄板和 35 类薄壳问题,它们各由 6 个方程所描述。它们不仅包含了常见的小挠度方程和一些已知的大挠度方程,而且还含有不少具有实用价值的新方程,其中尤以扁壳方程最为重要,它和圆柱壳方程一起被称为"钱伟长方程";(2) 将三维微观平衡方程沿板壳厚度进行积分,就得出了以内力素表示的宏观平衡方程,从而把上述辛吉的宏观理论和钱伟长的微观理论完全统一了起来;(3) 对板壳的边界效应做了深入分析,这推动了 20 世纪 60 年代不少有关三维理论的边界效应问题的研究,其中包括著名的格林(A. E. Green)、赖斯纳(E. Reissner)等人的工作。总之,钱伟长的板壳内禀理论是国际上首次建立的严格、统一和精确的理论,它将板壳理论推进到一个新的发展阶段。

2. 摄动理论:"钱法"

(1) 正则摄动理论

1947 年钱伟长创建了以中心挠度(与板厚 h 之比)w_m 为摄动参数作渐近展开的摄动解法,第一次成功地求得了园薄板大挠度冯·卡门非线性微分方程的级数解。该解法有以下的创新点:其一,与通常都选已知参数为摄动参数的惯例相反,钱伟长所选的摄动参数 w_m 本身是未知的,其优越性是显著改善了级数的收敛性;其二,钱伟长选的摄动参数 w_m 根本就不出现在冯·卡门大挠度方程及边界条件中,与通常人工参数并无物理意义不同,钱伟长引入的参数 w_m 具有鲜明的物理意义;其三,钱氏摄动法是"参数变形法的反演"。上述创新点大大拓宽了人们选择摄动参数的眼界和技巧,进而使摄动法的研究推进了一大步。

(2) 奇异摄动理论

1948 年,钱伟长接着深入研究了当板壳挠度非常大时,上述摄动解会遇到收敛的困难的情况下,固夹园薄板受均布负荷的问题,即后来被称为奇异摄动问题的典型类型之一。他在研究中首先发现其中存在边界效应(类似于流体边界层),在板的外边界狭小邻区内,挠度 w 的变率很大,传统的(正则)摄动法失效,为了看清这种变化,他提出使用"放大镜",即引用新的放大坐标 β,把渐近解分解成两部分之和。这就是钱伟长首创的合成展开法(即钱氏的合成展开法,简称"钱法")。它比普朗克(Prandtl)的匹配展开法在构思上和数学技巧上都有显著的突破和创新,而且非常有效,其结果同实验非常吻合。国际上类似的方法到1956年以后才出现,即比"钱法"至少迟了8年。①

由上可知,钱伟长不论对奇异摄动理论,而且对薄板大挠度理论都做出了领先世界的重大贡献,是世界奇异摄动理论当之无愧的主要奠基人之一。该成果于1956年获国家自然科学奖二等奖。

① 参见刘高联:《钱伟长——我国近代力学和国际奇异摄动理论的奠基人》,《科学家》2006年第2期,第159—163页。

第九章　民国时期的化学与化工学发展

这一时期我国包括江苏在化学上的发展,主要体现在有机化学、分析化学、物理化学、中国化学史的研究等方面;在化工发展方面,主要体现在油脂学科、发酵科学与食品、发酵工业、化学工程学、化工教育等领域。

第一节　化学发展

这一时期江苏籍或者在江苏工作的化学家主要有赵承嘏、庄长恭、张江树、曾昭抡、高济宇、袁翰青、李景晟、王葆仁等。

一　赵承嘏的药用植物化学研究[1]

赵承嘏[2]是中国植物化学和现代药物学家,是中国植物化学和现代

---

[1] 参见中央大学南京校友会、中央大学校友文选编纂委员会编:《南雍骊珠:中央大学名师传略再续》,第198—202页。

[2] 赵承嘏(1885—1966),江苏江阴人。1910年他从英国曼彻斯特大学毕业,获得理学士学位;1912年和1914年,先后获得瑞士苏黎世工业学院理科硕士及日内瓦大学哲学博士学位。赵承嘏历任法国罗克药厂研究部研究员、研究部主任,南京高等师范学校数理化学部教授,北京协和医学院任药物化学教授兼药理系代主任,北平研究院药物研究所研究员兼所长,中央研究院评议员,中国科学

（转下页）

药物研究的先驱者。他不仅为系统整理和研究中药奠定了坚实的基础,做出了卓越的贡献,而且为我国医药界培养了一大批优秀人才。

1. 由天然产物全合成研究到中草药研究[②]

赵承嘏留学国外时在导师曼彻斯特大学有机化学首席教授小潘金(William Henry Perkin, Jr)的指导下,从事萜烯类化合物合成研究,其硕士毕业论文与导师共同署名,发表于《英国皇家化学会志》上。[③] 接着他进入日内瓦大学,在著名有机化学家毕诞(Amé. Pictet)教授指导下,进行天然产物全合成研究。他常以惊人的速度和精巧的技术,出色地完成毕诞教授交给的艰巨任务,显示了他卓越的才能。在毕诞教授指导下,赵承嘏完成了紫堇碱(延胡索甲素)

赵承嘏像

的全合成,并于 1914 年获得博士学位(他是中国第一位化学博士)。毕业后,赵承嘏在日内瓦大学留校任教两年,成为在欧洲大学讲授科学(Science)课程的第一位中国人。在这期间,他与毕诞教授合作继续从事天然产物全合成研究,完成了天然产物常见结构单元吡啶、异喹啉等的全合成研究,发表 3 篇研究论文。但他深深地感到,20 世纪初的中国化学研究,与国际有机化学的发展相比,有很大的差距,尤其在应用科学方法对中草药进行系统研究方面,还是一个空白。而他出生于中药世家,深知中草药是一个伟大宝库。于是,他毅然放弃有机合成的专长,婉拒药厂的诚恳挽留以及老师和同事们的再三劝阻,决定回国以先进的实验技术对中草药进行系统研

(接上页)院药物研究所研究员兼所长,中国科学院数理化学部学部委员(院士)。他毕生致力于中草药化学研究,运用近代化学方法对古老的中草药进行系统的研究,改变经典乙醇浸泡法,独创碱磨苯浸法分离提取中药成分,对植物化学做出了贡献;研究了雷公藤等 30 多种中草药的化学成分,为提高祖国医药学水平做出了卓越贡献;并为中国医药界培养了几代药学研究人才。

② 参见徐晓萍、石岩森、厉骏等:《中国植物化学和现代药物研究的开拓者——赵承嘏先生》,《中国科学》2016 年第 2 期,第 238—248 页。

③ 这篇 13 页的长文可能是中国学者在西方科技期刊上发表的第一篇学术论文。

究,为发掘和提高祖国医药学做贡献。

2. 生物碱分离

赵承嘏在英国留学的导师小潘金教授,十分重视实验室工作和实验技术,这对赵承嘏有很深的影响。不过,当时提取植物有效成分的经典方法是乙醇浸泡,这样得到的粗提物成分复杂,不易提纯分得结晶。而植物有效成分多属生物碱,赵承嘏根据生物碱的特性,采用碱磨苯浸法,使提取物成分趋于简单,大大减少了进一步分离单体的困难。他根据不同的研究对象,设计不同的方法。他和他的学生们系统地研究了雷公藤、细辛、三七、贝母、常山、防己、延胡索、钩吻、麻黄等30多种中草药化学成分,得到了许多新生物碱的单体结晶,提供给药理工作者进行药理研究,并选择其中有价值的推荐进行临床试验,从而建立了系统研究整理祖国医药学的一套科学方法。与此同时,他和学生们在国内外著名杂志中发表了许多论文,为中外学者所重视和赞赏。

3. 从一种植物中提取多种结晶

赵承嘏运用自己独创的一套分离提取方法,往往能从一种植物中提得多种结晶,对植物化学做出了贡献。例如从延胡索植物中分离得到13种生物碱结晶;从不同品种钩吻中分得7种生物碱结晶;从常山中分得3种在一定条件下可以相互转化的异构体。这种提取方法在当时国际植物化学中占有重要的地位。他还从三七植物中分得三七皂甙元结晶,并证明和人参二醇为同一化合物,比日本著名的化学家从人参中分得人参二醇早20年。

4. 进行新的药物提取实验

对于已经为国外学者详细研究的一些中草药,经赵承嘏重新研究后,往往又能分得新的成分。例如从麻黄中分得新生物碱麻黄副素;从曼陀萝中又分得曼陀芹和曼陀芹引等新生物碱。

赵承嘏在研究中每得到一种生物碱,都要进行详细的药理试验。例如从常山中分得的丙种常山碱,其抗疟作用为奎宁的148倍;从延胡索分得的延胡索乙素现已在临床上作为镇痛、镇静剂应用,成为中国创制的新药[1];在青霉素试制生产过程中,青霉素钾盐未能获得结晶,但他用较短时间解决了这个关键问题,使之得以顺利投产。

1932 年 6 月由北平研究院和中法大学合作共建的药物研究所成立,赵承嘏出任所长兼专任研究员。经过短期筹备,药物所于 9 月 1 日开始工作。此后赵承嘏一直在药物所从事系统整理和研究中草药的工作,在这期间他发表了 20 多篇论文,为中国现代中药研究和药物研发体系的建设奠定了坚实的基础。1926 年起他就任中国生物学会主席,1935 年当选为中央研究院评议员。

二 庄长恭的有机化合物结构研究[2]

庄长恭[3],有机化学家和教育家,中国有机化学研究的先驱者,有机微量分析的奠基人。他对有机合成特别是有关团体化合物的合成与天然有机化合物结构的研究,做出了卓越贡献,从而引起了国际有机化学界的重视,并在国内外化学界享有盛誉。[4]

1932—1941 年期间,庄长恭发表了 18 篇学术论文[5]。1933 年,他在德国哥廷根大学深造期间,对麦角甾醇结构的研究卓有成效。他以精湛的技巧,从麦角甾烷的铬酸氧化产物中分离到失碳异胆酸,并从已知结构的比较中,证明了麦角甾烷的结构,在此基础上,推测了麦角甾醇的

庄长恭像

---

① 赵承嘏创制的新药已载入中华人民共和国药典。
② 参见中国科学技术协会编:《中国科学技术专家传略·理学编·化学卷 1》,中国科学技术出版社 1993 年版,第 122—135 页;中央大学南京校友会、中央大学校友文选编纂委员会编:《南雍骊珠:中央大学名师传略再续》,第 214—217 页;冯丽妃:《庄长恭:中国化学界的"一面旗帜"》,《中国科学报》2019 年 10 月 25 日第 4 版"人物"。
③ 庄长恭(1894—1962),福建泉州人。他 1924 年毕业于美国芝加哥大学化学系,获博士学位;1948 年当选为中央研究院院士;1955 年被选聘为中国科学院学部委员(院士);曾任中央大学理学院院长、中央研究院化学研究所所长,台湾大学校长,中国科学院有机化学研究所研究员、所长。
④ 参见中国科学技术协会编:《中国科学技术专家传略·理学编·化学卷 1》,第 122 页。
⑤ 参见中国科学技术协会编:《中国科学技术专家传略·理学编·化学卷 1》,第 133—135 页。

结构。由于麦角甾醇结构和维生素 D 的结构关联是国际上富有挑战性的课题,因此在 20 世纪 40 年代出版的国际上通用的教科书——卡勒(Karrer)的名著《有机化学》第二版中所列举的 166 项文献中,唯一的一篇中国人的论文就是庄长恭关于麦角甾烷的文章。

1934—1938 年,庄长恭主要从事与甾体有关的化合物的合成,有力地推动了我国有机合成化学的发展。为了合成带有角甲基的双环 α-酮,他设计出一个带有普遍意义的有效方法,受到国际有机化学界的重视。

庄长恭回国后,和学生还致力于生物碱结构的研究。他们从中药汉防己中分离出 2 种结晶生物碱,并对其结构进行探索,一种证明为防己碱;另一种定名为防己诺林,其中含有酚基,被证明为脱甲基的防己碱。

庄长恭治学严谨,对实验现象的观察极为敏锐。如他在麦角甾醇结构的研究过程中,从麦角甾烷的氧化物中,发现有难于溶解的钠盐悬浮于乙醚层和水层之间,便把它们分离出来,经酸化得到关键性的失碳异胆酸,其数量是极微的(从 7 克的麦角甾烷只能得到 20 毫克的失碳异胆酸)。这就当时的技术水平来说,是相当先进的,对于麦角甾醇结构的推断具有决定性意义。庄长恭对新的科学技术进展非常关注。他在德国研究时曾到维也纳大学去亲自学习有机微量分析技术,这是当时刚刚发展起来的新技术,对研究微量成分非常重要。他回国后即与其学生首次在我国建立了这门分析技术,对以后国内开展这方面研究工作影响深远。

庄长恭在大学任教时,备课非常认真,反复思考怎样讲才能使学生们易于了解,因此他讲课时,学生们听得津津有味。与此同时,他还注重启发学生,并指出认识自然必须逐步深入,要有打破砂锅问到底的精神。

三 张江树的化学科学研究[1]

张江树[2]是物理化学家和教育家。他毕生致力于物理化学领域的教学与研究工作，是我国早期物理化学学科主要学术带头人之一，为我国化学科学的发展做出了贡献，并培育了几代科学技术人才。

张江树于 1926 年自美国学成回国。在 20 世纪三十至四十年代，他在化学科学研究方面取得了不少成果，曾发表《铜与盐酸之化学作用》《氯化亚铜在浓盐酸中的浓度》《阳起石的分析》《用共鸣法测定电解常数及电矩》《中国三电化学研究》等论文共 10 余篇。而他清楚地认识到，要振兴祖国的化学技术，关键是要培养出大批的化工人才。但是，当时的中国是半封建半殖民地社会，化工高等教育基础薄弱，大学教学中几乎全部采用外国教材。针对这一情况，张江树在从事教学与科学研究的同时，开始致力于编写中文教材。1945 年，他编写的《理论化学实验》一书出版，是我国化学家编写并出版的第一本物理化学教材。此后他又编写了《电池》《化学教学法》《高中化学》等多本教材。在教学方面，张江树回国后，先后在光华大学、中山大学、中央大学等校任教授。他治学严谨，讲课概念清晰，实验技术精湛，深受学生们的敬爱。

张江树像

---

[1] 参见中国科学技术协会编：《中国科学技术专家传略·理学编·化学卷 1》，第 174—182 页；中央大学南京校友会、中央大学校友文选编纂委员会编：《南雍骊珠：中央大学名师传略》，南京大学出版社 2004 年版，第 303—306 页。

[2] 张江树（1898—1989），江苏省常熟人。他 1918 年毕业于南京高等师范学校，1926 年在美国哈佛大学获理学硕士学位；历任光华大学、中山大学、中央大学（1949 年更名为南京大学）等校教授，中央大学化学系主任和理学院院长；南京大学教务长兼理学院院长，南京工学院（现东南大学）筹备委员会主任；华东化工学院院长、名誉院长。其代表作有：《理论化学实验》《物理化学与胶体化学》。

四 曾昭抡的化学研究①

1. 有机理论研究

曾昭抡②是化学家、教育家和社会活动家；是我国近代教育的改革者和化学研究的开拓者，培育了几代科技人才和教育人才。

曾昭抡像

曾昭抡从 20 世纪 20 年代，就开始做研究工作。他到北京大学任教后，由于他的倡导和带动，北大化学系形成了浓厚的研究氛围，在晚上和星期天，仍有不少教师和高年级学生在实验室专心从事研究工作，并取得了一批出色的成果。

曾昭抡仅在 1932—1937 年间就发表了 50 多篇论文，其中对"亚硝基苯酚"的研究成果已载入《海氏有机化合物词典》，被国际化学界所采用；他改良的马利肯（Mulliken）熔点测定仪，曾为我国各大学普遍使用。

在有机理论方面，曾昭抡和孙承谔等提出了一个计算化合物沸点的公式，指出一个化合物的沸点与所含原子半径有一定关系：将原子半径代入公式，就可以算出化合物的沸点。同时他们还提出了计算二元酸和脂肪酸熔点的公式。

2. 分子结构研究与有机卤代物等

在分子结构方面，曾昭抡等测得四氯乙烯的偶极矩为零，证明了该化合物有对称结构。他还测出了己二酸的偶极矩为 4.04D，并推断该酸有桶形结构。

---

① 参见中国科学技术协会编：《中国科学技术专家传略·理学编·化学卷 1》，第 183—201 页；中央大学南京校友会、中央大学校友文选编纂委员会编：《南雍骊珠：中央大学名师传略》，第 307—313 页。

② 曾昭抡（1899—1967），湖南湘乡县（现双峰县）人。他毕业于清华学堂，后在美国麻省理工学院攻读化学工程与化学，1926 年获该校科学博士学位，同年回国。他历任中央大学化学系教授兼化学工程系主任、北京大学化学系教授兼主任、西南联合大学化学系教授等职；1948 年当选为中央研究院院士。1949 年起，他历任北京大学教务长兼化学系主任，教育部、高等教育部副部长，中华全国自然科学专门学会联合会副主席，中国科学院化学研究所所长，武汉大学化学系教授等职；1955 年当选为中国科学院学部委员（院士）。

曾昭抡在制备无机化合物和有机卤代物方面,发表了 10 多篇论文;在谷氨酸、醌、有机氟化物及有机金属化合物方面也进行了一系列研究;在制备胺类化合物、盐类化合物、酚类化合物以及合成甘油酯方面,做了不少工作;对有机化合物的元素检出和测定方法,提出了不少改进意见。曾昭抡还进行炸药化学研究,并发表了论文,还出版了专著《炸药制备实验法》。他十分注重炸药试验。有一次,他带领学生做炸药试验,在爆炸前,他做了认真检查,并让学生们先离开试验地,然后,他亲自点燃导线,但没有马上离开,而是在那里仔细观察,直到导火索快要燃尽才离开。在场的学生都深深地被曾昭抡这种献身科学事业的忘我精神而感动。

3. 化学史与化学名词研究

曾昭抡的研究领域相当广泛,他在化学名词、化学文献和化学史等方面也做过不少研究,发表了一些有价值的论文。20 世纪二三十年代,近代化学研究在中国刚刚起步,曾昭抡所做的许多研究工作,代表了当时中国化学研究的水平,有的为世界化学界所重视。他对中国近代化学发展所起的推动作用,更是功不可没。为了促进中国化学研究和普及化学知识,他撰写了许多介绍国内外化学发展的文章。例如,他为《科学》杂志《有机化学百年进步号》专刊写了《有机化学百年进步概况》;为中国化学会十周年纪念专刊写了《中国之化学研究》《中国有机化学的研究》;为中国科学社二十周年纪念刊写了《二十年来中国化学之进展》。此外,他还撰写了《科学之最近进步》《最近有机化学之进展》《最近生物化学之进展》《关于促进中国化学发展的几点意见》等综述性、知识性、评论性文章。

近代化学科学传入中国并得到发展的重要因素之一,就是化学名词的命名和统一。曾昭抡非常重视这项工作。早在 30 年代初,他就将《国际有机化学名词改良委员会报告书》和《日内瓦命名原案》译成中文向国内读者介绍,并发表了不少有关化学名词命名的文章。

4. 学术团体和学术刊物工作

曾昭抡一生十分热心学术团体和学术刊物工作,他很早就加入了中国科学社、中国自然科学社、中国化学会、中国化学工程学会和美国化学会等学术团体,并在其中担任领导职务,参加了许多重要活动,特别是对中国化学会的创建和发展做出了重要贡献。

中国化学会于 1932 年 8 月 4 日在南京成立,曾昭抡是主要发起人之一,并当选为首届理事,创办了中国化学会第一个学术刊物——《中国化学会会志》。他为该会及其所办刊物做了大量工作。《中国化学会会志》(今《化学学报》前身)于 1933 年创刊,是我国第一个外文版化学学术期刊,用英文、法文、德文发表我国化学研究成果。该期刊通过曾昭抡的精心编辑,对促进化学研究和加强中外学术交流发挥了重要作用,受到国际化学界普遍重视。尤其在抗战期间和解放战争期间,办刊条件极端困难,甚至有时无经费出版,曾昭抡就省吃俭用,任凭衣鞋破旧,把积攒的钱几乎都用到这份刊物上。总之,为办好这份刊物,他付出了无数心血。此外,曾昭抡还担任过《科学》《化学工程》编委,《化学》的"中国化学撮要"专栏主编和美国《化学文摘》特邀撰稿人。不管工作多么繁忙,时局多么动荡,他始终坚持积累资料、撰写稿件,从而博得了《化学》总编辑戴安邦和美国《化学文摘》社的赞赏。由于他多年的不懈努力,"中国化学撮要"专栏被誉为《化学》最精彩的部分,中国化学研究成果也得以及时在《化学文摘》中得到反映。

曾昭抡作为中国化学会的领导人之一,十分注意总结过去的历史,展望未来的发展,并对如何办好学会、如何办好刊物提出了许多宝贵见解。1935 年 8 月,中国科学社等 6 个学术团体在南宁联合召开年会,曾昭抡代表中国化学会参加,被推选为大会主席团成员。他在大会上做了"中国化学会与中国化学之进展"的讲演。1936 年他又写了《中国化学会前途的展望》一文,提出了学会的前途和任务,他指出学会的任务最重要的是发行刊物、联络会员间的感情、促进这门科学的发展和传播这门科学的知识。他还强调学会的领导要定期更换,并注意选拔新生力量。曾昭抡的这些见解,对于办好学会具有重要历史意义和现实意义。

五 高济宇的有机合成和反应研究[1]

高济宇[2]是著名的有机化学家和教育家,为中国的化学教育和科研事业做出了巨大贡献。

高济宇从 20 世纪 30 年代初开始在有机合成和有机反应方面进行研究,在有机成环反应研究方面取得了重要成果。他独创性地提出并证明了"二酮-环醇"互变异构理论,研究了银、钯、钛等金属参与的有机反应,发现了多个新型反应。

高济宇像

20 世纪 20 年代前后,碳环化合物的合成是有机化学的一个重要研究方向。高济宇在博士论文中用 2,5 - 二溴己二酸二乙酯与氰化钠反应,得到了成环产物,这一发现成为后人合成四元环的重要方法。之后他系统地研究了 1,6 - 和 1,7 - 二酮及其衍生物的合成和性质,得到了 1,7 - 二苯 - 1,7 - 庚二酮的环醇,并证明它们在室温和碱催化下达成平衡。这是二酮环链互变异构的唯一例证。高济宇深入研究碳环化合物的合成,先后发表了 20 多篇研究论文,为化学有机合成领域内的科研开拓了新的途径。

在教学方面,他讲课语言精炼,启发性和感染力强,关心同学的接受能力,同时对学生要求严格。他长期讲授有机化学课程,坚持认真备课,精益求精,及时更新和充实教学内容。在 50 多年的教学生涯中,高济宇培养了大量化学人才,其中包括多名中国科学院院士。

---

[1] 参见中国科学技术协会编:《中国科学技术专家传略·理学编·化学卷 1》,第 298—306 页;中央大学南京校友会、中央大学校友文选编纂委员会编:《南雍骊珠:中央大学名师传略》,第 314—317 页。

[2] 高济宇(1902—2000),河南舞阳人。他 1922 年入唐山大学土木工程系学习,1923 年春考取河南省官费留美,同年秋入美国西雅图华盛顿州立大学电机系学习。后因经济困难退学做工,1924 年春复学后转入化学系。1927 年入伊利诺伊大学研究生院攻读有机化学,1931 年获得博士学位。同年 8 月回国,在中央大学先后任副教授、教授及化学系主任等职。1949 年中央大学改名为南京大学,他先后任理学院院长、教务长和副校长等职。1980 年他当选为中国科学院学部委员(院士)。

六 柳大纲的分子光谱研究[1]

柳大纲[2]是无机化学和物理化学家,我国分子光谱研究的先驱者之一,曾从事过紫外光区和远红外光区分子吸收光谱的研究。他特别重视应用化学,早期从事过矿物原料化学研究,20 世纪 50 年代以后在无机合成化学、盐湖科学调查和盐湖化学等方面做出了贡献。

柳大纲像

20 世纪 30 年代,柳大纲与物理化学家吴学周合作,研究了一系列直线形分子的紫外光谱。他们标定出相应的键振动频率,并推算出键力常数。在求得一些分子受光激发的分解能和断键位置后,判断出这些分子的基本结构。通过改进实验技术,他们所摄取的双氰分子紫外吸收光谱展现得十分详尽,由此取得不少具有重要意义的结果。在技术设备差的条件下取得这些成果实属不易,而当时国内此类研究还处于萌芽阶段。[3]

柳大纲不仅注重理论研究,他的实验技巧也十分精湛。柳大纲与吴学周在发现并研究了若干条里德伯谱系和非里德伯谱系后,得出如下结论:里德伯跃迁是由一个键合分子轨道受激所致,这个轨道与导致乙烯以及相关化合物的里德伯谱系的分子轨道十分相似。在六氟化硫的研究中,他们定性地分析了此化合物的解离,并建立了它的电离势值。

此外,柳大纲对中国古代和现代陶瓷,以及玻璃原料做过较系统的

---

[1] 参见中国科学技术协会:《中国科学技术专家传略・理学编・化学卷 1》,第 357—367 页。
[2] 柳大纲(1904—1991),字纪如;江苏仪征人。他 1925 年毕业于国立东南大学化学系并留校任教,1948 年获美国罗彻斯特大学博士学位。柳大纲是中国盐湖化学奠基人,1955 年被选聘为中国科学院学部委员(院士)。他于 1927 年及以后历任中国公学大学部教员、中央研究院化学研究所助理研究员、副研究员、研究员;1950 年及以后历任中国科学院物理化学研究所研究员、中国科学院学术秘书,中国科学院化学研究所研究员、副所长、所长、名誉所长,中国科学院青海盐湖研究所名誉所长。
[3] 参见胡克源、胡亚东、徐晓白:《柳大纲先生传略》,《科学》2004 年第 6 期,第 46—49 页。

化学研究，为我国 30 年代制造陶瓷和优质化学玻璃提供了丰富的资料。

七 袁翰青的化学研究[①]

袁翰青[②]是有机化学家、化学史家和化学教育家。他长期从事有机化学研究、中国化学史研究以及科技情报研究的领导和组织工作，曾发现联苯衍生物的变旋作用；在立体化学和异构现象的研究、中国化学史的研究、普及科学知识及繁荣科技情报事业等工作中做出了贡献。

袁翰青像

1. 发现联苯衍生物的变旋作用

1932 年，袁翰青发表了《联苯的立体化学——光活性 $2'$-硝基-$6'$-羧基-$2,5$-二甲氧基联苯及其盐类的变旋作用》一文。他指出，在铜存在下，使 1-碘-$2,5$-二甲氧基与 1-硝基-2-溴-3-甲酯基苯进行缩合反应，然后对产物进行皂化，可制得 $2'$-硝基-$6'$羧基-$2,5$-二甲氧基联苯。他研究了邻位上带有较大基团的光活性 $2'$-硝基-$6'$-羧基-$2,5$-二甲氧基联苯的变旋作用，并用左旋的番木鳖碱、辛可宁或马钱子碱与这种联苯衍生物作用，制成它们的盐，经拆分后就可得到光活性的联苯衍生物，发现它的钠盐在水中的外消旋速率比游离酸在有机溶剂中的慢；以绝对乙醇为溶剂时，钠盐比游离酸容易消旋，从而发现了联苯衍生物的变旋作用。

2. 基团的极性影响研究

在"取代基对某些光活性联苯的外消旋速率的影响"研究中，袁翰

---

① 参见中国科学技术协会编：《中国科学技术专家传略·理学编·化学卷 1》，第 298—306 页；中央大学南京校友会、中央大学校友文选编纂委员会编：《南雍骊珠：中央大学名师传略》，第 318—323 页。
② 袁翰青（1905—1994），江苏通州人。他 1929 年毕业于清华大学化学系，1932 年获美国伊利诺伊大学哲学博士学位。袁翰青历任南京中央大学化学系教授、甘肃科学教育馆馆长、北京大学化学系教授、北京师范大学和辅仁大学兼任教授；中华人民共和国文化部科学普及局局长、商务印书馆总编辑；中国科技情报研究所研究员、代理所长、顾问等职；1955 年当选为中国科学院学部委员（院士）。著有《化学重要史实》《中国化学史论文集》等化学史著作，以及《溶液》《铜的故事》等科普读物。

青制备了五种 $5'$ 位上带甲氧基、甲基、氯、溴和硝基的 2-硝基-6-羧基-2-甲氧基联苯的衍生物,并对这些衍生物和 2-硝基-6-羧基-2'-甲氧基联苯的外消旋速率进行了比较,还研究了 $5'$ 位上带有不同基团时对外消旋速率的影响,和 $5'$ 位上的取代基的作用机理,发现 $5'$ 位上带氯或溴的游离酸比带甲基或甲氧基的更稳定,但以带硝基的最为稳定,从而提出了外消旋速率受这些基团的极性影响的看法。

1935 年后,袁翰青研究了 $2,2',4,4'$-四溴-$6,6'$-二羧酸联苯和 N-苯磺酰基-8-硝基-1-萘基甘氨酸及其类似物的消旋作用。他发现这类化合物较易消旋,但在碱中最不稳定,他还制得了前人未曾得到过的这种酸的左旋体固体化合物。上述研究,对于发展芳香族化合物的立体化学起过一定的作用。

3. 坚持科学研究与普及互相融合[①]

袁翰青从 1937 年开始发表科普作品,走出了一条科学研究与普及互相融合的创作道路,为中国科普史留下了浓重的一笔。他从事全局性的科普工作是从 1940 年 11 月开始的。当时,他调至兰州,负责创建甘肃科学教育馆。他出任馆长后,首先把自然科学组分为两股——数理化股和博物股。数理化股的主要工作是进行调查研究,辅导中学生进行物理、化学、生物实验。该股还附设了金木工室、制药室。博物股的主要工作是从事生物学和地理学的科研及普及工作,并筹建了科学陈列室。1941 年 9 月 21 日有一次罕见的日全食现象,利用这一机会,袁翰青组织天文工作者在当地放映科学影片,举办科普讲演和日食图片展览,在兰州等地掀起了一次宣传科学知识、破除愚昧迷信的科学普及高潮。1943 年,他热情接待了到西北考察的英国李约瑟博士等一行,并邀请李约瑟在馆做了"国际生物化学的进展"的学术报告。后来,他又请来美国抗菌素专家在甘肃科学教育馆做了关于盘尼西林的性能、应用及制造方法的报告,并当场亲自做口译。他本人也作过"原子弹原理及防御"等多次学术报告。一个原来仅有 20 多人的科学教育馆变成了具有相当规模的抗日大后方的科普教育基地。这是袁翰青在抗

① 参见陈效师、袁其采:《袁翰青——中国科普事业的先驱》,《科普研究》2008 年第 4 期,第 72—77 页。

战时期对科普工作的重大贡献。1944 年后,他为教育馆新址做了 4 件事:(1) 设立科学陈列厅;(2) 放映科技知识电影;(3) 举办通俗科学讲演;(4) 进行学术巡回教育。后来,他又把金木工室扩大为仪器制造所,制造标准的中小学教学用的物理、化学仪器,生物标本及挂图。

八 李景晟的杂环有机化合物和元素有机聚合物研究①

李景晟②是有机及高分子化学家、化学教育家。毕生致力于化学教育和科学研究,培养了大批科学技术人才。他长期从事杂环有机化合物和元素有机聚合物的研究工作,并做出了较大贡献。

1931 年,李景晟入伊利诺伊大学研究院深造,1934 年夏获博士学位,其博士论文由于在杂环有机化合物的研究中取得突出成果,被评选为伊利诺伊大学优秀论文。同时他被美国斐·兰姆达·艾普西隆(Phi Lambda Upsilon)学会(荣誉化学学会)接受为会员。他还从事过濮氏合成法和联苯衍生物旋光性的研究工作,发表了有关四氢噻唑酮衍生物等的学术论文多篇。

李景晟像

1936 年回国后,李景晟深感家乡的教育落后,到安徽大学任化学系教授兼系主任。1938 年后,他因日军侵华而西迁四川,先后任重庆国立编译馆编译员,江津国立大学先修班首席化学教员,国立女子师范学院理化系教授兼系主任;1941 年任中央大学化学系教授和系主任。他讲授过普通化学、有机化学、有机分析、高等有机化学、有机化合物制备及有机化学专题等多门课程,并编写了大量的讲义和教材。

---

① 参见中国科学技术协会编:《中国科学技术专家传略·理学编·化学卷 1》,第 417—423 页;中央大学南京校友会、中央大学校友文选编纂委员会编:《南雍骊珠:中央大学名师传略续篇》,第 269—272 页。

② 李景晟(1906—1976),安徽省舒城县人。他 1928 年毕业于中央大学,获化学学士学位;1929 年获美国芝加哥大学化学硕士学位;1934 年获美国伊利诺伊大学博士学位。李景晟历任安徽大学化学系教授、系主任,重庆国立编译馆编译员,国立女子师范学院理化系教授和系主任,中央大学教授、无锡江南大学教授兼任化工系主任,以及南京大学化学系有机化学教研室主任、高分子化学教研室主任和化学系副主任、教授。

九 王葆仁的有机化学研究[1]

王葆仁[2]是有机化学家、高分子化学家、教育家。他是中国有机化学研究的先驱者之一和高分子化学事业的主要奠基人之一,为我国科技人才的培养和高分子化学的发展做出了卓越贡献。

王葆仁像

自1926年开始从事有机化学研究,王葆仁曾得到文化基金会研究补助金,于1929年用英文发表了第一篇研究论文,从此,他长年在实验室工作。王葆仁当时主要从事与有机合成的前沿相关课题研究,如关于硝基甲烷的合成、格氏试剂化学反应、环β-酮酸衍生物与偶氮盐偶合、环己烷螺旋丁内酯等的合成研究。

20世纪40年代,王葆仁根据炼焦工业的发展和染料工业的需求和有机化学中芳香族化学的发展,将研究领域转到了合成染料与药物研究方面,同时亦兼顾理论研究。在湄潭浙江大学,他指导学生制备海昌蓝、DDT、味精;研究中药鸦旦子和合成磺胺新衍生物的药物等,以期找到疗效更高而副作用又少的磺胺类药物。这在当时尚未发现磺胺衍生物的新药情况下,王葆仁的构思是富有远见的。

王葆仁一生育人无数,弟子遍布海内外。他的教育方法讲究、有特点,既强调学生必须理解基本概念、打好基础,又重视科学实验。他认为化学是一门实验性很强的科学,要求学生具有敏锐的观察力和灵巧的双手,并强调实验操作的精细和技术的高超。

---

[1] 参见中国科学技术协会编:《中国科学技术专家传略·理学编·化学卷1》,第431—447页;孙文治主编:《东南大学校友业绩》第1卷,第459—460页。

[2] 王葆仁(1907—1986),江苏扬州人。他于1922年考入东南大学化学系,1926年毕业并留校任教;1933年被录取首届中英庚款官费留学,前往英国伦敦大学帝国学院攻读博士学位,1935年获该校博士学位,是化学方面获得英国博士学位的第一个中国留学生;1935年秋,任德国慕尼黑高等工业大学客籍研究员;1936年回国任同济大学教授,并筹建理学院,任理学院院长兼任化学系主任。过去,同济大学各学院的院长都是德国人,王葆仁是第一个担任院长的中国人。1941年至1951年,他担任浙江大学化学系教授、系主任,1947年兼任该校教务长。1980年王葆仁当选为中国科学院学部委员(院士)。

第二节　化工学发展

民国时期的化工学家有侯德榜、杜长明、王昶、朱宝镛、秦含章等。

一　侯德榜在化学工业上的贡献[①]

侯德榜[②]是著名的科学家、化学家，我国重化学工业的开拓者，近代化学工业的奠基人之一。他为我国培育了很多化工科技人才，为发展科学技术和化学工业做出了卓越贡献。

1. 揭秘索尔维制碱法

侯德榜于 1921 年在美国获得博士学位，应实业家范旭东的邀请，离美回国，任范旭东创办的永利碱业公司的技师长（即总工程师）。而当时中国在技术、设备等方面完全不具备自主制碱的条件。为了使永利碱厂早日生产出合格碱，侯德榜脱下西服，换上了蓝布工作服和胶鞋，同工人们一起工作。他用在美国所学的科学知识，在实践中不断探索，哪里出现问题，他就出现在哪里。他这种埋头苦干的精神赢得了工人们甚至外国技师的赞赏和钦佩。

侯德榜像

---

① 参见毕元辉：《中国近现代民族化学工业的拓荒者：侯德榜的故事》，广东教育出版社 2018 年版，第 52—59、78—90 页；龚格格：《化学工业先驱侯德榜》，《人民日报·海外版》2015 年 10 月 29 日。

② 侯德榜（1890—1974），名启荣，字致本；福建闽侯人。侯德榜于 1911 年考入北平清华留美预备学堂，以 10 门功课 1000 分的优异成绩誉满清华园；1913 年赴美留学，1917 年毕业于美国麻省理工学院获学士学位，后进入哥伦比亚大学研究院，1919 年获硕士学位，1921 年获博士学位。侯德榜是侯氏制碱法的创始人，是世界制碱业的权威。20 世纪 20 年代，他突破索尔维制碱技术的奥秘，1926 年促成中国永利碱厂生产的"红三角"牌纯碱入万国博览会，获金质奖章。30 年代，他发明了"侯式制碱法"，并领导建成了中国第一座兼产合成氨、硝酸、硫酸和硫酸铵的联合企业；40—50 年代，又发明了连续生产纯碱与氯化铵的联合制碱新工艺，以及碳化法合成氨流程制碳酸氢铵化肥新工艺，并使之在 60 年代实现了工业化和大面积推广。1948 年当选为中央研究院院士；1955 年受聘为中国科学院学部委员（院士）。

掌握索尔维制碱法的公司为了垄断其制碱技术成果,采取了严格的保密措施,使公司以外的人对此技术一无所知。而侯德榜为了掌握这一制碱法,从工艺设计、材料选择到设备的挑选和安装,和永利碱厂的其他技术人员一起,攻克了一个又一个难关:为了克服了锅底上碱疤脱水的困难,就采用了加干碱的办法;继而从调换碳酸化塔的水管、设计分解炉,到多次加强冷却设备、改造过滤机以及处理不断发生的生产故障,几经寒来暑往艰苦奋战,终于修成正果:揭开了索尔维制碱法的各项技术奥秘及其要领。1924 年 8 月 13 日,永利碱厂正式投产。然而,好事多磨——又遇到从烘烧干燥炉中出的纯碱为暗红色的问题。对此,侯德榜经过冷静分析,发现事故的原因是由铁锈污染所致。为了解决这一问题,就采取以少量的硫化钠和铁塔接触,致使铁塔内表面结成硫化铁保护膜,这样,再生产出的纯碱就成了纯白色。永利碱厂终于做到了日产纯碱 180 吨。1926 年,永利碱厂生产的红三角牌纯碱在美国费城举办的万国博览会上荣获金质奖章。

侯德榜并没有就此止步,而是将揭秘索尔维制碱法的成果写成了《纯碱制造》一书。该书于 1933 年被美国化学会破例接受,并将其列为化学会丛书第 65 卷,在纽约出版发行。这就打破了索尔维集团 70 多年来对制碱技术的垄断,使该制碱技术成为全人类的共同财富,在世界科技界引起巨大反响。直到 2004 年,该书中的观点还被美国科学引文索引(SCI)引用。

2. 发明"侯式制碱法"

1937 年全国性抗日战争爆发。为了不使工厂遭受破坏,侯德榜决定把工厂迁到四川,新建一个永利川西化工厂。由于制碱的主要原料是食盐,而当地的盐价昂贵且浓度不够,必须经过浓缩才能成为原料,这样,以索尔维制碱法制碱,其成本太高。永利碱厂试图向德国购买盐利用率高达 90％—95％的察安制碱法,但当时的纳粹德国除了向范旭东、侯德榜一行索要高价外,还提出有损中国主权的苛刻条件。为了维护民族尊严,范旭东与侯德榜毅然决定另辟新路——"自己干"。

针对索尔维制碱法原料成分利用率低的缺陷,侯德榜设计了好多方案,最后选择了把索尔维制碱法和合成氨法结合起来,并先后在美国、中国香港建立实验室,带领永利的工程技术人员投入紧张的制碱方法实验。经过了 500 多次试验,分析了 2000 多个样品,终于研制出新制碱工艺:将氨厂和碱厂建在一起,联合生产:氨厂提供碱厂需要的氨和二氧化碳,加入食盐使母液里的氯化铵结晶出来作为化工产品或化肥,食盐溶液又可以循环使用……这项新工艺使盐的利用率达到 98%以上,不仅节省了设备及辅助原料的 1/3,而且解决了废液占地毁田、污染环境的问题,将世界制碱技术水平推向了一个新高度,赢得了国际化工界极高评价。1943 年,中国化学工程师学会一致同意将其命名为"侯氏联合制碱法"。

二 杜长明在化工上的贡献[①]

杜长明[②]是化学工程学家,教育家,中央大学化工系奠基人。

1. 碳的燃烧速率研究

《碳的燃烧速率》是杜长明的博士论文。该文主要研究碳的球形颗粒在气流中的燃烧现象。他在研究过程中,把碳粉做成直径 3 厘米大小的球形,悬挂在炉中,将空气以不同的速度送入炉中,观测碳粒燃烧的形状变化及其速率,由此求得了在不同条件下的碳粒燃烧速度。他在论文中率先提出了外扩散对于燃烧反应的影响。后来,英国燃烧学会在选辑《燃烧》杂志发刊 50 年来有影响的部分论文专册

杜长明像

---

① 参见中央大学南京校友会、中央大学校友文选编纂委员会编:《南雍骊珠:中央大学名师传略》,第450—452 页。

② 杜长明(1902—1947),四川蒲江人。他 1926 年毕业于清华学校,1931 年获美国麻省理工学院科学博士学位。杜长明历任安徽大学教授、国立中央大学化学工程系教授兼系主任、重庆大学教授兼重庆印刷造纸学校校长。杜长明通过研究球形颗粒碳在气流中的燃烧,首先提出外扩散影响燃烧反应的理论,对化学反应学科的早期发展有益。他毕生从事化工教育,参与创办中国化学工程学会,并长期任中华自然科学社社长,为培养科技人才做出了贡献。1946 年中央大学迁回南京时,正值他在学术休假,后来他决定任教于重庆大学,并兼任重庆印刷造纸专科学校校长。不意他在 1947年 1 月 28 日由南京乘飞机往重庆途中,在湖北天门县境上空因飞机失事不幸罹难,终年仅 45 岁。

时,选录了杜长明的这篇论文。该文迄今仍被列为对化学反应学科的早期发展有影响的论文之一。

2. 任中央大学化工系系主任

中央大学化工系自1927年成立后,由于系主任多次易人,加之学潮频发,教学秩序不稳定。杜长明正是在这样的境况下接掌系务。他上任以后,相继开出了适合该系需要的"化工计算""化工原理"及相关的选修课,其后又开设"工业化学""传热学""化工机械"等课程,使学生的专业知识水平大有提高。对于学生的毕业论文,杜长明十分注重让学生通过研究化工生产中的实际问题,培养其解决问题的能力。即使在抗日战争时期极为艰苦的条件下,杜长明也多方设法让学生研究化工生产中的实际问题。例如,为了解决抗战后方物资供应紧张,他亲自主持涂料、锌白的试制与木材干馏的试验。为使生漆的干燥速度能加快,他让学生陈家镛在毕业论文中研究适用的催化剂或干燥剂等。这样,使系内的教学与研究工作大有起色,该系化学工程从此稳步发展。

作为系主任的杜长明,先后在罗家伦和吴有训两位校长的领导下,完成了学校从南京到重庆和从重庆回南京的往返大搬迁,保证了全系教学设备的完好。

1932—1946年杜长明主系15年,先是内战频发,后是抗战,人民含辛茹苦,学校经费极为匮乏,试验设备与试剂药品极为短缺,杜长明遵"多难兴邦"之古训,带领全系师生员工,不仅完成了教学任务,而且培养出众多优秀人才。当年培养的中大化工系学生,很多成为化工战线上的骨干,还涌现出陈鉴远、陈家镛、楼南泉、张存浩、朱起鹤、闵恩泽、陆婉珍、梁晓天等多位中国科学院院士以及一大批知名专家学者。

3. 发起和组织中国化学工程学会

1930年,杜长明与同仁在美国发起成立中国化学工程学会,并担任总干事(会长)多年,致力于通过这一组织与国内化工界人士共同推动中国科技工作的发展。学会以"研究化工学术,提倡化工事业"为宗旨,故在成立之初,即着手筹备编辑出版会刊,刊载中国化工科研论文,争取国际地位。同时,组织会员编译化工名词。会刊《化学工程》于1934年问世。

三 王昶开创油脂学科①

　　王昶②是中国油脂学科的先驱，著名的油脂化学工业专家，为我国培养了大量化工高层次人才。

　　王昶对菜籽、花生、大豆、芝麻和桐籽、乌柏籽等这些油料作物进行研究，发表了一系列学术论文与研究报告。在抗战的艰难岁月中，他以植物油作原料研制紧缺物资汽柴油，还下工厂指导生产；他还利用动物油开发润滑脂黄油生产，设计了川滇公路局黄油厂、重庆永新肥皂厂。

王昶像

　　王昶在中央大学化工系任教时，认识到我国油脂生产虽然古老而传统，但是规模小，工艺落后，设备简陋，长期停留在木榨、撞榨等土榨作坊式的落后生产方式上，因而亟须改变这一状况。他深谙油脂的重要性，积极地向系主任杜长明和校长罗家伦建议设置油脂专业。随后他身体力行地开设了"油脂工业""油料种子化学与分析""油脂开发利用"等课程，成为我国油脂学科的开创者、奠基人。

　　为了给选修油脂专门化的学生提供实践场地，他力排众议，兼设计、采购、制造、安装、调试于一身，克服经费拮据、物资匮乏、房屋紧张、人手少等困难，建成了油脂与肥皂实办工场。工场虽然简易，存在很多不足，但为培养学生动手能力提供了基本条件，也为油脂工程教学起步提供了支撑。与此同时，王昶十分重视师资队伍建设，招贤纳才，努力建设知识和年龄结构合理的高水平学术团队。

---

① 参见中央大学南京校友会、中央大学校友文选编纂委员会编：《南雍骊珠：中央大学名师传略》，第453—457页。

② 王昶（1906—1957），安徽萧县人。他1930年毕业于中央大学化工系；历任中央大学化工系助教、讲师、副教授、教授，国立重庆大学化工系、边疆学校化学系任兼职教授；南京大学化工系教授、食品工程系系主任。1937年至1946年间，王昶受命负责押运化工系仪器、设备、图书、物资从南京到重庆，再从重庆搬迁押运至南京。

四 朱宝镛对振兴中国酿造事业的贡献[①]

朱宝镛像

朱宝镛[②]是我国微生物学先驱,发酵科学领域的著名科学家、教育家、酿酒专家。

1. 创立中国酿造学社

朱宝镛在欧洲学成归国后,为了振兴中国酿造事业,接手了当时面临崩溃的张裕葡萄酒厂。在不到一年的时间里,他不仅使工厂的生产得以恢复,而且有所发展。与此同时,他与担任经理的徐望之一起发起成立"中国酿造学社"。"中国酿造学社"是中国酿造史上第一个学术组织。由于朱宝镛在业界的影响力,国内许多酿造界的知名人士慕名而至,成为这个组织的成员。

朱宝镛于 1938 年组织创办《酿造杂志》,该杂志于 1939 年 1 月 1 日创刊,朱宝镛为了征得有价值的学术论文,不辞辛劳,奔走于南北,定稿后由上海国光书局承印。《酿造杂志》在当时有很高的权威性,学社也办得很有生气,聚集了一批振兴中国酿造事业的人才,在理论和实践上都取得了成果。

2. 发展我国酿造业

朱宝镛对我国酿造业发展的贡献主要体现在培养发酵和食品工业的人才和从事与之相关的科学研究。这都与其"学贯中西,博古通今"

---

① 参见赵光鳌:《中国微生物先驱朱宝镛》,《中国酒》2007 年第 2 期,第 32—33 页;青宁生:《我国第一个高校发酵工程学专业的创建者——朱宝镛》,《微生物学报》,2008 年第 8 期,第 993—994 页;中央大学南京校友会、中央大学校友文选编纂委员会编:《南雍骊珠:中央大学名师传略》,第 584—587 页。

② 朱宝镛(1906—1995),浙江海盐人。他早年先后到日本、法国、比利时留学,曾在法国著名的巴斯德学院发酵系学习,后转比利时发酵工业学院学习,1936 年毕业于比利时布鲁塞尔国立发酵工业研究学院,获生化工程师学位。朱宝镛学成回国后历任山东烟台张裕葡萄酿酒公司工程师兼厂长,西北联大工学院化工系教授,西康技艺专科学校化工系教授,中央技艺专科学校农产制造科教授兼主任,重庆中央大学农化系教授,四川大学农化系教授,上海同济大学化学系教授,江南大学食品工业系教授兼系主任,南京工学院食品工业系教授,无锡轻工业学院副院长、教授等职。朱宝镛在食品发酵研究方面著述丰硕,其中著作 6 部,论文 129 篇,译著 9 部,译作 31 篇。

的渊博学识密切相关。就其主要研究方向而言，有微生物学、食品生物化学、酿造工艺学；在语言方面，他能熟练地运用英、日、法三种语言文字，略谙德、俄文字，也能运用古汉语；在其专业领域，他堪称"博学多能"——从基础科学到应用、理论和实践融会贯通。多年来他一直从事发酵专业教育，并克服困难编写了《啤酒工艺学》等教材，教学上也颇有经验，培育了大批发酵和食品工业的人才。

除了从事繁忙的教学工作，他一直坚持科学研究。早在比利时留学期间，他就研究用大米部分代替大麦酿造啤酒时酵母菌的适应性，所取得的成果也是我国啤酒酿造研究的最早成果。在抗日战争时期，他在学校教授酱油酿造时也带领学生筛选菌种，改进工艺，使产品质量和产量得以提高。

五 酒界泰斗秦含章[①]

秦含章[②]是我国食品工业著名科学家和工程技术专家，我国发酵工业和酿造技术的开拓者和学术领导人，被尊为中国食品工业奠基人和酒界泰斗。

1936年他在德国柏林大学发酵学院专门进修啤酒工业，曾专程去啤酒城慕尼黑及莱茵河两岸德、法两国著名葡萄酒基地参观并进行调查研究，获得现场应用技术和宝贵生产经验，为今后从事发酵工业和酿造技术研究与教学奠定了基础。

秦含章像

① 参见中央大学南京校友会、中央大学校友文选编纂委员会编：《南雍骊珠：中央大学名师传略》，第588—594页；黄平：《中国酒界泰斗秦含章》，《酿酒科技》2007年第4期，第19—26页。
② 秦含章(1908—2019)，江苏无锡人。他1931年毕业于上海国立劳动大学农学院，同年获中比庚敦奖学金，先后在比利时、法国、德国留学；1935年毕业于比利时国立圣布律高等农学院，获工学硕士及农产工业工程师学位。1937年后，秦含章历任复旦大学、四川省立教育学院等学校的副教授、教授；1948年任南京大学教授、江南大学教授兼农产制造系（新中国第一个食品工业系的前身）首任系主任。他在中国食品、轻工科技领域奋斗近七十年，其多项科研成果对中国传统民族酿酒产业的现代化转型升级起到关键性的作用。秦含章撰写的科研报告、论文和著作以及与他人合写的书共计40余部，近6000万字。主要著作有：《国产白酒的工艺技术和实验方法》《酿造酱油之理论与技术》《面包工业》等。

1936 年 9 月秦含章回国后,即从事我国高等教育工作,先后在江苏省立教育学院农事教育学系、复旦大学理学院垦殖专修科、四川省立教育学院农事教育学系任副教授、教授,讲授土壤肥科学、农作物学、作物育种学、植物生理学、农产加工学、园产加工学、畜产加工学、农业微生物学等课程,并研究橘子酒和酱油生产技术,指导学院实验工厂研制生产工作。

1941 年 8 月至 1949 年 12 月,秦含章在中央大学、南京大学农业化学系任教授,讲授农业微生物学、工业微生物学、发酵工业等课程。其间他曾兼任江南大学教授及农产制造系系主任,并讲授土壤学、农产制造学等课程。他长期从事食品工业、饮料工业、发酵工业和酿酒工业领域的教学和科研工作。在教学中,他注重理论联系实际,讲课内容丰富,关爱学生,诲人不倦,深受学生拥戴。

第十章 民国时期的天文学、气象学与地学发展

这一时期我国包括江苏的天文学发展,表现为小行星和彗星的观测、日全食的预测与科学观测卓有成效;恒星光谱研究、天文教学和科普工作成果斐然。这一时期气象学方面的发展,表现为气象研究所和气象台站的建立、历史气候学研究、天气预报和气候预测研究、海洋气象学研究等。这一时期我国特别是江苏的地学发展显著,出现了地质学(包括构造地质学、地层古生物学和石油地质学)、地理学、地图学的分野。同时也涌现出一批地质学家、矿物学家、地质教育家、地貌学家、地理学家、地理教育家和地图学家。

第一节 天文学发展

这一时期的天文学成就主要包括,天文学家张钰哲发现了第 1125 号("中华")小行星,成功预测了中国出现的一次日全食并组织了日全食的科学观测等;戴文赛的恒星光谱研究、天文教学和科普工作。

一 张钰哲的天文学成就①

张钰哲②长期致力于小行星和彗星的观测和轨道计算工作,是我国近代天文学的奠基人。

张钰哲像

1."中华"小行星的发现者

张钰哲为了寻找一颗曾经从他眼前一闪而逝的星星,整整两年时间守着天文望远镜连续观测,进行精密的轨道计算。直到1928年11月22日,他才确信那是一颗新行星。当天夜里,他将这颗星星留在了相机底片上,并冒着严寒,又花了15个夜晚,证实自己的发现。不久后,他收到了美国行星中心站对他观察结果的回复:"张钰哲,您发现的确实是迄今为止人类从未见过的小行星,我们已在小行星的星历表上把它编为1125号。它将永载世界的天文史册,请您尽快给这颗小行星命名。""就叫它'中华星(China)'吧!"张钰哲很快做出了决定。他成了中国,乃至亚洲第一个发现小行星的人。1125号小行星的发现,使张钰哲在天文学上崭露头角。1929年夏,他以论文《关于双星轨道极轴指向在空间的分布》获芝加哥大学天文学博士学位。同年秋,张钰哲放弃了美国的优厚报酬,选择回国继续从事天文学研究与教学。临走前,他考察了美国洛威尔天文台、立克天文台、威尔逊天文台和加

① 参见孙文治主编:《东南大学校友业绩》第1卷,第344—345页;林梅琴:《张钰哲"摘"了一颗中华星》,《福建人》2015年第11期,第20—23页。
② 张钰哲(1902—1986),福建闽侯人。他1923年赴美留学,1927年获美国芝加哥大学天文学硕士学位,1929年获天文学博士学位。1941年,中国境内第一张日全食照片是张钰哲组织拍摄的;他第一次提出通过研究哈雷彗星的回归,来解决"武王伐纣"究竟发生在哪一年的历史悬案。1955年他被选聘为中国科学院学部委员(院士);1978年8月,国际小行星中心将第2051号小行星定名为"张"(Chang)。张钰哲长期致力于小行星和彗星的观测和轨道计算工作,拍摄和领导拍摄到7000多次小行星和彗星的精确位置。他和他的助手们一起共成功观测8000多次小行星,并先后发现1000多颗新的小行星和以"紫金山"命名的三颗新彗星。张钰哲一生著述甚多,发表论文101篇,出版专著、译作10本。国际天文学界为了纪念他,将美国哈佛大学天文台1976年10月23日发现的一颗新星命名为"张钰哲星"。

拿大维多利亚天文台。回国后,他应聘为南京国立中央大学物理系教授,讲授天文学、天体物理学和天体力学等课程。

2. 抢运古天文仪器

1931 年发生"九一八"事变,日本侵占我国东三省。1932 年 9 月,在南京紫金山天文台工作的张钰哲,受台长余青松的派遣,到北平将安放在古观象台上的四架古天文仪器抢运至南京,以免落入日本人之手。这些古天文仪器,不仅是传世之宝,也是世界上罕见的珍品。第一次世界大战期间,它们曾落入德、法侵略军手里,直到一战胜利后才辗转拿回。张钰哲孤身一人到了北京,火速前往古观象台,将圭表等装箱打包,通过火车运往南京。但是浑天仪和简仪,一个重 8 吨,一个重 7 吨,怎么运达火车站呢? 张钰哲通过了解得知,原来当年浑天仪是在寒冬季节,老百姓们沿途泼水成冰,由 100 多个壮汉从冰道上推过来的。而这时才是初秋,不可能制冰运送,但是张钰哲利用自己的物理知识,想到利用滚动的圆木,也可以达到减小摩擦力的效果。他叫来几十个工人,用滚圆木的方法,花了整整三天时间,将这两个庞然大物,移到了前门车站。五天后,这两件国宝终于安全抵达南京。1934 年,中国第一座现代天文台——紫金山天文台建成,张钰哲被中央研究院天文研究所聘为特约研究员。

3. 成功预测日全食并组织中国境内第一次日全食的科学观测

1937 年 8 月 11 日,张钰哲测算到,1941 年 9 月 21 日将有日全食进入我国新疆,经甘肃、陕西、湖北、江西,最后从福建北部入海。不久,英国格林威治天文台也证实了张钰哲的预测,这次日全食将是全球 400 年来罕见的天文奇观,具有很强的观赏价值和学术价值。

1941 年 4 月,张钰哲组建了中国日食观测队,他自己任队长。同年 6 月上旬,观测队队员抵达昆明集训不久,价值 3 万美元的重要仪器——地平镜,在香港转运时,被日机炸毁了。再向德国紧急订购,却得到了"时间太短,无法完成"的回复。张钰哲急中生智,将紫金山天文台撤离南京时带走的摄影望远镜镜头取下,配上木架,用黑布包起来代替镜筒,再以 24 寸反光望远镜底片匣附于其后,摄取日冕图像。之后,他又从中央大学、金陵大学和陆地测量总局等单位,借来了望远镜、摄谱仪、等高仪等设备。在向观测点进发的途中,空袭和炮火不断,经过多日在极端困难条件下的艰难跋涉,终于抵达观测点。1941 年 9 月 21 日 9 时 30 分,日全食开始,持续 3 分钟。张钰哲和队友们在中国境内第一次拍摄了日全食照片,一共 200 多张,同时观测、捕捉珍贵天文资料 170 多项,其实况由重庆中央广播电台通过无线电波转播到了世界各地。这次观测的意义不只是一次天文史上的壮举,其影响极其深远。

4. 参加美国天文学会第 76 届年会并宣读论文

1946 年,张钰哲前往美国、加拿大等国考察。凭借他在世界天文学领域中的影响,他先后访问和考察了美国帕洛马山天文台、基特峰天文台、阿雷西博天文台、橡树岭天文台以及加拿大维多利亚天文台。同年他参加了美国天文学会第 76 届年会,在会上宣读题为《新发现的食变星 BD－6°2376 的速度曲线》的论文,后来发表在美国《天体物理学报》上。

二 戴文赛的天体物理学研究①

戴文赛②是中国现代天体物理学、天文哲学和现代天文教育的主要开创者与奠基人之一。毕生孜孜不倦地开展学术研究、天文教学和科普工作,为开拓和发展中国的天文事业做出了重要贡献。

戴文赛于 1937 年至 1940 年留学英国期间就已显露才华,获得剑桥大学的天文学奖学金,其博士论文《特殊恒星光谱的光度分析研究》被专家认为是恒星光谱分类的新依据,是近代恒星物理的一

戴文赛像

项开创性研究。他先后在英国皇家天文学会会刊(MN—RAS)发表 4

① 参见胡中为:《仰望星空,探索宇宙奥秘——纪念戴文赛先生诞辰 100 周年》,《自然杂志》2011 年第 5 期,第 304—306 页。

② 戴文赛(1911—1979),福建龙溪人。戴文赛毕业于英国剑桥大学,1940 年获博士学位。他历任中央研究院天文研究所研究员和燕京大学、北京大学、南京大学教授;1954 年任南京大学数学天文学系系副主任,1962 年任该校天文系主任。他为国家培养了大量天文人才,其中许多人已成为我国各天文台站的骨干力量。其代表作有《太阳与太阳系》,论著《天体的演化》《太阳系演化学(上册)》的出版引起国内外天文界的广泛重视和高度评价。

篇恒星光谱研究论文,20年后这些文章仍被引用。

　　戴文赛1941年回国后,虽然当时条件所限,研究工作不得不中断。他深谙天文知识的传播和普及有益于人们尤其是青少年树立科学的宇宙观和认识论,亦有益于其提高科技文化素质,因而做了大量科学普及工作。他以渊博的学识、生动的语言,深入浅出地写了很多科普文章,把深奥的天文知识传播给广大群众,对破除迷信、解放思想起到很大作用。他的《星空巡礼》(1947)等书选编了天文方面的多篇文章。

第二节　气象学发展

　　这一时期的气象学成就主要表现为,竺可桢创建历史气候学、建立气象研究所和气象台站、统一气象台站技术规范等;吕炯、涂长望、朱炳海分别对海洋气象学、中国长期天气预报和气候学等的研究做出了贡献。

竺可桢像

一　竺可桢对气象学的贡献①

　　竺可桢②是中国卓越的科学家和教育家,当代著名的地理学家和气

---

① 参见张清平:《竺可桢传》,河南文艺出版社2018年版,第4—41页;中央大学南京校友会、中央大学校友文选编纂委员会编:《南雍骊珠:中央大学名师传略》,第367—373页。

② 竺可桢(1890—1974),浙江绍兴人。他1910年考取第二届庚款留美学生,选择到伊利诺伊大学农学院学习;1913年夏天,从伊利诺伊大学毕业后,考入哈佛大学地学系研读气象专业,1915年获硕士学位;1917年,被接纳为美国地理学会会员,同年获爱默生奖学金;1918年,其论文《远东台风的新分类》通过答辩,获哈佛大学博士学位。竺可桢历任武昌高等师范学校教授、南京高等师范学校教授、商务印书馆编辑及南开大学教授、东南大学(中央大学)地学系主任、中央研究院气象研究所所长、浙江大学校长、中国科学工作者协会理事长、中央研究院院士;新中国成立后任中国科学院副院长、中国科学院学部委员(院士)。他领导创建了我国第一个气象研究所和首批气象台站,并在台风、季风、气候变迁、农业气候、物候、自然区划等方面有开拓性的研究;还创建了中国第一个地学系,成为当时培养地学英才的摇篮。竺可桢长期领导中国科学院工作,积极倡导并组织和参加中国地学、生物学、天文学、自然资源综合考察及自然科学史研究等多方面工作,发表了《中国对气象学的若干新贡献》等多篇论文,有《中国气候概论》等重要著作,还主编了《中国自然区划》《中国自然地理》等丛书,是我国地理学和气象学界的一代宗师。

象学家,中国近代气象科学、地理学的奠基人;也是历史气候学的创建人、奠基人。

1. 创建历史气候学①

竺可桢在哈佛大学攻读期间(1915—1918),就陆续发表了《中国之雨量及风暴说》《台风中心之若干新事实》等多篇论文。1923 年,竺可桢看到一位欧洲气象学家研究欧洲大陆天气变化的论文,这位专家指出,欧洲的天气在 12 世纪初到 14 世纪初的 200 年间比其他各世纪要冷。受此启发,竺可桢联想到,中国的面积和欧洲近似,气候状况也相当复杂。是否能用这位欧洲气象学家的研究结果说明中国同期的气候变化呢? 由此,他开启了这方面的科学研究。为了了解中国在 12 世纪初到 14 世纪初(北宋末期到元代中期)这 200 年间的气候变化,竺可桢查阅了"二十四史",因为其囊括从春秋战国到明代各个朝代的政治、军事、经济、文化等各方面的史料,其中也包括对天气冷暖的记载。针对当时并没有温度计等观测仪器和相应数据的情况,竺可桢反复查找,终于发现"降雪"这一指标可作为不同时期判断气候冷暖的统一依据。因为从降雪次数的多少和降雪时间的早晚,就可推断那个时期的天气冷暖。竺可桢把"二十四史"中各朝代关于降雪的记录都一一查阅并摘录下来。他发现,各朝代中宋朝降雪记载较多,而其中又以南宋为最多。从 1131 年到 1264 年的 133 年间,南宋国都临安(今杭州)春天降雪有41 次之多。这证明:南宋比唐朝、明朝和现代都要冷。据此,他完成了《中国对气象学的若干新贡献》《南宋时代我国气候之揣测》《中国历史上的旱灾》等著述,形成了他在这个领域的专题研究。以古代典籍中的物候记载研究中国历史上气候的变迁,是竺可桢在气象学研究上的一个创举。

1927 年,竺可桢出版了天文学史方面的重要著述——《论以岁差定〈尚书·尧典〉四仲中星之年代》,开辟了用现代科学方法整理古代天文史料的道路。他从《尚书·尧典》所记载的"日中星鸟,以殷仲春""日永星火,以正仲夏""宵中星虚,以殷仲秋""日短星昂,以正仲冬"入手分

① 参见张清平:《竺可桢传》,第 21—25 页。

析研究,认为这是古人在春分、夏至、秋分和冬至四个节气这一天观测天上恒星的记录。为了检验自己方法的正确性,他先用这个方法对确实可靠的《汉书》中的记载星相进行了试算,发现十分相符。他的研究在历史学界产生了巨大的影响。

2. 建立气象研究所和气象台站①

1921 年,竺可桢在《论我国应多设气象台》(《东方杂志》1921 年第 15 期)一文中,向政府吁请气象台站网络建设的重要性。他列举了外国人在中国建气象台的实例,叹息道:"夫制气象图,乃一国政府之事,而劳外国教会之代谋亦大可耻也。"为了收回青岛观象台管辖权,竺可桢做了不少工作。

1927 年中央研究院下设观象台筹备委员会。1928 年竺可桢被任命为气象研究所主任。竺可桢提出了《全国设立气象测候所计划书》,在计划书中. 他阐述了气象与农业、渔业、航海、航空、水利及科学开发、破除迷信的关系,提出了在全国各地划区设气象台,视区域大小及地形人口设气象测候所。按他的计划,10 年内,全国应有 10 座气象台、180 个测候所、1000 个雨量测候所。这份计划书实际上也就成为中国近代气象事业的纲领性文件。竺可桢正是按照这份规划书开展和指导我国气象事业工作。

竺可桢走遍了南京,最后确定北极阁作为气象研究所所址。他整整奔走了一年,终于在北极阁顶建成了三层塔式气象观测楼,于 1928 年 10 月 1 日起正式开始观测。除了原已进行的地面气象观测外,气象所先后开展了高空气象观测、天气预报和气象广播。同时,还开展了物候、日射、空中电气、微尘及地震等观测业务和研究工作。接着,气象所先后在南京、北平等地

北极阁上的国立中央
研究院气象研究所

---

① 参见张清平:《竺可桢传》,第 26—41 页;王东、丁玉平:《竺可桢与我国气象台站的建设》,《气象科技进展》2014 年第 6 期,第 67—73 页。

开展了测风气球、探空气球、飞机探测和气象风筝等工作。气象研究所成立之前,我国的天气预报主要是由外国人办的气象台在中国发布。1930年元旦,气象研究所正式绘制东亚天气图,发布天气预报及台风警报,收回了对沿海各气象站的管理权力,从此,结束了外人垄断我国天气预报的历史,我国开始有了自己领土领海的气象预报,为实现我国气象事业的独立自主,迈出了里程碑式的一步。1932年,北极阁气象所开始记录地震,建立了我国最早的地震台。

竺可桢为了全国气象站网的建设和气象测候人员的培训殚精竭虑。其一,为了在海拔3000米以上的峨眉山上开展高山测候,竺可桢亲自送气象研究所职员胡振铎等三人登上了入川的轮船。峨眉山的高山测候站终于在十分艰苦的条件下建立起来。其二,由于青藏高原平均海拔4500米,面积约120万平方公里,其天气变化对东亚一带,特别是长江流域的气候有重大的影响,因此,竺可桢一直想在西藏建立气象测候所。1933年,竺可桢得知中央大学地理系教师徐近之被任命为全国资源委员会青康藏调查员,就商请他在西藏工作时,协助气象研究所在拉萨建立一个测候所。同时,竺可桢派在西宁的测候员王廷璋等候徐近之一同前往拉萨。1934年,徐近之和王廷璋于6月30日从西宁出发,一路历尽艰辛,直到9月20日才抵达拉萨。这样,中国人开始在世界屋脊上开展气象观测,拉萨的气象观测资料通过无线电台源源不断报告给南京的气象研究所。其三,竺可桢多方筹措资金,会同山东省建设厅等部门,议定以泰山日观峰建立泰山气象台。1936年底,泰山日观峰气象台竣工,蔡元培先生亲自题写了纪念碑文。从此,这里有测候员每天坚持全天候现测记录。后来,又增加了日射和紫外线观测业务。直到今天,这座坚固的高山气象站仍屹立在日观峰上,为祖国的气象事业服务。

根据《全国设立气象测候所计划书》,竺可桢先后在全国筹建了28个直属测候所,其中有11个建成于1937年之前,17个建成于1937年及以后。除了组织筹建这些直属的气象台站外,竺可桢还积极倡导各省政府建设地区测候所。由气象研究所协助各部门建成的各级测候所有50个。

随着全国各级测候所的陆续建立，气象专业人员严重缺乏的问题日益凸显。于是，竺可桢主持气象研究所先后开办了四期气象学习班，共培训了近百名学员充实到各级气象部门。经过十几年坚持不懈、坚忍不拔的努力，气象研究所在全国各地建立直属测候所28个，由于当时交通落后，通信不便，因而上述每项工作的开展和推进，竺可桢都为此付出了大量的精力和心血。

3. 统一气象台站技术规范[①]

建设等级不同的气象观测台站所网络，不仅需要有工作室、仪器等硬件，还要有统一的、合乎国际先进趋势的标准的技术及其规范。为此，竺可桢领导气象研究所起草了《全国气象观测实施规程》，详细规定了各级测候所的观测细则、记录格式等，并且通过"全国气象机关联席会议"统一气象电码、无线电气象电报传发、天气预报术语及暴风警告方法，统一气象观测和气象报告时间、气象仪器标准及计量单位及增设测候机构等，并且通过"中央研究院"提请国民政府行政院以令的形式，颁发到全国各省、市、县级政府施行，使之具有行业规范的行政法律效力。竺可桢还主持编写《测候须知》《航空气象概要》《国际云图节略》《气象学名词中外对照表》《气象电码》《气象常用表》等技术手册、规范与工具书，在短短的几年内，使得全国气象观测台站工作走向规范化。

4. 收集、整理、汇编中国气象资料[②]

竺可桢从1928年被任命为气象研究所主任，创建气象研究所，到1936年4月就任浙江大学校长，历时8年专心致力于气象科学研究。在从事众多行政事务性工作之余，他利用空余时间写作并发表了50余篇学术论文或专门文章。在从事气象研究的过程中，竺可桢深感资料匮乏，因而自1928年开始他将本所直属台站观测记录及海关测候所、各省厅、各学校测候记录汇编出版在《气象季刊》（1929年起改为《气象月刊》）和《气象年报》上。1930年后还汇编出版了《高层气流观测记

---

① 参见王东、丁玉平：《竺可桢与我国气象台站的建设》，《气象科技进展》2014年第6期，第67—73页。
② 参见张清平：《竺可桢传》，第26—41页；王东、丁玉平：《竺可桢与我国气象台站的建设》，《气象科技进展》2014年第6期，第67—73页。

录《地震季刊》等。1936 年,竺可桢会同涂长望、张宝堃、吕炯等著名气象学家编印出版了《中国之雨量》,1940 年出版了《中国之温度》。前者所载有 350 个站的气象记录,后者则达到 600 个站点,记录所跨的时间最长 65 年,是当时年代最久、站点最多、最为完整的资料。此后,汇编出版中国雨量、气温等气候资料的工作一直被保持下来。这为气象工作者和各个行业的人提供了极其宝贵的资料,具有重要的参考价值。

5. 撰写《中国气候概论》①

《中国气候概论》是竺可桢在多年潜心研究中国气候的基础上撰写而成。在这部著作中,竺可桢提出了影响中国气候的三个主要因素,它们分别是:海防分布、山岳阻隔和风暴活动。他指出,中国地理纬度与西欧和北非相似,北纬 40 度附近幅员最广阔,大约相当于地中海的纬度。可是,中国的气候与西欧、地中海却大不相同。造成这种差异的原因就在于海陆分布。西欧是海洋性气候,中国是大陆性气候,同时又处于季风区。季风给中国气候带来两种影响:一是使冬季干燥寒冷;二是使夏季湿润炎热。竺可桢阐明了秦岭是中国南方和北方的气候分界线。他分别说明了喜马拉雅山、昆仑山、天山、阿尔泰山、五岭、青藏高原、云贵高原对我国气候的影响。此外,他还分析了我国东部经济比较发达地区的气候,也分析了西北、西南边疆的气候。他指出川西多雨的原因;天山对于我国北方的屏障作用;藏南地区的水蒸气来源于印度洋;河西走廊的农业灌溉全靠祁连山的冰雪水等。

总之,竺可桢的《中国气候概论》奠定了中国气候科学的基本理论体系,对于我国的气候区划、自然区别和农业区划产生了深远的影响。他当年提出的一些原则、方法、区域名称、指标和界线,至今仍为人们所沿用。

此外,竺可桢还写了《南京三千米高空之风向与天气之预测》《气候与人生及其他生物之关系》《华北之干旱及其前因后果》等文章,这些文章无论对天气预报,还是研究服装与气候、饮食与气候、建筑与气候、交通与气候、医药卫生与气候等都具有重要的指导意义,同时亦具有很强的可操作性。

① 参见张清平:《竺可桢传》,第 39—40 页。

二 吕炯的气象学研究[①]

吕炯[②]是气象学家、海洋气象与农业气象专家、教育家。

1. 海洋气象学和气候学研究

吕炯于1936年发表了《中国沿海岛屿上雨量稀少之原因》，这是我国最早有关海洋气象学的学术论文。事实证明，从海洋角度研究气候，特别是大范围的旱涝问题，其见解在国际上也是卓越的。在古气候和气候变迁方面吕炯亦有研究成果。他1942年撰写的《关于西域及西蜀之古气候及古地理》，是我国第一篇阐明古代洪水发生原因的论文。该文根据《山海经》及大量其他古籍考证，指出，由于大冰期后高山冰川融化，冰水向下泛滥，造成洪水灾害，并在戈壁沙漠中产生不少湖沼。所以在汉代，昆仑山北麓小国林立，如楼兰、小宛、戎卢打弥等。以后水源枯竭，这些小国也就变成废墟埋于沙漠之中了。此后，他还陆续发表了《我国三个历史时期阶段的气候概况》《冰期气候变化与海洋关系》《冰川消长与海—气关系》等论文，有力地推动了我国古气候变迁的研究。

2. 注重气象台站建设和气象人才培养

1943—1949年吕炯任中央气象局局长期间，对中国气象事业的发展做出了重要贡献。一是注重气象台站建设，开展天气预报研究；二是

吕炯像

[①] 参见中央大学南京校友会、中央大学校友文选编纂委员会编：《南雍骊珠：中央大学名师传略再续》，第269—275页；崔读昌、徐师华、陶毓汾：《缅怀我国现代农业气象事业的奠基人——吕炯先生》，《中国农业气象》2006年第1期，第64页。

[②] 吕炯（1902—1985），江苏无锡人；1922年考入东南大学地学系，毕业后到中央研究院气象研究所攻读研究生，师从竺可桢教授，1928年毕业；1930年被派往德国柏林大学、汉堡大学攻读气候学、海洋学、地质学及农业气象学，1934年学成回国。他历任中央研究院专任研究员、评议员，中央研究院气象研究所代理所长，并兼任中央大学、浙江大学气象学教授，中央气象局局长；1949年后历任中国科学院地球物理研究所研究员，中国农业科学院农业气象研究室主任，中国科学院地球物理研究所研究员兼气象研究室主任等职。他开创了我国海洋气象学的研究，是我国海洋气象学与农业气象学的先驱。在农业气象学研究方面，他十分注重把农业气象和作物栽培、植物生理生化、农业生态及地形地貌联系起来研究，从而对我国农业气象科学的发展产生了深远的影响。

注重气象人才培养。1947 年在南京创办"气象人员训练班",培养了大批气象观测人员,为交通(航空)和农业服务。同时他向当时的政府建议,遴选国内优秀的气象系毕业生去英美深造,由他亲自出题主考,录取后派往国外学习三年,学成后回国。后来这批学成归来的学子,在中华人民共和国成立以后,成为我国气象部门、海洋部门和高校的学术领导人和学术骨干。如,气象学方面有:黄仕松、徐尔灏、陈其恭、谢义炳、程纯枢等;海洋学方面有:毛汉礼、刘好治等。

三 涂长望的气象学研究[①]

涂长望是气象学家、教育家和社会活动家。他长期潜心气象科学研究,开创了中国长期天气预报的研究,在中国气团和锋面、中国气候与东亚环流研究等领域做出了重要贡献。他在气候研究方面的最大特点是密切结合天气学,使气候学更富有活力,对研究我国季风与旱涝有重要意义。

涂长望像

1. 开创中国长期天气预报的研究

在 20 世纪 30 年代初,涂长望[②]指出,中国天气是东亚天气的一部分,而东亚天气又是世界天气的一部分,要研究中国反常天气就必须从大气环流的整体观点出发,研究大气活动中心、大气波动以及海洋环流与中国降水和温度变化的关系。他发表了一系列论文,如《1931 年的

---

① 参见解明恩、张改珍、陈正洪等:《涂长望气象学术谱系研究》,《气象科技进展》2020 年第 5 期,第 169—175 页;涂多彬:《气象学家涂长望》,《民主与科学》2017 年第 1 期,第 66—69 页;中央大学南京校友会、中央大学校友文选编纂委员会:《南雍骊珠:中央大学名师传略》,第 374—378 页。

② 涂长望(1906—1962),湖北武汉人。涂长望 1929 年毕业于上海沪江大学,1931—1933 年留学伦敦大学,获硕士学位,1933—1934 年在英国利物浦大学攻读博士学位。他是我国近代气象科学的奠基人之一,新中国气象事业的主要创建人、领导人和中国近代长期天气预报的开拓者。涂长望历任中国气象学会理事兼学会刊物总编辑,浙江大学史地系教授,后兼任史地研究所副所长,资源委员会电化冶炼厂副秘书长兼福利科长,气象研究所兼职研究员,中央大学地理系教授,中英科学促进会理事等职。1955 年当选为中国科学院学部委员(院士)。其主要著作有《中国气候区域》《我国低气压之成因与来源》《大气运行与世界气温之关系》《中国天气与世界大气的浪动及其长期预告中国夏季旱涝的应用》《中国之气团》《关于二十一世纪气候变暖问题》等。

大水与 1934 年的大旱和远东活动中心的关系》《中国天气与世界大气的波动及在中国夏季旱涝长期预告中的应用》等,这种把中国天气和世界天气联系在一起的观点,不但在当时是先进的,如今依然是正确的。这为我国长期天气预报研究工作的开展和后来长期预报业务的建立指出了方向。

20 世纪 30 年代,气团和锋面的分析研究是气象学中的重要研究课题。涂长望对中国气团和锋面作了深入的研究,先后发表了《中国平均气流与锋面的初步研究》(1937)、《中国之气团》(1938)、《中国气团分析与天气范式》(1940)等论文,其中《中国之气团》一文深受学术界的推崇。他在《中国之气团》一文中指出,当记录次数少时,以各气团之标准实例为其特性之代表,应比平均数为好;如佳例为数颇多,则可以平均数表之,他还对中国气团进行了分类并对各种气团之属性进行了详细而精辟的分析,得知各种气团及其交绥下的天气,其效果甚佳。

涂长望在中国气候分区的研究中,考虑了干湿情况,首先引入年降水量分布形式,并以此为依据,提出了中国气候分区方案,进一步发展了竺可桢的气候分类研究。1931 年竺可桢在《中国气候区域论》一文中指出:"划分中国气候,务必留意分区界限须与一国之天然区域符合","在中国之气旋与反气旋范围内,各处所受影响大异,气候区域之决定,应视此范围为准。"即以此两点作为划分中国气候区的界限,并将中国气候区分为 8 类。涂长望在竺可桢气候区划基础上,提出改进意见,发表了题为《中国气候区域》(1938)的论文。

在东亚环流的研究上,涂长望也有独到见解。他充分利用已有的中国气候资料,绘制了中国逐日平均地面气流图,研究了不同气流之间的锋系活动。他又使用仅有的一些探空资料,分析东亚自由大气特点。1944 年他与学生黄士松一起发表了重要论文《中国夏季风之进退》。他通过研究发现,中国真正的夏季风仅由热带海洋气团及赤道海洋气团或其变性气团所致;中国夏季风出现于 4 月初,结束在 10 月 25 日前后,撤退远比推进为速。他首先指出东亚季风的进退有明显的跳跃现象,即阶段性和突变性,表征着东亚季风环流的非线性特点。这在当时是很有创见的,对研究我国季风与旱涝有重要意义。涂长望在气候研究方面的最大特点是密切结合天气学,使气候学更富有活力。涂长望还对农业气候、霜冻预测、长江水文预测、气候与人的健康、中国气候与各河川水文、土壤形成与植被分布的关系、中国人口与社会等也作过研究,这些工作在当时少有人做,后因战乱,颠沛流离而被迫中断研究。

2. 培养气象人才

涂长望1934—1938年任中央研究院气象研究所研究员(1939—1949年任兼职研究员),其间,1935—1936年曾为清华大学地学系借聘任气象学教授一年。1939年5月受浙江大学竺可桢校长邀请,涂长望调浙江大学任史地系教授兼史地研究所副所长,加强该校的气象学科建设。为了培养气象学研究生,涂长望和张其昀商定编印一套《浙江大学史地教育研究丛刊》。涂长望带头编写第一辑《地理研究法》,并将完成的《气象研究法》《气候学研究》辑入该书,指导研究生学会气象及气候科学的研究方法,为从事气象研究的学者提供了极为宝贵的借鉴作用。在浙江大学任教期间,他讲授气象学、气候学、中国气候、天气预报、大气物理等课。1943年1月至中央大学曾讲授气候学、中国气候、理论气象、长期天气预报等课。涂长望开出课程门数多且涉及面甚广,其中如长期天气预报课是国内首次开出。他在浙江大学和中央大学任教期间,不仅为本科生授课,还培养了一批优秀研究生。

在教学过程中,涂长望不是照本宣科,而是重点突出,便于学生领会讲课的内容,重要词汇和公式都作板书,图表则边画边讲。他十分注意观察学生理解程度,提出问题启发学生,引导学生广泛阅读书籍,开拓视野。同时,他把自己的研究成果以及当时世界上最新的气象研究成果毫无保留地传授给了学生。

四 朱炳海的气象学研究①

朱炳海②是我国气象学家、气候学家。

1. 气候学的初步研究

朱炳海于 1927 年 8 月考入中央大学地理系以后，学习勤奋，热爱气象学，在大学三年级翻译了《雾与航空》（H. C. Willet 著），经竺可桢校正，1933 年发表在《科学》杂志上。大学毕业后，1931—1936 年他到中央研究院气象研究所工作，主要从事气象观测与天气预报工作，其间发表了一系列科学论文，如《霜之研究》《海洋与天气》《寒潮》《气团分析热力学》《洛氏曲线之缺点及其补充》等。

朱炳海像

2. 气象学研究上的主要贡献

朱炳海对于气象学研究的主要贡献有三个方面：一是认为气旋、锋生锋消是制约中国天气与气候的重要机制。他根据其多年天气预报经验和皮特森理论，研究了长江类气旋的特殊性、锋之消长及其与中国天气气候之关系，发表了两篇重要论文：《中国冬季长江类气旋的几点特征》（《气象学报》1944 年第 1 期）、《本国锋之消长与气旋》（《中央气象局丛刊》1945 年第 2 期）。二是分析了中国的降水特征，包括：降水强度、降水变率与旱涝、降水区划、梅雨等。这一研究对农业生产布局与规划十分重要。三是从日地关系研究气候变迁及未来气候。此外，朱炳海十分注重劳动人民在生产实践中积累起来的看天经验。他从各地古籍

---

① 参见中央大学南京校友会、中央大学校友文选编纂委员会编：《南雍骊珠：中央大学名师续篇》，第 300—304 页。

② 朱炳海（1908—1994），号晓寰，江苏江阴人。朱炳海于 1927 年考入中央大学地理系，师从竺可桢教授，1931 年毕业，获理学士学位；毕业后到中央研究院气象研究所工作；1936 年任教于国立中央大学，历任中央大学地理系教授兼中央气象研究所研究员，中央气象局技正（兼职）；南京大学气象系系主任、教授，中科院地球物理所学术委员、中央气象局学术委员会委员，中国气象学会名誉理事、中国地理学会名誉理事等。主要论著有《气象学》《中国气候》《天气谚语》等。

中收集了 700 多条"农谚",对其进行科学分析整理,写成了《天气谚语》一书。这项成果受到竺可桢等科学家的肯定。

3. 编写《气象学》等

1936 年,朱炳海应邀到中央大学地理系任教,讲授气象学、气候学、天气预报、理论气象等课程。1937 年,因为全国性抗日战争爆发,中央大学迁至重庆。当时硝烟弥漫,生活条件艰苦,教材缺乏,朱炳海根据自己多年来的教学科研实践,编写了一部三十多万字的《气象学》,这是国内出版的第一部《气象学》教材(上海商务印书馆 1946 年版)。该书出版后,当时气象界交口称赞,直至今天仍然具有参考价值。接着,他又广泛收集资料并综合其科研成果,开始编著《中国气候》①。

第三节　地学发展

在这一时期,中国尤其是江苏的地学取得了显著的发展,并逐渐形成了地质学(涵盖构造地质学、地层古生物学和石油地质学等分支)、地理学和地图学等多个专业领域。同时一批杰出的地学专家和学者崭露头角,他们在地质学、矿物学、地质教育、地貌学、地理学和地理教育以及地图学等领域做出了重要贡献。这些杰出人物包括李学清、徐克勤、竺可桢、胡焕庸、徐近之、李旭旦、李海晨和任美锷等。他们不仅在科学研究上取得了卓越的成就,还致力于地学教育,培养了大量专业人才,为中国地学的发展奠定了坚实的基础。

一 地质学发展

这一时期重要的地质学家有李学清、徐克勤。他们分别对地质学、矿物学、矿床学进行了探索和研究并做出了重要贡献。

---

① 后来由于工作与教学任务繁重,朱炳海的这部书历经数年,直到 1962 年才完成。全书 50 万字,由科学出版社出版。该书立论新颖、内容丰富、分析精辟,系统阐述了中国的气候特色,综述了中国降水、旱涝特征与降水区划。

（一）李学清的地质学成就[①]

李学清[②]是地质学家、矿物学家、地质教育家，他开拓了中国的沉积岩研究，也是我国宝玉石矿物学研究的先驱之一。

李学清像

1. 矿物研究

李学清于1925年发表的《四川含硫化物的橄榄岩》是我国首次对含镍的超镁铁岩的研究；同年发表的《江苏北部的石陨石》对石陨石的矿物成分进行了分析；1926年发表《直隶西平山县的刚玉》，对刚玉作矿物学专题研究；同年，与翁文灏合写《论中国北部前寒武系大理岩中的含镁量》，对大理岩中的含镁量进行了研究；1927年发表《竹叶状灰岩之岩石学研究》，首次论述了广布于华北及其邻区寒武纪地层中的特殊沉积岩的成因及其生成的古地理条件。1928年，李学清发表的《黄土之化学及矿物成分》，是我国首次将黄土进行化学分析并研究其矿物成分，是中国学者早期研究黄土的重要文献。文中对采自山西、河北的黄土进行分析，证明两者之间并没有多大的联系，为研究中国黄土的成因类型提供了重要的科学依据，并具有开创性的意义。同年，李学清又发表《中国寿山石之研究》。1929年，他发表了《湖北东南部铜矿物研究》，后又发表《河南独山玉石研究》。同年，他撰写了《广东三水、高要、高明、鹤山、新会、台山、赤溪七县的地质矿产》一文，记述了各地区的地质矿产情况，还报道了他在调查中新发现的一些新矿点——高要县一处原生冻石脉两条。就此，他对以往进行地质调查中收藏的几处冻

---

① 参见中央大学南京校友会、中央大学校友文选编纂委员会编：《南雍骊珠：中央大学名师传略》，第352—357页；夏树芳：《李学清》，《中国地质》1992年第1期，第33页。

② 李学清（1892—1977），江苏吴江（今苏州）人。他毕业于美国密歇根大学，1923年获得硕士学位。李学清历任两广地质调查所技正兼中山大学地质系教授、中央大学地质系教授、系主任兼任理学院院长、南京大学地质系教授。他专心致志于地质教育事业和中央大学地质系的发展，担任领导职务长达11年，培养了一批卓有成就的地质学家。中华人民共和国成立后，李学清继续担任南京大学地质系教授，讲授矿物学、岩石学、沉积学等课程。

279

石——福建的寿山石、浙江的青田石和鸡血石以及林西石等,进行了研究和化学分析。李学清是中国最早从事彩石科学研究的学者之一。

2. 组织地质考察

1929年李学清到中央大学任教以后,也曾经在南京近郊钟山一带调查考察,对该地区的侵入岩及其导致的变质情况作过野外观察并对一些岩石进行了化学分析。对天堡城、蒋庙、黄马、青马等地的正长岩、二长玢岩、角闪石玢岩和紫苏辉石闪长岩及其引起的变质作用进行过报道。

1933年,李学清组织并领导四川地质考察团,历时两个月,取得不少成果,为四川地质工作打下了基础。1935年开始,他又组织领导南京地区的地质调查研究工作,有关报告在新中国成立后才由南京大学地质系出版。

3. 保护仪器标本,严肃认真教学

1937年,全国性抗日战争爆发,中央大学地质系西迁重庆沙坪坝,李学清率领全系员工将所有的仪器标本都装进特制的大木箱,溯江而上,完好无损地运抵重庆,使地质系在战乱之中也未曾中断教学工作,后又完好无损地搬回南京,为中国地质教育事业的发展做出重大贡献。

在重庆沙坪坝十分艰苦的环境下,李学清坚持教学,先后讲授"矿物学""普通岩石学""晶体光学""高等岩石学"四门课程。当时只有"矿物学"有中文的油印讲义,其余课程学生全凭课堂笔记,或到大图书馆借外文教科书阅读。李学清教学很严肃认真,所有课程均有配套的实习课,虽有助教负责,但他仍准时到实验室答疑辅导。为了专事教学与科研,年届半百的李学清于1941年辞去系主任一职,但他仍继续担任教学工作,为我国培养了一批卓有成就的地质学家。

(二)徐克勤地质调查和矿山考察[①]

徐克勤[②]是地质学家、矿床学家、地质教育家,同时也是钨矿专家、

---

① 参见朱煊:《踏遍青山——记中科院院士、地质学家徐克勤》,《档案与建设》月刊2001第9期,第21—24页;华仁民:《徐克勤院士对中国地质事业与地质科学的重大贡献》,《矿物岩石地球化学通报》2003年第3期,第283—284页;中央大学南京校友会、中央大学校友文选编纂委员会编:《南雍骊珠:中央大学名师传略》,第361—366页。

② 徐克勤(1907—2002),安徽巢县人。他1934年毕业于南京中央大学,1939年起在美国明尼苏达大学留学并先后获硕士、博士学位。徐克勤历任中央地质调查所技正;中央大学地质系教授、地质系主任;南京大学教授、系主任。1980年他当选为中国科学院学部委员(院士)。

花岗岩石学专家和层控学专家。

1. 钨矿地质的调查研究

1934 年徐克勤从中央大学毕业后，即加入中国地质学会，并由朱庭祜、丁文江先生介绍，于当年 9 月进入中央地质调查所工作。到所不久，徐克勤即与高平一道被派往江西乐平调查锰矿；后又被派往永新调查乌石山铁矿。1934 年底，徐克勤被派往赣州，会同资源委员会的一位专员对赣南钨矿进行调查考察，从此开始对钨矿地质的调查研究。

徐克勤像

从 1934 年到 1938 年，徐克勤多次来到我国钨矿资源最为丰富、开采历史最悠久的江西南部考察钨矿地质。他认真调查了数十个钨矿区，掌握了大量的第一手材料，写成《江西南部钨矿地质志》（丁毅曾参与部分工作）。这本书不仅对赣南钨矿床的特征进行了详细系统的评价，而且对该地区的区域地质、地层划分、构造运动、花岗岩类分布及其与钨矿关系等方面都有精辟的论述。该书的初稿受到中国地质学界的重视，徐克勤也因此而获得当时的中美文化基金资助，得以赴美国留学深造。

1939 年 11 月，徐克勤赴美国明尼苏达大学地质系学习，师从国际著名矿床学家艾孟斯。徐克勤在美国期间学习努力，加上他在矿床地质方面已经有一定造诣，成为明尼苏达大学研究生中的佼佼者。1941 年他获得硕士学位，由于成绩优秀而入选为著名的 Sigmaxi 科学荣誉学会会员，并继续攻读博士学位。徐克勤赴美国留学期间，继续进行以钨矿地质为主的研究工作，并选择《江西南部钨矿地质志》一书择其精华，用英文写成"Tungsten deposits of Southern Kiangsi, China"一文，发表于国际矿床学界最权威的刊物《经济地质》（*Economic Geology*）。1942 年夏，他从明尼苏达大学驾车西行，单人独骑在美国西部 11 个州进行野外地质调查，历时 4 个月，行程 4.8 万多公里，几乎考察了美国所有的钨矿和其他许多重要矿床，积累了极其丰富的资料。在对中、美两国钨矿地质全面掌握、透彻了解的基础上，留学期间他总结了江西的工作成果,结合世界各地钨矿文献资料的研究及对美国几乎所有钨矿的考察,完成了博士学位论文"Geology of tungsten deposits"。上述两篇论文奠定了他在国际钨矿地质领域的地位。

2. 钨矿考察

1945年回国后,徐克勤继续深入研究华南钨矿地质。1947年7月中旬,刚刚担任中央大学地质系主任的徐克勤受资源委员会委托,前往湖南资兴瑶岗仙钨矿进行资源评价,并率领毕业班学生季寿元、赵世彰进行野外实习。当时,瑶岗仙钨矿已由若干私人小公司开采石英脉型黑钨矿近30年。到达矿山的第二天,徐克勤便上山勘查黑钨矿石英脉。下午,在返回住地的路上经过和尚滩附近,在路旁的草丛中发现一种棕黑色土状物,这立刻引起了他的重视。他从棕黑色土状物分析入手,首次发现了该矿区半风化的矽卡岩。根据他的经验,在一定条件下矽卡岩可以伴生白钨矿。于是他将矽卡岩分布范围填绘于地形图上,并采集了数十块样品,带回南京进行室内研究,结果证实这些样品绝大多数含有白钨矿。这是在我国首次发现矽卡岩型白钨矿。第二年暑假,他又对和尚滩一带的矽卡岩白钨矿进行了较为详细的调查,测制1:2500地形地质图,起草了地质报告。他的工作成果显示:矿床的地质条件相当好,矿体顺层延长约1公里,厚度和延深都较大,矿石品位也已达到开采要求。徐克勤提出的勘探开发瑶岗仙矽卡岩白钨矿的建议立即被地质部门所采纳。

二 地理学发展

这一时期的地理学家有竺可桢、胡焕庸、徐近之、李旭旦、任美锷、李海晨等。其中竺可桢提出了地理学的思想;胡焕庸开创了中国人口地理学,提出了胡焕庸线;徐近之整理出二十卷的中国历史气候资料,编辑了青藏高原文献;李旭旦致力于人文地理研究,提出用综合方法划分地理区域的观点;任美锷研究地貌学和经济地理;李海晨从事地图学研究。

（一）竺可桢的地理学思想[①]

竺可桢对中国地学的贡献是全方位的，他十分注重地学研究的社会价值，为此，他对中国地学发展具有总体构想，不仅注重地学体系的构建而且注重地学体制化建设和地学人才的培养。在此意义上，竺可桢地学思想的形成过程，正是近代地学在中国形成、发展的一个缩影，他也是中国近代地理学的奠基人。

竺可桢像

1. 注重地学研究的社会价值

竺可桢留美归国后，面对当时政治动荡、边境危机、经济萧条、科学落后的局面，深感地学家的责任重大。他希望通过地理学工作，为内忧外患的祖国做些事情。1921 年，他在《科学》和《史地学报》等杂志上发表了《我国地学家之责任》。他指出："欧美日本以迄印度，其对于国内耕地、草地、森林多寡之分配，均有详细之调查，而我国各省则独付阙如。间或有之，则得自古籍之载记，略焉不详。"他呼吁中国地学家应该"以调查全国之地形、气候、人种及动植物矿产为己任"，"使人人知有测量调查之必要"。面对当时国内地学研究学术基础和研究水平十分薄弱的状况，竺可桢认为，应该从自然资源考察入手开展研究。他在 1927 年发表的一篇文章中指出："含有地方性的各种科学，如地质学、动物学、植物学、气象学之类，我们在理论方面，虽然不敢高攀欧美，至少在我们国境内的材料，应当去研究研究。"这不仅是基于学术研究的需求，更是出于民族责任感。

2. 构建地学综合体系的尝试：编写《地学通论》

竺可桢构建地学综合体系的设想不仅基于学术研究的需求和民族责任感，而且与其幼时的经历和八年的留美生涯有着一定的联系。竺

---

① 参见张九辰：《竺可桢与东南大学地学系》，《中国科技史料》，2003 年第 2 期，第 112—122 页；张九辰：《竺可桢的地学思想与中国现代地理学研究体制》，秦大河主编《纪念竺可桢先生诞辰 120 周年文集》，气象出版社 2010 年版，第 112—128 页。

可桢的父亲靠开设米行维持生计,母亲来自农村。农村的自然环境、气候变化给幼年的竺可桢留下了深刻的印象。赴美留学时,他选择了农科,进入美国伊利诺伊大学农学院学习。但他很快发现美国的农业制度与中国完全不同,在美国所学的知识在中国无法应用。于是1913年大学毕业后,他选择了与农业生产关系密切相关的学科——气象学,先后进入哈佛大学地质学与地理学系攻读硕士和博士学位。竺可桢在哈佛主修气象学专业的天气与天气预报、气候与人类、北美气候、东半球气候、气象学和气候学的研究课程,同时学习了历史地质学、冰川沉积学、地震学、区域地理等有关课程,还旁听了科学史学家乔治·萨顿(George Sarton,1884—1956)科学史课程,并受到其"新人文主义"思想的影响。

1918年竺可桢学成回国,先应聘到武昌高等师范学校(武汉大学前身)任教,在博物部讲授地理课,并为原数学物理部毕业班教授天文气象学。1920年竺可桢应聘到南京高等师范学校后,开设了地质学、地文学(自然地理学)和气象学等课程。在教学中,他十分重视对学生的综合训练,并编写《地学通论》教科书,试图总结、概括近代地学理论,构建地学综合体系,其指导思想是:教授地理学,不求扩充地理的范围,而在限制地理的范围,组织各种地理上要素,成为系统。因而,他在编撰该书时把重点放在阐述近代自然地理学(即地文学)的理论体系。《地学通论》介绍了当时美国最新的自然地理学内容。该书共分两编,第一编讲述天文地理学;第二编讲述地文学。第一编分为三章,天文地理学内容占二章,第三章专门讲述近代地图测绘方法;第二编地文学部分的内容占全书近3/4,用九章的篇幅介绍地文学和地质学,以自然地理学内容为主,但也融汇了地质学和气象学的内容。他指出:"子舆子曰,天时不如地利,地利不如人和,由今观之,则天时因地理而异,实为地理之一要素,是故欧美各大学以气象学列入地文学一门,而地理天时与人种之发达均有直接关系,亦不能断孰为轻,孰为重也。"[①]在编写《地学通论》的过程中,竺可桢主要

---

① 竺可桢:《地理与文化之关系》,《科学》1916年第8期,第894—908页。

参考了西方的《自然地理学》《数理地理学》《天文学》《地质学》《地图投影法》等著作,同时也参考了一些日文著作和中文译著;在内容上,《地学通论》将近代地质学、地理学、气象学合为一体,强调了近代地理学研究中人文地理研究的倾向,在各章中加入了各种自然要素对于人类生产和生活的影响及其相互关系的论述与分析。例如,论述不同地貌类型对于道路交通、城镇规划的影响;河流、海岸对于农业生产和城市发展的影响等等。尽管书中所举的实例是以西方的自然地理现象为主,但是在实际教学中,竺可桢十分注重介绍中国的自然地理状况和近代地学的研究方法,并在讲义中加入了地图测绘法一章。另外,在"月球"一章中加入了阴历与阳历的对比,使学生更好地了解东西方科学的异同。

3. 创建我国第一个地学系

竺可桢不仅在地学研究和教学中尝试构建地学综合体系,而且将"科学救国"的理想付诸实践。他到南高任教的第二年,该校就更名为国立东南大学,并进行了科系调整。科系调整初期在理科曾设有地理学系,但竺可桢认为地理系范围过于狭窄,应改为地学系。他在创建第一个地学系——东南大学地学系时,有意促成地质学、地理学和气象学的融合。地学系早期以地质学、地理学、气象学和古生物学为主要内容,后来该系分为地质矿物门和地理气象门(所谓"门"就是在系之下所分的专业)。这是中国最早在地学系中分设的专业。虽然地学系为了学科发展设置了地质矿物和地理气象两个专业,但是该系所有学生的必修科目中都包括了地质、地理和气象学科的基础知识;与此同时,地理学与地质学学生都须进行野外实习。竺可桢还亲自为学生开设"地学通论"课程。该课程是东南大学文理科各系学生一学年的共同必修科目。竺可桢试图通过这门课程,将近代的地学发展的总体框架介绍给学生。竺可桢培养了几代中国近代早期的地学人才,如胡焕庸、吕炯、朱炳海等成为中国地理学界和气象学界的奠基者。

（二）胡焕庸的地理学贡献[1]

胡焕庸像

胡焕庸[2]是我国近代科学地理学和人口地理学的奠基人，绘制了具有深远影响的瑷珲—腾冲线（胡焕庸线）。

1. 致力于中国人口地理学研究[3]

胡焕庸于 1919 年考入南京高等师范文史地部，1920 年该校扩建为东南大学，他在竺可桢创办的地学系学习，在竺可桢的教导下，初步掌握了近代科学地理学的内容。1926 年他从东南大学毕业后，去法国巴黎大学进修地理学，学习了自然地理学、经济地理学、人文地理学，还系统自学了法国人文地理大师维达尔·白兰士关于人地关系的学说，这为他日后研究人口地理学、农业地理学等打下了基础。

回国后，从 1934 年起，胡焕庸循着老师竺可桢的路径研究人口分布问题，更精细地划分人口地理单元，制作了江苏省江宁、句容等地乡镇尺度的人口分布图，并用地形、土壤等地理要素加以解释。1935 年他发表的《安徽省之人口密度与农产区域》，将安徽省分成皖北旱粮区、皖中稻米区、皖南及皖西茶山区 4 个农产区域，以此解释其人口分布。在省、县人口地理分析的基础上，胡焕庸开始了全国人口县级分辨率的地图制作和研究工作。而当时的中国人口及其分布研究面临的最大难题是数据的可得性和可靠性。民初以来中国人口的统计数据有 4 个主要版本：中华续行委办会调查整理的 1918—1919 年分省人口数据、

---

[1] 参见中央大学南京校友会、中央大学校友文选编纂委员会编：《南雍骊珠：中央大学名师传略》，第 345—351 页。

[2] 胡焕庸（1901—1998），江苏宜兴人。他先后毕业于南京高等师范学校、法国巴黎大学；历任中央大学地学系教授兼中央研究院气象研究所研究员、中央大学地理系主任、中央大学研究院地理学部主任、中国地理学会理事长；华东师范大学地理系教授、华东师范大学人口地理研究室主任、中国人口学会顾问，上海市人口学会会长、华东师范大学人口研究所名誉所长等职。其主要成就包括：开创了中国人口地理学，提出了胡焕庸线——他引进西方近代地理学理论和方法，从人地关系的角度研究我国人口问题和农业问题。提出中国人口的地域分布以瑷珲—腾冲线为界划分为东南与西北两大基本差异区，并首次提出中国农业区划方案。胡焕庸在培养地理人才，创建研究机构、学术团体、学术刊物等方面都做出了重要贡献。

[3] 参见吴传钧：《胡焕庸大师对发展中国地理学的贡献》，《人文地理》2001 年第 5 期，第 1—4 页。

1925 年邮政局调查统计的分县人口数据、1928 年内政部调查的各省市人口数据和 1935 年内政部汇编的 1931—1934 年的各省分县人口数据。上述每个版本都有省区缺漏,一省之内也常有县市数据缺失。胡焕庸尽量采用 1935 年内政部汇编的最新数据,除了沿用县级统计俱全的浙江、山西等 6 个省的数据外,他花了极大精力通过各种途径搜集江苏、安徽等 17 个省的政府报告中的相关数据,以核算各地人口;直辖市、租界的数据主要取自《统计月报》和英国《政治家年鉴》;四川、贵州、福建 3 省因缺乏新近数据不得不采用 1925 年邮政统计数据;藏族人口及西康、青海两省的人口根据经验作了主观估计;此外,还使用了一些来自《申报年鉴》、英文《中国年鉴》等的零星数据。经过细致的整理,胡焕庸实现了中国大陆人口数据的第一次县级统计单元完整拼合,可以称之为全国人口较为完备的统计。1939 年申报馆出版发行的《中国分省新图》特请胡焕庸编制了"重要城市及人口分布图"。胡焕庸将县级人口数与土地面积相关联,制作了人口分布点值图和密度等级图,前者以每点代表 2 万人,后者将县级人口密度分为 8 个等级,直观反映人口分布的疏密差异。在此基础上,他将人口密度等级与自然地理属性作了对应分析,比如人口最密的第一级对应稻作平原区,第二级为旱作冲积平原,第三级为沿江沿河局部平原,其下为丘陵、山地、高原等,进而确立了以地形、气候为条件,以粮食生产为关键中间变量的人口地理分析范式。

2. 绘制瑗珲—腾冲线(胡焕庸线)[①]

在完成人口分布和人口密度分析之后,1935 年胡焕庸在《地理学报》(第 3 卷第 2 期)发表了对于中国人口地理学研究具有开拓意义的重要论文——《中国人口之分布》,并附有中国第一张人口密度图。当时中国总人口估计有 4.75 亿,他以 1 点表示 1 万人,根据掌握的实际情况将 4.75 万个点子落实到地图上,再以等值线法画出人口密度图。该文指出中国人口分布存在着极端的地区不平衡,这种人口密度差异性大致从黑龙江省的瑗珲到云南省的腾冲存在一个线

---

① 参见吴传钧:《胡焕庸大师对发展中国地理学的贡献》,《人文地理》2001 年第 5 期,第 2—3 页。

性轮廓,这就是瑷珲—腾冲线①。由此,可以清楚标识出东南半壁和西北半壁人口密度悬殊的情况,东南半壁虽只占土地面积的 36%,人口却占 96%;西北半壁虽土地面积占 64%,而人口仅占 4%,这个现象主要是由地理环境和农业基础的地区差异所造成。该文发表后不久即被美国 *Geographical Review* 杂志全文翻译介绍,英、德地理刊物亦相继介绍,认为该文不仅开创了中国人口地理研究,同时也奠定了中国人口地理学的基础。该文内容不限于人口的数量研究,而着重探讨自然、社会、经济特别是农业生产条件对人口增长和分布的影响。该文所揭示的东南半壁与西北半壁的差异至今仍然具有指导意义。

3. 教学科研并重

胡焕庸作为地理学教育家,从竺可桢手中接过的教学任务,最主要的是气候学。他所著的《气候学》是他在中央大学的教材。他十分重视搜集和阅读国外文献,注意地理科学上的新学说、新理论和新资料,从而积累丰富的科学知识。在此基础上,他根据客观需要,从一个教学领域转入另一个教学领域。他不仅注重教学,而且注重地理学研究,并且从一个研究领域转入另一个研究领域,撰写出多种大学教材和专著。比如,在水利地理研究方面,为了研究淮河,1934 年他率领学生前往苏北淮河南北地区进行实地考察,并且出版《两淮水利盐垦实录》;此外他还写了《黄河志·气象篇》。在抗日战争时期,他更多地致力于经济地理的研究,相关著作有《中国经济地理》《美国经济地理》《苏联经济地理》和《世界经济地理》等。这些著作都以商品为经,以地区为纬,强调各地各类自然资源的分布状况,重视供需关系,并且通过进出口贸易的分析,说明其有余与不足。在区域地理研究方面,他强

---

① 瑷珲—腾冲线反映了中国人口分布的不均匀格局,是中国人口密度从东南向西北递减渐变过程中的突变线。胡焕庸计算了瑷珲—腾冲线两侧的人口、土地及人口密度,但他并没有在《中国人口之分布》一文的附图上划出这条线。直到 1989 年胡焕庸、伍理用 1982 年人口普查和1985 年人口统计数据重新精绘了中国人口分布图、密度图,才将瑷珲—腾冲线落实在地图上;1984 年 7 月美籍华人人口学家田心源教授到上海拜访胡焕庸时,认为瑷珲—腾冲线应该称为"胡焕庸线"。直到 1986 年"胡焕庸线"才见诸研究文献(参见丁金宏,程晨等:《胡焕庸线的学术思想源流与地理分界意义》,《地理学报》2021 年第 6 期,第 1317—1333 页)。

调人地关系的阐明，在他看来，人地关系研究就是关于人口、资源、环境的相互关系的总体性研究。他的区域地理著作包括分省地理、分洲地理和分国地理，如《江苏图志》《各洲自然地理讲义》《法国地理图志》等。

（三）徐近之的地理学研究①

徐近之像

徐近之②是地理学家、地形学家、探险家和考察家，是我国地理文献学先驱。

徐近之的地理学、地形学研究及其贡献，都与其地理科研考察和探险密切相关。

1931 年，为了开辟欧亚航空路线，瑞典著名探险家斯文·赫定（Sven Hedin，1865—1952）组织中瑞西北科学考察团，赴甘肃、青海、新疆等地，对气候多变的大西北进行科研考察。中央研究院派遣还在中央大学地理系学习的徐近之，作为中方人员参加了中瑞西北科考团，负责气象观测。为此，徐近之休学一年。在中瑞西北科考团的十四个月中，徐近之每日观测记录相关的气象数据，并将这些资料寄给南京中央气象台，为研究冬季寒潮发生和演变以及欧亚航空线飞行提供可靠数据。与此同时，他还撰写了 5 篇通讯，被分期发表在《地理杂志》和《方志》月刊上，成为重要的地理文献资料。

---

① 参见中央大学南京校友会、中央大学校友文选编纂委员会编：《南雍骊珠：中央大学名师传略续篇》，第 291—294 页；严德一：《三十年代徐近之青藏高原的考察探索》，《地理学与国土研究》1985 年第 1 期，第 59—60 页；刘亦实：《第一个进藏的地理学家徐近之》，《江苏地方志》2007 年第 1 期，第 52—53 页。

② 徐近之（1908—1981），名念庄，四川江津县（现重庆永川区）人。他 1932 年毕业于国立东南大学，1940 年获英国爱丁堡大学地形学博士学位。徐近之历任中瑞西北科学考察团团员、资源委员会青藏调查员，中央大学地理系助教、讲师、教授；中国科学院南京地理研究所研究员等。著有《青藏高原自然地理资料》《南极洲地理概要》《中国历史气候资料》《长江流域河湖结冰年表》《我国历史气候学概述》《法、英、德、汉地质学暨地表形态学词汇》等。

1932 年徐近之从中央大学毕业后留在地理系任教,作为奥地利籍教授费思孟的地形学助教,与其一起考察了山东的泰山与崂山,在地形学和德语方面都进益甚多。1933 年夏,资源委员会派徐近之赴西北调查,先沿着西兰公路考察地质地形,后考察青海湖,完成了著作《青海纪游》;接着他历尽艰险由西宁经松潘草地折返四川,由此写了《西宁成都四十日记》。

1934 年春,竺可桢派徐近之前往西藏拉萨筹建气象站。他由成都经甘川古道至兰州,转西宁,到达拉萨,途程 80 天,成为第一个进藏的地理学家。尽管一路风餐露宿条件十分艰苦,他仍坚持沿途考察地质、地形、河道变迁与各地社会习俗,进行温、压观测,校对海拔。他在拉萨建立了第一个青藏高原气象站,1934 年 10 月开始观测各种气象要素,和实习生王廷璋每天轮流记录 14 次,将这些在青藏高原海拔 3760 米处取得的气象资料用无线电报告南京,寄呈所长竺可桢。1936 年移交实习生王廷璋观测,他单骑翻越念青唐古拉山登北高原考察海拔 4000 多米的纳木错,往返 13 天,环湖绕测。因受高原雪光、月光、水光的映照,两眼肿痛异常,但他仍然坚持探寻湖面盈缩、湖岸演变的痕迹。他还南越喜马拉雅山,骑行通过印度的山路至亚东,乘火车至加尔各答。他结识云南商人,备悉滇藏间的茶运路线,穿越横断山脉,探索其自然奥秘。在西藏考察三年,徐近之发表了《岷山峡谷》《拉萨地文人文一瞥》《1935 年拉萨之雨季》《西藏之大天湖》(最早记录了位于海拔 4750 米的中国高原内陆湖泊考察资料及其地理上的变化),以及《康藏和印度间的国防通路》《横断山露宿两月日记》等地理研究论文,这些论文和考察游记不仅让民国学界对西部有所了解,还影响了一代地理学子。

1938 年徐近之考取第六届中英"庚款"公费生,赴英国爱丁堡大学攻读地形学,1940 年获哲学博士学位;后转赴美国哈佛大学和哥伦比亚大学深造,学有所成,更为以后研究地理奠定了深厚基础。在此期间,他发表了《美国哥伦比亚大学地形学教授约翰逊先生大事记》《德国柏林大学地形学教授地学大师彭克事略》等地形学研究论文。1946 年回国后,他被聘为国立中央大学地理学教授。

（四）李旭旦的地理研究①

李旭旦②是人文地理学家、区域地理学家和地理教育家。

1. 关于中国地理区域的划分

李旭旦认为，不能孤立地研究某一个地区，还应从地域差异的观点分析该地区与其他有关地区的联系和异同。20世纪40年代初李旭旦在对白龙江中游深入考察的基础上，提出了我国南北地理分界的西端应以白龙江中游为界，并认为它也是我国东部农区与西部牧区的分界。③ 1946—1947年李旭旦应聘到美国马里兰大学作访问教授。在此期间，他认真研究了中国的地理区划问题。1947年他发表《中国地理区域之划分》一文，从宏观角度分辨中国的地域差异。该文吸取了当时国外地理区划的理论、方法和经验，并充分运用国内有关的科研成果，较全面而系统地对具有复杂多样地理环境的中国进行了地理分区，把整个国土作为一个巨大的人地单元，综合考虑地貌、气候、水文、土壤、植被等自然要素及人口、经济、民族、文化等人文要素，提出了综合地理分区的方案——把中国划分为12个大区。这在当时具有开创性意义。

李旭旦像

---

① 参见中央大学南京校友会、中央大学校友文选编纂委员会编：《南雍骊珠：中央大学名师传略续篇》，第295—299页；汤茂林、金其铭：《李旭旦先生的学术思想和贡献及其他》，《人文地理》2011年第4期，第153—160页。

② 李旭旦（1911—1985），江苏江阴人。他1934年毕业于中央大学地理系，1939年获英国剑桥大学理学硕士学位。李旭旦历任中央大学教授、地理系主任；南京大学、南京师范学院、南京师范大学教授、地理系主任，中国地理学会第四届常务理事、人文地理专业委员会首届主任委员、世界地理专业委员会副主任委员。他致力于人文地理学，提出用综合方法划分地理区域的观点，晚年大力提倡复兴区域地理和人文地理研究，创办《地理知识》杂志；主编《人文地理学》（中国大百科全书分册）《人文地理学论丛》；著有《人文地理学概说》等。

③ 李旭旦这一基于科学考察的结论为中华人民共和国成立后，制定《1956到1967年全国农业发展纲要》规定不同地域单位面积产量和复种指数的地理分界线提供了基本依据。

2. 注重野外考察

李旭旦 1936 年考取中英庚款留学生,赴英国剑桥大学学习人文地理,以《江苏北部区域地理》一文获得硕士学位。1939 年回国后被聘为重庆中央大学地理系教授,时年 28 岁。他十分重视实地考察。1936—1938 年他在英国留学期间,为了考察国外人文地理状况走遍法、德、瑞士、荷兰等国,实地观察阿尔卑斯山冰川,后又横渡大西洋,横贯美国大陆,再渡太平洋回到祖国。抗日战争期间,他在后方又亲自组织和参与了多次野外考察。1940 年他率领学生赴峨眉山考察,在所撰《区域图表与地景素描在峨眉山之应用》一文中指出,在野外考察,尤其是在山岳区域,我们往往能看到许多地点、地形、地质、气候、植被、农作、聚落等地理因素,这些要素集中作用在一起,就会呈现出极明晰有趣的相互关系。[①] 1941 年暑假,他担任西北科学考察团团长,从重庆出发,经成都至碧口,沿涪江上行考察白龙江中下游地区,后经两河口转岷县,沿洮河西行至甘南藏区(甘南藏族自治州)的临潭、卓尼、黑错、拉卜楞等地进行考察。考察之后,他相继发表《西北科学考察纪略》《白龙江中游人生地理观察》《经济建设之原则:为主持西北建设者进一言》等文章。文中,李旭旦不仅对甘南藏区的自然、地理、人口、物产等情况作了详尽的描述,而且透过观察提出了"地尽其力""适中开发""发展交通""广施教育""建国家公园"等开发甘南藏区生态环境和资源的构想。[②] 尽管考察极其辛苦艰险,但他不以为苦,反以为乐。因为他认为只有通过实地调查才能取得第一手资料,进而形成属于自己的见解。他指出,地理学者,应以大自然为实验室,对于名山大川,攀岭击石,寻胜探幽,不仅在于其能赏心悦目,而须察其形质,究其成因,并追索地形演化的史迹,分析自然作用的消长。[③]

[①] 参见李旭旦:《区域图表与地景素描在峨眉山之应用》,《地理学报》1940 年第 7 期,第 28—34 页。

[②] 参见黄茂:《抗战时期李旭旦甘南藏区开发思想初探》,《青海民族研究》2016 年第 1 期,第 162—165 页。

[③] 参见李旭旦:《昂白山之冰川地形》,《地理学报》1938 年第 5 期,第 1—12 页。

（五）任美锷地理学等方面的研究[①]

任美锷[②]是地貌学家、海洋地质学家，在自然地理学、人文—经济地理学和建设地理学等方面都有相关的研究成果。这些研究成果涉及工业、农业、交通与港口、旅游等多个方面。

任美锷像

任美锷 1934 年从中央大学地理系毕业后，应聘于国家资源委员会，任研究实习员，通过对西北的考察，发表了《兰州附近地质研究》等论文。1936 年考取第四届中英庚款公费留学，由李四光教授推荐赴英国格拉斯哥大学地理系，师从贝利教授攻读地貌学，兼修地质学。留学期间，他考察了法国、瑞士、德国和荷兰等地的地貌，他撰写的博士论文《英国 Clyde 河流域地貌发育》以其资料翔实、论证确切、观点独特深受学位评议委员的赞赏，破格决定免于答辩授予哲学博士学位。

1939 年任美锷应竺可桢邀请回国任教，并从事地貌学、自然地理学与海洋沉积等方面的教学与研究，在自然区划、喀斯特地貌、海洋沉积动力学等方面取得了一系列的研究成果。抗日战争时期，他在大学任教的同时，悉心研究中国经济建设与地理学的关系，发表了《地理学与经济建设》《钢铁工业区位的地理研究》《实业计划中的工业区位思想》《战后中国的工业中心》《中国西南国防工业区域的轮廓》等一系列论著与述评，还发表了《经济地理学理论的体系》《工业区位的理论与中国工业区域》等论文，为我国经济地理学科理论体系的建构做出重要贡

---

① 参见孙文治主编：《东南大学校友业绩》第 1 卷，第 616—617 页；余之祥：《任美锷先生对人文—经济地理学的贡献和启迪》，《经济地理》2015 年第 10 期，第 1—4 页。

② 任美锷（1913—2008），浙江宁波人。任美锷 1934 年毕业于国立中央大学地理系，1936 年赴英国格拉斯哥大学攻读地貌学，获哲学博士学位。任美锷历任资源委员会研究实习员，浙江大学史地系教授、复旦大学教授兼史地系主任、中央大学地理系教授，兼任中国地理学会总干事、《地理学报》总编辑；后任南京大学地理系主任，兼任南京地理研究所所长，并当选中国地理学会副理事长，中国地理学会、中国海洋学会名誉理事长。

献。这一时期，他还形成了建设地理学的思想，集中体现在 1946 年出版的专著《建设地理新论》中。

（六）李海晨的地图学研究[①]

李海晨像

李海晨[②]是地图学家、地理学家、地图学教育家。

李海晨 1928 年进入中央大学地理系学习，1932 年以优异成绩从中央大学地理系毕业，留校任地理系助教。此后，他曾任钟山书局编辑、资源委员会助理研究员、浙江大学史地系助教等职。1937 年李海晨去德国柏林大学地理研究所深造，师从著名地理学家诺比·克雷布斯（Norbea Krebs），修习自然地理学，1939 年学成回国。他先后主讲地理学通论、自然地理、气候学、中国地理总论、世界地理、地图学、地理教学法等课程；多次率领师生进行野外地理考察，所授各课系统邃密、内容丰富，备课充分，广征博引，由浅入深，理论联系实际，令学生受益匪浅。他撰写了《爱凯特的地图科学》《评英国泰晤士地图集》等论文，对于编制具有世界水平的大型国家地图集具有借鉴意义。

---

① 参见中央大学南京校友会、中央大学校友文选编纂委员会编：《南雍骊珠：中央大学名师传略再续》，第 260—263 页；金瑾乐：《献身地图科学辛勤培育后人——记南京大学李海晨教授》，《地图》1989 年第 2 期，第 38—39 页。

② 李海晨（1909—1999），字玉林，江苏江阴人。1932 年李海晨毕业于中央大学地理系；1937 年 10 月赴德国，入柏林大学地理系进修，1939 年结业回国。李海晨历任重庆北碚复旦大学史地系教授，中央大学史地系、地理系教授，浙江大学史地系教授，南京大学地理系教授、城市与资源学系教授等。他的译著有《地图学》《维也纳之地理考察》《专题地图与地图集编制》和《地形图读法》（编译）等 20 多种，其中《专题地图与地图集编制》一书被评为全国测绘系统优秀教材。

第十一章　民国时期的生物学发展

这一时期我国包括江苏的生物学取得了长足的发展，主要表现在动物学方面：原生动物学、鱼类学、线虫学、神经解剖学等；植物学方面：植物分类学、植物生理学、苔藓植物学、植物区系学、植物形态学、植物病理学等；此外还有微生物学、真菌学和生物统计学。

第一节　动物学发展

这一时期著名的动物学家有：秉志、王家楫、陈桢和陈义等。

一　秉志的动物学研究[①]

秉志[②]是动物学家、教育家，我国近代动物学的开拓者和主要奠基

---

① 参见翟启慧：《秉志传略》，《动物学报》2006 年第 6 期，第 5—14 页；中央大学南京校友会、中央大学校友文选编纂委员会编：《南雍骊珠：中央大学名师传略》，第 324—329 页。

② 秉志(1886—1965)，满族，生于河南开封。他 1908 年毕业于京师大学堂，1918 年获美国康奈尔大学哲学博士学位。秉志历任南京高等师范学校、国立东南大学、厦门大学、国立中央大学、复旦大学生物系教授；中国科学社生物研究所研究员、所长，静生生物调查所研究员、所长；中国科学院水生生物研究所、动物研究所研究员；中央研究院院士；美国 Sigma Xi 科学荣誉学会会员，中国科学院生物学地学部(后为生物学部)学部委员(院士)、常委。

人。他的学识极为广博。1909 年他作为第一批庚款留学生赴美留学,在留学期间,从昆虫学一直学到人体解剖学;他所从事的研究工作则范围更广,在形态学、生理学、分类学、昆虫学、古生物学等领域均有重要成就,尤其精于解剖学与神经学。从工作类型看,他不仅做了大量描述性工作,而且也做了许多实验性工作。他在研究方法上,形态结构研究与生理现象研究并重,即研究

秉志像

形态结构要尽量阐明生理功能;而研究生理现象,则一定要证实其形态学基础。其研究对象,大到老虎,小到摇蚊;从现有的活动物到古代的化石,均有钻研;在昆虫学、古生物学和腹足类分类学的研究方面成就卓著。

1. 昆虫学研究

1913—1918 年,秉志在美国康奈尔大学攻读博士学位时,从事昆虫学研究,发表论文 3 篇。他在 1915 年发表第一篇论文《加拿大金杆草上虫瘿内的几种昆虫》,这是中国人在国外发表的最早的昆虫学论文。该文是秉志在仔细观察 3300 个虫瘿的基础上详尽地描述了此种蝇类的生活史,其幼虫形成虫瘿之过程,以及虫瘿内的其他昆虫种类,包括鞘翅目、膜翅目、双翅目、鳞翅目等多种寄食昆虫和寄生昆虫的生活史、进入虫瘿的途径,等等。他的博士学位论文《一种咸水蝇生物学的研究》作为专著发表于康奈尔大学农业实验站专刊。该论文十分详细全面地研究了一种幼虫栖息于咸水池塘中的蝇类的生活史,各虫态的形态学、生态学特征,以及生长、变态、越冬等规律,特别观察和分析了各虫态的习性、适应性、体色和形态结构特征对其生存的重要保护作用。该文是水生昆虫学的一项出色的研究成果。

2. 脊椎动物形态学研究

秉志在 20 世纪 20 年代对江豚、虎等脊椎动物进行解剖学和组织学研究,其中对江豚内脏的解剖、虎大脑和虎骨骼的研究尤为深入细致,成绩卓著。秉志对江豚的大部分内脏器官进行了解剖和详细描述。他在虎的大脑研究中,发现虎大脑额区皮层的运动细胞很大,这是其最

突出的特征,表明与这些细胞有关的肌肉是高度发达的,以满足其强大力量和食肉活动的需要。他对虎骨骼的研究着重描述和测量了虎与其他食肉动物不同的部分,特别是相对颅腔容积的比较。这些成果为以后的研究提供了非常宝贵的科学资料。

3. 脊椎动物神经生理学研究

1918—1920年,秉志在美国韦斯特研究所从事脊椎动物神经生理学研究时,对豚鼠、家兔、白鼠等的大脑皮层功能进行过一系列实验研究。根据其研究结果,秉志提出了在大脑不高度发达和分化的哺乳动物中存在的普遍规律——当部分大脑皮层受损后,运动中心能够迅速转移。在家兔的研究中也证实了这一规律。秉志于1937年发表了关于哺乳动物大脑皮层功能的综述,系统介绍了哺乳类各目不同动物的大脑皮层运动中心和感觉中心的发展与系统发育的关系;指出了对各种哺乳动物大脑皮层功能的比较研究的必要性,强调神经解剖学家和神经生理学家必须要结合组织学、组织化学、生物化学、生物物理等手段,全面了解在整个哺乳纲中大脑皮层功能由低级到高级的发展。该文还专门讨论了人类大脑皮层的高级功能中心(如语言、记忆、思想等)。这是一篇很有启发性和指导意义的重要文献。

4. 动物区系调查

秉志在1923年发表的《浙江沿海动物采集记》中指出,浙江沿海动物采集是对中国沿海动物调查计划的一部分。该计划有4个目的:研究中国海洋动物区系的分类与分布、与欧美各博物馆交换标本、为中国院校提供实验材料、研究海产食品以促进渔业发展。在20世纪20年代至30年代初期,他对我国沿海(山东、浙江、福建三省)和长江流域下游的动物区系进行了大量调查及分类与分布的研究。收集了大批标本(仅浙江沿海采集的标本就包括8门22纲,大小共6000件),完成了他本人所提出的4项任务,为开发我国沿海和长江流域的动物资源积累了宝贵的资料,奠定了重要基础。

5. 腹足类软体动物的分类研究

腹足类软体动物在腹部有扁平肉质的足,多数种类背部有螺旋形的壳,如蜗牛、田螺等,贝壳是其重要特征。秉志对腹足类软体动物的分类研究主要是螺类。他对我国沿海、华北、东北、西北、新疆、香港等广大地区的水生与陆生螺类进行了研究,鉴定了数十新种。他在《中国沿海腹足类之调查》中报道了北自北戴河、南至海南岛沿海各地腹足类之分布,共有 43 科、71 属、203 种。在《中国西北部螺类志》中记述了采自新疆与甘肃各地代表 9 科 12 属的 25 种螺类,其中有 16 新种,2 新变种。

6. 古动物学研究

秉志对昆虫、软体动物、鱼类、龟类的化石进行了大量研究工作,鉴定了许多新科、新属和新种,其中对我国白垩纪昆虫化石的研究成绩尤为显著。他所研究的化石标本采自山东、热河、河南(周口店)、内蒙古、山西、辽宁(抚顺)、浙江、新疆等地,包括上新世、渐新世、始新世、白垩纪等时期的化石标本。他的《中国白垩纪之昆虫化石》一文发表于 1928 年,报道了属于蟑目、膜翅目、鞘翅目、襀翅目、双翅目、蜉蝣目、广翅目、脉翅目、半翅目的 12 个新属和 13 个新种。在此以前,中国境内之昆虫化石,发现极少,仅个别外国学者进行过零星记述。秉志对中国白垩纪昆虫分类与分布的研究,证明中国具有极为丰富的中生代昆虫区系,并分析了与亚洲其他个别地区昆虫化石之间的关系,填补了中生代昆虫研究的空白,在学术上做出了重大贡献。1933 年北平博物学会授予秉志荣誉奖章和奖状,表彰他在古动物学研究方面的突出成就。

二 王家楫的原生动物学研究[①]

王家楫[②]是中国生物学的重要开拓者、中国原生动物学的奠基人、中国轮虫学的开创人。

---

① 参见中央大学南京校友会、中央大学校友文选编纂委员会编:《南雍骊珠:中央大学名师传略再续》,第 238—241 页;孙文治主编:《东南大学校友业绩》第 1 卷,第 229—230 页。

② 王家楫(1898—1976),江苏奉贤(今上海市奉贤区)人。他 1923 年毕业于国立东南大学,1928 年获美国宾夕法尼亚大学哲学博士学位。王家楫曾任中央研究院动植物研究所所长,1948 年选聘为中央研究院院士;新中国成立后任中国科学院水生生物研究所所长、中国科学院武汉分院(中南分院)副院长;1955 年当选为中国科学院生物学地学部委员(院士)。王家楫为创建我国原生动物学、轮虫学研究事业奋斗终生。

1922 年 7 月至 1924 年 11 月，王家楫被刚创立的中国科学社生物研究所聘为助理员，师从秉志教授潜心钻研和学习生物学，并在秉志指导下，进行原生动物的研究工作。他广泛收集有关文献，同时对南京地区的原生动物进行了广泛的采集，于 1925 年发表了他的第一篇论文《南京原生动物之研究》。这篇论文也是我国关于原生动物研究的第一篇论文。

王家楫像

1925 年 1 月，他考取江苏省公费留学，赴美国费城宾夕法尼亚大学动物系学习。经过三年刻苦努力，于 1928 年获哲学博士学位，同时被授予优秀生物工作者金质奖章。他的论文《淡水池塘原生动物季节分布的生态学研究》，是对原生动物生态学研究的继续。在此期间，他还在美国的《科学》（*Science*）等权威杂志上连续发表了有关原生动物分类、生理、生态的论文，引起美国生物学界的高度重视，先后被聘为美国韦斯特生物研究所访问学者和林穴海洋生物研究所客座研究员。1928 年 9 月，美国耶鲁大学以高薪聘他为斯特林研究员。1929 年，当他获悉外国要派科学考察团来华采集标本，深感作为中华儿女的责任，他认为，中国的生物资源应由中国人自己加以研究。于是，他放弃了耶鲁大学提供的优越的工作和生活条件，回国开拓中国原生动物学的研究事业。

1929 年，王家楫回国后被聘为南京中国科学社生物研究所动物学部研究教授兼任中央大学生物系教授，讲授普通动物学、无脊椎动物学、组织学及胚胎学。在接下来的 4 年中，他考察了山东、福建、广东、四川等地，尤其对江、浙、皖、赣的调查十分详尽，率先取得了我国原生动物学研究的第一手资料，并发现了许多海洋与淡水原生动物的新属种，为深入开展我国原生动物区系调查奠定了基础。

1934 年 7 月，国立中央研究院自然历史博物馆更名为国立中央研究院动植物研究所，王家楫任所长。他立即创刊 *Sinensia*，不仅为我国科学工作者发表科研成果提供了一个宝贵的园地，结束了研究论文只有寄到国外才能发表的历史,而且使研究所迅速地与世界 29 个国家的 200 多个研究机构、国内 66 个单位建立了广泛的学术交往和业务联系。同年,王家楫在江西庐山同我国动物学家一道发起成立中国动物学会。

1937 年全国性抗日战争爆发,研究所被日军夷为瓦砾,他率动植物研究所人员撤离南京西迁到四川北碚。1944 年 5 月动植物研究所分建为动物研究所和植物研究所,王家楫任动物研究所所长。抗战期间,他始终团结大家克服各种困难,坚持研究工作。抗战胜利后,他随研究所迁到上海。1948 年,他当选为中央研究院院士。同年应英国文化委员会李约瑟教授邀请赴英国考察,历时 3 个多月。

三 陈桢的遗传学和生物学研究[①]

陈桢[②]是我国著名的遗传学家、动物学家、教育学家。他以中国特有的金鱼作为研究对象,进行遗传学研究,为中国现代遗传学的发展做出了重要贡献。

1. 关于金鱼的遗传学研究

1919 年秋,陈桢赴美留学。在哥伦比亚大学,他不仅在著名的细胞学家威尔森的细胞实验室中进行细胞学的进修,还聆听了遗传学家摩尔根的遗传学课。1921 年夏,陈桢获得

陈桢像

① 参见中央大学南京校友会、中央大学校友文选编纂委员会编:《南雍骊珠:中央大学名师传略再续》,第 227—233 页;冯永康:《陈桢》,《遗传》2009 年第 1 期,第 1—2 页;冯永康:《生物科学家陈桢对遗传学的重要贡献》,《中学生物学》1998 第 1 期,第 47—49 页。
② 陈桢(1894—1957),祖籍江西铅山,出生于江苏邗江。他 1918 年毕业于金陵大学农林科,1921 年获美国哥伦比亚大学硕士学位。陈桢于 1948 年被选聘为中央研究院院士,1955 年被选聘为中国科学院学部委员(院士);历任国立东南大学生物系教授、北京师范大学生物系教授、中央大学教授、清华大学生物系教授兼系主任、西南联合大学教授、清华大学生物系教授兼系主任,兼任联合国教科文组织中国委员会第一届委员;北京大学生物系教授兼中国科学院动物标本整理委员会主任委员、中国科学院动物研究室主任、中国科学院动物研究所研究员兼所长。陈桢自 20 年代起从事生物学教育与科研工作,长期从事金鱼遗传与变异的系统研究,继而又进行了动物行为学和生物学史的研究工作,是中国动物遗传学的创始人和动物行为学、生物学史研究的开拓者。他在金鱼遗传、蚂蚁行为和生物学史研究上获重要成果,30 年代所编著的高级中学《生物学》教科书,影响数代人,对我国生物学人才培养和中学的生物学教学做出了重要贡献。

哥伦比亚大学的理学硕士学位后，就跟随摩尔根专修遗传学理论，成为第一个在摩尔根的实验室里学习和研究的中国留学生。在这一年的学习和研究中，他受到了极为严格的实验科学训练，进一步学习了现代遗传学理论。这为他日后在中国进行现代遗传学的开拓性研究奠定了基础。

陈桢于 1922 年秋天回国后，先后在东南大学、清华大学、北京师范大学、西南联合大学、北京大学等高等院校担任生物学教授。在此期间，他一方面给学生讲授和传播孟德尔、摩尔根的遗传学理论，同时在中国最早的综合性科学技术刊物《科学》等杂志上撰写文章，向中国广大读者普及孟德尔及其遗传学说；另一方面，根据孟德尔的遗传理论，注意结合我国的实际情况，进行现代遗传学研究。他经过广泛查阅古籍，确定将中国特产的金鱼作为研究生物遗传和变异的实验材料。通过收集有关金鱼变异历史资料和细致观察，他发现金鱼不仅品种众多、外形变异明显，而且每年繁殖一次，产卵量大，便于进行数理统计学的分析；加之，金鱼又是体外受精的动物，很容易进行杂交和人工控制。在实验设计上，他采取了杂交试验和细胞学、胚胎学、统计学方法相结合，以探讨金鱼的遗传、变异、起源和演化等方面的重要问题。比如，他通过选用不同品种的金鱼进行杂交，以及饲养的金鱼品种与野生鲫鱼的一系列杂交实验，研究金鱼的外形变异；研究"金鱼鳍的各种形状""鳞片的透明和五花""金鱼体色的蓝色和棕色"等性状的遗传；研究数种反常环境对金鱼发育的影响；研究金鱼的起源和演变的历史等等。他尤其强调统计学方法的应用，认为金鱼的遗传、变异并非偶然。

从 1925 年起，陈桢先后在《科学》《清华学报》和 Genetics 等国内外有影响的学术刊物上，发表了有关金鱼的遗传和变异、起源和演化的 10 多篇重要论文。其中最有影响的包括：《金鱼外形的变异》（1925），该文对金鱼的变异、发育、遗传和进化作了全面比较研究，已成为对变异研究的经典论文；《金鱼的遗传：透明和五花》（1928）一文，是陈桢用 5 年时间，通过多种方式的重复实验，在取得大量实验数据的基础上，运用孟德尔的遗传学分析方法所作出的重要论证，也是国际上第一篇用金鱼证实基因的多效性和不完全显性遗传的论文，至今仍然作为经典遗传学的实验事例和历史事例在大、中学教科书中被广泛引用和介绍;《金鱼蓝色和棕色的遗传》(1934)一文,则是在金鱼的研究中,首次证实蓝色是受 1 对遗传因子、棕色是受 4 对遗传因子控制的孟德尔式遗传,从而进一步论证了孟德尔定律的普遍意义。

抗日战争时期,陈桢在极为困难的工作和生活条件下,就地取材,因陋就简,培养果蝇,继续进行着遗传学的研究。

2. 精心培养遗传学的研究人才

1922 年秋天,他一回国就开设了遗传学课程,采用了巴布考克和克劳森合著的《与农业有关的遗传学》、摩尔根的《遗传的物质基础》等重要著作作为教材;他主讲的孟德尔的遗传定律、遗传的数学基础、性别决定的遗传理论,以及德弗里斯的突变理论等,内容丰富准确、重点突出、条理清晰、难点讲解清楚,并注意及时地介绍遗传学研究的最新进展,深受学生的欢迎。

1929 年,陈桢应聘到清华大学后,以发展实验科学为办系方针,把实验生物学作为他办学的总方向。在经费有限的情况下,积极建立供遗传学研究的渔场,畜养金鱼,开展遗传学实验。在实验教学中,不管是实验项目的选定、试剂和培养基的配制、实验操作进程的安排,还是实验结果的统计与分析,以及实验报告的填写等,他都要亲自检查、督促和批改,使学生深受教益。

为了推动中国生物学(特别是遗传学)的发展,陈桢不仅在课堂上使用中文讲授现代遗传学的理论,还根据自己讲授普通生物学的讲稿,经数次修改后,编写出版了中文版的大学教科书《普通生物学》(上海商务印书馆,1924 年)。与此同时,陈桢认识到,为了培养生物学人才,必须从提高中学生物学教学质量入手。1934 年,陈桢在《普通生物学》的基础上,经过修订又编著了《复兴高级中学教科书·生物学》一书。该书内容十分丰富、章节编排合理、文笔流畅、图文并茂。由上海商务印书馆出版发行后,该书风靡全国,在 10 多年里共出版了 100 多版,成为公认的通用中学生物学教科书。该书对包括孟德尔、摩尔根的遗传理论在内的生物学知识的普及,对于提高我国中学生物教学的质量和培养我国生物学科方面的人才,产生了极为重要的影响。许多后来的著名生物学家和遗传学家,在青少年时代都曾读过陈桢的这本教科书,并从中深受教益和启迪,从而对他们的成长起到了重要的引导作用。

四 陈义的寡毛类动物学研究[1]

陈义[2]是动物学家,在寡毛类动物学研究方面做出了卓越的贡献。

陈义在 1931—1946 年间先后发表了三篇论文《四川陆栖寡毛类 I～Ⅲ》,其中的第三篇是在 8 年全国抗战时期完成的,共报道了新种 34 个,新亚种 1 个,新记录 21 个种和 1 个亚种。这些记载弥补了盖茨对中国蚯蚓调查所作报道的不足,为后人进一步调查西南地区的蚯蚓资源及综合利用,留下了宝贵的参考资料。在抗日战争时期,学校西迁至成都的艰难环境中,他仍然坚持不懈地认真观察动物的生活习性和自然活动规律;在经费奇缺的情况下,他仍用了六七年的时间写成了两本水平较高的教科书《动物学》和《普通生物学》,分别于 1945 年和 1946 年出版后送给美国国家医学图书馆收藏。

陈义像

陈义备课极其认真,讲课时配合版画,反复说明,语言生动,深入浅出,深受学生欢迎。他对学生一视同仁,自譬为笨鸟,以"笨鸟先飞"的格言鼓励、鞭策学生,为祖国做出贡献。在他的影响下,他的许多学生成为当今动物学界的骨干和专家、教授。

---

[1] 参见中央大学南京校友会、中央大学校友文选编纂委员会编:《南雍骊珠:中央大学名师传略续篇》,第 283—285 页;许智芳、朱兴根:《我国著名动物学家——陈义》,《生物学通报》1988 年第 12 期,第 39—40 页。

[2] 陈义(1900—1974),浙江省新登县(今杭州富阳区)人。他 1927 年毕业于厦门大学,1935 年获美国宾夕法尼亚大学哲学博士学位;历任中央大学助教、教授;南京大学生物系教授、动物学教研室主任、无脊椎动物学教研室主任等职。他是中国寡毛类动物形态学和分类学的奠基人,发现并定名 100 多种蚯蚓,为中国蚯蚓资源的调查及其利用填补了空白。他曾编著《动物学》《普通生物学》《无脊椎动物学》等多种大学教科书。在编写过程中,他参考了大量国外有关书刊,并密切联系中国实际。教科书内容充实,深入浅出,图文并茂,深受广大师生的欢迎。

第二节　植物学发展

这一时期著名的植物学家有：张景钺、耿以礼、罗宗洛、陈邦杰、范福仁等。

一　张景钺的植物形态学研究①

张景钺像

张景钺②是植物形态学家、教育家，我国植物形态学和植物系统学的开拓者。

1. 植物形态学研究

张景钺 1920 年考取了留美官费生，1922 年进入芝加哥大学研究院继续深造，师从著名植物形态学家张伯伦，从事植物形态学研究。1925 年 6 月，他完成博士论文《蕨根茎组织的起源和生长发育》，并获得芝加哥大学哲学博士学位。在这篇论文中，张景钺证明了蕨根茎的中柱类型属于"多环中柱"，结构比较特殊。

他的研究成果于 1927 年发表在美国《植物学杂志》上，其观点获得了国际学术界的普遍承认和重视。他发表的《蕨茎组织之研究》（《中国科学社生物研究所丛刊》1926 年第 2 卷第 4 期）一文，是我国植物形态学研究方面最早的一篇学术论文。1929 年，他发表《河北新异木》一文，表

① 参见中央大学南京校友会、中央大学校友文选编纂委员会编：《南雍骊珠：中央大学名师传略再续》，第 234—237 页；孙文治主编：《东南大学校友业绩》第 1 卷，第 151—152 页。

② 张景钺(1895—1975)，祖籍江苏武进(今常州)。他 1920 年毕业于清华学堂并考取留美官费生，1922 年考入芝加哥大学研究院继续深造，1925 年获芝加哥大学博士学位。张景钺历任东南大学教授、北京大学生物系教授兼主任、西南联合大学生物系教授兼主任、北京大学理学院院长，1948 年被选聘为中央研究院院士；1949 年后，任北京大学植物系（1952 年院系调整后改为生物系）教授、系主任。他培养了大批生物学人才，特别是植物形态学方面的许多专家；1955 年被选聘为中国科学院学部委员（院士）。其代表作有：《被子植物苗端原生韧皮部的分化》《蕨茎组织之研究》。

明他已经从现代植物研究跨入了古植物学的研究领域。

2. 植物形态解剖学研究

1934年,张景钺考察当时国内大学和中学的仪器设备状况,发现拥有切片机和能够制备显微制片技术的学校很少。为了弥补多数学校无法开展实验的缺陷,他在《中国植物学杂志》上发表了《植物徒手切片法》一文,及时介绍和提出了徒手切片法,这种方法需要的工具只是一把锋利的中式剃刀或新的安全刀片。这篇文章的发表,使很多大、中学的教师能够较快地掌握简易可行的切片方法,使学生在课堂实习或实验时能够观察到显微镜下的细胞。这对当时我国植物学知识的普及和提升起到了重要的推动作用。

3. 植物生理解剖学和实验形态学研究

从1937年起,张景钺又把研究工作向植物生理解剖学和实验形态学方面拓展。1937年他发表的《被子植物苗端原生韧皮部的分化》一文,对植物组织的起源和分化作了精细的观察和介绍。这篇学术论文是我国植物生理解剖学的早期研究成果。1938年他与巴塞尔大学薛卜教授合作发表了《光强度对白芥菜茎干生长和分化的影响》一文,这篇学术论文则是我国植物生理解剖学和实验形态学最早的研究文献。

4. 精心培养生物学人才

张景钺先后在东南大学、北京大学生物系任教。他治学严谨,执教认真。在教学中,他循循善诱、诲人不倦,既重视基础理论知识,又重视生产和科研实践;他编写的《植物形态学》教材(后经过补充修改后更名为《植物系统学》)以其文字简练、概念明确、图文并茂的特点,成为植物形态学和系统学教学与研究领域的重要参考资料。在张景钺多年辛勤的教导下,一大批植物学领域的专业人才,特别是植物形态学、解剖学方向的科研和教学人才,得到了系统的培养和成长。

二 耿以礼的禾本科植物研究①

耿以礼②是植物学家、教育学家,我国禾本科植物分类奠基人。

1. 禾本科植物考察与研究

20 世纪 20 年代,耿以礼就接受了达尔文的进化论思想,1926—1927 年翻译发表了美国柯尔特博士的著作《植物两性之天演》(发表于《科学》1936 年第 20 卷第 1 期)。在开展科研工作时,耿以礼十分注重野外考察和植物标本的采集和研究。1926 年他在南京燕子矶沿山十二洞发现了特有珍稀树种安息香科秤锤树,经过鉴定与核刘,这是我国从未发现过的树种。1927 年由我国植物分类学家胡先骕教授第一次独立论述,并公布这是我国植物新属,从此结束了过去外国学者对我国植物分类学研究发表新属、新种的垄断局面。

1930 年耿以礼赴美留学,并在美国乔治·华盛顿大学学习禾本科分类学,1932 年被授予硕士学位,1933 年获得哲学博士学位。其博士论文题目为《中国的禾本科》,记述了我国禾本科植物包括竹类在内的 160 属、近 600 种。在当时,该论文是较为完整而难得的一份资料。接着,他作为访问学者到欧洲各国考察有半年之久。他先后去过英国伦敦不列颠博物馆,林奈学会的林奈植物标本室,英国皇家邱园植物标本室,法国巴黎国立自然历史博物馆,德国柏林植物园及植物研究所,以及奥地利维也纳自然博物馆等处,查阅核对各大城市科研单位所收藏的中国禾本科植物标本与文献资

---

① 参见中央大学南京校友会、中央大学校友文选编纂委员会编:《南雍骊珠:中央大学名师传略续篇》,第 278—282 页;耿宽裕等:《我国禾本科植物分类的奠基人——耿以礼》,《钟山风雨》2002 年第 6 期,第 21—24 页。孙志义:《芳草长青——记开创我国禾本科专业的学者耿以礼》,《南京史志》1994 年第 1 期,第 22—23、42 页。

② 耿以礼(1897—1975),江苏江宁人。他 1926 年毕业于东南大学生物系,1933 年获美国乔治·华盛顿大学哲学博士学位。耿以礼毕生从事植物分类学的科研与教学,历任中央大学生物学系教授兼中央农业试验所和中央研究院动植物研究所研究员,南京大学教授。他先后在我国发现禾本科的川方竹、短穗竹、隐子草、三蕊草、异颖草、冠毛草等 6 个新属和 124 个禾草新种。主持编写了《中国种子植物分科检索表》《中国种子植物分类学讲义》《中国主要植物图说·禾本科》等。

料,对他自己的博士论文原稿再次进行补充修订,使之更为完善。1933年10月17日,华盛顿邮报发表题为《中国人赢得了(哲学)博士学位,但并未止步》的文章,对耿以礼的求索精神予以赞赏。

1934年耿以礼回国后,就任于中央大学,任生物学系教授,并兼任位于南京孝陵卫的中央农业科学院和地处成贤街的中央研究院动植物研究所的研究员。他结合教学与科研的需要,经常带领学生翻山越岭,多次深入人烟稀少的野外,采集植物标本。抗日战争期间,他不顾条件艰苦,先后前往川西、云南、甘肃和青海等地进行植物标本的采集与考察,行程数千公里,继续对我国西部及西北部的禾本科植物进行更为深入而细致的科学研究,从而取得了许多第一手资料,并发表了一系列论文。但由于当时印刷出版条件的限制,有些论文不得不寄到国外发表。

2. 严谨治学育人才

耿以礼学识渊博,一专多能,精通英、法、德、日等外文。他在大学执教期间,除了讲授普通植物学、植物分类学及禾本科分类三门课,还开设过植物解剖学、植物系统学、植物生理学及植物学拉丁文等课程。他治学严谨,备课认真,讲课深入浅出,条理分明,颇受学生欢迎。在课堂上他还注重教学方法,总是诲人不倦,使学生深受教益,为国家培养与造就了好几代生物学专家、教授,他们在我国各大院校和科研部门为推进我国科学与教育事业的发展发挥了骨干作用。

三 罗宗洛植物生理学研究[①]

罗宗洛[②]是植物生理学家、中国植物生理学创始人之一,他的研究

① 参见中央大学南京校友会、中央大学校友文选编纂委员会编:《南雍骊珠:中央大学名师传略》,第334—341页;孙文治主编:《东南大学校友业绩》第1卷,第237—238页。
② 罗宗洛(1898—1978),浙江黄岩人。他1925年毕业于日本北海道帝国大学(现名北海道大学),1930年获该大学农学博士学位。罗宗洛历任暨南大学教授、中央大学教授、浙江大学教授、中央研究院植物研究所所长、代理台湾大学校长;中国科学院实验生物研究所研究员、植物生理研究室主任,中国科学院植物生理研究所(后改名上海植物生理研究所)研究员、所长。1948年当选为中央研究院院士;1955年当选为中国科学院学部委员(院士)。他的研究工作涉及植物细胞质胶体、无机营养及离子吸收、组织培养、生长物质、微量元素、水分及抗性生理、辐射生理、细胞生物学等领域,并培养了不少上述诸方面的人才。罗宗洛曾创办《中国实验生物学杂志》《植物学汇报》及《植物生理学报》,代表作有《罗宗洛文集》。

罗宗洛像

工作涉及植物细胞原生质胶体化学、植物矿质营养、植物组织培养和微量元素、生长素等方面。

1. 植物溶液培养研究

1925—1931 年，罗宗洛在坂村彻实验室从事植物溶液培养方面的研究。1925 年他与老师坂村彻合作发表了《不同浓度的氢离子对植物细胞质的影响》，这也是他发表的第一篇论文。文中推论细胞质是由种种胶体的混合体所构成的多相系统，其中多数的两性电解质各自独立存在，各有它的独立等电点，从而提出细胞质等电点的多点论。[1] 当时在无机营养的研究方面，对溶液中氢离子实际浓度影响根系离子吸收的工作还很少，这项研究具有开拓性意义。欧美科学家于 1930 年前后，才开始讨论胶体化学应用于生物学的问题。罗宗洛还用不同的溶液培养水稻、燕麦、蚕豆、羽扁豆，每天测定培养液的 pH 值变化。根据实验结果，证明铵盐并不是高等植物不好的氮源，使用铵盐引起培养液中氢离子的增加是可以避免的。[2]

2. 玉米离体根尖的研究

1934—1937 年，罗宗洛在南京中央大学开展无菌条件下玉米离体根尖的研究，当时植物组织培养还处在萌芽阶段，只有法、德、美等国的少数人在进行研究。他和清华大学的李继侗（当时做银杏离体胚的培养）是我国植物组织培养方面的先驱和倡导人。罗宗洛最初做叶提取物对根尖生长的影响，目的在于探讨叶提取物中是否存在"成根素"一类的生长促进物质。用柳、桑、茶、旱金莲、番茄和小麦的新鲜叶沸水的提取物，加入液体培养基中培养玉米根，发现这些提取物对主根的增长及侧根的发生有促进作用，对根表面细胞的排列起调节作用，细胞排列整齐；不加叶提取物的，根表面细胞的排列呈锯齿状。桃、洋槐的叶提

---

[1] 参见坂村彻、罗宗洛：《不同浓度的氢离子对植物细胞质的影响》，载《罗宗洛文集》，科学出版社 1988 年版，第 1—9 页。

[2] 20 世纪 50 年代我国化学氮肥严重不足，建设了许多小化肥厂生产、推广碳酸氢铵（炭铵）。罗宗洛提供了有关碳酸氢铵肥效及如何使用的科学依据，对这些工厂的生产发挥了指导作用。

取物不能增长玉米的长度及侧根数,但根表面的细胞排列整齐。随后,试验培养基中不同氮源(无机和有机的)对玉米根尖生长的影响,以硝酸盐作为氮源,玉米根尖长得最长,侧根最多,干重也最大。而铵盐对玉米根尖的生长不是最好的氮源。玉米根尖能利用尿素、天门冬酰胺、白蛋白等作为氮源,而只加一种氨基酸对促进玉米根尖的生长不明显。罗宗洛就以上成果,从1935年起连续发表了3篇论文,引起了国际上的重视。由于1937年日军在上海发动侵略战争,研究工作暂时停顿。尽管如此,我国玉米根尖的组织培养研究,后来之所以能够得到日益蓬勃的发展,与当年罗宗洛的开创性研究和培养的人才密切相关。

3. 微量元素的生理功能研究

1940年起,罗宗洛开始研究微量元素的生理功能。他设想凡是植物生长上必要的物质,凡是能促进植物生长的物质,在理论上都应该有引起燕麦胚芽鞘弯曲的功能。他指导两位学生进行此项试验,结果低浓度的硫酸锰能引起胚芽鞘弯曲,近似生长激素的效应。同年夏季,他在浙江大学极其简陋的条件下,继续进行微量元素的研究,由于实验室的助教、学生多了,便于开展多项试验,观察微量锰对于促进水稻、绿豆、玉米、油菜的发芽和小麦种子内糖化酶的活性。他发现锰能促进菜豆初生叶中淀粉的分解,锰对于水稻、小麦、玉米、烟草、油菜等的花粉萌发及花粉管的生长也都有促进作用,锌、锰、硼还能引起丝瓜的单性结实。关于微量元素的研究,罗宗洛先后发表了8篇论文。在当时,这些研究成果具有开创性。

4. 创建实验室

罗宗洛先后在中山大学、中央大学、浙江大学任教,他十分注重在其所在学校创办植物生理实验室。1930年他在中山大学建立的实验室,设备条件虽然比较简陋,却是全国第一个植物生理实验室。1933年罗宗洛应聘到中央大学后,教学任务相当繁重,他为了建立实验室,逐步购置了研究用的仪器设备和药品,在生物系建成了具有现代化设备的植物生理实验室。他常常一面教学,一面挤出时间带领助教开展具有开拓性的植物离体根尖培养研究工作,并取得了不少成绩。1940年他应聘到浙江大学生物系担任教授。当时该校的生物系在贵州湄潭县城西郊外,工作条件很差,他在生物系开设了植物生理、农学院的植物生理和学生的实验课程的同时,因陋就简,在一个小祠堂筹建了简易的植物生理实验室,在艰苦的条件下组织学生开展微量元素的研究,取得了一系列的研究成果。

1944年夏,罗宗洛被聘为设在重庆的中央研究院植物研究所所长。1946年10月中央研究院植物研究所迁到上海后,罗宗洛陆续添聘人员,增添仪器药品,经过他的努力,到1948年,植物研究所已设置了植物分类、森林真菌、藻类、细胞遗传、植物病理、植物形态、植物生理等研究室。

5. 倡导学术交流

1933年,罗宗洛在南京中央大学任教时,曾发起并组织了实验生物学讨论,由中央大学、金陵大学的几位老师参加,分别在中央大学或金陵大学举行,每月一次,轮流主持。在讨论会上参与者无拘无束地分享和讨论,以扩大知识面,了解国际动态。这种校际联合举行学术讨论会及合作研究的学术交流方式,当时在我国具有开创性。1935年中国生物科学年会在南京召开,决定出版外文版的《中国实验生物学杂志》(《实验生物学报》的前身),以促进国际学术交流,罗宗洛被选为杂志主编。1936年杂志创刊出版,受到国内外同行的重视。罗宗洛任中央研究院植物研究所所长时,在1947年创刊英文版的《植物学汇报》。

四 陈邦杰的苔藓植物研究[①]

陈邦杰[②]是苔藓植物学家,中国苔藓植物学研究的奠基人,被称为"中国苔藓学之父"。

---

① 参见中央大学南京校友会、中央大学校友文选编纂委员会编:《南雍骊珠:中央大学名师传略续篇》,第286—290页;吴继农:《陈邦杰在苔藓科学领域的开拓性研究》,《南京师大学报社会科学版》1992年第3期,第40—45页。

② 陈邦杰(1907—1970),江苏丹徒人。他1931年毕业于中央大学,1939年获德国柏林大学博士学位。陈邦杰长期从事植物学教学和研究,历任中央大学教授、同济大学教授、南京大学教授,南京师范学院教授、生物系主任兼中国科学院植物研究所研究员。他著有《中国藓类植物属志》等。

1931年，陈邦杰毕业于中央大学植物学系，后赴重庆乡村建设学院任教。当时中国苔藓植物研究一片空白，几千种苔藓植物没有一个中文名字，也没有一个模式标本，甚至连苔和藓的概念也十分混乱。搞苔藓植物研究，既没有经费，也没有标本柜，甚至连包标本的纸也买不起。面对这种状况，陈邦杰用旧肥皂箱改制成标本箱、用旧报卷和旧报纸包标本，几次深入四川的峨眉山、金佛山和大小凉山等地，采集了几千号标本。

陈邦杰像

他在中央大学读书时，就在苏南一带采集植物标本，在四川乡村建设学院时，又深入川东、川西，以后更是带着助手和学生到大小兴安岭、内蒙古荒漠区、阿尔泰林区、陕西秦岭、西藏珠穆朗玛峰、海南岛热带雨林、福建武夷山区以及安徽黄山、浙江天目山等地采集标本。

他先后采集到苔藓标本4万多号，其中苔类46科，130属，654种；藓类62科，354属，1675种；并作了大量的科学实地考察，为后人留下了丰富的苔藓植物标本资料。在实际工作中，他发现中国植物学界对苔和藓的中文名称混淆不清，常常发生错误，因此他制定了命名规则，使苔藓植物的中文名称有了科学的分类。他还为许多苔藓植物拟订生动而形象的中文名称，如金发藓、提灯藓、葫芦藓、孔雀藓，并订正了许多错误名称。因为在此以前各大学在讲授苔藓植物时，照抄欧美等国的书本，以土马柠为代表植物，根本不适合中国国情。在他的倡导下改以葫芦藓为代表，受到植物学界的赞同和欢迎，直到今天中国的大中学课本都是以葫芦藓为藓类植物代表植物。

陈邦杰1936年赴德国柏林大学攻读植物学专业，他的博士论文《东亚丛藓科的研究》（德文）讨论了丛藓科的分类特征及内部变异、地理分布和系统发育，提出一个丛藓科的系统图解，这篇论文为他在苔藓植物学领域中的国际地位奠定了基础。此后，陈邦杰又发表了《海南岛苔藓植物》《中国藓类植物标本第一辑》《中国雉尾藓属之报告》等等，这些浸润着他心血的研究成果，受到了国内外生物学界的高度评价。

五 范福仁的玉米遗传学研究[①]

范福仁像

范福仁[②]是生物统计学家、玉米育种学家和农业教育家,为国家培养了大量的农业科学专门人才。

范福仁在金陵大学学习期间,对作物遗传育种学和生物统计十分感兴趣,尤其关注最新的玉米杂交育种科学技术,并注意收集国内外玉米生产状况和美国杂交玉米研究进展的资料。

1936年,他在中央农业实验所(简称中农所)跟随受聘来所工作一年的美国作物育种学家海斯(H. K. Hayes)教授学习作物遗传育种和田间试验技术。海斯教授对作物抗病育种、玉米遗传和杂交育种均有研究,这对范福仁后来从事麦类抗病育种、玉米杂交育种和田间试验技术及其应用具有较大的影响。

1. 主持玉米杂交育种和田间试验

1938年范福仁来到广西农事试验场。在抗战期间,工作与生活都十分艰难,而他作为玉米杂交育种的主要主持人,仍然在为中国玉米改良事业辛勤工作。1936—1943年间范福仁和同事们首先从西南几省征集玉米品种资源,连同美国引进的玉米材料,共413份,开始培育自交系,7年间共获8—8代自交系7621个。1938—1940年进行测交、单交和双交,计获玉米测交553个,单交组合114个,双交组合178个。

---

① 参见佟屏亚:《范福仁为玉米遗传育种事业的奉献——为杂交玉米作出贡献的人(三)》,《种子世界》1990年第9期,第26—27页。

② 范福仁(1909—1982),江苏无锡人。他1934年毕业于金陵大学,获农学学士学位。范福仁历任南京实业部中央农业实验所技佐、广西农事试验场技正、广西大学农学院教授、南京农林部农事司科长兼书刊编辑委员会委员、上海机械农垦管理处专员、机械农垦杂志编辑;后任江苏南通学院农科教授、江苏扬州苏北农学院农学系教授,作物遗传育种教研室主任等职。他毕生从事生物统计与作物田间试验技术的教学工作,是中国这一学科的主要倡导者与传播者之一。

从中评选出双 36、双 41、双 65 和双 67 等 10 个优良双交种,1942 年分别安排在柳州(增产 56.1%)、宜山、桂林、南宁评比鉴定,比当地种柳州白增产显著。在此期间,为了进行对比试验,范福仁还从美国引进双交种 64 个,从中选出威斯康星 695,比当地种增产 26.7%—33.6%;康奈尔 1130 - 13,增产 13.2%—40.8%;康奈尔 1136 - 56,增产 18.8%—23.7%。20 世纪 30 年代末至 40 年代初中国玉米杂交育种还处在初创阶段,范福仁和他所在的广西农事试验场的玉米品种改良工作,规模之大和实绩之优为当时国内为数极少的几家科研单位之冠,说范福仁是中国玉米杂交育种的主要创建者和奠基人之一实不为过。

2. 注重玉米杂交育种和田间试验的研究

1934—1940 年,范福仁与中央农业实验所马保之教授联合发表了多篇论文,还翻译出版了相关的论著。其中在《农报》上发表《机率与偶率之意义及其重要统计表之区别与应用》(1936 年)一文,1937 年与马保之合译出版魏夏特和桑德尔(Wishart & Sanders)的《田间试验原理与实施》(实业部中央农业实验所丛书第 1 号),1941 年翻译出版高尔登(Goulden)的《生物统计与试验设计》(广西农事试验场丛书第 1 号)。这些论文与专著,对倡导和传播田间试验原理与方法以及生物统计学在农业研究中的应用产生了重要的影响。1941 年,范福仁、顾文斐的《相关变量分析法应用于拟复因子试验之商榷》一文发表在《广西农业》第 2 卷第 1 期,得到当时农学界的认可和采用。范福仁还撰文《广西玉蜀黍育种工作》,总结玉米杂交育种的成绩、经验及其发展前景,在中华农学会第 28 届年会上宣读。

第三节　植物病理学发展

这一时期著名的植物病理学家有:戴芳澜、欧阳翥、俞大绂、邓叔群、沈其益等。

一 戴芳澜的植物病理学研究①

戴芳澜像

戴芳澜②是中国真菌学的创始人和中国植物病理学的主要创建人之一。

1. 开创中国植物病理学科

1914年,戴芳澜在美国留学时就选择了植物病理专业。由于人类的食物直接或间接地都来源于植物,而植物病害不仅扼杀了植物,还严重地威胁着人类的生存,因而植物病理学是一门和人类生存紧密相关的科学。1919年,戴芳澜回国后,就立志要发展中国的植物病理学科,把这一学科提高到国际水平,使它能为我国的农业生产服务。无论他是在江苏省立第一农业学校任教,还是到广东省农业专科学校任教,然后再应聘到南京东南大学、南京金陵大学植物病理系任教,之后又到清华大学农学院植物病理系,都是一面教学一面从事植物病理学研究。在科研方面,他在广东开展了芋疫病的研究,在南京开展了水稻病害和果树病害的研究。抗日战争时期,他在昆明开展了小麦、蚕豆及水稻病害的研究。他于1921—1923年撰写《广东省地方农林试验场第六次报告书(民国十年度)》《芋疫病》《应预防之一可怕的病害,马铃薯黑瘤病》等,先后发表于《病虫害课成绩报告》和《农林季刊》上。这些报告是我国最

① 参见马春沅:《中国真菌学的奠基人——戴芳澜》,《中国科技史料》1983年第1期,第35—44页;冯丽妃:《戴芳澜:波澜岁月书芳华》,《中国科学报》2019年12月27日第4版;刘楠楠:《戴芳澜:芳华岁月战"菌"章》,《中国档案》2020年第9期,第88—89页;中央大学南京校友会、中央大学校友文选编纂委员会编:《南雍骊珠:中央大学名师传略再续》,第223—226页;孙文治主编:《东南大学校友业绩》第1卷,第110—111页。

② 戴芳澜(1893—1973),湖北江陵人。1914年戴芳澜赴美国留学,先后求学于威斯康星大学和康奈尔大学,获学士学位。1919年,于哥伦比亚大学研究生院获硕士学位。回国后他先后任教于江苏省立第一农业学校、广东农业专科学校。1927年被聘为金陵大学教授兼植物病理系主任。1934年后,历任清华大学教授兼农业科学研究所植物病理研究室主任、北京农业大学教授,担任中国科学院微生物研究所研究员、所长等职。1948年,当选为中央研究院院士;1955年,当选为中国科学院学部委员(院士)。

早的植物病理学文献。1927年他积极开展了植物病虫害和病原真菌的研究工作。他详细地调查了江苏省发生于小麦、大麦和裸大麦的十四种真菌病害;鉴定了在江苏省所采集的76种分属于41属的寄生真菌。他在《农学杂志》上发表的《江苏麦类病害》《江苏菌类名录》《中国植物病害问题》等论文,是我国植物病理学早期很有价值的研究成果。抗日战争时期,他开始编写《中国经济植物名录》。在教学方面,戴芳澜治学严谨,对学生要求也非常严格。他十分重视基础课的教学,认为没有广泛而坚实的基础知识,将来要想在某一方面有所提高和深入是不可能的。在培养学生方面,他循循善诱,耐心细致,以启发式的教学方式培养学生的独立性。他指定美国大学植物病理系的教科书《植物病理学原理》作为基本参考教材,讲课内容大都为国内已知的重要植病问题。在实验室,观察的也是国内采集来的标本。课后,他还会为学生提供装订好的几十篇最前沿的植物病理学论文,供其参考阅读,以丰富学生的视野,提高其学习兴趣。此外,为了推进中国植物病理学的研究,在他与邹秉文等学者的倡议下,中国植物病理学会于1929年成立。

2. 中国真菌学的创始人之一

1927年戴芳澜应聘担任南京金陵大学植物病理系教授兼系主任,应邀参与哈佛大学高等植物研究所委托采集中国真菌标本的工作。对此,戴芳澜提出,采集的标本必须在中国鉴定,并且要留一份标本在中国。由于当时中国没有这方面鉴定工作的专家,戴芳澜出于强烈的民族自尊心,勇敢地承担起这项鉴定工作,从而改变了中国的资源被外国人垄断研究的局面。自此,戴芳澜开始了真菌学的研究。他研究真菌不仅是为了鉴定真菌标本,更是注重通过真菌研究以解决植物病害问题。为此,他查阅了大量国内外书刊中有关中国真菌的文献资料。1930年,他的论文《三角枫上白粉菌之一新种》在《中国科学社生物研究所论文集》植物组第6卷第1期上正式发表。这是中国真菌学研究工作的第一个成果。1931年,戴芳澜又一篇论文《竹鞘寄生菌之研究》发表在《中央研究院自然历史博物馆丛刊》第1卷第10期上。1932年,他发表了《外人在华采集真菌考》一文,该文扼要地叙述了19世纪中叶以来的100年间,一些外国的传教士、军人、官吏、学者和专家等来我国调查、采集真菌标本的年代、历史背景、调查地区路线以及调查结果的大致情况。这篇论文不但学术意义重大,而且激发了中国真菌学家的爱国热忱。

1934 年,清华大学农业科学研究所成立,戴芳澜应聘担任该所的植物病理研究室主任,并到美国进修。在美国,他与时任美国真菌学会副理事长的道奇教授在纽约植物园合作研究脉孢菌的分类和细胞遗传,并到康奈尔大学查阅真菌标本和国外期刊发表的有关中国真菌的资料,后在权威杂志《真菌学》上发表论文《脉孢菌的两新种》。1935 年暑期回国后,戴芳澜任清华大学生物系教授,兼任农业研究所病害组主任。1937 年全国抗战爆发,清华大学被迫南迁,辗转到达昆明,农业研究所迁到昆明西郊大普吉村。在大普吉村所设的简陋实验室里,戴芳澜带领学生们利用昆明温暖潮湿的生态条件,开展了多方面的真菌学研究工作。戴芳澜发表了《云南经济植物病害之初步调查报告》《云南地舌菌的研究》《对于改进我国植病事业之一建议》等论文,同时他指导的学生也相继发表了《云南的牛肝菌》《云南的鹅膏菌》《云南的红菇菌》《中国的水生藻菌》等数篇很有价值的研究论文。抗战胜利后,戴芳澜随清华大学迁回北平。作为植物病理系主任和农业研究所所长,他为了尽快将教学工作和研究工作恢复起来,在加紧编写教材准备开课的同时,还多次召集教授会议商讨科研计划,并整理在昆明尚未了结的工作以做研究。1947 年和 1948 年,他分别在美国《法洛》和《劳德埃自然产物》上发表了两篇重要论文《中国西部锈菌的研究》《中国尾孢霉》。

二 欧阳翥的神经解剖学研究①

欧阳翥②是神经解剖学家、教育家,擅长脊椎动物神经系统显微解

---

① 参见中央大学南京校友会、中央大学校友文选编纂委员会编:《南雍骊珠:中央大学名师传略》,第 330—333 页。

② 欧阳翥(1898—1954),湖南望城(今长沙)人。1923 年在南京高等师范学校教育系毕业后,欧阳翥因决心致力于科学研究,又入东南大学攻读心理学和动物学。1926 年毕业留校任生物系助教,并专事研究神经解剖学。1929 年赴欧洲留学。先在法国巴黎大学动物系研究神经解剖学,次年转入德国柏林大学攻读动物学、神经解剖学和人类学,1933 年获哲学博士学位。他 1934 年回国后,历任国立中央大学理学院生物系教授、系主任、理学院代理院长、师范学院博物系主任。1949 年学校易名南京大学,他仍任生物系教授、系主任等职。

剖和灵长类大脑皮层之细胞组成研究。

1. 驳斥黄种人脑结构和功能不如白种人的谬论

1933年欧阳翥获得德国柏林大学博士学位,被推荐入柏林威廉皇室神经学研究所任研究助教。当时某些外国学者抱有偏见,诋毁中国人的大脑构造和功能低等,他毅然研究这一课题,并将中国人与德、英、法等国人大脑皮层构造进行比较。

欧阳翥像

1934年7月,欧阳翥和中国学者吴定良出席在英国伦敦召开的第二届国际人类学大会。会上,英国殖民主义学者谢尔希尔·约瑟夫·莱克斯顿作题为"中国人脑与澳洲人脑的比较"的讲演,宣称"中国人脑有猴沟,曲如弯月,与猩猩相近,进化不如白人高等"。欧阳翥在会前已经在英、法、德、荷兰等国搜集证据,在会上,他根据搜集之材料力驳谢尔希尔的观点,在科学的证据面前,许多与会的专家认为,这种黄种人脑比白种人脑低等的观点站不住脚。欧阳翥——这位来自中国的神经解剖学家自此闻名于世。

1934年秋回国后,他应聘回母校任职,历任国立中央大学理学院生物系教授、系主任、理学院代理院长,继续从事神经解剖学的研究。他的研究成果丰硕,先后在国内以及德、英、美、法、瑞士等国的学术期刊上发表了《人脑直回细胞之区分》《人脑岛回新特种细胞》《关于形细胞之新发现》《灵长类视觉皮层构造之变异》等20余篇论文。其中欧阳翥于1936年在德国发表的《人脑之种族问题》一文,对白种人和黄种人的大脑,从外形大小、重量到内部结构、显微解剖等诸多方面,论证了二者并无显著差异,有力地驳斥了西方种族主义学者诋毁黄种人脑结构和功能不如白种人的谬论,从而改变了部分西方人对中国人的歧视心理。在国内,他常做有关人脑的演讲,普及科学知识,消除一些国人的民族自卑心理。

2. 培养人才 诲人不倦

欧阳翥在中央大学(抗战时期迁重庆,后改称南京大学)任教20多年,他不仅注重科学研究,而且热爱学校、勤奋工作、诲人不倦。他先后主讲过组织学、胚胎学、神经解剖学、生物学、动物学、比较解剖学、动物切片技术等课程，他认真备课，讲课内容丰富。1937 年，全国抗战爆发，学校西迁重庆沙坪坝，建教室、实验室于荒山秃岭。1945 年抗战胜利，1946 年学校复员东下，迁回南京，欧阳翥从图书、仪器、标本的装箱搬运，到恢复重建图书室、实验室等工作都亲自参加，指挥若定。抗战期间，环境艰苦，教育经费严重短缺，他团结师生、艰苦奋斗，坚持每年招生，正常教学，为国家培养人才。作为系主任，他对系中经费更是据理力争，以确保系务之正常运行。由于敌机经常空袭，不得不将仪器、标本在上课时搬往教室，下课后搬往防空洞。一次在搬动时木箱跌破，玻璃切片标本撒落满地，他和朱浩然等教授分工负责，逐片在显微镜下查看，逐片清理，使标本得以完好保存。

三 俞大绂的植物病理学研究①

俞大绂②是植物病理学家和微生物学家，我国近代植物病理学学科的奠基人之一。

1928 年至 1932 年俞大绂在美国衣阿华州立大学学习，获哲学博士学位，成为美国植物病理学会会员。回国后，他对植物病理学的许多方面进行了广泛研究，做了许多开创性的工作。

20 世纪 20—30 年代，俞大绂主要从事禾谷类作物抗病育种及种子消毒的研究，育成抗黑粉病的小麦品种、抗荚疫病的大豆品种、抗稻瘟病的水稻品种等，并和同事们研究小麦条锈病和禾谷类作物黑粉病。其间，他发表了《江苏省大麦之坚黑穗病》《大麦条纹

俞大绂像

---

① 参见于国荣：《我国著名植物病理学、微生物学家俞大绂教授》，《高等农业教育》1985 年第 4 期，第 78—80 页；颜耀祖：《著名植物病理学微生物学家——俞大绂》，《农业科技通讯》1989 年第 3 期，第 36 页；青宁生：《执教农业微生物学七十年——俞大绂》，《微生物学报》2007 年第 1 期，第 6—7 页。.

② 俞大绂（1901—1993），浙江绍兴人，出生于南京。他 1924 年毕业于金陵大学，1932 年获美国衣阿华州立大学博士学位。俞大绂历任金陵大学教授、清华大学农业研究所教授、北京大学教授兼农学院院长，1948 年当选为中央研究院院士、评议员；后任北京农业大学教授、校长、名誉校长等职。1955 年他被选聘为中国科学院学部委员（院士）；1956 年当选为苏联农业科学院通讯院士。

病抗病性试验》《粟粒黑粉病种子消毒试验》《小麦品种秆黑粉病抵抗性之试验》《大麦条纹病之研究》等论文。他和同事们首先报道小麦秆黑粉菌具有生理分化性,开创了我国生理小种研究的先河。30年代,俞大绂报道蚕豆赤斑病的异核现象,并做了许多镰刀菌病害的研究工作,其研究成果成为我国此类病害的有价值的参考资料;与此同时,还对我国作物病毒病害和细菌病害作了启发性的先驱研究工作。40年代抗战时期,俞大绂在工作和生活条件极其艰苦的情况下,克服各种困难,取得了多项研究成果,如他首先研究并发表了《中国植物病毒病害的观察》《豌豆耳突花叶病毒》《蚕豆细菌性茎枯病》等多篇研究论文,这些研究成果在当时我国植物病理学领域具有开创性意义。

俞大绂学识渊博、刻苦钻研,主讲过植物病理学、病原细菌学、真菌学、微生物学、微生物遗传学等课程。在多年执教的过程中,他治学严谨,对实验的各个环节亲自动手,对实验操作要求严格,进而为祖国培养了一代又一代的植物病理学人才。

四 邓叔群的植物生态学研究[①]

邓叔群[②]是真菌学、森林学和森林病理学的开拓者与奠基人之一,是著名的农业教育家。他运用生态学观点研究中国早期林业史、造林与管理、洪坝森林等问题;对半边莲的丝核菌病、水稻黑穗病、棉粮作物主要病害及其他经济作物病害防治研究均取得成就;尤其专长于真菌学研究,发现新种120个,新属4个,已为国际

邓叔群像

① 参见邓庄:《赤子之心 天地可鉴——缅怀父亲邓叔群教授》,《中国科技史料》2002年第2期,第96—106页;《邓叔群:我国真菌研究奠基人与森林病理学创始人》,《光明日报》2005年10月26日;中央大学南京校友会、中央大学校友文选编纂委员会编:《南雍骊珠:中央大学名师传略再续》,第250—255页;孙文治主编:《东南大学校友业绩》第1卷,第376—377页。
② 邓叔群(1902—1970),福建福州人。他1923年毕业于清华学校;1923年赴美留学,获美国康奈尔大学森林学硕士及植物病理学博士学位。邓叔群历任金陵大学造林学教授、中央大学农学院植物病理教授、中国科学社生物研究所研究员、中央研究院研究员。他1948年当选中央研究院院士,1955年当选为中国科学院学部委员(院士)。

上公认，并被列入英国真菌研究所编写的《真菌学字典》；还对蘑菇识别、食用菌的营养价值、毒蘑类型、中毒症状、解毒方法有系统的阐述，为粘菌和真菌分类做出了贡献。

1. 真菌学研究成果卓著

邓叔群对中国真菌学，尤其对粘菌和高等真菌的研究和发展做出了突出的贡献。1940 年以前，邓叔群主要是从事真菌分类学的工作。1932—1940 年，他手提竹篮攀山入林地采集标本，并对这些标本一一加以研究鉴定、定名分类，然后总结报道。在此期间他发表的 34 篇论文中，陆续报道了他所发现的 4 个新属、120 个新种、6 个新变种、18 个新组合体。1939 年，他的第一部专著《中国的高等真菌》（英文版）出版。这是他留美回国后 10 年中对中国高等真菌分类研究的总结，书中包括了上述他的新发现，全书描述了子囊菌 10 目 38 科 179 属 475 种；担子菌 9 目 28 科 128 属 718 种，半知菌 4 目 9 科 80 属 198 种，总共 23 目 75 科 387 属 1391 种。其中每个目、科、属、种都根据标本进行了详细的描述，并在每个菌名下列举了寄主、生长习性和采集地点。上述邓叔群发现的新属和新种得到国际上的公认，并被收录于英国真菌研究所编辑的具有世界权威性的《真菌学辞典》，这是该《辞典》中唯一由中国人鉴定的新菌种。

2. 开创中国森林病理学

邓叔群将森林学与真菌学这两个专业联系在一起，提出了森林病理学的概念，并开创中国森林病理学。在 1928 年回国任教时，邓叔群从事的研究工作主要侧重于水稻、小麦和棉花的病害及其防治方面，因为他意识到，这些主要农作物的大面积病害会使广大农民深受其害。他先后发表了《中国棉作重要病害防治之研究》《棉之缩叶病》《棉作病菌之生长与环境之关系》《实用植病防治法之研究 I—II》《中国经济植物之病害》《棉作主要病害及其防治法》等一系列文章，并将这些研究成果在试验田中应用，的确有助于解决某些棉花病害。为了推广这些防治病害的成功经验，他亲自背上喷雾器到附近的农村去指导农民，为他们示范。然而，在当时的社会条件下，他的研究成果不可能广泛地为农民所享用。

1939 年他利用中央农林部要他负责一部分林业科学研究的机会，组织了西南森林调查团，深入四川、云南、西康等省的沙坪坝、岷山、大渡河、雅砻江、金沙江等地区的原始林区，进行了为期两年的调查，对中国西南地区的森林分布、生长生态特性以及林木的病害情况进行了较详细的研究，发表了《洪坝森林的研究》《中国天然林管理法之研究（一）》《今日中国的林业问题》《西藏东部高原的森林地理》等论文。在西南原始森林区进行调查时，他凭借多年研究真菌学的理论与实践功底，发现树木的病害与真菌之间存在着某种联系，即有些树木病害往往是由真菌引起的。因此，他把研究重点转向森林学和真菌学结合——首创性地提出了森林病理学的概念，使真菌学研究直接服务于森林学，而这二者的结合又可直接服务于国民经济。邓叔群的"森林病理学"在为黄河上游水土保持和构建西北黄土高原地区农林牧业生产的生态系统的实践中，得以实施与发展，与此同时，他还提出并大力倡导"森林生态平衡理论"。

3. 构建农、林、牧的生态系统的示范点——洮河林场

为了在西北黄土高原地区建立一种有利于农、林、牧生产的生态系统并减轻黄河为其下游地区带来的灾害，1941 年，邓叔群放弃大城市的生活来到了甘肃省的林区。他在任甘肃省水利林牧公司林业部经理的 6 年期间，先后去了白龙江中游武都、文县一带和天水小陇山、河西走廊、祁连山、秦岭等林区，亲自进行调查研究，采集了大量标本，分析了大量的树木生长情况，为科学营林育林提供了依据。他论证了祁连山、天山等高山林区植被灌木丛对于积雪、保土和调节雪水径流的重要作用；设计出在兰州南北山干旱地区采用"水平沟"造林的方案，为保持水土、保证较高的造林成活率提供了有利的条件。他建议，在黄土高原荒山造林应选用沙枣、柽柳、白榆等耐寒抗旱的小乔木作先锋树种。这一建议在当时虽然没有被充分采纳和利用，但对今天改造黄土高原的工作仍有重要参考价值。在此期间，邓叔群还根据实地勘察的森林组成、结构、面积、分布、生态特点等绘制了《地形林型图》，他不仅首先提出了生态平衡的观点，而且亲自在黄土高原地区创办洮河林场，以其成功的实践证明了科学经营林业和科学管理森林，构建农、林、牧的生态

系统的必要性和可行性。

当时,黄河的大支流洮河上游的大片原始森林为藏族林主所有,他们常把森林的树木卖给木材商人,树木砍光后再放火烧山以长牧草或开辟为耕地,因此其水土流失情况日益严重,这样,给黄河下游带来的灾难随之加重。为了改变这种日趋恶化的生态环境,邓叔群以水利林牧公司的资金,在洮河上游的甘肃省卓尼县买下了一大片藏族林主的森林,并创办了洮河林场总场和苗圃,以及该地区以外的三个洮河林场分场和一个牧场。他对这些林场中的森林分别进行调查、勘测,绘制了林型图,并对各树种、树龄以及林木生长、材积、更新和病虫害等情况进行分类研究,制定了一整套保证更新量、营造量大于采伐量的科学经营管理制度,使森林长存、采伐不绝。自那时起迄今,洮河林场仍在沿用当年邓叔群亲自制定的这一科学管理制度。几十年来,黄河上游的多数森林均遭不同程度的破坏,唯洮河林场为黄河上游保留下了宝贵的森林区,并成为黄河上游水土保持和生态平衡的示范点。

邓叔群将他在西北黄土高原地区的广泛调查和实践经验进行了系统的总结,这些成果主要体现在 1947 至 1948 年间他发表的一系列论文中。这些论文包括《甘肃林区及其生态》《甘肃的造林与管理》《甘肃林业的基础》《甘肃的气候与树木年轮》《中国天然林管理法之研究(二)》《中国森林地理概要》等。1948 年底,邓叔群为东北地区的林科大学编写了一系列教材纲要,包括《森林生态学》《造林学》《测林学》《森林经营学》《森林病理学》等,这是他对中国森林进行大量调查研究和实践经验的成果汇集,不仅为当时的林业教育提供了宝贵的资料,也为中国林业的科学研究和实践应用奠定了坚实的基础。

4. 严谨治学,精心育人

邓叔群治学严谨,对于基本理论的讲授总是非常明确、清晰,使学生们能很快领悟。他在教学中,要求每个学生对主要作物病害的病原、病状及传染循环、防治方法都要学会、记熟,并随时检查他们的学习效果,督促、鼓励他们努力学习;而在平时,他对待学生亲如家人。他希望学生们能掌握他所传授的知识和经验,为此,他总是亲自主持实验课,手把手地指导操作;亲自带学生们外出采集标本,实地实物现场教学,通过实验和实践启发和培养学生们对该学科的兴趣，加深他们对相关理论知识的理解，提高他们对实际植物病害、对繁多的真菌种类物征的识别判断能力。

五 沈其益的棉作病害研究①

沈其益②是植物病理学家，农业教育家。

沈其益于 1929 年考入南京国立中央大学农学院，师从植物病理学家邓叔群，对植物病理学和真菌学产生了浓厚的兴趣，后来进入中国科学社生物研究所参与研究真菌学，并先后发表了论文《中国两属半知菌》《中国黑粉菌志》。这是我国早期真菌研究的重要文献。1934 年，他受聘于冯泽芳教授主持的中央棉产改进所，负责棉病研究室工作。他深入全国棉区调查研究，发现棉叶切病是由盲蝽象隐潜为害所致，发表了《中国

沈其益像

棉病调查报告》，1936 年出版了《中国棉作病害》一书，对我国主要棉作病害的种类、分布、病因和防治方法都作了分析和研究，是我国最早出版的有关棉花病害的专著，对我国棉病的研究和防治工作有重要的指导作用。

1937 年沈其益被选送赴英国留学，在伦敦大学皇家学院和洛桑斯特农业研究试验场从事学习和研究，师从于著名植物病理学家布朗·格纳特教授。1939 年他完成小麦根腐病研究的博士论文，并获得伦敦大学哲学博士学位。同年，他赴美国明尼苏达大学，任名誉研究员。1940 年正值国难当头，他毅然束装回国，任中央农业实验所技正。

---

① 参见中央大学南京校友会、中央大学校友文选编纂委员会：《南雍骊珠：中央大学名师传略再续》，第256—259 页；孙文治主编：《东南大学校友业绩》第 1 卷，第 518—519 页。

② 沈其益(1909—2006)，湖南长沙人。他 1933 年毕业于南京中央大学获理学士学位，1939 年获伦敦大学博士学位。沈其益历任美国明尼苏达大学名誉研究员、南京中央大学生物系教授；北京农业大学教授、教务长、副校长，兼任中国农业科学院植物保护所所长、中国农学会副会长、中国植物保护学会理事长等。

1941—1948年任中央大学生物系教授,主讲植物生理学、真菌学、植物病理学、真菌生理学、生理学等课程。他讲课内容精当,讲解深入浅出,并能引导学生思考,深受学生欢迎。

沈其益在从事教学科研的同时,还热心组织团结我国科学界人士致力于我国科学事业的发展。他认为"个人能力有限,而科学救国任务艰巨。只有科学界组织起来,齐心协力,才能有所作为"。他在中央大学三年级时就参加了中华自然科学社,后担任该社常务理事和总干事多年。1946年他加入了由梁希、金善宝等发起的"中国科学工作者协会"并任常务理事。

1948年,沈其益在南京中央大学任教时,我国东北解放。党中央决定在大连筹办大连大学,为解放区培养建设人才。当时,沈其益接受了动员关内专家、教授赴东北参加革命的艰巨任务,秘密赴香港、南京、上海、广州等地。以他的学术声望和组织才能,曾动员著名专家教授王大珩等40余人经香港、朝鲜奔赴解放区。这是科技界自愿赴解放区参与建设事业的骨干力量,对我国科技界投身革命事业产生了深远影响。[①]

---

① 参见沈其益:《沈其益回忆录:科教耕耘70年》,中国农业大学出版社1991年版。

第十二章　民国时期的建筑学与土木工程学发展

在这一时期,我国尤其是江苏省的建筑学发展主要表现在:大学中创办了建筑工程系;研究中国古代建筑史、建筑风格与样式,以及江南古典园林,为保护和传承传统建筑文化提供了理论支持。在城市规划和设计领域,专家们制定了城市规划或大学总体规划,开展北京古建筑修缮工程,并设计了包括办公大楼、官邸、图书馆、音乐台、体育场、游泳池、篮球场、国术场、棒球场以及天文台、医院等在内的多种类型的现代建筑。在土木工程学领域,成就同样显著:中国第一座现代化桥梁的修建,工程材料学和金相学的研究,土木工程理论的探索与实践,"结构力学"学科的建立,中国第一个混凝土研究室的创建,"混凝土科学技术"概念的提出,结构工程和钢筋混凝土的教学与研究,以及土木工程和道路工程的教学与研究,都极大地推动了我国土木工程学的进步。

第一节　建筑学发展

这一时期崭露头角的江苏籍或者在江苏工作的建筑学家有:刘福泰、刘敦桢、童寯、杨廷宝。他们在建筑学领域取得了令人瞩目的成就,不仅个人声名鹊起,也推进了当时江苏乃至全国的建筑学向前发展。

一 刘福泰的建筑学贡献与成就①

刘福泰像

刘福泰②是建筑学家,近代建筑教育的先驱。

1. 创建建筑系

1927年8月,刘福泰应聘从上海来到国立第四中山大学(次年更名为国立中央大学)参与创建中国第一个建筑科,任该科副教授兼首任科主任,1930年晋升为教授。建筑科兴办伊始,百事待兴,当时每位教师在承担大量的教学任务的同时,还要四处奔波,购置图书、模型和设备,收集建材样品。作为该科的创建者之一,刘福泰更是身先士卒,不畏艰辛,带领全系教师奋力创业,精心办学,为开创中国第一个高等建筑系(科)奠定了良好的基础。

刘福泰在中央大学任职的13年期间,三次出任过建筑系(科)主任,并始终坚守教学工作的第一线,承担着较为繁重的教学任务。他先后讲授一年级的初级图案(即建筑初步)和建筑图课程,二年级的建筑图案(即建筑设计)、建筑组织、建筑史、建筑规范以及四年级的都市规划等课程。由于他专业知识和设计功底深厚,教学认真,教学质量好,受到学生的好评。此外,他还兼任了校务委员会群育委员会、校景委员会首席委员,以及中大大礼堂建筑工程委员会委员等职务。

1929年,刘福泰与当时担任东北大学建筑系主任的梁思成及当时

---

① 参见中央大学南京校友会、中央大学校友文选编纂委员会编:《南雍骊珠:中央大学名师传略再续》,第295—297页;孙文治主编:《东南大学校友业绩》第1卷,第122—123页。

② 刘福泰(1893—1952),广东宝安人。他1924年获得美国俄勒冈大学建筑学学士学位,1925年获该校建筑学硕士学位。回国后,他历任中央大学建筑学系系主任、教授,贵州大学土木工程系主任、教授,国立北洋大学建筑工程系主任、教授;北方交通大学建筑工程系主任,天津大学土木建筑工程系教授。刘福泰创办了中央大学建筑学系和国立北洋大学建筑工程系,作为我国近现代第一代建筑师,他有许多代表性的建筑作品及学术研究成果。

最著名的建筑事务所——基泰工程司的建筑师关颂声一道,参加了全国工学院分系科目表的起草和审查工作,对中国高等建筑教育体系的建立与完善起到了重要作用。1931年,中国建筑师学会成立,刘福泰是该学会的首批正式成员之一。

2. 建筑设计成就与建筑学研究

刘福泰学术造诣精深,十分注重理论联系实际。他曾参与广州中山纪念堂国际设计竞赛、国立北平图书馆国际设计竞赛;还曾参与南京国民革命阵亡将士纪念公墓的工程设计、廖仲恺墓园的设计等项目;并曾主持南京中山陵扩建工程的设计、主持我国第一座高山气象台——日观峰气象台的设计和南京板桥村建筑群的设计等。1933年他在《中国建筑》第1卷第1期发表了《建筑师应当批评吗?》,该文指出,"正确的、严厉的批评,才是今日建筑界最大的需要"。1937年,全国性抗日战争爆发,刘福泰率领中央大学建筑系全体师生员工由南京迁至四川重庆沙坪坝。在当时极其艰苦的条件下勤奋工作,促进该系的延续发展,与此同时积极进行建筑学研究,出版了《建筑与历史》等著作。

二 刘敦桢的建筑学研究与成就[①]

刘敦桢[②]是建筑学家、建筑史学家和教育家。

1. 参与筹建建筑科[③]

中国最早的有系统、有规模、持续办学时间较长的建筑科是1923年创办的苏州工业专门学校(以下简称苏工专)建筑科。该校建筑科于

---

① 参见刘叙杰:《纪父亲刘敦桢对中国传统古典园林的研究和实践》,《中国园林》2008年8期,第41—45页;中央大学南京校友会、中央大学校友文选编纂委员会编:《南雍骊珠:中央大学名师传略》,第424—429页;孙文治主编:《东南大学校友业绩》第1卷,第206—207页。

② 刘敦桢(1897—1968),湖南新宁人。他1921年毕业于日本东京高等工业学校(现东京工业大学)建筑科,获建筑工程科学学士学位。刘敦桢是中国建筑教育及中国古建筑研究的开拓者之一,历任苏州工业专门学校建筑科讲师、湖南大学土木系讲师、中央大学建筑系教授、系主任、工学院院长;南京大学建筑系教授、南京工学院建筑系教授兼系主任。1955年当选首批中国科学院学部委员(院士)。其代表著作有:《中国住宅概况》《中国古代建筑简史》《苏州古典园林》等。

③ 参见杨苗苗:《刘敦桢对中国近代建筑教育的肇始与发展的影响》,《建筑创作》2009年第3期,第137—145页。

刘敦桢像

1927 年并入国立第四中山大学（后更名为国立中央大学）建筑工程系，并一直传承至今。刘敦桢 1922 年学成回国后先在上海从事建筑设计工作，不久就应聘与柳士英（为科主任）、朱士圭共同办学。建筑科创办之初，无可借鉴，白手起家，相当艰难。1926 年，建筑科才逐步购置设备、图书等，初具规模。1927 年 10 月，苏州工业专门学校并入第四中山大学工学院。同年 12 月刘敦桢带领建筑科在校的 25、26 两级学生随校并转。23 级毕业生濮齐材也随赴南京任教，其他教师则均离校他就。中央大学建筑工程系建系之初，不仅要确立培养目标和方向、学制和课程设置，而且需添置设备、购买中外图书与各种模型及彩画，收集建筑材料样品等等，刘敦桢协助系主任刘福泰做了很多工作。到 1929 年，中央大学建筑工程系的设备（施）已有相当规模，成为名副其实的"首都大学"建筑工程系。

2. 自编讲义，组织古建筑教学考察

建筑科刚创办时，系里任教的教师较少，且一些老师还有其他兼职，每个老师所任科目较多。刘敦桢曾先后讲授过建筑设计、中国建筑史、中国营造法、西方建筑史、房屋营造学、阴影透视、建筑测量和钢筋混凝土结构等课程。当时国内并没有关于中国建筑史等课程的现成资料可以借鉴，刘敦桢就根据自己所学并收集了各国建筑系科的相关资料编写讲义。除了课堂教学，刘敦桢还率部分高班同学，赴山东、河北及北平参观古建，除了孔庙、故宫、北海、天坛、颐和园，还到了十三陵、香山、居庸关和长城踏勘古迹、摄影、测量，进而加深了学生对古建的切身体验。这种教学方法开国内学人进行古建筑教学团体考察的先河，一直传承至今。

3. 中国古建筑研究

刘敦桢在工作之余，遍访周边沪、宁、杭一带的古迹、古建筑，初步积累了这方面的许多资料，增进了自己对中国传统建筑的认识。1932年他辞去了中央大学的教学工作，到古都北平加入中国营造学社，开始了对传统古建筑的系统研究,同时也开拓了中国传统文化研究的一个新学术领域。他在华北六省进行大量科研调查,共撰写论文、调查报告、读书笔记等 35 篇,约 65 万字;与其他学者合撰论文 7 篇,30 万字。他研究了我国古代官式建筑(宫殿、坛庙、寺观等)和"营造法式""工部工程做法"。抗日战争期间,他对云南、四川、西康等地古建筑的调查,填补了我国建筑史上一大空白。这些成果对当时和以后我国的建筑教育和设计实践都有深远影响。

4. 重回中央大学建筑系教学

全国性抗日战争爆发后,中国营造学社的主要成员由北平辗转迁至云南和四川。最终由于经济无着,工作陷于停顿。1943 年秋,刘敦桢应聘又回到重庆沙坪坝的中央大学建筑系任教。他以多年丰富实践经验和资料积累充实了教学内容,提高了学生的学习兴趣;作为系主任,他延聘多位国内一流建筑师来授课,学生成绩得以突飞猛进,同时也带动了系内各方面工作的蓬勃发展,达到建系以来的最高水平,后人誉此为"沙坪坝黄金时代"。抗战结束后,刘敦桢被中大校长吴有训委以工学院院长重任,一方面忙于由重庆迁校至南京的事务,另一方面,要负责院、系工作和教学,还要负责迁校至南京后,校内的各项建设工程。

5. 建筑设计成就

刘敦桢 1922 年创办华海建筑师事务所,在上海等地做了多项设计。后来他又在长沙设计了湖南大学教学楼和市内名胜天心阁,在南京设计了一批民用建筑以及中山陵前的光化亭,中央大学学生宿舍、食堂和中央图书馆阅览楼等。

三 童寯的建筑学成就①

童寯②是建筑学理论家和教育家、建筑设计大师,中国近代造园理

---

① 参见中央大学南京校友会、中央大学校友文选编纂委员会编:《南雍骊珠:中央大学名师传略》,第430—435 页;孙文治主编:《东南大学校友业绩》第 1 卷,第 299—300 页。
② 童寯(1900—1983),字伯潜,满族,生于辽宁沈阳市。童寯 1925 年留学美国,入宾夕法尼亚大学建筑系,在全美建筑系学生竞赛中获 1927 年亚瑟斯·布鲁克纪念奖二等奖及 1928 年同一竞赛一等奖,1927 年获学士学位,1928 年获硕士学位。毕业后,他在美国工作两年,1930 年赴欧洲（转下页）

童寯像

论的开拓者。他设计的作品凝重大方,富有特色和创新精神,数十年不间断地进行东西方近现代建筑历史理论研究,对继承和发扬我国建筑文化、借鉴西方建筑理论和技术有重大贡献。

1. 建筑理论

童寯受过学院派严格古典技法训练,对中国传统文化有深厚的感情,但在理论研究上,坚持科学立场与判断,始终歌颂进步、革新、创造,批判保守、落后、复旧。他对建筑发展的方向和旧传统必然会被抛弃有极明确的判断。他从建筑经济、功能以及时代进步、新建筑材料和技术的发展等视角评析了当时即 20 世纪 30 年代沪、宁等地盛行的"大屋顶风"建筑。他对于搬抄大屋顶持否定态度。他说:"现代建筑物……在用低造价谋取更大使用空间方面,平屋顶与中国建筑艺术揉成一体,或是与潮流分道扬镳,寺庙式屋顶肯定已经过时……钢和混凝土的国际式将很快得到普遍的采用","中国建筑今后只能作为世界建筑一部分,就像中国制造的轮船火车与他国制造的一样,并不必有根本不同之点。"他还满怀信心地展望"中华民族既于木建筑上曾有独到贡献,其于新式钢骨水泥建筑,到相当时期也自能发挥天才……中国建筑于汉唐之际,受佛教许多影响,不但毫无损失,而且更加典丽,我们……希望着另一个黄金时代的来临。"

2. 园林研究①

童寯的园林研究始于 1931 年,其关于园林研究的"开山之作"《江南园林志》成书于 1937 年。与此同时,他在《天下月刊》发表了英文作品 Chinese Gardens(《中国园林》),该文以跨文化比较为切入点,融入更多的对直观景象的描摹和游赏时的体悟,以阐明中国园林的特征和

（接上页)考察建筑;回国后于 1930—1931 年间任东北大学建筑系教授、主任。1931 年冬他在上海加入赵深陈植建筑师事务所,1932 年该所更名为华盖建筑师事务所。童寯主要是主持图室工作,直至 1952 年结束华盖的全部业务。1944 年起他兼任中央大学建筑系教授;1949 年以后一直任南京工学院建筑系教授、建筑研究所副所长。其代表作有:《江南园林志》《近百年西方建筑史》《东南园墅》等。

① 参见焦键:《童寯的中国园林史研究》,《学海》2019 年第 3 期,第 210—216 页。

历史。其后他还发表关于园林建筑风格、形式，中西建筑影响和中西比较方面论文多篇。这些文本体现了童寯的园林研究贯通古今、融会中外，从时间跨度上看，其考证早至公元前1899年前夏桀所建的"玉台"，至成书时江南诸园的沿革和现状；从地理范围上看，尽管江南园林构成童寯园林研究的主体，但亦涉及对中国北方、中部及南方的园林考证，及它们和江南园林之间的相互影响。

《江南园林志》

童寯的园林研究方法的独特性表现在他以拍照、测绘、文字描述等方式再现园林的现状，同时通过历史上的图像和文献资料考证园林的历史沿革、造园手法和观念演变。他在考察园林过程中最富有开拓性意义的工作是用测绘的方式考察园林平面布局，以其建筑学专业特征绘制具有个人风格的园林平面图，清晰地表达了山体与建筑的关系、主要的路径和园林内空间收放的变化。在童寯看来，造园过程和画山水画类似，造景元素的"画意"表达了不同造景元素空间上的相对关系。文字是童寯记录园林的主要方式，这样使得对中国园林品评的标准在复述前人观点的过程中逐步清晰起来。童寯在《江南园林志》中对拙政园有这样的描述："斯园得以幸存，数十年来，并未新修，故坠瓦颓垣，秦蒿败叶，非复往昔之盛矣。惟谈园林之苍古者，咸推拙政，今虽狐鼠穿屋，藓苔蔽路，而山池天然，丹青淡剥，反觉逸趣横生……。"①

《江南园林志》是近代最早用科学方法论述中国造园理论的专著，其中包括园林历史沿革、中国诗、文、书画与园林创作的关系以及中国假山发展等众多内容。书中许多园林如今早已荡然无存，其测绘图纸和照片都格外珍贵。该书手稿完成后即经当时在建筑营造学社的建筑学家刘敦桢介绍出版，梁思成看后，在致童寯信中说：

① 童寯：《江南园林志》(第二版)，中国建筑工业出版社1984年版，第28—29页。

"拜读之余,不胜钦佩"。《江南园林志》在排印时遭遇卢沟桥战事,出版计划被迫搁置,手稿和照片在战乱中受损,直至 1963 年才由中国工业出版社出版。学术界公认《江南园林志》是近代园林研究最有影响力的著作。

3. 耕耘教育、精于设计

童寯在美国留学和工作及考察欧洲多国建筑后,认识到建设我们这样的大国,仅靠几个建筑师不行,要通过教育培养出成千上万的建筑师,并且通过教育使人们对建筑有科学的认识。他从欧洲回国后即受聘于东北大学建筑系,先后任教授、系主任。1931 年发生九一八事变,建筑系被迫解散,他帮助学生脱离险境后,自己也举家迁往北平。年底应陈植之邀赴沪,与赵深、陈植合作成立华盖建筑师事务所。1937 年上海沦陷,他于次年应聘辗转至重庆,后在贵阳开办华盖建筑师事务所分所,完成省市陈列馆、科学馆、图书馆和清华中学等许多建筑设计。1944 年,他应中央大学建筑系刘敦桢之邀抵重庆,在授课之余继续开展建筑师业务。童寯一方面在教育园地辛勤耕耘,培养出一大批建设人才,许多人后来成为教授、学者以及著名的建筑师;另一方面,他也是当时最有影响的建筑师之一。1932—1948 年,他主持或参加的工程项目有 100 多项,最具有代表性的有:1932 年,南京国民政府外交部办公大楼和官邸,以经济、实用、富有民族特色而取代宫殿式的设计方案中标。建成后的这幢建筑以线条简洁、比例匀称、体态端庄而受到称赞。它将传统民族风格进行简化和提炼,突破了这一时期多沿用的大屋顶式样,成为创造现代民族风格成功的实例。此外,还有 1936 年建成的南京中山文化教育馆,这幢建筑采用不对称的构图手法,上部以少许琉璃花饰点缀,气势宏伟,可惜毁于战火。其他还有 1932—1933 年的南京下关首都电厂、上海大戏院、南京首都饭店、首都地质矿产陈列馆等;抗日战争时期在内地设计建造的重庆炼铜厂、贵阳花溪中学、大夏大学以及抗日战争胜利后在南京设计建造的公路总局、航空工业局、美军顾问团公寓等一批优秀而有特色的作品,其中有些在现代建筑史中占有重要的地位。

童寯代表作品——南京国民政府外交部大楼（童明提供）

四 杨廷宝的建筑成就[1]

杨廷宝[2]是建筑学家、教育学家和中国近现代建筑设计开拓者之一。

1. 建筑理念

杨廷宝1925年获得美国宾夕法尼亚大学建筑学硕士学位，1926年赴欧洲考察建筑，1927年学成回国，为基泰工程司建筑设计方面负责人之一。在1928年至1948年，他主持了北平地区一些重要古建筑维

[1] 参见中央大学南京校友会、中央大学校友文选编纂委员会编：《南雍骊珠：中央大学名师传略》，第441—449页；孙文治主编：《东南大学校友业绩》第1卷，第328—329页；程泰宁：《杨廷宝先生：20世纪的建筑巨匠》，《建筑学报》2021年第10期，第1—2页；何培斌、冯立燊：《上下求索：杨廷宝的中国新建筑》，《建筑学报》2021年第10期，第42—45页；童明：《杨廷宝：一位建筑师和他的世纪》，《建筑学报》2021年第10期，第97—98页。
[2] 杨廷宝（1901—1982），河南南阳人。他1921年自清华学校（今清华大学）毕业，赴美国宾夕法尼亚大学建筑系学习，1924年曾获得全美建筑系学生设计竞赛艾默生奖一等奖。杨廷宝历任中央大学建筑系教授，南京大学建筑系教授兼系主任，南京工学院建筑系教授兼系主任，1955年当选中国科学院技术科学部委员（院士）。20世纪30年代起他参加和主持古建筑的修缮工作，设计的作品与论著丰硕，而且多次参加、主持国际交往活动，在推动建筑国际学术交流方面做出了重要贡献，在国际建筑学界享有很高的声誉，被誉为"近现代中国建筑第一人"。新中国成立后，在他主持、倡导、参与下，同有关建筑设计院协作，建成了一批大中型民用建筑工程，如徐州淮海战役革命烈士纪念塔、北京车站、南京长江大桥桥头堡工程建筑、南京民航候机楼等。

杨廷宝像

修工程,如北平天坛、祈年殿、国子监等,与此同时,设计了如南京中央体育场、中央医院、中央研究院地质研究所、北京交通银行、清华大学图书馆扩建工程、京奉铁路沈阳总站等逾百件建筑作品。杨廷宝接受过严格的西方古典建筑教育,也接受过系统的中国传统文化熏陶,深谙中国古典建筑精要,因此形成了广博渊深的学术造诣和坚实敦厚的创作素养。他的这些作品有合理的功能布局、协调的建筑体型、统一的比例和尺度,而且体现了中国的建筑风格,不仅包含了他对建筑设计的多方面探索和实践,而且包含着他独特的建筑理念。

首先,杨廷宝认为,建筑的根本目的是服务于人。建筑是解决人的衣食住行四个问题中的"住",而"住"并不单指卧室,广义来说,凡日常生活所需的各种避风雨的建筑物都包括在内。因而建筑应以人为本,建筑设计应服务于人,服务于社会。为此,他强调作为建筑师要深入生活,了解服务对象的需求。其次,在建筑设计过程中,既要重视学习国外先进建筑理论和科学技术,又必须将其与中国实际相结合,要针对此时、此地、此人、此事来解决设计中的问题,因势利导地进行创新,凸显个性。因此,在设计中,须重视实地调研,了解地形环境,注重设计经济适用的建筑。第三,建筑设计要在功能与形式、技术与艺术、经济与其他相关诸方面综合协调,以求完美地解决各方面所提出的实际问题。为此,从建筑总体到局部,从环境到装饰,从设计到施工等各个环节都应精心处理。第四,注重方案的多样性与设计手法的灵活性,追求完美的建筑创作境界。为此,须提倡多方案的比较即"一题多解"、坚持"古今中外皆为我用"的原则;追求总体视觉效果的和谐统一,尤其是在风景区建设中应保护自然环境,使人工环境与自然环境协调发展。这些建筑理念都体现在他的建筑设计和作品中。

2. 建筑风格

杨廷宝和他的同事以及学生们在长期的建筑设计实践中,形成了一定的建筑风格。杨廷宝始自 20 世纪 20 年代的建筑创作道路,是一部中国近代以来建筑创作历史的注解。他的作品即是对他的建筑理念的诠释。这些作品有古有今，或古今结合；有中有西，或中西合璧，其设计风格具有稳健、严谨、精致大方的特点。尽管时光在流逝，但他设计的逾百件作品，成为我国建筑发展史上的重要印记，反映了中国近现代建筑自立基初创到成熟发展的总体面貌。

杨廷宝代表作品——南京中山陵音乐台（翁惟繁摄，黎志涛提供）

比如，他与关颂声合作，在中山陵音乐台的设计中，特意利用原有天然坡地，整理、加修路面，埋设排水管道，铺植草皮。在照壁、乐坛等建筑物的细部处理上，采用了中国江南古典园林建筑艺术的表现手法；而在利用自然环境，以及平面布局和立面造型上，充分吸取了古希腊剧场建筑艺术的特点，半圆形的花架、回廊、花坛、坐凳，重点艺术装饰的照壁显得质朴而浑厚，环抱着衬托的树丛，具有强烈的建筑艺术魅力；中间的回音壁可以汇集音浪，台前有月牙形莲花池，用来汇集全场的雨水，还可以养殖金鱼莲萍。1932 至 1933 年建成的音乐台，至今仍是中国传统风格与西方古典建筑风格相结合的一个范例，既有开阔宏大的空间效果，又有精湛雕饰的艺术风范，达到了自然与建筑的完美和谐统一。又如，他 1933 年设计建造的中央大学南校门（现为东南大学四牌楼校区的正门,基本保留着原来的样式),由三开间的四组方柱与梁柱组成。外形采用简化的西方古典建筑式样,大门用 4 对多立克式石柱支撑起宽大的横枋,让人很容易想起雅典卫城建筑和德国的勃兰登堡门。它们都采用了简洁大方的多立克柱式,柱头是倒圆锥台,没有复杂的雕琢,而且将八柱或六柱简化为四柱三开间,和中国传统学宫黉宇门前棂星门的四柱三开间相匹配,与大礼堂、图书馆等建筑风格高度一致。1931 年杨廷宝参与设计建造紫金山天文台,这是中国人自己建立的第一个现代天文学研究机构,被誉为"中国现代天文学的摇篮"。另外,杨廷宝故居,又名"成贤小筑",由他在 1946 年 10 月自行设计建造而成,是建筑大师一生建筑理念的缩影:简洁明朗、朴素实用;既勇于探索创新,又注重因地制宜;强调符合国情的同时,讲究经济美观。故居宅院占地面积约一千平方米,院内嘉木成片,植有松树、椿树、枇杷树等,高大苍翠,浓荫如盖。还辟有数埒菜畦,绿叶油油,生机勃勃,墙头

杨廷宝代表作品——南京紫金山天文台(黎志涛摄)

有一石栏水井。整个故居显得简约而紧凑,但因地制宜的设计却又显得十分大气,现在的杨廷宝故居已被列为市级文物保护单位。杨廷宝设计的不同建筑风格的民国建筑有上百处,在此不一一列举。

如果说杨廷宝设计的独具匠心、各具特色的建筑是他建筑理念的凝聚,那么他学贯中西、荟萃古今,精心为国家培养的一大批栋梁之材,则是其建筑理念及其风格的传承者,可以将其进一步发扬光大。

第二节　土木工程学发展

这一时期,一批江苏籍或者在江苏工作的土木工程学家脱颖而出,其中包括:茅以升、刘树勋、金宝桢、徐百川等。他们在土木工程领域取得了令人瞩目的成就,同时推进了这一时期江苏乃至全国的土木工程学的发展。

一　茅以升建桥实践与理论①

茅以升②是桥梁专家、教育家,我国现代桥梁工程的奠基人。

① 参见中央大学南京校友会、中央大学校友文选编纂委员会编:《南雍骊珠:中央大学名师传略》,第407—414 页;孙文治主编:《东南大学校友业绩》第 1 卷,第 166—167 页。侯莲梅、王伯鲁:《茅以升创造性思维方法探析——以钱塘江大桥的建造为例》,《科技管理研究》2010 年第 1 期,第 210—213 页;张雪蓉、乔昳玥:《茅以升与 20 世纪 20 年代东南大学的工科建设——民国初期工程教育的特点透视》,《现代大学教育》2019 年第 2 期,第 48—55 页。

② 茅以升(1896—1989),江苏镇江人。他 1916 年毕业于西南交通大学(时称交通部唐山工业专门学校),1917 年获美国康奈尔大学硕士学位,1919 年获美国卡内基理工学院博士学位。茅以升是中国土力学学科的创始人和倡导者,土木工程学家、桥梁专家、工程教育家。他历任交通大学唐山学校(今西南交通大学)教授、副主任,国立东南大学教授、工科主任,南京河海工科大学校长,交通部唐山大学(今西南交通大学)校长,江苏水利局局长,浙江省钱塘江桥工程处处长,任国立交通大学唐山工程学院院长,交通部桥梁设计工程处处长,中国桥梁公司总经理,中华民国教育部部聘教授,1948 年当选中央研究院院士;1949 年后任中国交通大学(1950 年改称北方交通大学)校长、铁道技术研究所所长、铁道科学研究院院长,1955 年被选聘为中国科学院学部委员(院士),1982 年当选美国工程院院士,任中国科学技术协会名誉主席等职。茅以升最重要的成就是:主持设计并修建中国第一座现代化桥梁——钱塘江大桥。茅以升主持编写了《中国古桥技术史》及《中国桥梁——古代至今代》(有日、英、法、德、西班牙五种文本);著有《钱塘江桥》《武汉长江大桥》《中国古桥与新桥》等。

茅以升像

1. 探索工科高等教育

1919 年茅以升自美国学成归国,在唐山工业专门学校任教授,继任交通大学唐山学校副主任。1922 年,他应聘到东南大学任教授,一上任即悉心谋划工科的发展。经充分酝酿后,茅以升与七位教授联名致函校教授会和评议会,提出增设土木工程系和电机工程系的议案。议案明确指出:凡有工科之学校无不以土木为先务;今日世界工业莫不仰赖电力,故欲发展一国实业,电机工程实不可少,因此,本校应首先添设此系。这不仅可以直接服务本大学而且可以惠及社会,效用亦巨。由于议案论据充分,可行性大,获校教授会、评议会一致通过。自此东南大学工科就有了机械、土木、电机三系,这三个系迄今都是学校的主干系,数十年来,人才辈出。茅以升教授出任第一届工科主任,上任后,竭力延聘知名教授,从德、美等国购置必需先进设备,积极扩充实验室和工场建设。东大工科出现了生机勃勃、欣欣向荣的局面。①

2. 主持设计和建造钱塘江大桥

1934 年至 1937 年,茅以升被聘任为钱塘江大桥工程处处长,主持建造我国第一座公路铁路兼用的现代化大桥———钱塘江大桥。钱塘江大桥开工于 1934 年。钱塘江是著名的险恶之江,水文地质条件极为复杂:其水势不仅受上游山洪暴发之影响,还受下游海潮涨落的约束,若遇台风袭击,江水汹涌翻腾;钱塘江底的流沙厚达 41 米,变化莫测,素有"钱塘江无底"之说。因此,民间有"钱塘江上架桥———办不到"的谚语,工程技术界也认为在钱塘江上架桥是一件十分困难的事情。茅以升在建桥过程中遇到的第一个困难是打桩。为了使桥基稳固,需要穿越 41 米厚的泥沙在 9 个桥墩位置打入 1440 根木桩,木桩立于石层

---

① 1924 年由于江浙军阀连年混战,江苏财政罗掘已空,江苏省公署决定停办东大工科,停拨工科经费。消息传出,校内哗然。茅以升闻讯十分愤慨,当即表示反对,并且对停办工科的理由一一予以批驳。茅以升还亲赴北京,向最高当局面陈。后经江苏省公署与全国水利局反复磋商,最后决定以河海工程学校与东大工科为基础,组建河海工科大学,并聘请茅以升教授任校长;对于学生也作了妥善处理,一场风波始告平息(参见《南雍骊珠:中央大学名师传略》,第 410—411 页)。

之上。沙层又厚又硬,打轻了下不去,打重了断桩。茅以升从浇花壶水能把土冲出小洞的生活常识中受到启发,采用抽江水在厚硬泥沙上冲出深洞再打桩的"射水法",使原来一昼夜只打1根桩提高到可以打30根桩,大大加快了工程进度。建桥中遇到的第二个困难是水流湍急,难以施工。茅以升发明了"沉箱法",将钢筋混凝土做成的箱子口朝下沉入水中罩在江底,再用高压气挤走箱里的水,工人在箱里挖沙作业,使沉箱与木桩逐步结为一体。沉箱上再筑桥墩。然而,刚开始时,一只沉箱,或者被江水冲向下游,或者被潮水顶到上游,难以定位。后来茅以升把3吨重的铁锚改为10吨重,沉箱问题才得以解决。第三个困难是架设钢梁。茅以升采用了巧妙利用自然力的"浮运法",潮涨时用船将钢梁运至两墩之间,潮落时钢梁便落在两墩之上,省工省时,进度大大加快。总之,茅以升在建桥过程中采用"射水法""沉箱法""浮运法"等,解决了建桥中的一个个技术难题。1937年9月26日,中国第一座自主设计建造的现代化大桥——钱塘江大桥终于建成通车。

钱塘江大桥建成后,为抗日战争做出了杰出贡献,却在通车不足三个月时就被迫忍痛炸毁。建桥纪念碑的碑文记录了这段悲壮的史实:"时值抗日战争爆发,在敌机轰炸下昼夜赶工,铁路公路相继通车。支援淞沪抗战、抢运撤退物资车辆无算,候渡百姓,安全过江,数以数十万计。当施工后期,知战局不利,因在最难修复之桥墩上预留空孔,连同五孔钢梁埋放炸药,直至杭州不守,敌骑将临,始断然引爆,时1937年12月23日。当时先生留下'不复原桥不丈夫'之誓言,自携图纸资料,辗转后方。"为了阻断敌人,茅以升受命炸断了亲手建造的大桥,这是何等悲壮的义举。抗战胜利后,茅以升实践誓言,又主持修复了大桥。建桥、炸桥、复桥,茅以升始终其事,克尽厥职。

3. 工程教育思想

茅以升一生学桥、造桥、写桥,但他毕生的主要时间和精力还在于从事工科高等教育。他的工程教育思想是以"工程爱国"为根基,以"以人为本"为核心。茅以升认为工科教育主要是培养未来的工程师,而一个优秀的工程师必须具备下列六个要素:品行、决断、敏捷、知人、学识、技能。对于培养工程技术人员的目标,他制订了八项具体要求:善于思考;善用文字;善于说辞;明于知己;明白环境;知所以然;富于经济思想;品德纯洁,深具服务之精神。关于治学,他总结了十六字诀,即:博闻强记,多思多问;取法于上,持之以恒。他少时不仅背诵古诗、古文,而且还不畏枯燥,背诵那些抽象的数字,比如,圆周率的近似值写到小数点后面 100 位。他一生勤于治学,在中外报刊发表文章 200 余篇,出版论著多部。

340

二 土木工程理论实践结合的探索者

刘树勋像

1. 刘树勋的土木工程研究与实践[①]

刘树勋[②]是土木工程学家。

刘树勋于 1923 年考入了刚成立的东北大学土木系,1929 年毕业并以优异成绩被派往美国留学。他在美国康奈尔大学获得硕士学位后,又去伊利诺伊大学研究院学习。九一八事变后,他心系祖国,于 1932 年回国,此后毕生从事教育事业。1936 年他被国立中央大学聘为教授,兼任土木系系主任。

在教学方面,他讲课从不照本宣科,对许多工程结构问题有巧妙的简易计算方法;他学识渊博、见解独到、工程知识丰富,听课的学生都感到受益匪浅。他对学生要求严格,对于课程设计绘制图纸有不合规范之处,一定退回重做,以培养学生良好的学风和运用理论解决实际问题的能力。他为我国培养了大批土木工程专家,其中有许多学生已成为著名的学者、教授、工程师。

在工程方面,他在建筑结构理论上造诣颇深,并且对地质学、地基

---

① 参见中央大学南京校友会、中央大学校友文选编纂委员会编:《南雍骊珠:中央大学名师传略》,第 415—419 页;孙文治主编:《东南大学校友业绩》第 1 卷,第 370—371 页。

② 刘树勋(1902—1986),字景异,辽宁昌图人。他 1929 年毕业于东北大学,1932 年获美国康奈尔大学土木工程硕士学位。刘树勋历任中央大学土木系教授、系主任,东北大学土木系教授、代理校长、校长;南京大学土木系教授,南京工学院土木系教授、副院长等职。刘树勋在参与国家制定武汉长江大桥、南京长江大桥等设计施工方案中,提出了具有重要价值的建议。

基础、水力学、水上结构等与结构工程有关的边缘学科也深有研究,在许多复杂工程问题上,善于应用综合知识解决难题。他长期从事土木工程理论研究与工程实践,为国家建设做出了重要贡献。

2. 金宝桢的力学研究[1]

金宝桢[2]是力学教育家。他 1937 年获博士学位从美国回国后,历任东北大学、西北工学院教授兼土木工程系系主任,国立中央大学教授。金宝桢主要从事力学研究与教学,为发展结构力学和力学教材建设做出了重要贡献。

在教学方面,金宝桢讲课认真,思路清晰、重点突出、极具感染力;他板书整洁,善于启发学生思考,注重对学生的思维训练。他为开拓建设我国"结构力学"学科,培养了许多从事这门学科的教学和科研人才。

金宝桢像

3. 徐百川的教学与研究[3]

徐百川[4]是土木工程学家、教育学家。

徐百川于 1931 年毕业于中央大学土木系。毕业后先在国内从事建筑结构的设计与施工,后去美国密歇根大学留学。1937 年回国后,先后在焦作工学院土木系、西北农学院水利系、西北工学院土木系执教。当时的大西北,生活条件非常的艰苦,学校师生住的是教堂的老人院或山村民居,没有电灯只能靠蜡烛照明,而且交通极为不便。即使在这样恶劣的环境条件下,徐百川还是潜心于教学。当时培养的许多人

---

① 参见中央大学南京校友会、中央大学校友文选编纂委员会编:《南雍骊珠:中央大学名师传略续篇》,第 317—320 页;孙文治主编:《东南大学校友业绩》第 1 卷,第 461—462 页。

② 金宝桢(1907—1968),回族,河南开封人。他 1932 年毕业于交通大学土木工程系,1935 年获美国密歇根大学硕士学位,1937 年获伊利诺伊大学博士学位。金宝桢历任东北大学、西北工学院教授兼土木系主任,宝天铁路总工程师,国立中央大学教授;南京工学院副院长、教授、土木系主任等职。

③ 参见中央大学南京校友会、中央大学校友文选编纂委员会编:《南雍骊珠:中央大学名师传略》,第 420—423 页;孙文治主编:《东南大学校友业绩》第 1 卷,第 514—515 页。

④ 徐百川(1909—2005),江苏海安人。他 1931 年毕业于国立中央大学土木系,1937 年获美国密歇根大学结构工程硕士学位。徐百川历任焦作工学院土木系教授、中央大学工学院土木系教授;南京大学工学院土木工程学系教授、南京工学院土木工程系的首任系主任和名誉系主任等职。其代表作有《钢筋混凝土结构》《钢筋混凝土结构设计》等。

徐百川像

才,成为中华人民共和国成立后土木水利方面的杰出英才。他于1946年应聘回母校——中央大学土木系任教。不久随校迁回南京,从此开始了在母校的执教生涯。

徐百川治学严谨,讲课深入浅出、概念清晰,深受学生们的喜爱,至今很多学生在回忆起当年听他授课时还津津乐道。徐百川还编写教材,改变了过去土木学科的教学仅仅采用英文原版书的局面。

第十三章　民国时期的冶金学、机电学与航空学发展

民国时期我国包括江苏的工程技术，除了建筑与土木工程技术有所发展，在冶金、机电工程和航空等方面也都取得了一定的进展。

第一节　冶金学与机电学发展

这一时期的冶金学家有周仁，机电工程学家有钱钟韩、陈章、顾毓琇、钱凤章、吴大榕、程式等。

一　周仁的冶金学与陶瓷学研究①

周仁②是冶金学家和陶瓷学家，中国钢铁冶金学、陶瓷学的开创者

---

① 参见孙文治主编：《东南大学校友业绩》第1卷，第97—98页。
② 周仁(1892—1973)，字子竞，江苏南京人。周仁1910年毕业于江南高等学堂，同年考取清华大学留美公费生，赴美国康奈尔大学机械工程系求学。1915年获硕士学位，同年回国后，历任南京高等师范学校教授、上海交通大学教授兼教务长、中央大学教授兼工学院院长；后任中国科学院工学实验馆馆长、冶金陶瓷研究所所长、上海冶金研究所所长、上海硅酸盐化学与工学研究所所长、中国科学院华东分院副院长、上海科学技术大学校长、中国金属学会理事长、上海硅酸盐学会理事长等职。他于1948年当选为中央研究院第一届院士；1955年当选为中国科学院第一批学部委员（院士）。周仁于1928年在上海创建了中央研究院工程研究所，任研究员兼所长；1929年领导建立了三相电弧炉，炼出不锈钢、锰钢、高速钢等，是中国电炉炼钢的创始人之一。

和奠基人之一。

（一）钢铁研究

周仁从事钢铁研究，为发展中国钢铁事业做出了突出的贡献。

1915年周仁从美国留学回国时，中国钢铁事业发展缓慢。1928年，周仁应聘担任中央大学工学院院长期间，提出工学院以研究钢铁冶炼为主。后来他发现钢铁冶炼与陶瓷、玻璃的烧制在原理上有类似之处，于是在学院内同时创办了钢铁、陶瓷、玻璃三个试验场。

1928年中央研究院成立，周仁应聘负责创建工程研究所。当时国家内忧外患，民不聊生，创建工程研究所步履十分艰难。周仁不畏艰难，亲自勘察地形，指导施工，建钢铁试验工场于上海白利南路（今长宁路），同时，又从国外订购了科研参考书籍数百种，从美国进口莫屋式电弧炉、机电配件、分析仪器以及车床、锻锤等设备。其中从美国引进的三相电弧炉在国内属最早的电弧炉之一。

1937年全国性抗日战争爆发，日军侵入上海，工程所的机器设备、图书资料不得不搬迁，周仁亲自负责将其转道香港、海防辗转迁抵昆明。但由于路途的颠簸不少重型设备损失惨重。科研人员也历尽坎坷，几经聚散，颠沛流离。在昆明时，国民党政府又停止拨款，研究所没有资金和设备，不仅工作无法开展，甚至科技人员的生活也难以维持。在这样艰难的状况下，周仁为了解决大后方的钢铁来源和研究所的生计，千方百计，奔走呼吁，积极筹划，在缪云台先生等资助下，创办了中国电力制钢厂。周仁亲自担任该厂的总经理兼总工程师，把原来在上海时停薪留职的科研人员重新结聚起来。周仁和他的同事们就是在这样极其困难的条件下，在制钢厂安装了轧钢设备，供应了当时大后方军事、交通等方面对钢铁的急需。与此同时，在周仁的指导下，试制生产了四川自贡盐井当时奇缺的汲盐卤用的钢丝绳，为电工器材厂生产了硬磁钢，为维修美军汽车生产了低锰弹簧钢，还试制成功了内燃机用的各种合金钢，并利用当地的资源开展了从钴矿中提取氯化钴以及用木炭代替汽油作汽车内燃机燃料的研究，为抗日战争做出了贡献。

抗战胜利后，工程所自昆明迁回上海，科研经费更为拮据，有时连水电费也难以支付。周仁惨淡经营，苦心支撑，他带领全所科技人员，抓住当时工业生产中的薄弱环节和实际问题，开展各方面的研究工作，并力求使研究成果应用于生产。在他的倡导下，所内先后办起了炼钢、陶瓷、玻璃和棉纺织试验工场。没有当时政府拨给的经费，工场就靠自己生产维持。针对工业生产中急需各种钢材的状况，在周仁的指导下，工场铸造钢铁铸件，研究并试制成功各种碳素铸钢、锰钢、镍铬钢、不锈钢、碳素工具钢、高速钢、合金铸铁等等，产品有火车曲轴、大轮盘、火车碰钩等。这些产品满足了当时国内一些工厂的需要，同时也为国内各钢铁厂的生产提供了可行性的路径。

（二）陶瓷研究

周仁是钢铁冶金科学技术的创始人之一，也是我国陶瓷科学技术研究的奠基人之一。

瓷器是中国古代重要的创造发明之一，数千年来，我国各地的名窑举世瞩目，但在中国古代文献资料中，关于这些历史名窑的发展及其在科学技术方面的成就却少有完整的记载。周仁自幼喜爱陶瓷。1928年周仁应聘任南京中央研究院工程所所长，就亲自到杭州乌龟山下的南宋官窑窑址进行发掘，并与中央大学工学院合办陶瓷试验场，从湖南、江苏等处请来8名技工，筑窑烧瓷，开始了中国传统陶瓷工艺技术的研究。这对恢复我国传统名瓷生产，挽救清末民初以来日趋凋敝的陶瓷工业，做出了贡献。1928年夏，周仁为孙中山先生的葬礼，精心研制了80余件精仿古瓷器，以资陈列和纪念。他还被聘为故宫博物院的专门委员。自1929年起，周仁亲自到南京官窑窑址、杭州凤凰山万松岭南宋官窑遗址，进行多次挖掘，并先后两次亲赴瓷都景德镇进行调查，与当地著名老艺人共同对传统青花瓷的制造工艺进行科学实验和总结。

为振兴中国陶瓷工业，周仁撰写了中国陶瓷工艺的第一篇论文《中央陶瓷试验场工作报告》。以后又对如何选择陶瓷坯土配方的准则、一般陶瓷的制造、制成彩色釉、合理瓷窑的建筑、古瓷的烧制等提出了许多新见解。自 1941 年起,他还开展了用于显微镜、望远镜、测距仪、潜望镜的各种特殊的化学玻璃和光学玻璃的研究。

总之,周仁在中国古陶瓷研究方面的卓越成就获得国内外文物、考古、文化教育等有关部门的重视和赞扬,并在国际学术界享有很高的声誉。

二 钱钟韩的热物理学和热工仪表自动化研究[1]

钱钟韩[2]是热物理学和热工自动化学家,创建了机电结合的动力工程学科。

1933 年,钱钟韩以全校第一名和历年平均最优的成绩毕业于上海交通大学电机系。同年,他又考取了江苏省第一届公费留学生,赴英国伦敦大学帝国理工学院研究生院深造。1937 年他应聘历任浙江大学、昆明西南联大、中央大学教授,主要从事热物理学和热工仪表自动化的教学和研究。

钱钟韩像

1. 锐意进取,扬长避短

钱钟韩刚回国时,应竺可桢校长聘请,到浙江大学任教授。他学了多年电机学,但当时浙大电机系教师已满员,而机械系则教师缺乏。钱钟韩知难而进,在专业不对口的情况下,来到机械系。面对一个崭新的学科领域,钱钟韩需要重新学习,但这也给他进一步扩大业务领域提供了机会。通过几年的教学实践,他逐步形成了自己对动力工程学科的新观点:把机械、热工与电气等专业知识结合起来,把自己熟

---

[1] 参见中央大学南京校友会、中央大学校友文选编纂委员会编:《南雍骊珠:中央大学名师传略》,第 420—423 页;孙文治主编:《东南大学校友业绩》第 1 卷,第 553—554 页;闵卓:《动力工程专家钱钟韩》,《中国大学教学》1998 年第 6 期,第 36—37 页;逸公:《钱钟韩——善于扬长避短的人》,《职业教育研究》1995 年第 4 期,第 42 页。

[2] 钱钟韩(1911—2002),江苏无锡人。他 1933 年毕业于上海交通大学,1934 年赴英国伦敦大学帝国理工学院读研究生。钱钟韩历任浙江大学、昆明西南联大、中央大学教授,中央大学工学院代理院长;南京工学院副院长兼动力系教授,南京工学院院长兼自动化研究所所长,东南大学名誉校长,南京三江学院董事长。1980 年,钱钟韩当选为中国科学院学部委员(中国科学院院士);1985 年,荣获美国南加州中华科学家工程师学会的特别奖。

悉的电机学科和正从事的动力机械学科沟通起来,因此,改行对于钱钟韩只是成长中的一个过程,使他视野更加开阔,思维更加敏捷,知识更加渊博。钱钟韩感悟到,动力工程学科应从动态运行和联合系统的观点来把握各项设备的运行特性;要注重各项设备之间的相互联系和相互影响;要在了解分件设计和制造技术的基础上,进一步研究联合运行和整体设计的系统科学。为此,他积极倡导把机械、热工、电气以及检测仪表和自动化等多方面的专业知识结合起来。他主张在这几个学科领域的交叉点上建立新的动力工程学科。他还为窑炉、锅炉、汽轮发电机组等热工设备建立了数学模型和电气模型,并提出独创性的分析计算方法和仿真方法,解决了当时计算的难题。他指出:动力设备的联结方式实际上是双向作用的,因此可以用等效的无源电路来模拟它们的动态行为,比之通常所采用的、单向作用的传递函数分析方法更为方便合理。

2. 启迪思维 提倡创新精神

在教学上,钱钟韩十分注意从方法论上启迪学生的思维,提倡创新精神,使学生思维活跃,善于融会贯通。他诲人不倦,不计名利。通过他的辛勤耕耘,为国内外动力工程事业培养了不少优秀人才。

三 陈章的电力与电信研究[①]

陈章[②]是无线电电子学家和教育家,中国电机电子高等教育的开拓者之一。

陈章像

① 参见中央大学南京校友会、中央大学校友文选编纂委员会编:《南雍骊珠:中央大学名师传略》,第507—513 页;孙文治主编:《东南大学校友业绩》第 1 卷,第 285—286 页;孙文治:《程式教授生平》,《电气电子教学学报》2007 年第 2 期,第 65 页。

② 陈章(1900—1992),江苏苏州人。他 1921 年毕业于上海交通大学电机系,获学士学位;1925 年获美国普渡大学硕士学位。陈章历任黄埔军官学校无线电高级班上校教官、南京国民政府军事交通技术学校上校教官、浙江大学工学院电机系副教授、交通大学物理系教授、中央大学电机系教授兼任交通大学重庆分校教务长、中央大学图书馆馆长、中央大学工学院院长;南京大学工学院电机系教授兼系主任、南京工学院电信系主任、名誉系主任、图书馆馆长等职。

1. 潜心教学,精心编写教材

陈章 1921 年毕业于上海交通大学电机系后,留校任教。1924 年 8 月去美国普渡大学电机系深造,1925 年获硕士学位,于 1926 年 10 月回国。1932 年秋,他应聘为国立中央大学电机系教授,先后主讲电工基础、电力传输、电照学、电话学、电力厂、电力铁路等课程。1935 年,他开始讲授无线电工程课程。陈章在专注教学的同时,积极编写教材。他编著的《无线电工程学》是我国第一本无线电教科书,1934 年初版问世后多次修订出版。20 世纪 30 年代他为商务印书馆万有文库丛书编有《电力工程概论》《电力铁运》《电子学浅谈》等书籍。40 年代开始,他连续将美国斯坦福大学特曼(F. E. Terman)教授所著《无线电工程》(*Radio Engineering*)这一教材的四个版本翻译出版,成为当时各大学广泛使用的教科书。

2. 广延名师,扩添设置,锐意发展电信教育

1935 年,陈章应聘接任中央大学电机系主任。鉴于我国电信事业长期为英美所垄断,而国内各大学电机系都偏重电力人才培养,为了改变现状,他广延名师,增添电信设备,锐意发展电信教育,经他苦心经营,使电力、电信两大学科在师资、设备等办学条件方面并驾齐驱。

1941 年陈章应聘兼任中央大学图书馆馆长;1944—1945 年,他应聘任中大工学院院长兼电机系主任。当时工学院已经成为该校中规模最大之学院,学生逾千人。由于当时院、系行政工作皆无副职,因而他不辞辛劳地忙于教学和行政工作。1947—1949 年,吴有训校长又聘陈章为系主任兼工学院院长。这一时期,在陈章的主持下,电机系增聘了多位知名教授,又引进了大批二战期间美、日军用先进电子设备,包括各种测试仪器及通信、雷达等整机设备。实验室已发展为电工、电机、无线电、有线电、电子学等五个。1948 年,南京国民政府国防科学研究委员会曾向中央大学的电机、航空、机械 3 个系拨出一笔专款添置教学设备。陈章时任工学院院长,秉公分配,将电机系所得款项向美国订购了一套电子管制造设备,为此后该系首创电真空专业创造了条件。1948 年 10 月,受当时政府委派,陈章等四人组团去法国参加联合国教科文组织的无线电广播组会议,继而又去黎巴嫩贝鲁特参加联合国教

科文组织会议。会后还到美国考察了哈佛、麻省理工、斯坦福等多所大学,于 1949 年 3 月回国。

3. 积极投身科研,热心参与期刊与学会工作

陈章从 1926 年起前后发表各类论文 40 余篇。在繁忙的教学科研与行政工作之余,他十分热心期刊与学会工作。1932 年担任中国工程师学会董事兼该会《工程季刊》总编辑;1937—1948 年任中国电机工程师学会重庆分会书记;1948 年任中国电机工程师学会理事,还担任中国电机工程师学会南京分会会长数年。为学会工作和期刊发展做贡献。

四 顾毓琇对电机和控制理论等的贡献[①]

顾毓琇[②]是电机学家、自动控制学家、教育学家、文学家、古乐家、佛学家。

1. 窥宇宙之奥,穷控制之妙

顾毓琇于 1923 年毕业于清华学校;1923 年 8 月赴美,进入麻省理工学院电机系深造,先后获学士、硕士及博士学位,成为该校电机系最早获得博士学位的中国留学生。顾毓琇在科学方面的卓越贡献主要在数学、电机和现代控制理论

顾毓琇像

[①] 参见中央大学南京校友会、中央大学校友文选编纂委员会编:《南雍骊珠:中央大学名师传略》,第 520—523 页;孙文治主编:《东南大学校友业绩》第 1 卷,第 372—373 页;杨慧中、方光辉、纪志成:《顾毓琇先生在科学技术上的创新开拓》,《江南大学学报》(人文社会科学版)2003 年第 1 期,第 13—16 页。

[②] 顾毓琇(1902—2002),江苏无锡人。他 1923 年毕业于清华学校;1925 年获得麻省理工学院学士学位,1926 年获科学硕士学位,1928 年获科学博士学位。顾毓琇学贯中西、博古通今,是中国近代史上杰出的文理大师;清华大学工学院以及国立音乐院(中央音乐学院前身)、上海市立实验戏剧学校(上海戏剧学院前身)的创始人。他历任浙江大学电机科教授兼主任、杭州电气局顾问工程师及电气实验所主任、中央大学电机系教授兼工学院院长、清华大学电机系教授兼系主任、北京大学物理系兼任教授、国立中央大学校长、国立政治大学校长、美国麻省理工学院教授、宾夕法尼亚大学终身教授和荣誉退休教授等。他也是钱伟长、吴健雄、曹禺、江泽民等人的老师。顾毓琇集科学家、教育家、诗人、戏剧家、音乐家和佛学家于一身。到 2000 年止,他已出版了 87 部著作;其全集涉及科技、工程、电机、非线性分析与控制、微分方程、戏剧、诗歌、词曲、音乐、佛学、翻译等各个领域;其代表作有:《四次方程通解法》《芝兰与茉莉》《国殇》《蕉舍吟草》《中国禅宗史》等。

三个方面。首先,在数学研究方面,1926 年 2 月顾毓琇在美国《数理杂志》上发表论文《四次方程通解法》,这是一项基础数学研究方面的突出研究成果,引起了学界的关注。[①] 其次,在电机研究方面,他的博士论文《电机瞬变分析》,应用运算微积理论和转换原理,从理论和计算上详细分析了电机瞬变过程现象。国际电机理论界对这一研究成果给予很高评价,其中分析同步电机瞬变状态过程所用变数之一,被称为"顾氏变数"。之后顾毓琇又发表了《顾氏图解法》《顾氏定则》等。1935 年他在中国工程师学会年会上宣读的《感应电动机之串联运行》,获该会论文一等奖;同年还发表了论文《同步机运算分析》,用运算微积法与双反应学说分析同步电机的运行状况。1937 年,他在美国电机工程师学会会刊上发表了《双反应学说对多相同步机之应用》一文,进一步用上述两种方法分析了多相同步电机运行中的复杂问题。再者,他还是控制论研究理论的先驱。20 世纪 30 年代,顾毓琇与控制论的创始人、美国数学家 N. 维纳在清华大学有一段共事的经历,进而促成维纳提出完备的反馈理论,创立控制论。1932 年清华大学建立了电机工程系,顾毓琇作为清华大学工学院院长,为了解决电机工程中经常遇到的计算二阶常微分方程问题,提出了引进模拟计算机和制订研制计算机的发展计划。为此,1935 年 8 月至 1936 年 6 月,顾毓琇邀请维纳来清华大学讲学,并聘请他任清华大学数学系和电机系客座教授。在此期间,维纳与顾毓琇、李郁荣一起探讨改进 V. 布什模拟计算机的研究工作,即采用电学电阻的方法求解联立方程,以高速度的电子线路来代替和改进布什的低速度的机械传动装置。由于当时反馈控制理论尚未成熟,机器的平衡性、电路的稳定性问题不能很好地解决,未能制造出成型的计算机。但是这段时间的研究,对于此后电子计算机的研究发展以及维纳提出完备的反馈理论并创立控制论,起到了极其重要的作用。

另外,顾毓琇创立《电工》杂志,并发起成立中国电机工程师学会,被推举为会长;他还被选为中国工程师学会副会长。

---

① 直至现在,尽管后人对该"通解"又有了新的研究和补充,但目前用计算机求解方程的算法还是按照该"通解"的基本思想编程(参见杨慧中、方光辉、纪志成:《顾毓琇先生在科学技术上的创新开拓》)。

2. 业精于理,学博于文

顾毓琇不仅在科学方面取得了卓越成就,而且还不懈地从事文学创作。"业精于理,学博于文",正是他的独特写照。他博学于"文"不只是文学,而且是大文化。早在清华学校时,他就爱好文学,创作活跃。1921年底,清华文学社成立,他即与闻一多,梁实秋、朱湘等成为该社成员。当清华剧社问世时,他是首任社长。他还用"顾一樵"的笔名写了大量的文学作品。1920年,他翻译了30篇英文短篇小说,次年翻译7个短篇和两个剧本,1922年他完成了15篇短文以及四幕剧《孤鸿》和小说《芝兰与茉莉》。当时,他所创作的诗、词、曲,格高、性灵;他所创作的剧本大多是讴歌历史上的爱国英豪。

五 钱凤章与无线电事业的发展[1]

钱凤章[2]是电子学家、教育家,为我国通信事业做出了杰出贡献。

1. 从事电信工作兢兢业业

钱凤章于1925年毕业于上海交通大学,即到上海电报局工作;1927年赴广西,为当地筹建无线电台,建成后任该台台长。1930年出国,先后在美国芝加哥自动电话公司和德国西门子公司学习自动电话。1931年回国;1933年任南京电话局局长兼总工程师。1937年钱凤章到南京中央广播电台任该台工务科科长(即技术主任),

钱凤章像

---

① 参见中央大学南京校友会、中央大学校友文选编纂委员会编:《南雍骊珠:中央大学名师传略续篇》,第357—361页;孙文治主编:《东南大学校友业绩》第1卷,第364—365页。

② 钱凤章(1902—1968),上海青浦人。他1925年毕业于上海南洋大学(现上海交通大学)电机系,1930—1931年先后在美国芝加哥电话公司和德国西门子电话公司进修和实习。回国后,他历任交通部技正、北平大学电信系教授、南京首都电话局局长兼总工程师。1937年任国民政府中央广播电台工务科科长、总工程师,兼任中央大学电机系教授;后任南京大学电机系教授、南京工学院无线电系无线电发送设备教研组主任。他编著的《电信网络》和编写的《无线电发送设备》等教材,被国内院校普遍采用。

不久被派往香港押运国际广播电台从国外订购的发射机组回宁,由于该台迁至重庆,他又取道武汉,通过水路将机组运至重庆,途中历尽艰辛。1943 年初他再次奉命去印度加尔各答空运从美国订购的国际短波无线电台机器以及发射机组等,经"驼峰"运回重庆,保证了我国的国际通信畅通无阻。抗战胜利后,他被授予"抗战有功"勋章。1946 年中央广播电台迁回南京后,钱凤章兼任扩建工程处副主任。由于他对于电声仪器的音色、音质、混响时间等功能均能在闭目倾听中辨断,因而被任命领导建造广播大厦、扩建发射台天线阵,安装当时全国最大的中波广播发射机和从英国引进的短波广播发射机等。同年南京建造"国民大会堂",他还负责扩音系统和表决系统的设计与安装。1948 年 10 月,钱凤章代表我国出席在墨西哥召开的"国际电信联盟会议",为我国争取到不少珍贵的频谱资源。

2. 耕耘教学孜孜不倦

1935 年钱凤章应聘为北平大学电信系教授,1936 年带领学生随系迁至西安上课;1947 年起他兼任中央大学电机系教授。他先后主讲电信网络、有线传输、电声学、广播工程、无线电发射设备、雷达原理等多门课程。他造诣高深、经验丰富、博学尚实、治学严谨,所授各课内容精选、重点突出、深入浅出、逻辑严谨;除指定原版参考教材外,还备有自编讲义,能及时介绍国际学术发展动态。他还十分重视工程实际训练,安排学生参与有线电实验室建设,或去广播电台及相关工厂实习,使学生受益颇深。

六 吴大榕的电机理论研究[①]

吴大榕是电机学家、教育家。他一生致力于电机科学的研究与教育工作,为中国电机学科的发展奠定了坚实的基础。

---

① 参见中央大学南京校友会、中央大学校友文选编纂委员会编:《南雍骊珠:中央大学名师传略》,第 524—530 页;孙文治主编:《东南大学校友业绩》第 1 卷,第 584—585 页;徐德淦:《吴大榕教授生平》,《电工教学》1996 年第 1 期,第 89 页。

吴大榕[①]1933年毕业于上海交通大学电机系。毕业后即赴美国康奈尔大学学习，次年2月转入美国麻省理工学院，1935年获硕士学位。为使所学理论与实践相结合，他在美国获得硕士学位后，又赴德国西门子公司所属工厂学习和考察一年。1936年回国，应聘就任国立中央大学教授。他精通英、德、俄、日四国外语，翻译出版的著作有《电机工业试验》《感应电动机运行方式》等。他在同步电机理论研究方面造诣很深，发表过许多有实用价值的论文：《三相同步电机

吴大榕像

座标系统的变换》《同步电机常数的理论分析》《同步电机负序电抗》等，尤其是《三相同步电机坐标系统的变换》一文，统一了当时电机学界对电机坐标系统的规定，避免了在同步电机基本方程方面的混乱。对同步电机理论研究，具有重要的基础性意义。由于他在学术方面造诣深厚，讲课深入浅出，精辟生动，既讲清了问题的本质和精髓，又以实例的生动描述，使学生受益匪浅。

七 程式的电机学研究与教学[②]

程式[③]是电机学家、教育家。

---

① 吴大榕（1912—1968），江苏苏州人。他1933年毕业于上海交通大学电机系，1935年获美国麻省理工学院硕士学位。吴大榕历任国立中央大学教授兼任重庆中央工专、重庆大学教授，无锡江南大学电机系兼职教授；后任南京工学电力系主任、动力系主任，南京工学院副院长；全国电机工程学会理事、国家科委电工组成员、教育部电机教材审委员会副主任等职。

② 参见中央大学南京校友会、中央大学校友文选编纂委员会编：《南雍骊珠：中央大学名师传略续篇》，第362—368页；孙文治主编：《东南大学校友业绩》第1卷，第543—544页；孙文治：《程式教授生平》，《电气电子教学学报》2007年第2期，第65页。

③ 程式（1911—2007），安徽歙县人。他1932年毕业于国立中央大学电机系，1940年获柏林工业大学特许工程师和工学博士学位。程式历任国立中央大学、南京大学、北京大学、清华大学等几所名校的电机工程系教授，兼任水利电力部技术委员会委员、水利电力科学研究所顾问、北京电器研究所学术委员等职。参加修订《国家十二年科学远景规划》《电力工业十二年科学远景规划》。他在中央大学任教期间编著的大学教材《电工原理》，于1952年由龙门书局出版，该书对电磁场理论与电工中的应用阐述得十分精到。

程式像

1. 致力于电力研究,富有创见

程式于 1932 年毕业于国立中央大学电机系后,留校任助教。1935 年他公费留学德国,就读于柏林工业大学。在留学期间,他胸怀科学救国之志,惜时如金,博览群书,重视实践,还挤出时间去法国的大学和工厂进行调查研究。程式的博士论文《用矩阵及对称分量分析电力系统及其选择保护中的应用》①颇有创见,在答辩时获得好评。

程式 1938 年在柏林工业大学的"特许工程师"论文《对称过渡器》,阐明了对称过滤器能在频率变动时测定正序电压及负序电压,曾被广为采纳和使用。在 1945 年和 1948 年程式还曾先后向中国电机工程学会年会及美国国家标准局提出过"量纲理论及电磁系统"的报告,讨论了当时国际上十分重视的电磁单位基本问题,并指出用电容做实物标准时,它的精确度较高。这项研究在国际上也是比较早的。后来,他将其要点编入《电工原理》教材中。

2. 以德载学,诲人不倦

1940 年 1 月程式获柏林工业大学特许工程师和工学博士学位,2 月不顾艰难险阻毅然回国,任国立中央大学电机系教授。程式主讲过电工原理、电力传输、电力系统、自动化装置、交流电路等多门课程。他讲课内容丰富,理论联系实际,讲解严谨缜密,效果良好。同时,他始终坚持以德载学,教育学生先学会做人,然后才能为学。他要求学生不要有丝毫浮躁和急功近利习气,循循善诱,诲人不倦,深受学生爱戴。

第二节 航空学发展

这一时期杰出的航空学家有:巴玉藻、罗荣安、柏实义、黄玉珊。他

---

① 该文成果为 1957 年出版的霍赫仁勒若《三相电力系统中的对称分量》一书所引用。近年来,由于电子计算机的发展,矩阵在电力系统分析上的应用更为广泛。

们分别在飞机制造及人才培养和空气动力等方面做出了贡献。

一 巴玉藻与飞机制造业的开创[①]

巴玉藻[②]是飞机设计师,中国最早的航空先驱之一,为中国航空事业的发展做出了卓越贡献。

1. 出国学习飞机制造

巴玉藻于 1905 年考入江南水师学堂,年仅 13 岁。1909 年 10 月,他被选送至英国学习制造舰船和火炮。1910 年,巴玉藻考入阿姆斯特朗学院,学习机械工程,后又到维喀斯厂实习。在英国学习期间,巴玉藻被当时刚刚出现的航空技

巴玉藻像

术所吸引并体验了一次空中飞行的感觉。从此,他与航空结下了不解之缘。1914 年,第一次世界大战爆发,欧洲陷入战乱。1915 年,巴玉藻奉命转往美国继续学习。1915 年 9 月,他和王助、王孝丰一起考入了麻省理工学院航空工程系,成为该系第二期学生。巴玉藻学习非常刻苦,假期和王助一起到美国的柯蒂斯、波音、通用等飞机公司去实习,通过实习,巴玉藻对飞机从设计到制造的每个环节都了如指掌,甚至对飞机制造所需的钳工、锻工等各项工艺也能熟练掌握。1916 年 6 月他顺利毕业,获得了航空工程学硕士学位。

毕业后,巴玉藻和王助等同学留在美国,继续学习研究航空技术。巴玉藻同时担任了柯蒂斯飞机公司的设计工程师和通用飞机公司的总工程师,进而掌握了当时最先进的飞机制造技术,并积累了丰富的实践经验。

---

① 王红:《近代中国海军航空事业的先驱者巴玉藻》,《军事史林》2009 年第 9 期,第 34—40 页。
② 巴玉藻(1892—1929),生于江苏镇江市。他 1915 年毕业于英国阿姆斯特朗学院;1916 年毕业于美国麻省理工学院航空工程系,获硕士学位。巴玉藻是中国航空的先驱,主持设计了中国第一架飞机。巴玉藻在其短暂的一生中,共设计制造了 12 架飞机,包括教练机、侦察机、海岸巡逻机、鱼雷轰炸机等 7 种型号。他去世后,王助等又根据他生前的设计,制造了 3 架飞机。

2. 回国研制飞机

1917年12月,巴玉藻放弃了美国公司的优厚待遇,回到祖国,投身于中国的航空事业。同时回国的还有王助、王孝丰和曾诒经等学习航空的同学。巴玉藻回国后,参与了为海军飞潜学校选址的工作。1918年4月,中国第一所培养飞机、潜艇制造专业人才的学校——海军飞潜学校正式开办。巴玉藻、王助、王孝丰和曾诒经承担了飞机制造专业的授课任务,课程基本与美国麻省理工学院相似。1923年6月,飞潜学校甲班的17名学生毕业,这是该校第一批也是唯一一批飞机制造专业的毕业生。1918年1月,应巴玉藻等人的要求,海军部在筹建飞潜学校的同时,在福州船政局内创设了我国第一个飞机制造厂,着手试制军用水上飞机。巴玉藻任工程处处长,王助、王孝丰和曾诒经任副处长。巴玉藻负责设计,曾诒经负责机务。由于缺少经费,无法添置生产飞机专用的机器设备,只得借用造船的机器,这些机器粗笨陈旧,飞机制造更多地依赖手工完成。为此,工程处十分重视对技术工人的培训,巴玉藻等还专门为工人授课,讲解简明飞行原理、发动机原理及机体结构学等知识,使这些工人逐步成长为我国第一代飞机制造工匠。由于缺少经费,巴玉藻等人把主要精力用在了试验材料的工作上。他们进行了反复试验和比较,最后发现福建产的白麻栗木、白梨木、樟木和榆木等可以用于飞机制造。经过一年多艰苦努力,他们终于在1919年8月成功制造出中国第一架水上飞机,命名为"甲型一号"①。

3. 百折不挠制成飞机

"甲型一号"制成后,试飞员由于驾驶经验不足,操纵失误,导致飞机失速侧滑,坠落水中损毁。所幸的是试飞员得以生还,并未受伤。巴玉藻克服困难,继续主持制造了一架同型机即"甲型二号",试飞后获得了成功。接着,巴玉藻又制造了同型机"甲型三号"。1921年8月,福州船政局因为试制水上飞机获得成功,受到北京政府大总统徐世昌的嘉

---

① "甲型一号"为拖进式双桴双翼水上飞机,使用美国进口的柯蒂斯发动机,机身采用国产榆木,高3.88米,身长9.32米,幅长13.7米,马力100匹,空机重量836公斤,载重1063公斤,装油量114公斤,飞行高度3690米,可航行3小时,续航距离340公里,最大时速120公里,乘员2人,可载炸弹4枚。配有双座双操纵系统,供飞行教练用。

奖。1922 年 1 月,巴玉藻和同事们设计制造了第四架飞机——"乙型一号"。这一年,他还与王助合作,设计制造了世界上第一个水上浮动飞机库,成功地解决了水上飞机的停泊问题。从 1924 年到 1929 年的 5 年时间里,他们先后研制出"丙型一号""丙型二号"鱼雷轰炸机,"江鹳"号教练机、"江凫"号、"江鹭"号和"戊型三号"侦察兼教练机,以及"海鹰二号"和"海雕"号鱼雷轰炸机等 8 架飞机,飞机的设计和制造水平都有了很大的提高,性能不亚于同时代欧美各国生产的飞机。如 1928 年 6 月制成的"海鹰二号"和 1929 年制成的"海雕"号鱼雷轰炸机都是双桴水上飞机,可乘坐 6 人,装备火炮 1 门,机枪 1 挺,可携带 8 颗炸弹,1 颗鱼雷,最大飞行高度达到 4900 尺,最大时速 177 公里,飞行时间可达 5 个半小时,航距达到 900 公里。巴玉藻设计制造的飞机大多用于教练,也有的参加了实战。如 1926 年北伐战争中,巴玉藻、王助用飞机投掷土制燃烧弹和石子弹,配合东路北伐军击败了企图进攻福州的北洋军。1928 年 5 月,东北海军袭击吴淞口,用飞机轰炸口内的军舰。"甲型三号"和"戊型二号"飞机奉命升空迎敌,将敌机击退。

4. 献身飞机制造事业

巴玉藻对航空事业十分热爱,把全部身心都投入飞机的研制和工厂的发展上。对于苦心经营的工厂和精心研制的飞机,他视同自己的生命。巴玉藻为人清廉正直,对军阀的黑暗统治非常不满,对贪赃枉法、贿赂公行更是深恶痛绝。1928 年 10 月,巴玉藻受海军部的委派,只身一人前往德国柏林参加万国航空展览会。巴玉藻充分利用这次难得的机会,如饥似渴地学习世界航空的最新知识和先进技术。短短的几天时间里,他就绘制了两大本图纸。

展览会结束后,巴玉藻又前往比利时、英、法等国考察航空业发展情况。考察结束后,巴玉藻于 1929 年 3 月 8 日乘船回国,经埃及、伊朗、印度、中国香港和日本回到上海。疑遭日本间谍暗算,巴玉藻回国后于 1929 年 6 月 30 日病逝,年仅 36 岁。巴玉藻为中国航空事业的发展做出的巨大贡献将永载史册。

二 罗荣安与航空技术人才培植①

罗荣安像

罗荣安②是中国航空工程教育的开拓者。

1. 创办航空工程系

罗荣安于1918年由清华学校保送赴美深造，先入美国麻省理工学院攻读机械工程科，毕业后继续留在该校研究院研读航空工程。1923年获硕士学位之后，他曾在美国多家航空公司任职，主要从事飞机机体结构和起落架设计及应力分析等工作。鉴于我国国防实力极其薄弱，亟需发展航空工业，1935年2月罗荣安在罗家伦校长的盛情聘请下回国，先后创办了中央大学的自动工程研究班（后改为机械特别研究班）及我国的第一个航空工程系。他还筹建实验室、撰写教材，招收有志青年学习。为培养高质量的航空工业建设人才，他拟定教学方案，编写课程教材，延聘名师，在他的努力下，建成了一支高水平、精干的教授队伍。其中，从英国归来、学业有成的张创、李登科任航空发动机学教授；自美回国的伍荣林、柏实义和黄玉珊等任空气动力学、飞机结构力学教授；此外，还有自法国回来的李寿同教授等。这使中央大学航空工程系硕彦云集，人才荟萃。

2. 精心育人，人才辈出

罗荣安除担任航空工程系系主任外，还亲自为学生讲授飞机结构、飞机设计、航空仪表和航空发展史等课程。由于他见多识广、造诣精深，所讲课程不仅概念清楚，而且内容丰富新颖，突出地反映了当时美国航空业的先进水平。在授课方法上，深入浅出，富有哲理，循循善诱，语言幽默，亦庄亦谐。广大学子如沐春风，倍感亲切。他对学生的培育

---

① 参见中央大学南京校友会、中央大学校友文选编纂委员会编：《南雍骊珠：中央大学名师传略》，第495—498页；孙文治主编：《东南大学校友业绩》第1卷，第278—279页。

② 罗荣安（1900—1965），广东省博罗县人。他1918年毕业于清华学校；1923年毕业于麻省理工学院机械工程科，获硕士学位。罗荣安历任中央大学教授；台湾大学机械工程教授，兼任台湾科学馆馆长、台湾科学研习会会长等职。

和关心无微不至。学生从入学学习直到毕业,他总是谆谆教诲、解惑、释疑,即使在毕业以后,仍寄以期望和关注。他经常去毕业生工作单位考察访问,嘘寒问暖,畅谈工作情况与问题。他每到一个工厂,总要探精察微,将诸如工厂设备、电压、马力等有关数据一一记在自己的笔记本上,并结合毕业生的实际工作情况指出其相关的技术发展问题及其改进方向。

1937 年全国性抗日战争爆发,中大西迁,航空工程系在他亲自擘画下,全部随校迁至重庆沙坪坝,为了使学生学业不至荒废,他继续营造学习与研究环境,认真开展教学工作。

罗荣安历年培养的航空技术人才,对抗战军事贡献至大。其弟子中,有国内空军方面之资深技术人员,有汽车制造方面之专家,有空气动力学方面之国际闻名学者,有美国著名大学航空系权威教授,有美国太空火箭方面的著名太空火箭专家。1943 年,因中央大学航空系已后继有人,有柏实义、黄玉珊等航空系毕业学生留学回母校任教授,罗荣安遂受中国航空公司之聘,负责机航组工作。1949 年他到台湾后,继续担任中航公司机航组副主任、顾问,及台湾教育事务主管部门科学教育委员会委员等职。

三 柏实义的空气动力研究[①]

柏实义[②]是空气动力学家。

1931 年柏实义考入南京国立中央大学电机工程系,1935 年毕业,获学士学位;后又考入国立中央大学机械特别研究班(即航空工程研究班),1937 年毕业;随即赴美留学,主修空气动力学。1938 年他在麻省理工学院获航空工程硕士学位;1939 年在加州理工学院获得航空工程

① 参见中央大学南京校友会、中央大学校友文选编纂委员会编:《南雍骊珠:中央大学名师传略》,第499—503 页;孙文治主编:《东南大学校友业绩》第 1 卷,第 622—623 页。
② 柏实义(1913—1996),江苏省句容人,自幼定居南京。他 1935 年毕业于中央大学电机系,获学士学位;1938 年获麻省理工学院航空工程硕士学位;1939 年获加州理工学院航空工程和高等数学博士学位。柏实义历任中央大学航空工程系教授、系主任,康奈尔大学客座教授及航空实验室顾问,马里兰大学流体力学及应用数学研究所研究教授等职。

柏实义像

和数学博士学位。在艰苦抗战的 1940 年,柏实义归国回到西迁至重庆沙坪坝的母校中央大学,任航空工程系教授,讲授流体力学和飞行力学。他继罗荣安后出任第二任系主任,前后七年时间为发展建设我国第一个航空工程系竭智尽力。在中央大学的教研工作中,柏实义为培养航空工程人才做出了重要贡献。他针对不断高速发展的飞机、太空飞行器等,进行了先驱性开发与研究,推动并发展了空气动力学。

四 黄玉珊的航空航天研究①

黄玉珊②是航空航天科学家、教育学家。

1935 年黄玉珊以优异成绩毕业于国立中央大学土木系,随即进入机械特别研究班研习航空工程,毕业后留校任教。1937 年先后赴英、美留学,获硕士及博士学位。1940 年回国后,受聘为中央大学教授,年仅 23 岁(被称为"娃娃教授")。1946 年他出任中央大学航空工程系主任。黄玉珊最初主要从事结构力学、板壳力学、稳定理论方面的教学和研究。

黄玉珊像

1. 研究板壳理论

黄玉珊于 1939 年在博士论文《具有中面力矩形板的弯曲》中,发展了一种降阶积分法,巧妙地导出这类薄板弯曲及稳定分析的利维解答。

---

① 参见中央大学南京校友会、中央大学校友文选编纂委员会编:《南雍骊珠:中央大学名师传略》,第504—506 页;诸德培:《黄玉珊简介》,《力学与实践》1984 年第 5 期,第 58 页;张福清:《沉痛悼念黄玉珊同志》,《力学与实践》1982 年第 2 期,第 73 页。

② 黄玉珊(1917—1987),江苏南京人。他 1936 年毕业于中央大学机械特别研究班,1939 年获英国伦敦大学帝国理工学院硕士学位,1940 年获美国斯坦福大学博士学位。黄玉珊历任中央大学教授、航空研究院特约研究员,中央大学航空工程系代理系主任,兼任中国航空工程学会南京分会副会长、兼任浙江大学航空工程系教授;1949 年后先后担任华东航空学院、西安航空学院和西北工业大学教授、飞机系主任,兼任国防部第五研究院顾问。

他又应用叠加原理获得在各种不同侧向外载作用下,具有固支边或自由边矩形薄板弯曲的利维解答,该成果于1942年在中国工程师学会第十一届年会上宣读,受到学会嘉奖。1942年,黄玉珊指导冯元桢的硕士论文《微弯薄曲杆及薄曲板对侧压力的稳定性》,论证对称的曲杆或曲板,受对称的侧压力时,能因受不对称的小扰动,而使失稳临界压力显著减小。这个主题研究经久不衰,至今非线性屈曲研究仍在进行。

2. 深入研究薄壁结构力学解决工程问题

在薄壁结构工程梁理论的某些著作中,结构的弯曲轴与剖面弯曲中心的轨迹常发生混淆。黄玉珊在其硕士论文《弯心轨迹与弯轴的区别》和论文《梁和梁柱》中,从物理概念上澄清了这一问题,并应用最小功原理得出弯心轨迹与弯轴相差甚为悬殊,弯心轨迹较为平直,而弯轴甚为曲折,但弯轴始终旋绕于弯心轨迹之两侧的重要结论。这一结论对德哈维兰公司生产的一种机翼的实测结果符合较好。

第十四章　民国时期的农学与水利学发展

　　这一时期,我国包括江苏的农学发展,主要是选育推广良种及植物保护研究。选育推广良种研究,包括棉花育种、小麦育种和水稻育种以及推广良种的研究,还包括土壤学与核农学研究;植物保护研究,包括水稻螟虫防治研究、用实验的方法在田间研究农业害虫问题,以及昆虫生态学的研究和应用、植物病理学研究。

　　这一时期,我国包括江苏的水利学及其水利工程也取得了长足的发展,主要在水工结构和岩土工程、水工及水力学、水流结构与泥沙运动研究、水资源水文学、农田水利学以及水利工程的基础研究、工程力学的教学与结构数值分析等方面取得了进步。

第一节　农业建设与改进[①]

　　这一时期在农业建设与改进方面做出贡献的农学家是邹秉文。

---

① 参见中央大学南京校友会、中央大学校友文选编纂委员会编:《南雍骊珠:中央大学名师传略》,第531—538 页;孙文治主编:《东南大学校友业绩》第 1 卷,第 118—119 页;耿瑄:《民初农学精英与地方实力派的合作——邹秉文与东南大学农科的创建》,《中国科技史杂志》2017 年第 2 期,第 143—158 页;许衍琛:《邹秉文高等农业教育思想研究》,《高等理科教育》2014 年第 4 期,第 121—125 页。

一 从教期间锐意改革

邹秉文[①]于1916年回国之初,志在从事植物病理研究,以对促进农业生产有所贡献,但由于军阀混战,未能如愿。后应聘到金陵大学农林科,任植物学与植物病理学教授。翌年,改任南京高等师范学校教授兼农科主任,1923年该校并入东南大学,仍任东南大学、中央大学教授。在从教生涯中他十分注重改革。一是编写教材。当时农科的教材主要采用日本或欧美课本,并未结合国情。于是他带领学生到郊外去采集标本,调查访问,并编撰讲义,反复修订。他主动商请同校植物分类学教授胡先骕[②]和植物生理学教授钱崇澍[③]参与合作,这两位都是我国植物学界的权威。1922年完稿的《高等植物学》,计分15章,20余万字,并附英

邹秉文像

[①] 邹秉文(1893—1985),江苏吴县(今苏州)人。他1915年毕业于美国康奈尔大学,获农学士学位;1946年密歇根大学授予其荣誉博士学位。邹秉文是中国植物病理学教育的先驱,"东南三杰"之一。他历任河南公立农业专门学校校长,金陵大学植物病理学、植物学教授,南京高等师范学校、国立东南大学农科主任,南京中央大学农学院院长,上海商品检验局局长,上海商业银行副总经理,南京政府财政部贸易委员会常委会代主委,中国驻联合国粮农组织首任首席代表、粮农组织筹委会副主席,南京政府农业部高等顾问兼驻美国代表,中美农业技术合作团中方团长。其代表作有:《中国农业教育问题》《中国农业建设方案》《高等植物学》《物病理学概要》等。

[②] 胡先骕(1894—1968),江西新建县人。他1916年毕业于美国加州大学伯克利分校,获学士学位。1925年获美国哈佛大学博士学位。胡先骕是著名植物学家和教育家,我国植物分类学的奠基人。他历任南京高等师范学校教授、东南大学植物学教授、中正大学(即现在的江西师范大学)校长;中国科学院生物研究所研究员。他创办中国科学社生物研究所、静生生物调查所,还创办了庐山植物园、云南农林植物研究所;发起筹建中国植物学会;与钱崇澍、邹秉文合编我国第一部中文《高等植物学》;首次鉴定并与郑万钧联合命名"水杉"和建立"水杉科"。他和郑万钧共同发表的水杉论文被认为是近代植物学重大发现之一。

[③] 钱崇澍(1883—1965),浙江海宁人。他毕业于唐山路矿学堂(现西南交通大学),后考入清华大学(留美公考);1910—1916年在美国伊利诺伊大学、芝加哥大学和哈佛大学学习,获植物学学士学位。钱崇澍是植物学家、教育家,中国近代植物学的奠基人与开拓者之一,中国植物分类学、植物生理学、地植物学、植物区系学的创始人之一。他历任南京甲种农业专科学校教授,金陵大学、国立东南大学、清华大学、厦门大学教授及北京农业大学教授兼生物系主任,中国科学社生物研究所研究教授兼植物部主任及四川大学教授兼植物部主任,复旦大学教授兼农学院院长,1948年当选为中央研究院院士;后任中国科学院植物分类研究所、植物研究所研究员兼所长,1955年当选为中国科学院学部委员。

汉术语对照表。这是我国第一本大学植物学教科书,由商务印书馆出版,1923 年底初版,1928 年 4 版,为当时的权威著作。① 二是他认为,要把东南大学农科办得出类拔萃,驾乎全国南北各高等农业院校之上,必须打破编制的框框。因此在东南大学任教授兼农科主任期间,他进行了一系列教学改革。其一,所有教授基本上只负责讲授各自的专业课程,每周授课时数按实际需要而不作硬性规定,但必须在授课之外从事实验研究,取得成果,与有关方面联系,向农民推广。其二,对于学生,除课间实验外,还要利用寒暑假到农场或工厂实习。其三,农科内分设农艺、畜牧、园艺、蚕桑、生物、病虫害六个系。此外,先后在南京以及江苏、河南、湖北、河北四省开办作物、水稻、蚕桑、园艺、棉花等九个试验场。聘请胡先骕、钱崇澍、张巨伯、孙恩麟、原颂周等一批名教授,共 27 人,加上助教,教师队伍共计逾百名。年平均支出 27 万元。为了获得教学经费上的支持,邹秉文四处奔走,争取资助。他说服上海面粉工会、华侨福群公司、上海合众蚕桑改良会,乃至华商纱厂联合会、中华文化基金会、中国银行、上海银团等等,或提供现金,或划拨场地,或发放低息贷款,从财力上给予援助。据不完全统计,他在 11 年内,共征得 40 万元以上。此时,他身兼数职,疲于奔命,但卓有成效。这一时期的校舍设备日臻完善,并培养出金善宝、冯泽芳、周拾禄等许多专业人才。邹秉文与同校的文科主任杨杏佛、工科主任茅以升,被誉为"东南三杰"。

二 走入社会,改进农业

经过十多年来的教学改革,邹秉文认识到,改革农政及农业教育等必须走入社会,另辟蹊径。他于 1927 年夏辞去东南大学农科主任一职,应冯玉祥将军之邀,偕同几个新毕业的大学生,到开封去为冯玉祥规划其所辖西北地区的农业改进工作。翌年,又应桂系当局之请,与梁希、谢家声、赵连芳、张心一等,前往广西考察设计该省的农业建设。接着又受聘为英商卜内门公司的农业顾问,在广东、浙江农村进行调查,

---

① 事隔 60 年,中国科协副主席、植物病理学家裘维蕃在一次发言中谈到,当初他之所以读植病专业,受这本书的影响最大。

了解化肥施用情况与经济效益。

1928年，国民党政府工商部长孔祥熙邀请邹秉文筹建上海商品检验局。1929年他出任该局局长。该局主要检验出口的生丝、畜产品、桐油、茶叶、蜂蜜等。此前，海关长期为帝国主义所把持，虽名义上已经收回，但出口的商品检验，却仍被洋人以种种借口把持不放，甚至还自设生丝检查所，侵犯我国家主权。邹秉文经反复考虑，决定接受这个任务，他的目的有二：一是厉行检验，防止劣质商品输出影响声誉；二是积极地研究指导，以期改进提高商品品质，借以发展对外贸易。该局成立不久，就取代了洋人所设的检查所。邹秉文又筹集经费，先后收回并扩充了原生丝检验所，建立了桐油、茶叶化验处。与此同时，他还创办了红茶试验场和血清制造厂等，后者开创了国产生物制品防治牛瘟的先声。

同时，邹秉文还主持开展很多有关农业改进的社会活动，如1932年聘请美国作物遗传育种专家洛夫博士来华讲学3年，为我国开展稻麦等作物育种，收到很好的效果。在洛夫的指导下，采用纯系育种的方法，陆续育成小麦新品种金大2905、金大南宿州61号、金大开封124号、太谷169号、徐州438号等等，单位面积增产达15%—30%。这对我国水稻品种改良发挥了重要作用。此外，洛夫还征集了31个美棉品种，在苏、浙、鄂、陕、鲁、豫、冀等省进行区域试验。1935年洛夫回国后，棉花试验由冯泽芳继续主持，从中选出斯字棉为黄河流域的推广品种；德字棉为长江流域的推广品种，均产量大增，致使长期依赖进口原棉的我国纺织工业，至1936年接近自给。

1931年，邹秉文促成了中央农业实验所在南京孝陵卫正式成立。他被任命为筹委会首席委员。

三 集资创建我国第一座化肥厂

邹秉文在商品检验局任内，得知每年进口化肥，耗资巨大。而化肥对促进农业生产有重要作用。他便一直主张自行建厂生产化肥。1931年实业部派他与英、德厂商洽谈，因对方要价过高而没谈拢，恰逢美国氮气工程公司总经理浦克访华，一谈即成。于是他和天津永利制碱公司总经理范旭东协商,又向孔祥熙引见浦克,各方均表同意。但建立一座年产 5 万吨的硫酸铵厂,需投资 1500 万元。由于数额太大,政府无意承担。1932 年邹秉文出任上海银行副总经理,便由上海银行和永利公司两家出面,并得到浙江兴业银行、金城银行、中国银行的支持,终于达成 4 行借款协议,再加上聘任我国杰出的化学家侯德榜出任总工程师,1937 年这座化肥厂得以在南京建成投产。

邹秉文担任上海银行副总经理长达 16 年。除了掌管该行的农业贷款,支持和资助金陵大学设立农业信用与运销合作讲座,推动农业合作事业外,更主要的还是运用金融手段,支持农业改进事业,特别是棉产改进事业,这是邹秉文一生中贯彻始终的一件大事。

四 建立会所,出版会刊

1937 年全国性抗日战争爆发,国民党政府西迁重庆,为适应战时形势的需要,在财政部设立了贸易委员会,由陈光甫任主委,但实际工作多由邹秉文这个常务委员兼代主任负责。他还被推选为中华农学会理事长,为农学会集资在重庆枣子岚垭建立了一座会所,出版农学会会刊,在培养人才、交流农业科学成果方面发挥了重要的组织作用。

五 组织中美农业教育、科技交流

20 世纪 40 年代,邹秉文在美国编辑《中国农业》月刊,四处奔波,先后获得美国农业大学奖学金名额 200 余个,选派了中国各大学的农学院毕业生和青年教师赴美进修农业、林业、农业机械工程、畜牧、气象等专业。这批农科留学生学成回国后都成为新中国各农业大学和农业科研机构的重要骨干。1943 年与邹秉文一生的事业关系很大。当时世界反法西斯战争胜利在望,美国发起召开联合国粮农组织会议,中国派遣以邹秉文为团长的 10 人代表团出席,邹秉文以粮食部高级顾问名义参加。会后,成立联合国粮农组织筹委会,邹秉文被选为筹委会副主席。与此同时,农林部也聘他为高级顾问兼驻美代表。这个筹委会工作到 1945 年世界反法西斯战争全面胜利,联合国召开成立大会时。联合国粮农组织(FAO)正式成立后,他又代表中国担任该组织的执行委员。

邹秉文通过与国际学术界和农业科学界的广泛接触交往,特别是对美国各州农村和农业机构、农业大学的参观访问,联系国内农业建设的实际问题,提出了《中国农业建设方案》。这个方案,于 1946 年由中华农学会正式刊行,引起海内外的广泛关注,两个月之内就再版一次。他在《中国农业建设方案》中,根据自己 30 多年来的实践和体会,对政策、计划、组织、人事、经费等问题,全面地分章作了论述。这本书出版后半年,美国密执安大学授予邹秉文名誉博士学位,以表彰他在中国农业建设上的贡献。同样在这一年,经中美双方商定,组设中美农业技术合作团,调查中国的农业状况,并提出改进计划及应设的机构,由中方派专家 13 人,美方派 8 人为正式团员,邹秉文被任命为中方团长。他托词未曾接受,由副团长沈宗瀚代理。他之所以推辞,正如他曾在笔记上写道:"我益信救国之道,在于自力更生。依赖帝国主义,必无好结果。"1946 年组建中美农业合作团,一开始他就反感,他在日记上写道:"要写一个中国农业建设方案,我国人士自可担任,不必要外人参加。"一个爱国科学家的民族自尊心,跃然纸上。

第二节　农作物学发展

这一时期的农作物学家和农学家有过探先、冯泽芳、金善宝、周拾禄、卜慕华和冷福田。

一　棉花育种开拓者过探先[①]

过探先是我国近代农业教育和棉花育种的开拓者。

[①] 参见中央大学南京校友会、中央大学校友文选编纂委员会编:《南雍骊珠:中央大学名师传略再续》,第 330—334 页;孙文治主编:《东南大学校友业绩》第 1 卷,第 58—59 页;《近代农业人物——过探先》,《中国粮食经济》2016 年第 12 期,第 67 页。

过探先像

1. 开拓中国近代农业教育和棉花育种事业

过探先[①] 1915 年自美国留学归国，一直到 1929 年逝世，把毕生精力都投入发展中国近代农业教育事业之中。他在江苏省立第一农业学校担任校长 5 年，在职期间悉心整顿和改革，平易近人，善于团结师生，发扬民主，并能尊重人才。他既无官僚习气，又无宗派意识，纪律严明，公私分清，建立起良好的学风和校风。当年江苏省第一农校的办学成绩，经教育部考核被列为中国农校的模范，声闻遐迩。

1921 年东南大学农科成立，过探先被聘为教授，继又兼任农艺系主任、农科副主任，1924 年再兼任推广系主任，实现了科研、教学、推广三结合的理想，对东南大学的发展贡献颇多。

1925 年过探先应金陵大学农林科之聘，任农林科主任，辞去东南大学教授等职。在他任职的 4 年间，金陵大学农科的教学、科研、推广事业均有很大发展，后来成为海内外久负盛名的高等农业院校，为中国农业科技界培养出众多著名的学者和专家。1927 年国民党进军南京时，过探先一度担任金大校务委员会主席，维持学校的正常秩序。

在短短十几年间，过探先在引进近代农业科学技术、培养科技人才、促进农业发展方面做出了卓越的贡献，是中国近代农业教育的奠基人和开拓者。

2. 开创中国近代大面积造林与植棉事业

过探先在担任江苏省立第一农业学校校长期间，与当时刚回国的

---

① 过探先(1886—1929)，江苏省无锡人。1910—1915 年，他考取庚子赔款留美，先是进入美国威斯康星大学，后转康奈尔大学，专攻农学，先后获学士和硕士学位。过探先历任江苏省立第一农业学校校长，东南大学农科教授兼农艺系主任、农科副主任、推广系主任，金陵大学农林科主任，兼任江苏省农民银行总经理、教育部大学委员会委员、农矿部设计委员、江苏教育林委员、中山陵园计划委员、国府禁烟会委员、江苏农矿厅农林事业推广委员会委员、中国科学社理事、中华农学会干事等职。在 20 世纪 20 年代他创办东南大学农科和金陵大学农林科，造就了一批中国早期的农林科技教育人才，还在开创江苏教育团公有林、建立植棉总场和开拓我国棉花育种工作方面做出重要贡献。他积极参与中国科学社和中华农学会的创建工作，是中国现代农业教育和棉花育种事业的开拓者。

林科主任陈嵘一致认为,林科师生为进行科研实习,需要有大面积的林场。他不辞辛苦,对南京周围无林荒山进行调查了解,终于在江浦境内觅得较为理想的老山。但由于当时学校财力不足,就申请从全省教育经费中抽出百分之一,作为联合开办林场之经费,这样,既可把林场办起来,又能增值教育经费,一举两得。该申请得到江苏省省长公署教育科科长卢殿虎的赞同与支持,1916年终于诞生了"江苏省教育团公有林"。随即建立了相关的管理机构:推定卢殿虎为总理,过探先、钟福庆为协理,陈嵘为技务主任。第一林场,即今日之国营老山林场,当年先设三区,后因工作需要,又增设一区,共为四区,每区面积约5万亩。设置技术员1人、林业工人10—20人,每逢造林季节,除了雇佣短工外,林科师生一律停课上山,参加造林育苗工作。这使学生能理论联系实际,取得了良好的教学效果。江苏省教育团公有林的建立,开创了我国近代大规模植树造林事业的先河。

1919年,过探先应华商纱厂联合会之聘,主持棉产改良工作。他考虑到中国新兴的纺织工业需要优质的原棉,而广大人民更需要衣被,棉种改良势在必行,要求辞去农校校长职务。虽然全校师生再三恳切挽留,也没有改变他的决定。他对师生们说:"我们常说,要改良中国的农业,非实在去做是不能收效的,我现在决定去做了,你们何必留我呢? 长久住在这物质优美的环境中,恐将使我一无作为了。"他毅然离开农校,到南京洪武门外选地建立棉场,使自己处在艰苦创业的环境中。从引进新棉种,精心观察,谨慎选择,到改良栽培,经过3年艰苦的田间工作,才选出江阴白籽棉、孝感光子长绒棉、改良小花棉和后来以他的姓氏命名的"过子棉"。为发展我国新兴的棉纺织业,解决人民衣被不再依赖洋布的问题,他做出了重大贡献。过探先的科研成果有力地说服了上海纺织工业界给东南大学和金陵大学农科提供科研经费,既推动了中国棉花品种改良事业,也促进了东大和金大农业科学研究工作的发展。

3. 促进学术交流,参与学术期刊创办

早在美国留学期间,过探先就与任鸿隽、胡适、茅以升、邹秉文等共同发起成立我国第一个学术团体——中国科学社,并编辑第一个近代学术刊物《科学》月刊。回国后,由于当时中国科学社会员很少,经费支绌,过探先就在三牌楼自己的住宅中划出一间作为科学社的办公室,经过他初期的惨淡经营,后来中国科学社发展成为全国最有影响的学术团体。

1917年1月,过探先又与王舜臣、陈嵘、陆水范以及梁希、邹秉文、许璇、孙恩麟等人共同发起组织成立中国第一个农业学术团体——中华农学会。中华农学会初创时期,过探先利用他的社会地位,不辞辛苦,在军阀混战的社会动乱中千方百计设法维护和发展会员,开展学术活动,并为中华农学会创办《中华农学会报》,亲自为这个学术刊物写稿,使会报成为中国近代最有影响的农业期刊之一。

过探先创办学术团体、促进学术交流、参与学术期刊创办,在繁荣中国近代的学术研究方面功不可没。他在短暂的一生中(仅仅工作了14个年头),为中国近代农业教育事业的发展做出了卓越的贡献,特别是开拓性地发展林业和植棉事业,更给后人留下了极为有益的启示。

冯泽芳像

二 冯泽芳的棉作研究[①]

冯泽芳[②]是农学家,中国现代棉作科学主要奠基人。他对亚洲棉的分类、遗传以及亚洲棉与美棉杂种的细胞遗传学做过较深入的研究;在划分中国棉区、鉴定与发展离核木棉和培养棉花科技人才等方面做出了重要贡献。

---

① 参见中国科学技术协会编:《中国科学技术专家传略·农学编·作物卷1》,中国科学技术出版社1993年版,第83—95页;中央大学南京校友会、中央大学校友文选编纂委员会编:《南雍骊珠:中央大学名师传略》,第549—553页;孙文治主编:《东南大学校友业绩》第1卷,第251—252页;曾玉珊:《冯泽芳的棉作科学研究及其主要贡献》,《中国农史》2012年第4期,第18—27页。

② 冯泽芳(1899—1959),浙江义乌人。他1925毕业于南京高等师范学校农业专修科,1925年毕业于国立东南大学农科;1932年获美国康奈尔大学硕士学位,1933年获美国康奈尔大学博士学位。冯泽芳历任全国经济委员会下属的棉业统制委员会技术专员,中央棉产改进所副所长兼中央大学农艺系教授、植棉系主任,中央农业实验所技正、棉作系主任、云南工作站主任,中央大学农学院教授、院长,农林部棉产改进处副处长兼北平分处主任;南京农学院教授,中国农业科学院棉花研究所研究员、首任所长。他毕生致力于棉花科研、技术推广、农业教育,划分中国棉区,倡导推广斯字棉、德字棉,鉴定与发展离核木棉。1955年当选为中国科学院学部委员(院士)。

1. 研究种间杂交,拓宽育种途径

30 年代的棉花育种工作都是纯系育种或品种间杂交育种;对棉属的分类,多以形态特征和纤维性状为主,较少采用细胞学或细胞遗传学的方法进行研究。冯泽芳为拓宽棉花种性改造的途径,大胆从事美洲陆地棉和海岛棉与中国亚洲棉的种间杂交及其后代的遗传学和细胞学研究。亚洲棉与美洲棉的杂交属于种间杂交,原先很难成功。到 30 年代初才渐有可能杂交的报道,且多为美洲棉与草棉的杂交。亚洲棉和美洲棉杂交时,亚洲棉为母本,一无所得;以美洲棉为母本,可得少量杂种,但 F_1 代均不育。当时对这种不育现象尚未取得令人满意的解释。冯泽芳从大量的杂交试验中明确了以染色体多的美洲棉作母本,以染色体少的中国亚洲棉作父本,可以得到极少量的杂种,这在当时是一个新论点,并为以后的实践所证实。他根据杂种一代花粉母细胞第一次减数分裂中期染色体构型,分析了种间不易交配性及杂种一代不育性的原因。这些观点和所提供的富有说服力的论证数据,在当时处于同类研究的先进水平。冯泽芳的《亚洲棉与美洲棉杂种之遗传学及细胞学的研究》这篇博士论文是在国内事先构思和设计好的题目,只是借留学深造的机会,利用国外的先进设备和科研资料(参阅有关文献 100 余篇),大胆创新、勇于探索,最终取得了令人欣喜的研究成果。

2. 主持全国区试,推广斯字棉种

中国近代,民族棉纺工业有所发展,而当时国内栽种的中棉及退化洋棉不仅产量低,而且品质差,不能适应纺织工业的需要。1919 年华商纱厂联合会为解决原料问题,邀请美国棉花专家顾克(O. F. Cook)来华指导国内棉种改良。顾克将 3 个美国品种在国内多处试种,最后肯定了脱字棉和爱字棉较为适宜。一直到 20 世纪 30 年代初,主要是驯化这两个品种。1931 年中央农业实验所成立,聘请美国康奈尔大学教授洛夫(H. H. Love)为总技师。他认为,当时中国种植的棉花品种不够理想,并于 1933 年征集了 31 个中、美棉品种在南北棉区进行区域试验。一年后,洛夫回国。这时恰逢冯泽芳学成回国,应聘为中央棉产改进所副所长。他接替洛夫,主持了这项棉花区域试验工作。经过 4 年的多点试验和实地考察,证明"斯字棉 4 号"成熟早、产量高,增产

10.6%—66.7%,适于黄河流域棉区种植;"德字棉531"在长江流域表现出丰产优质,平均增产14.8%。"斯字棉"尤为突出,比"脱字棉""灵宝棉"增产36%,比本地小洋花(退化美棉)增产65%。这两个品种推广之后,深受农民欢迎。

冯泽芳主持这项工作,着眼于生产,立足于推广。1934年全国中美棉品种区试在18个单位的合作下取得良好结果。随即,他通过棉业统制委员会在河南彰德(今安阳)和江苏南京分别进行斯字棉4号和德字棉531的繁殖和纯系育种,为良种的推广做好准备。1936年春,中国又从美国购进2万公斤"斯字棉4号",在黄河流域几个试验场繁殖近5000亩,秋季收得种子23.3万公斤。1937年推行棉种管理制度,集中推广4万多亩,这是"斯字棉"在中国大量繁殖的开始。冯泽芳在中央农业实验所和陕、豫、川省有关人员配合下,1941年使"斯字棉4号"在陕西关中和豫西一带推广100多万亩;"德字棉"在陕南和四川种植也达70多万亩。在当时的大环境下,推广这么大面积棉花种植,实属难能可贵。"斯字棉"和"德字棉"的推广不仅在抗战时期为大后方的纺织工业提供了优质棉原料,也为中华人民共和国成立初期华北普及优质棉品种、发展棉花生产打下了良好基础。

3. 鉴定离核木棉,倡导长绒生产

抗日战争时期,中国主要棉区大部沦陷,大后方缺乏原棉,更少优质原棉。1938年冯泽芳被派到云南工作,他看到了多年生海岛棉,形同小树,习称木棉,多种在房前屋后用作观赏或在荒地上零星种植。经冯泽芳鉴定,认为是离核木棉,属优质长绒棉。为此,他积极倡导研究和推广木棉,引起了各界人士的重视。首先由金融界与实业界配合地方政府组成木棉贷款团和推广委员会,在云南开远设立木棉试验场,贷款100万元,并制定出一套领取垦荒地和贷款的办法,扶植农民种植木棉。在各方面的共同努力下,仅几年间,在云南木棉的种植就发展到7万多亩。

在推广木棉期间,冯泽芳经常和助手们下乡,趁赶集的日子向农民宣传种木棉的好处。初始阶段,农民收获的木棉无处出售,他便自己出资收购,轧出皮棉后再行销售。这样不仅资金得到周转,而且棉籽也可以赠给推广委员会作为扩大繁殖之用。为了推广木棉,冯泽芳倾注了全部心血。他的学生和助手俞启葆在《冯泽芳先生棉业论文选集》(1948)的编后记中写道,据估算推广木棉所得的经济效益,其年生产价值比当时国民政府支付的全年农林经费还多出三分之一。

4. 划分五大棉区,探讨纺织工业布局

自 30 年代以来,冯泽芳经常在棉区调查,对棉花的地理分布和生产问题有比较深刻的了解。经过 20 多年的研究,他在 1936—1949 年期间,曾先后多次发表有关中国适宜棉区的论文。他根据棉区的无霜期、温度、雨量、日照等气象因素,地势、土质、海拔等地理条件,与棉花的分布、生长发育、产量构成的关系,以及农情调查、品种区域适应性等研究资料,通过反复实践,不断深化认识,对中国棉区的划分由原来的 3 个发展为 5 个,其中包括黄河流域、长江流域、特早熟、西北内陆及华南等棉区。他还指出,一个棉区的棉种移至另一区种植,产量有降低的趋势。他的这一指导性的意见对棉花育种和良种推广有很大实用意义。多年的实践检验,证明了冯泽芳上述分区符合客观实际,至今仍为棉花科技界所沿用。

冯泽芳在 20 世纪 30 至 40 年代曾指出,淮河流域产棉不多,但从宜棉的条件来看,在疏导淮河后应成为产棉盛区。如今淮河经过重点治理,黄淮海平原已成为中国棉花生产的重点开发区,冯泽芳的预言已成为事实。

在进行棉区划分的同时,冯泽芳还悉心探讨纺织工业的布局。1936 年,中国生产的棉花在数量上已基本满足国内 500 万锭纱厂的需要,可以不进口棉花;在品质上 32 支纱以下的原料可以自给。但纺织工业的布局不合理,纱厂的设置过分集中在沿海城市,远离棉花产区,且大部分为外商控制,以致抗日战争时期 90% 以上的纱厂落在敌占区,而大后方的纱锭数还不到全国的 5%,使当时花纱布价格十分昂贵。对此,冯泽芳于 1940 年发表了《中国棉工业区的合理分布》一文,阐述了棉工业合理布局的理论和根据。他从国防和同外国竞争的观点出发并提出,今后不宜在沿海地区扩充纱厂,而应在交通便利的产棉中心,如在关中、京汉铁路北段、长江中游和晋南等内地棉区建厂,发展棉纺工

业,这样可以利用廉价原料,减低花纱布运费,从而降低生产成本。

冯泽芳从发展棉花生产的总目标出发,先划分宜棉区域,开拓植棉业,然后考虑加工工业与种植业密切配合,以便利农产品的销售和工业原料的供给。他认为今后应建设好棉业区,即在最有利的环境中植棉,在棉产集中的地区发展棉纺工业,这样可以扩大主要棉区,淘汰小棉区;各省不宜提倡棉产自给,应因地制宜发展各自的特产,建成各种特用经济作物区。对于特用经济作物区划,他也主张应在全国范围内实行合理的区域分工,如分别在最适宜的区域发展棉业区、茶叶区、丝业区等,以求国民经济的协调发展和自给。[①]

三 金善宝小麦研究[②]

金善宝[③]是著名的农业教育家、农学家和小麦专家,中国现代小麦科学主要奠基人。

1. 精心研究小麦育种

金善宝从南京高等师范学校农业专修科毕业之后,就开始注重小麦研究。1928 年和1929 年先后发表了论文《中国小麦分类之初步》和《小麦开花之时期研究》。从美国留学回来后,为了发掘祖国小麦种质资源,选优利用,他从广泛搜集的 790 多份小麦品种中,经过试

金善宝像

---

① 冯泽芳的上述建议在当时并未起作用,直到中华人民共和国成立以后,他的愿望才得以实现。

② 参见中国科学技术协会编:《中国科学技术专家传略·农学编·作物卷1》,第26—42 页;中央大学南京校友会、中央大学校友文选编纂委员会编:《南雍骊珠:中央大学名师传略》第 539—543 页;孙文治主编:《东南大学校友业绩》第 1 卷,第 147—148 页;李燕:《金善宝与中国现代农业科技发展》,《南京农业大学学报(社会科学版)》2011 年第 3 期,第 108—113 页;赵增全:《金善宝:中国农业教育先驱》,《教育与职业》2014 年第 16 期,第 106—107 页。

③ 金善宝(1895—1997),浙江诸暨人。他 1926 年毕业于东南大学农学系,1932 年获美国明尼苏达大学硕士学位。金善宝历任浙江大学农学院副教授,中央大学农学院农艺系教授,无锡江南大学农学院农艺系主任、教授;南京农学院院长,兼任华东军政委员会农林部副部长、南京市副市长、中国农业科学院副院长、院长、名誉院长,兼任国务院学位委员会委员、中国科协副主席、中国农学会副会长、名誉会长,中国作物学会第一、二届理事长等职。金善宝 1934 年编了中国第一部小麦专著《实用小麦论》,为中国培养了几代农业教育、科研和生产管理人才。1955 年他当选为中国科学院学部委员(院士)。

种观察、整理和筛选,鉴评出"江东门""武进无芒""南京赤壳"和"姜堰黄皮"等一批优良地方品种,在生产上推广利用,发挥了增产效益。1934—1935年,他发表了3篇与深化当时国内主要大田作物育种工作密切有关的文章,即《近代玉米育种法》《用统计方法比较籼粳糯米之胀性》《大豆几种性状与油分、蛋白质之关系》。

金善宝结合自己在国内外的科研实践和多方搜集到的文献资料,撰写了10多万字的专著——《实用小麦论》,1934年由上海商务印书馆纳入大学丛书出版。这是我国第一本既有理论又联系小麦生产实际的农业书籍。20世纪30年代至50年代,它不仅是国内许多大专院校农学专业学生的重要参考书,也是许多有成就的小麦专家、教授启蒙必读的教科书。

抗日战争初期,在重庆沙坪坝境况十分窘迫的情况下,由于贫病交加,不足50岁的金善宝已经鬓发皆白,有一次带病授课竟昏倒在讲台上。尽管当时体力如此虚弱,他始终没有间断过选育小麦良种的工作。1939年,他和助手们从国内外引进的3000多份小麦材料中,通过系统选择方法,选出了适于四川盆地和长江中下游地区种植的优良品种——"中大2509"(又名"矮立多")和"中大2419"(后改名为"南大2419")。这两个品种从1942年在四川省开始推广,到中华人民共和国成立前近7年的时间,种植百万亩左右。

金善宝潜心于小麦科学研究,在丰富和发展我国小麦科学上取得了重要建树,特别是在我国的小麦种类及其地理分布方面钻研很深,有不少新的发现;对我国小麦区划和生态型的研究,从理论与实践相结合的角度提出一些精辟见解,其中有些是前人所未探讨过的新问题、新内容。关于我国小麦的种类,国内外学者曾做过一些调查研究,而所得结果都不够全面。1937年,金善宝从云南省征集的小麦品种中发现一种新类型,无芒、白壳、穗轴坚硬而易折断,小穗紧靠穗轴,所成角度甚小,小穗从穗节茎部折断,颖壳紧包籽粒难于分离,种子夹面呈三角形。它既与一般普通小麦有较多差异,也不同于斯卑尔脱小麦。后来经进一步观察确认其染色体数目为2n=42,与普通小麦杂交没有问题;与硬粒小麦杂交也能获得成功。这在世界已有的小麦分类学文献中还未见报道过,很难找到与它相匹配的植物学分类地位。金善宝和他的助手们经多方研究,把这种"云南小麦"定为普通小麦的一个亚种。

为了深入研究"云南小麦"生态特点和分布情况,亲自掌握第一手资料,金善宝3次去云南实地考察。他发现澜沧江流域是"云南小麦"新亚种分布的中心。这个地区从海拔几百米到2500米都有小麦种植,高原地形复杂和"立体农业"的生态特点是形成变异的重要因素,从而确定了云南是我国小麦种质极为丰富的地区,也是我国小麦的变异中心。

2. 言传身教育桃李

从30年代初到50年代末,金善宝都在全国著名的高等农业院校执教。他辛勤地口授笔耕,谆谆教诲,为我国农业战线培育出几代优秀人才。抗日战争时期及以前受业于他的一大批学生,大都在我国50年代和60年代农业科技、教育和生产的各个领域中成为领导干部和中坚骨干。中华人民共和国成立后,他所培养的学生,也肩负实现农业现代化的重任,为发展我国农业科技、教育和促进农业生产而奋力拼搏。

在抗日战争的艰苦岁月,金善宝执教于重庆沙坪坝中央大学农艺系时,教书不忘育人。他循循善诱的教诲给学生们留下了终生难忘的美好记忆。他启发学生在勤奋治学中要广开思路,钻研问题,打好理论基础,同时要重视实验技术与田间操作,贯彻手脑并用、学做结合的原则,讲求实效,还经常用"行万里路,胜读万卷书"来激励学生。1942年夏,中大农艺系毕业生即将离校,卧病多日的金善宝,拖着虚弱的身体,在两位学生搀扶下,冒着酷暑来到同学中间,即席做了充满激情的赠言。他从祖国古代的灿烂文化和农业,讲到当时的破碎河山与凋敝的农村,也讲到没有灿烂的古代文化和农业就没有中华民族的繁衍。他寄语同学们大学毕业后不管生活道路如何崎岖坎坷,都不要见异思迁,放弃和荒废自己所学的专业知识,一定要为振兴祖国的农业效力。

四 周拾禄的水稻研究[①]

周拾禄是稻作学家。他开创水稻地方品种鉴定，为我国水稻品种改良打下了基础。

1. 促成湘米销粤

周拾禄[②]于 1921 年毕业于南京高等师范（后改为东南大学），到该校大胜关农业试验场从事水稻试验研究，从此，开始了水稻科研和教学事业。1927 年，周拾禄回校（东南大学改称国立第四中山大学）任助教，翌年任江苏省农矿厅技士。他深感自己知识贫乏，便东渡日本就读于东京帝国大学。经过三年苦读，于1933 年回国任中央大学农学院教授。1936 年，全国稻麦改进所成立，他被任命为技正，主持水稻改良工作。当时广东大米不足，主要依赖泰国、越南洋米接济，而中日关系已很紧张，政府亟须将剩余湘米运济广东。有人认为广东人吃惯洋米，湘米品质较差，不合需要。于是，实业部派周拾禄赴粤调查，洽商湘米销粤问题。周拾禄经过调查发现湘米成分复杂，品质良莠不一。他建议实业部提高进口税，减免省税，降低运价，取缔劣米入粤。在湖、粤两省通力合作下，大量湘米入粤。为了进一步做好这项工作，周拾禄又向实业部建议在湖南设立稻米检验所，取缔掺水掺杂，实行稻米分级，奖励好米。1937 年，实业部批准周拾禄

周拾禄像

[①] 参见中国科学技术协会编：《中国科学技术专家传略·农学编·作物卷1》，第 65—73 页；中央大学南京校友会、中央大学校友文选编纂委员会编：《南雍骊珠：中央大学名师传略再续》，第 339—344 页；孙文治主编：《东南大学校友业绩》第 1 卷，第 200—201 页。

[②] 周拾禄（1897—1979），浙江义乌人。他 1921 年毕业于南京高等师范（后改为东南大学）；1931—1933 年到日本东京帝国大学进修。周拾禄历任国立第四中山大学助教，江苏省农矿厅技士，中央大学农学院教授，实业部全国稻麦改造所技正，全国稻米检验监理处副处长，中央农业实验所云南工作站站长，中正大学农学院院长、教务长，中央农业实验所技正，华东农业科学研究所副所长，江苏省农林厅厅长，中国农科院江苏分院研究员等职。他开创水稻地方品种鉴定，为我国水稻品种改良打下了基础；30 年代曾大力促成湘米销粤以应备战需要；提出粳稻起源新假说受到了学术界重视。

的建议,成立全国稻米检验监理处,任命赵连芳为处长,周拾禄为副处长。该处下设湘米、赣米、皖米三省稻米检验所,并与农矿、交通、铁路三部签订协议,为湘米销粤、抵制洋米进口做出了贡献。

这时正是全国抗战爆发前夕,周拾禄深感"民以食为天"问题的重要性,为解决好粮食问题而大声疾呼,先后发表了《粮食加工与贮藏》《粮食仓库》和《稻米品质检验》三篇文章。

1937年全国性抗日战争爆发后,中央农业实验所内迁,在后方几省设立工作站,周拾禄被调昆明任中农所云南工作站站长。在任期间,他走遍云南的乡镇,着重调查云南的水稻品种资源及其分布,研究这些品种资源与东南亚各国之间的关系等问题,积累了许多科学资料。

2. 开创品种鉴定

1935年周拾禄开始了水稻品种鉴定工作。这是他在全国稻麦改进所任技正时制定的 项整理地方品种的办法。抗战前水稻品种鉴定已在苏、皖、赣、湘等省开始实行;抗战后,又在西南各省实施。水稻品种鉴定是对水稻品种优劣混杂状况进行选优去劣的最快的方法,也是提高水稻生产的一项措施。周拾禄对中国水稻品种的收集、整理和利用,前后进行了7年时间,并取得了很好的效果。著名的中籼品种"帽子头""中农4号"就是通过地方品种鉴定选育出来的。周拾禄将这项工作的要点撰写成《水稻品种检定之目的与方法》一文,发表在《正大农学丛刊》第一卷第二期上。

3. 提出粳稻起源新假说

栽培稻有两个亚种:籼稻和粳稻,对于其起源的假说,国内外学者见解不一。不少学者认为是由野生稻演化为籼稻,再由籼稻演化为粳稻。而周拾禄则通过植物学、考古学、史学和地学等方面研究考证,提出了粳稻起源的新假说:粳稻起源于中国;中国的江淮平原即巢湖流域到太湖流域的淮河、长江下游地区的秅稻、浮稻是原始类型的粳稻。它具有长芒、褐壳或黑壳、容易落粒、米质不佳等特点,后经驯化成为栽培粳稻。粳稻种植始于江淮平原,逐渐扩大至全国。这一论点引起水稻研究人士的注意。目前,江苏省农业科学院粮作所仍在研究之中。

4. 临危受命保全中农所

1948 年,周拾禄离开江西中正大学农学院后,回到南京中央农业实验所任稻作系技正。时值解放战争迫近南京,中农所又一次分散内迁。周拾禄临时受命接受留守任务。在此期间,他组织华兴鼐、傅胜发、蒋德麒、俞履圻、汤玉庚等人保护中农所财产和试验资料。周拾禄对所有留守人员说:"我们留下来就是准备与共产党见面的。"而当时中农所还驻有一个团的国民党军队。在留守人员的努力配合下,中农所完整无缺地回到了人民的手里。

5. 热爱教育精心育人

1941 年夏季,周拾禄任江西中正大学农学院院长,1947 年又兼任该校教务长。他热爱农业教育,一心想把农学院办好。曾撰文《梦游新学府》表达其办学的美好前景。他刻意聘请一批知名教授到学校任教,如黄齐望教植物病理,盛彤笙教兽医,马大浦教林业等,以提高教学质量。他对学生的教育,除通过讲课传授专业知识外,还组织学生开展"农学会"活动,努力培养学生从事社会实践的能力。

五 卜慕华良种研究①

卜慕华②是农学家和作物品种资源专家。先后从事水稻育种、谷子抗病性鉴定、小麦品种资源和抗病育种研究,为后来建设我国作物品种资源研究体系打下了基础。

1. 选育推广水稻良种

1937 年 2 月,卜慕华到了中央农业实验所稻作系参加育种研究。由于全国性抗日战

卜慕华像

---

① 参见中国科学技术协会:《中国科学技术专家传略·农学编·作物卷 I》,第 412—422 页。

② 卜慕华(1914—1989),江苏常州人。他 1936 年毕业于浙江大学农学院,1945—1946 年在美国康奈尔大学农艺系和明尼苏达大学植病系进修。他历任上海商品检验局助理,中央农业实验所技佐、技士,中央农业实验所北平农事试验场技正;华北农业科学研究所病虫害系植病室主任、作物系代主任、技正、副研究员、研究员,中国农业科学院作物育种栽培研究所品种资源室主任、大豆育种室主任、副所长、研究员等职。半个世纪以来,他重视农作物特别是小麦品种资源整理与研究,开展农村综合增产调查研究和国际科技合作与文化交流,为我国作物科学诸多方面的发展做出了贡献。

争爆发,他随同中央农业实验所由南京转到贵阳,之后又到重庆北碚。在抗战时期的艰苦环境下,他将自己的精力倾注于水稻的科研工作。在贵州,他只身走访过 40 余县,收集水稻品种资源,调查农民种稻技术,同时在贵州农业改进所内进行田间试验,在此基础上,选育出"黔农2 号""黔农 28 号",并在遵义、贵阳一带推广。他选育的米质优良的"黔农 7 号"丰富了黔南晚籼稻区的栽培品种。

2. 研究小麦抗病良种

1945 年 6 月,他通过了赴美进修的考试,先在美国威斯康星大学参加小麦、大麦、燕麦的抗病育种研究,后在康奈尔大学进修,并在明尼苏达大学实习小麦锈病工作。一年后回国时,抗日战争已经取得胜利,他得知中央农业实验所新接管的北平农事试验场规模大、设备好,便申请到该场从事小麦病害及抗病育种研究。卜慕华在以小麦为主的病害研究和抗病育种工作中,收集了国内外小麦品种 1300 余种,在温室和田间进行条、叶、秆三种锈病的抗病性检定,取得了比较系统的资料,并刊印成册,供这一地区抗锈育种参考应用。随之他又从美国引进材料中筛选出对条锈病表现免疫或高抗、能够适应华北北部生态条件的少数品种,分发有关地点进行区域性观察,最后确定在晋东南示范推广"黑壳早"和"3007"两个早熟抗锈的冬小麦品种。

六 冷福田的农田用水研究[1]

冷福田[2]是土壤学家、核农学家。早年曾参加、主持全国土壤地力测定研究课题,为我国化肥规划提供了重要的基础资料。

冷福田于 1934 年考入国立浙江大学农学院农业化学系,1938 年毕

---

① 参见中国科学技术协会:《中国科学技术专家传略·农学编·土壤卷 2》,中国农业出版社,1999 版,第 46—51 页。

② 冷福田(1915—2009),江苏镇江人。他 1938 年毕业于浙江大学农学院农业化学系,1945—1946 年赴美国康奈尔大学、得克萨斯和亚利桑那州立大学以及美农部设在加利福尼亚州的西部盐土研究室学习考察。冷福田历任中央农业实验所研究助理员,中央农业实验所任技士、技正,行政院善后救济总署黄泛区复兴局技正;华东农业科学研究所土壤肥料系副研究员,江苏省农业科学院原子能农业利用研究所第一任所长、研究员。

业,获学士学位。同年接受中英庚款补助,以研究助理员名义,在前中央农业实验所土壤肥料系工作,参加由张乃风主持、英籍顾问理查森指导的全国土壤地力测定研究课题,在四川省进行田间肥料试验。1939 年在中央农业实验所土壤肥料系工作,参加了田间肥料试验技术训练班学习。1940 年被派往云南昆明负责田间肥料试验布置及调查,并进行磷矿粉肥效试验研究。1941 年回四川北碚中央农业实验所参与全国试验结果分析整理,虽然这项研究

冷福田像

面广量大,但冷福田坚持研究,并取得了研究成果,进而为我国当时化肥规划提供了重要的基础资料。为了进一步改良利用盐碱土,冷福田于 1945 年考取了农林部留美实习员,赴美重点进修盐碱土的改良利用。在短短的一年进修中,为了学习更多的相关科学技术,他把日程安排得很满。他先在美国纽约州康奈尔大学农学院作短期学习,随后参观访问了美国农部华盛顿研究中心,得克萨斯和亚利桑那州立农学院;1946 年转入美国农部设在加利福尼亚州的西部盐土研究室实习,参加该室科研工作,并赴盐土地区调查考察。一年进修期满,他满载而归。这为他日后从事勘察和改良利用盐土研究打下了基础。1947 年他由前行政院善后救济总署黄泛区复兴局借调,任该局农业技正,同时兼任与复兴局有合作关系的江苏农业改进所技正,主要从事指导化肥应用试验示范工作。1948 年至 1949 年他回到中央农业实验所,参加农村复兴委员会,在浙江省积极推广化肥示范。

第三节　农业植物保护与昆虫学发展

这一时期从事植物保护研究、昆虫学和植物病理学研究的科学家有邹树文、张巨伯、邹钟琳等。

一 邹树文与昆虫学研究①

邹树文②是昆虫学家,我国植物保护事业和近代昆虫学主要奠基人。

1. 发展科学事业,精心培育人才

邹树文 1913 年与当时同在美国留学的竺可桢、赵元任、秉志等共同发起"中国科学社"——我国近代最早的自然科学团体,编辑和发行《科学》月刊。1915 年他从美国留学回国,1916 年参与发起中华农学会,任常务理事、监事;1930 年发起中国昆虫学会;1933 年参加中华职业教育社,为发展我国的科学事业奔走呼号。

与此同时,他十分注重教育,精心培养昆虫学方面的专业人才。1915 年,他应聘任南京金陵大学教授,讲授生物学、昆虫学、植物分类学、地质学、森林学等课程;1917 年应聘任北京高等农业学校教授兼农场主任(场长),专门讲授昆虫学;1921 年应聘任国立东南大学农科教授兼江苏省昆虫局技师,后代理该局局长;1932—1942 年应聘为国立中央大学农学院院长。

邹树文学识渊博,所授课程内容精当、讲解透彻,深受学生欢迎。为了更好地培养学生,他不断加强教师阵营,除了原有的赵连芳等教授,还陆续聘请学有专长、德才兼备的教师,如梁希、金善宝、

---

① 参见中央大学南京校友会、中央大学校友文选编纂委员会编:《南雍骊珠:中央大学名师传略再续》,第 325—329 页。

② 邹树文(1884—1980),江苏吴县(今苏州)人。他 1907 年毕业于京师大学堂师范馆,1909 年赴美留学,在康奈尔大学农学院攻读经济昆虫学;1912 年在美国伊利诺伊大学研究院专攻昆虫学,获科学硕士学位。邹树文是近代中国学生在美国宣读昆虫学论文的第一人,也是最早获得硕士学位的昆虫学家,获西格玛赛金钥匙奖。他历任南京金陵大学教授、国立北京农业专门学校教授兼农场主任(场长)、东南大学农科教授兼江苏省昆虫局技师,后代理该局局长,之后任浙江省昆虫局局长、江苏省农民银行设计部主任、国立中央大学农学院院长、国民政府教育部农业教育委员会常务委员、国民政府农林部专门委员、国民政府贸易委员会蚕丝研究所所长、国立西北农学院院长;新中国成立后,他曾任中山陵园管理委员会委员、江苏省文史研究馆馆员、中国农业遗产研究室顾问等职。

罗清生等教授;积极改善教学条件与实验场所,对附属农林牧场加强经营管理,使收入逐年增加;安排高年级学生在暑假接受防治病虫害训练,并派遣他们分赴各县担任技术指导,这样既锻炼了学生的实践能力,又使害虫研究与防治工作取得良好效果。此外,他还指导青年教师和学生进行害虫试验研究,调查虫害防治情况,积累和总结药物治虫经验。

2. 防治虫害,功效卓著

邹树文 1921 年兼任江苏省昆虫局技师,后代理该局局长,1923年底接任局长。他在南通设立棉虫研究所,研究防治红铃虫、地老虎等害虫;把稻虫研究所从下蜀迁往昆山,研究螟虫、稻飞虱的生活习性和防治方法;在无锡设桑虫研究所;在苏北灌云(后迁南京)设蝗虫研究所,并在徐州、海州、淮阴分设捕蝗所。他先后编印发行《蚊蝇》及有关稻虫、棉虫、桑虫等专门书籍、报告、防治图说十余种。

1924 年,美国受害于从日本传入的小型绿色金龟子,邹树文的同学沃思(I. L. Worth)博士受美国农业部委托,来华寻求防治方法。邹树文探索了"以虫治虫"方法:即通过研究发现土层中有一种土蜂能寄生于害虫的幼虫身上,可有效控制金龟子为害。这是我国近代昆虫科学史上首创的"以虫治虫"获得成功的范例。1926 年他指导苏北灭蝗4000 余担;在昆山、吴江协助除螟,减少稻米损失 25 万余担。还培训技术人员,举办讲习宣传等活动。

1928 年,邹树文转任浙江省昆虫局局长。在他的主持下,工作范围比原来仅限于嘉兴县周边各县的治螟,有了显著的扩大——局内设昆虫生活史、昆虫分类、蚊蝇、寄生虫等研究室,同时加强防治人员的培训,科技人才的足迹遍布全省各地;在其他地区还成立了稻虫研究所、桑虫研究所、棉虫研究所和果虫研究所等。这些举措为日后浙江省昆虫局的发展奠定了基础。

二 张巨伯的治虫田间实验室创建与昆虫学研究①

张巨伯像

张巨伯②是农业昆虫学家、教育家。其主要成就包括：创建我国第一个治虫田间实验室进行养虫治虫试验，试用砒酸铅杀治棉大造桥虫；组建我国昆虫研究专业机构；创立我国最早昆虫学术团体"六足学会"。

1. 严谨治学，精心育人

张巨伯 1917 年获美国俄亥俄州立大学农学院昆虫学硕士学位，旋即回国，先后应聘于岭南大学、南京高等师范学校、国立东南大学、中山大学等校任教，讲授普通昆虫学、经济昆虫学、昆虫分类学等课程。他讲课内容精当，讲解透彻，理论联系实际，尤其注重实习。学生听他讲课如沐春风，还吸引了外系学生前来听课。他经常批阅学生的作业和笔记，连错别字都帮助纠正，还亲自带领学生去野外实习。他既在学习上严格要求学生，又在生活上关怀学生，常常以自己的薪金周济困难学生，助其完成学业；还为优秀学生推荐工作或选送出国深造。

张巨伯于 1928 年至 1932 年任江苏省昆虫局局长期间，招收了一批练习生利用冬闲及业余时间进行技能培训；1932 年至 1936 年任浙江省昆虫局局长期间，招收了一批高中生进行专业培训，除了讲授昆虫学

---

① 参见中央大学南京校友会、中央大学校友文选编纂委员会编：《南雍骊珠：中央大学名师传略再续》，第 335—338 页；孙文治主编：《东南大学校友业绩》第 1 卷，第 101—102 页。

② 张巨伯(1892—1951)，广东鹤山人。他 1916 年毕业于美国俄亥俄州立大学，获农学士学位；1917 年，获昆虫学硕士学位。张巨伯历任南京高等师范学堂教授兼病虫害系主任，兼任江苏省昆虫局技师；中山大学农学院教授；江苏省昆虫局局长、主任技师，兼中央大学、金陵大学农学院教授、昆虫学组主任；浙江省昆虫局局长、主任技师，兼浙江省治虫人员养成所所长；植物检验组组长；广东省文理学院教授、生物系代主任等职。他是中国最早的农业昆虫学教授之一，培养了我国第一批现代农业昆虫专业人才；首先用实验的方法在田间研究农业害虫问题，为我国应用昆虫学奠定了基础；参与组织我国早期害虫防治专业行政机构，对推动害虫防治技术做出了很大贡献。他是我国昆虫学术团体的创始人，曾任国际昆虫学会副主席。

基础,还开设了稻作害虫、棉作害虫、蔬菜害虫、果树害虫等农业昆虫学课程,并增设植物病理学、真菌学课程。他强调"手脑并重",坚持课堂教学与田间实习相结合,学员毕业后,在各自的工作岗位上均能发挥积极作用。他为我国培养了一大批昆虫学人才,其中有不少成为昆虫学家。

2. 创建治虫田间实验室

1919年江苏浦东、南汇、奉贤等县沿海棉区发生特大虫灾,数万亩棉田受棉大造桥虫(棉尺蠖)之害,几乎绝收。这严重威胁着当时上海纺织业的原料供给。华商纱厂联合会会长穆抒斋向东南大学农科求援,自动捐款1000银元,迫切要求消灭虫害。作为东南大学教授的张巨伯闻讯后,便立即带领其助手吴福桢奔赴棉区进行调查。他在南汇滨海老港镇建立起我国第一个治虫田间实验室。同年秋,苏南地区发生了洪灾,老港镇试验田和实验室全部受淹。但他毫不气馁,第二年又带其助手邹钟琳到浦东继续工作。在老港镇工作期间,张巨伯了解到,当地棉农在害虫发生初期,采用煤油、石灰等办法进行防治,其结果不但无效,反而烧坏了棉株。他经过多次观察、试验,终于掌握了棉大造桥虫的形态特征、生活史、生活习性及发生规律,在此基础上,提出了应用砒酸钙防治这种食叶害虫的方法,效果甚佳。然后,他给当地棉农示范并推广,虫灾得到了有效控制,受到棉农的欢迎。这也开创了我国使用化学农药大面积防治农作物害虫获得成功的范例。张巨伯将这一研究成果的论文发表在1923年《东南大学学报》上,这是我国最早的棉虫专题研究论文之一。

此后,张巨伯更多地把昆虫学的研究与解决生产上的问题紧密地结合起来。1928年江苏省飞蝗大暴发,蝗虫铺天盖地,情况万分火急。张巨伯带领其学生、助手吴福桢、吴宏吉、陈家祥等深入渺无人烟的蝗虫滋生地,并亲自组织指导治蝗。他采取挖沟、围捕蝗蛹、试用毒饵等方法,终于扑灭了蝗灾。

3. 组建昆虫研究机构

1922年张巨伯兼任江苏省昆虫局技师,积极协助当时兼任昆虫局局长的邹树文建立作物虫害防治体系,把昆虫局的工作任务和解决生产中主要害虫问题紧密结合起来。研究重点放在飞蝗、稻螟、棉虫、菜虫、果虫和药械等方面,及时将试验结果和防治技术传授给农民,为农业生产服务。当时业务项目多,而经费来源很少。由于他精打细算,杜绝应酬开支,做到了用较少的钱,聘较多的人,办更多的事。

1928 年他在主持江苏省昆虫局工作期间,在虫害发生地区成立了多处害虫研究所,如在灌云县设立蝗虫研究所,在昆山县夏驾桥设稻虫研究所,在无锡县设桑树害虫研究所。1932 年他应浙江省政府之邀,任浙江省昆虫局局长兼总技师。在他任职期间,扩建了许多基层实验站,如在海宁县七堡设立棉虫研究所,在嘉兴县南堰设立稻虫研究所,在杭州拱宸桥设立桑虫研究所,在黄岩设立果虫研究所。他还在本局内成立了植物病理研究室、蚊蝇研究室。他也很重视害虫的天敌作用,因而设立了赤眼蜂保护利用研究室。这些研究所(室)都派员长期驻点,对主要防治对象进行系统的观察、研究,并及时指导农民防治虫害。他任人唯贤,量才使用,分层负责。为了开展全局工作,他将一部分人员组织起来搞专题研究;一部分人负责宣传推广;还有一部分人负责采集和制作标本、模型等。张巨伯对昆虫标本的收集、制作、保存十分重视,经常派专人到市郊采集,还不定期地组织人员到天目山、雁荡山、黄山等地采捕,积累了大量标本。对某些重要害虫,经过饲养制作成套的生活史标本,建立起相当规模的标本室,供局内外人员研究与参考。该局昆虫标本之多,居当时全国各农业单位之冠。

为了搜集相关的图书资料,张巨伯不遗余力亲自写信与国外联系,索取、交换和订购大量书刊,使很多专业期刊均能配购成套。在前任工作的基础上,建立起切合实用的图书室。为了方便驻点外出人员及时了解新书刊的内容及有关资料,特指派专人按不同文种,把每月新到书刊编译出摘要,及时印发。当年江苏、浙江两省昆虫局收藏的昆虫学图书资料种类之多,占全国农业机关之首。

为了及时总结报道本局科研成果和动态,为局内科技人员提供发表论文的园地,在他主持下,于每年年终编印综合年刊,如江苏省昆虫局 1928 年起出了两期年刊,浙江省昆虫局共出了 4 期。

4. 创立"六足学会"与学术期刊

1924 年由张巨伯发起,在南京组建了"六足学会"。这是我国最早的昆虫学术团体。其成员有江苏省昆虫局的技术人员,中央大学、金陵大学病虫害系的教员与学生,最初有 20 余人。"六足学会"成立后,每周举行一次例会,或作学术报告或交流经验或谈读书心得,十分活跃,甚受同行欢迎。1927 年改称"中国昆虫学会",张巨伯被推选为会长。张巨伯对学会工作十分热心,积极筹划活动经费,他曾将兼职薪水捐作学会基金。他在组织中国养蜂促进社、创办金华蜂场时,建议在社章中规定,给中国昆虫学会若干份干股,按股分红,以充实学会经费。张巨伯还向朋友募捐,在南京鼓楼以北征地两亩多,作为学会建址基地。但因抗日战争爆发而未能实现。

1933 年张巨伯创建我国第一份植物保护领域的学术期刊——《昆虫与植保》,并任主编。该期刊每 10 天出一期(旬刊),内容有研究论文、综合报道、病虫防治情报、书刊介绍等,蜚声中外。其中不少文章被英国的《应用昆虫学综述》(*Review of Applied Entomology*)摘要转载。1937 年该期刊因故停刊,共发行 4 卷 6 期。张巨伯还编印了 10 余种关于病虫防治的浅显易懂的读物和图册,发行到农村。此外,他还为中国科学画报社编写了《昆虫纵谈》《植病纵谈》《医学昆虫》等三套丛书,推广昆虫学和植物保护知识。

三 邹钟琳水稻螟虫防治与昆虫生态学研究[①]

邹钟琳[②]是农学家、昆虫学家,我国水稻螟虫防治和研究、昆虫生态学研究和应用的先驱。

---

① 参见中央大学南京校友会、中央大学校友文选编纂委员会编:《南雍骊珠:中央大学名师传略》,第 544—548 页;孙文治主编:《东南大学校业绩》第 1 卷,第 204—205 页。

② 邹钟琳(1897—1983),江苏无锡人。1929 年毕业于南京高等师范学校农科,获学士学位;1931 年获美国明尼苏达大学硕士学位。邹钟琳历任中央大学副教授,兼江苏省昆虫局技术部主任;西北农学院教授兼代理院长;中央大学教授,兼二部主任和农学院院长;新中国成立后任南京大学教授,南京农学院植保系教授兼昆虫教研组主任、院教务处科长等职。他首次提出栽培治螟的防治方法,在昆虫生态学的研究和应用上做出了突出贡献。

邹钟琳像

1. 致力于水稻螟虫防治的研究

邹钟琳于 1922 年从南高农科毕业,先是留校任助教,后来江苏省成立了省昆虫局,他由校方安排到昆虫局从事水稻螟虫防治的研究。邹钟琳在江苏省昆虫局时,就开始从事水稻螟虫的防治研究。他经常深入农村调查搜集螟害标本,进行防治试验。他在昆山、松江、丹徒等县,与当地人士联合组织除螟会,指导做合式秧田、采卵、燃灯;在水稻生长期,夜以继日地蹲在田头观察记载螟虫的生长发育过程;水稻收割后,挖稻根消灭越冬成虫;回到昆虫局,又忙着举办除螟讲习会。经过几年努力,邹钟琳查明了江苏省螟虫发生的代数并总结了各种防治方法的效果;并发表了《三化螟之研究》等数篇研究报告和论文,为水稻螟虫防治做了开拓性的工作。

邹钟琳于 1932 年从美国留学回国后,继续对水稻螟虫的发生规律、防治方法进行深入研究,发现不同生育期的水稻品种受三化螟为害轻重有很大差别,于 1936 年发表了题为《江苏省数种水稻生长期与三化螟为害之关系》的论文。抗日战争期间,邹钟琳在重庆继续水稻螟虫研究达 6 年之久,查明三化螟第三代幼虫侵害水稻的时间为 7 月 25 日至 8 月 25 日。如果川东春季降雨太迟,稻秧不能及时移栽、抽穗,则螟害严重。但试种的双季稻,一般早稻在 8 月中旬收获,螟虫为害较轻,晚稻的螟害也轻。根据近十年研究,他发现三化螟为害与水稻品种和栽种时间关系密切。在我国首先提出合理安排栽种时间,避开螟虫为害高峰的理论。这种采用栽培措施防治螟害的办法,在生产中反复实践,收到了良好效果。

2. 昆虫生态学研究和应用

邹钟琳在昆虫生态学的研究上造诣颇深。1932 年回国后,他坚持用昆虫生态学的理论,解决生产中的问题。他在江苏昆虫局兼任技术部主任期间,深入江苏、华北蝗区调查,对中国飞蝗分布与气候地理的关系、东亚飞蝗变型现象以及飞蝗发生状况与防治效果等进行了深入的研究,发现东亚飞蝗因种群密度不同而发生变型现象,其种群密度与蝗区的生态特点有密切的关系。他根据这些规律提出了蝗害的预防方法,为当时国内消灭蝗害做出了重要贡献。他的研究成果《中国迁移蝗之变型现象及其在国内之分布区域》获得 1941—1942 年度高等教育学术三等奖。

第四节　水利学发展

民国时期的水利学家有原素欣、须恺、沙玉清、顾兆勋、黄文熙。他们为我国水利学发展做出了多方面的贡献。

一 原素欣与中央大学水利工程系设立①

原素欣②是水利学家、教育学家。

1. 启发式教学培养人才,筹建校舍建奇功

1935 年原素欣应聘任中央大学土木系教授,主讲"应用水力学""明渠水力学"等课程。在教学中他善于启发学生的独立思考能力,深受历届学生爱戴。1937 年,中央大学设立水利工程系,原素欣被任命为第一任系主任。他延聘了黄文熙、严恺、谢家泽、李士豪、顾兆勋等著名教授组建了高水平的教师团队。由于当时教师少,而课程多,有的课没有任课教师,他以其渊博的学

原素欣像

---

① 参见中央大学南京校友会、中央大学校友文选编纂委员会编:《南雍骊珠:中央大学名师传略》,第 463—466 页;孙文治主编:《东南大学校友业绩》第 1 卷,第 291—292 页;《原素欣——不畏艰险嵌"明珠"》,《河北水利》2017 年第 8 期,第 37 页。
② 原素欣(1900—1979),辽宁省宽甸县人。他 1926 年毕业于北京大学物理系,1928 年获美国威斯康星大学土木工学硕士学位。原素欣是中央大学水利系创建人,他历任中央大学土木系教授、水利工程系第一任系主任、甘肃水利林牧公司副总工程师、南京市工务局局长、华东军政委员会农林水利部工务处处长、河南省治淮指挥部工程部副部长、中央水利部设计局副局长、水利电力部水力发电建设总局副总工程师等职。

识,亲自讲授那些课程。他讲授的课程有水力机械、水工结构、明渠水力学、契约与规范等。他在讲授契约与规范时,强调工程师应当公正公平对待资方与劳方,学生们对此印象深刻。

1937年全国抗战爆发,校长罗家伦派他和戴居正教授等人前去重庆筹建中央大学校舍,以备迁校。他选择了沙坪坝重庆大学旁边的空闲松林坡和柏溪为校址。分18个包工组共1700工人,昼夜赶工,仅仅在42天内就完成了两处简易实用的校舍的建造,为中央大学全校师生从南京迁到重庆后于当年11月就开学复课立下了汗马功劳。

2. 攻难关建造鸳鸯池水库

1941年,原素欣应甘肃水利林牧公司总经理沈怡的邀请,担任该公司副总工程师,筹划酒泉地区金塔县鸳鸯池水库建设方案,获得批准。1942年,甘肃水利林牧公司酒泉工作站和鸳鸯池水库工程处成立,原素欣担任主任兼总工程师。他带领刚从中央大学水利工程系、西南联大及武汉大学土木系毕业的十几位技术人员进行勘测、设计、施工。那时正是抗日战争的艰苦岁月,经费短缺,物资匮乏,又在边远地区,技术装备更加落后。面对困难,他迎难而上:向玉门油矿借钻机进行坝基钻探;航空运送土料到重庆中央水利实验处(南京水利科学研究院前身)进行土工试验;在酒泉城郊小溪边进行水工模型试验。由此,做出了技术先进且切合当地实际的设计。比如:土石坝的心墙采用黏土与沙砾石掺合土,国外采用此种材料迟于我国10余年;酒泉小厂只能铸铜不能铸铁,就制造了铸铜羊足碾;没有大马力拖拉机就用8匹马拉羊足碾碾压心墙土料,用硬木衬垫角钢铺设轻轨铁道;在兰州制造了串滚闸门和卷扬机;没有电,就用汽车轮毂带动抽水机进行基坑抽水。他充分发挥青年人的聪明才智,创造性地攻克了一系列的技术难关。终于在1947年7月建成了鸳鸯池水库工程。这是中国第一座用现代技术建筑的土石坝工程。这一工程已安全运行几十年,至今还在继续发挥其巨大效益。他的这一业绩已经载入金塔县志。1947年8月,原素欣接受南京市市长沈怡的邀请,担任南京市工务局局长,为南京市的建设和公用事业竭智尽力。

二 须恺的水利工程研究与实践[1]

须恺[2]是水利工程学家和教育家，我国现代水利科技事业的先驱。他特别注意水利工程的战略布局和采用水利科学技术的新成就。

1. 深谙水是农业的命脉，以水利造福人民

须恺年少时看着家乡父老辛勤耕耘湖边的农田，从中领悟到，水是农业的命脉，就立志以水利造福人民。中学毕业后，他就考进了当时国内唯一的一所水利工程专科学校——南京河海工程专门学校的特科班。毕业后，他先到江苏省江北运河工程局从事最基础的测绘工作，一年多后，到天津顺直水利委员会工作。1920年，经河海工程专门学校和顺直水利委员会推荐，去美国加州吐洛克灌区工作一年多。在水稻灌溉技术的实践中，他深感中国传统的水利技术与新兴的现代水利科技相结合的必要性，于1922年9月进入旧金山的美国加州大学灌溉系学习。1923年下半年，为了获得兴修水利的实际经验，他到伊利诺伊州、纽约州和芝加哥等地参观访问，1924

须恺像

---

[1] 参见中央大学南京校友会、中央大学校友文选编纂委员会编：《南雍骊珠：中央大学名师传略再续》，第304—307页。

[2] 须恺（1900—1970），江苏无锡人。他1917年毕业于南京河海工程专门学校，1922—1923年在美国加州大学灌溉系学习。须恺历任西安陕西省水利局工程师，江苏东台裕华垦植公司工程师，浙江省钱塘江工程局工程师，南京国立第四中山大学工学院土木系教授，天津华北水利委员会任技术长，导淮委员会副总工程师兼任导淮区工程局局长及里下河工程局局长，导淮委员会代理总工程师、总工程师，国民政府水利委员会（1946年后改称水利部）技术总监，兼任国立中央大学水利系教授、主任，兼任国民政府行政院水利部赣江流域水利开发顾问团团长，联合国远东经济委员会防洪局代理局长，美国经济合作署华南分署水利顾问工程师。中华人民共和国成立以后，他成为水利事业建设的重要领导者，历任中华人民共和国水利部技术委员会主任、规划司司长，水利部设计局局长，水利部北京勘测设计院院长，水利电力部勘测设计总局总工程师，水利电力部规划局总工程师；中国水利学会第一、二届副理事长等职。他是我国最早从国外学习灌溉和回国开设灌溉学讲座的学者，培养造就了一批水利工程技术的骨干力量，为我国水利事业的发展做出重大贡献。

年获硕士学位后回国,投身于祖国的水利建设事业。

1929 年,淮河水灾严重威胁着该流域的人民。南京国民政府决定成立导淮委员会,须恺担任副总工程师。他参与主持《导淮工程计划》的规划编制工作,同时还主持苏北运河整治规划和设计,并提出对我国古运河进行现代技术改造。他在兼任导淮委员会 17 区工程局和里下河工程局局长期间,主持修建了淮阴水利枢纽工程、淮阴船闸、邵伯船闸和刘老涧船闸以及三河、相庄活动坝等工程,为苏北的航运、灌溉和排水做出了重大贡献。这些工程也是我国早期的一批现代化的水利工程,通过这批工程的兴修,还培养出一批现代水利的科技人才。1933 年须恺代理导淮委员会总工程师,1935 年正式担任总工程师。在导淮工作期间,他不仅潜心研究了苏北灌溉需水量和洪泽湖蓄水对苏北灌溉的作用等问题,还研究了淮河洪水的治导和苏鲁运河的治导改造等当时水利科技上的重大课题,并先后在中国水利工程学会主办的《水利》月刊上发表了相关论文;通过总结导淮规划的经验,写成了《导淮问题》和《导淮工程计划释疑》两篇论文,于 1937 年分别发表于商务印书馆编辑出版的《万有文库丛书》第 12 集《中国的水利问题》和导淮委员会刊印的单行本中。

1937 年上半年,他接受国际联盟的邀请到法国、德国、荷兰、瑞士、意大利、阿尔及利亚和摩洛哥等国家考察水利,为了借鉴这些国家水利工程的整治经验,他搜集并带回了大量水利科技资料。

1937 年 7 月日寇侵占平、津,接着又侵占京沪杭,国民政府迁都重庆,导淮委员会机关也迁到重庆附近的綦江。当时四川省还没有铁路,为了改善对重庆的煤炭、铁矿和其他物资的运输和供应,导淮委员会在须恺的主持下,开展了綦江(长江的一条支流)渠化工程的规划和设计工作,同时组织了各级渠化枢纽工程的施工;为了解决战时后方缺少水泥供应的困难,支持王鹤亭研究生产"代水泥"。綦江渠化工程完全采用自制的"代水泥"作为胶凝材料,不仅兴修完成了羊蹄峒、石扳滩等五座船闸枢纽工程,也建成石溪口、剪刀口等六座船闸枢纽工程。綦江渠化工程的建成,在战时的后方是一项振奋人心的重大建设。20 世纪 40 年代,在须恺的主持和策划下,导淮委员会还进行了赤水河和乌江的航道整治工程,改善了抗日后方的交通运输状况;以后又主持完成了江西赣江流域规划。

2. 精心教学,培育水利人才

须恺在水利工作实践中,深刻体悟到中国水利工程建设任重而道远,而从事水利工程的人才奇缺,因此,必须把培养水利科技专业人才作为当时发展水利事业的当务之急。1928 年 2 月,他应南京第四中山大学(即以后的中央大学)工学院的聘请,担任土木系的教授,因为当时水利只是土木系的一个专业。1942—1948 年他在百忙之中,挤出时间兼任西北大学工科主任及中央大学工学院水利工程系主任、教授,讲授灌溉、河工等课程。在讲课中,他引用欧美现代水利科技结合传统的中国水利技术作为内容,教学认真、负责,注重理论联系实际,诲人不倦,深受学生欢迎。作为水利系主任,为了办好水利系,他一方面筹措经费,资助系的建设;另一方面要求学生不仅要学好书本知识,还要投身到水利工程实践之中,要理论联系实际。这使学生们受益颇深。多年来,他在水利工作和教学中培养了一批水利专门人才与水利事业的骨干,比如,张书农、王鹤亭等人后来成为我国水利建设的专家。

三 沙玉清的农田水利和泥沙问题研究[①]

沙玉清像

沙玉清[②]是农田水利学家和教育学家,我国现代农田水利学科的创始人。他致力于农田水利教育和泥沙问题研究,始终坚持"水利必须为农业服务,治黄要重视泥沙问题"。

1. 致力于农田水利与泥沙研究

1930 年沙玉清大学毕业后即被介绍到北京清

① 参见中央大学南京校友会、中央大学校友文选编纂委员会编:《南雍骊珠:中央大学名师传略再续》,第 308—313 页。

② 沙玉清(1907—1966),江苏江阴人。他 1930 年毕业于南京中央大学土木系,1935 年—1937 年在德国汉诺威工科大学学习河工模型试验。沙玉清曾任西北农学院农业水利系教授、系主任,创建武功水工试验室;历任中央大学土木系教授兼系主任;南京工学院土木系教授、华东水利学院农田水利系教授、西北农学院农田水利系教授兼西北水利科学研究所所长等职。1935 年他出版我国第一部农田水利专著——《农田水利学》,1937 年主持建立了我国第一个农业水利教育机构——西北农学院农业水利系。中华人民共和国成立后,他担任西北水利科学研究所所长。他为我国水利教育事业、泥沙研究奉献了 37 年,做出了重大贡献。

华大学工学院土木系任助教及教员 5 年。在此期间他有幸结识了中国著名水利学家李仪祉先生。在李先生的影响和指导下，他开始了农田水利和黄河泥沙的研究。在这 5 年期间，他发表了关涉经济、水工、泥沙等方面的论文多篇。他在《河流之挟沙量》一文中已经意识到，研究黄河细淤河床的冲淤规律难度极大且任重而道远。1935 年他的专著《农田水利学》出版。这也是我国第一部农田水利专著。该书第一次把农田水利作为一门科学，阐明了农田水利学的基本原理、基本内容和基本方法，并且把农田水利学概括为五个方面：灌溉、排水、放淤、洗碱和垦泽。这一科学概括体现了中国农田水利的特点，为我国农田水利学的发展奠定了基础。在李仪祉先生联系下，沙玉清于 1935 年赴德国汉诺威工科大学，跟随世界著名河工专家恩格斯教授学习河工泥沙问题。在德国的两年时间里，他如饥似渴地学习德国水利科学技术，把必要的生活费用以外一切可以省下来的钱用于购买书籍资料。在返国途中，他还到英、法、荷等国进行水利考察访问。

1934 年，西北农业专科学校（西北农业大学水利系前身）在陕西武功县开始筹建。该校设有水利组，李仪祉任该组第一任主任。由于当时师资力量缺乏，李仪祉就约还在德国留学的沙玉清回国后到该校水利组任教。沙玉清按李先生的嘱咐，接受了西北农林专科学校辛树帜校长的聘请，于 1937 年夏回国后即到西北农业专科学校任教。1938 年李仪祉先生逝世，沙玉清从多方面进行纪念，并拟筹建"仪祉水土经济试验室"。1939 年，原来的西北农业专科学校水利组改名为西北农学院农业水利系，沙玉清担任了该系第一任主任。1940 年中央水工试验所与西北农学院合设武功水工试验室，沙玉清兼任该室主任。在抗战艰苦的岁月里，科研经费、物资均甚缺乏，沙玉清克服各种困难，自制富有独创性的试验设备，如浑水滞性试验设备和利用气泡测流设备，完成了许多试验研究。1943 年他随中国工程师学会西北考察团考察了甘肃河西、内蒙古、新疆的水利事业，历时 10 个月，进一步加深了对西北干旱地区"有水则雄关，无水则鬼门"的认知，返校后考虑增设凿井专业，终因经费无着而搁置。

2. 精心培养农田水利人才

沙玉清主持西北农学院农业水利系以后意识到，为了发展我国农业水利事业，除了培养一批农业水利本科生，还需着手培养更高层次的农业水利教育与科学研究人才。在他的努力下,于 1941 年秋成立了西北农学院农田水利研究部并开始招收研究生,开展黄土、黄水试验研究,学习期限二年(兼任助教时延长一年)。这也是我国最早开始培养农田水利教育与科学研究的高级人才。与此同时,他还聘请相关专家一起探讨黄河泥沙问题,三年中写出研究报告 10 余篇。抗战胜利后,沙玉清应中央大学吴有训校长之聘,任该校土木系主任、教授。他主持土木系后做了以下工作:一是扩大教师队伍:先后聘请了徐百川、方富森、梁治明等为教授,京沪其他部门的陈永龄、倪超、徐芝纶等为兼职教授,加上多位助教,使工作蒸蒸日上;二是增设专业实验室:除加强原测量、材料基础实验室外,新建结构模型(偏光弹性实验)、道路材料和卫生工程三个专业实验室;三是开展科学研究:与淮河水利总局商办我国第一个混凝土研究室并成立土木工程研究所,他兼任所长,在研究中对统一混凝土名词、统一试验方法等做出了重要贡献;四是弘扬团结奋斗精神。为使土木、水利校友在出版、考察及就业等方面互相帮助,两系联合成立"中央大学/水利工程学会"。在教学方面,他讲课内容精当、生动,分析问题细致,理论联系实际,深受学生欢迎。

四 顾兆勋的水工及水力学教育[①]

顾兆勋[②]是水工水力学家、教育家。

顾兆勋获曼彻斯特大学博士学位以后,虽然有可能留英工作,但他情系祖国亲人,在抗战的艰难时期毅然回国。他于 1940 年 8 月,乘英轮先到达香港,后经昆明抵成都。回国伊始,云南大学、广西大

顾兆勋像

---

① 参见中央大学南京校友会、中央大学校友文选编纂委员会编:《南雍骊珠:中央大学名师传略续篇》,第 326—331 页;河海大学水利水电工程学院:《深切缅怀顾兆勋教授》,《河海大学学报》(自然科学版)2000 年第 2 期,第 58 页。

② 顾兆勋(1908—2000),北京人。他 1932 年毕业于交通大学唐山学院即唐山交通大学(今西南交通大学)土木系,获工学学士学位;1940 年获英国曼彻斯特大学哲学博士学位。他历任中央大学水利系教授、系主任,南京大学工学院教授,华东水利学院河川系教授、系主任,华东水利学院水工结构系教授、系主任,河川及水电站水工建筑系教授、系主任;中国水利学会第三届常务理事、水力学专业委员会第一届副主任委员。

学拟聘顾兆勋任教,而他却意欲尽快参加实际工作,遂应聘到四川省水利局任工程师。他创办并主持灌县水利实验室,带领工程技术人员开展水工模型实验,所积累的资料十分珍贵,其成果亦具有实际意义。在此期间,他亦应聘兼任中央水利实验处研究员。

1942年至1949年,顾兆勋任国立中央大学水利系教授,主讲水工结构和水力学等课程。其中1943年至1944年任水利系主任,并曾在重庆中央工业专科学校兼课。他治学严谨、一丝不苟、学识渊博、无私奉献;注重言传身教、精益求精,努力教导学生形成优秀学风,为国家培养了一批高质量的水利人才。

五 黄文熙的土力学与拱坝研究①

黄文熙②是水工结构和岩土工程学家,我国土力学学科的奠基人之一、水利水电科学研究事业的先驱。他致力于水工建设的结构力学和岩土力学的科学研究,研究领域十分广泛,尤其在土力学及拱坝研究方面成就突出;他也是中国水利水电科研事业的主要开拓者和组织者之一。

黄文熙像

1. 格栅法:拱坝结构分析的新方法研究

1931—1933年期间,黄文熙在上海慎昌洋行建筑部进行结构设计时,对于一座17层的刚架结构,创造性地提出了设计这种框架结构的"框架力矩直接分配法"。

---

① 参见中央大学南京校友会、中央大学校友文选编纂委员会编:《南雍骊珠:中央大学名师传略》,第467—472页;孙文治主编:《东南大学校友业绩》第1卷,第500—501页;李广信:《黄文熙先生的主要学术成就——纪念黄文熙先生诞生100周年》,《岩土工程学报》2009年第1期,第150—153页。

② 黄文熙(1909—2001),江苏吴江(今苏州)人。他1929年毕业于中央大学土木工程系,获工学士学位;1937年获美国密歇根大学博士学位。黄文熙历任中央大学水利系教授、系主任,兼任水利部水利讲座、中央水利实验处特约研究员;南京大学、南京工学院、华东水利学院教授兼任水利部南京水利实验处处长,清华大学教授兼水利水电科学研究院副院长等职。1955年当选为中国科学院学部委员(院士)。黄文熙致力于水利水电工程教育事业半个多世纪,在水利水电工程、结构工程和岩土工程几个领域和工程技术人才培养方面都做出了重要贡献。

用这种方法进行力矩分配,比克劳斯的力矩分配法计算工作量少。该文于 1934 年 10 月发表在《工程》期刊第 9 卷的第 5 期,比其他学者就同一课题发表的论文早两个月。

1935 年,黄文熙着手研究拱坝结构分析的新方法——格栅法。此法是将拱坝(或壳体)当成由许多水平拱段和垂直梁段所组成的格栅,它们刚性地连接在格栅的结点上。假定每个分段都能抵抗挠曲、横向剪切、轴向压缩、扭转和切向剪切。每个结点可以归纳为 5 个位移分量,由此列出 5 个平衡方程,这样 5 个位移分量就可以通过 5 个平衡方程确定。最后结合边界条件计算拱坝的坝体变形和应力。这种将结构离散的计算方法,实际上是目前广泛应用的有限单元法的先驱。与三维弹性理论解、薄壳理论解和试荷载法比较,它能考虑各种主要影响因素和不同的边界条件;适用于数值法求解;也可用于研究各向异性板壳结构和对其进行动力反应分析。

正是基于上述的研究,1937 年,黄文熙在密歇根大学仅用一年半时间就完成了题为《格栅法在拱坝、壳体和平板分析中的应用》的博士论文,获得博士学位。由于该论文关涉结构工程和水利工程两个不同的领域,其论文受到导师和答辩委员会的一致赞誉。为表彰他的优异成绩,密歇根大学又授予他"雪格麦赛艾"荣誉奖章。

2. 地基沉降三维应力计算方法研究

1942 年,黄文熙在《工程》杂志第 15 卷第 5 期上发表了论文《水工建筑物土壤地基的沉降量与地基中应力分布》,该文提出了被称为"黄文熙法"的地基沉降计算方法。在计算中,地基中每点的附加应力等可以用布辛尼斯克的半无限地基的弹性解答得到。由于在地基土中弹性参数 E 是随深度变化的;泊松比 μ 也是不同的,所以黄文熙推导了一个应力集中系数 v。他也指出地基土的泊松比 μ 和弹性常数 E 是它所受的 3 个主应力大小及其比例关系的函数,应当用适当的三轴试验来确定。这一观点在当时是非常先进的。黄文熙编制了各种不同荷载条件下的计算图表,使这个计算方法更接近实用,成为地基沉降计算的一种重要的方法并具有更广泛的适用性。尤其是适用于受水平荷载和偏心竖向荷载的水工建筑物的沉降计算。

第十五章　民国时期的医学发展

这一时期我国包括江苏的医学，除了在传统的中医学、伤科学上有所发展，在公共卫生学、寄生虫学、药理学、人体解剖学、神经解剖学、法医学、营养学、口腔医学、耳鼻咽喉科学、妇产科学、病理学、放射病理学、神经病理学、传染病流行病学、骨科学等领域也取得了不少成绩。

第一节　中医学发展

这一时期的中医学家有恽铁樵、丁福保、张简斋、石筱山等，他们分别在倡导医学研究、开创金陵学派、创立"温病"治疗思想和原则以及骨科的发展方面做出了贡献。

一　恽铁樵的中医学贡献①

恽铁樵②作为先文后医的学者，撰写了很多医学著作，集为《药盦医

---

① 参见余瀛鳌、蔡永敏：《恽铁樵》，杜石然主编：《中国古代科学家传记》（下集），第 1293—1294 页；王慧、李鹏英：《关于恽铁樵对〈伤寒论〉六经认识的探讨》，《环球中医药》2017 年第 11 期，第 1296—1298 页；徐慧颖、李成卫、王庆国：《恽铁樵肝脏理论构建的方法、结构及学术演变》，《世界中医药》2015 年第 11 期，第 1662—1664 页。
② 恽铁樵（1878—1935），江苏武进人。恽铁樵出身于官吏家庭，父母早故；幼时依靠族人　（转下页）

学丛书》。此丛书包括《论医集》《医学平议》《群经见智录》《伤寒论研究》《温病明理》《热病学》《生理新语》《脉学发微》《病理概论》《病理各论》《临证笔记》《临证演讲录》《金匮翼方选按》《风劳臌病论》《保赤心书》《妇科大略》《论药集》《十二经穴病候撮要》《神经系病理治疗》《鳞爪集》《伤寒论辑义按》《药盦医案》，初刊于1928年，以后亦曾数次出版排印本。恽铁樵所撰医著，在民国时期具有较大的影响，现择其重要著作简介如下：

恽铁樵像

《群经见智录》：此书首论《内经》之发源、成书、读法及总提纲，次列扁鹊、仓公医案及有关张仲景《伤寒论》学术研究等内容，并针对余云岫《灵素商兑》（此书内容以攻讦《内经》学术理论为主），撰论予以批驳。

《伤寒论辑义按》：恽铁樵对日人丹波元简之《伤寒论辑义》有较深的研究，遂以此书为蓝本，将个人学习体会、临证心得，结合丹波氏注文，另写按语附于其后，并增补《伤寒论》其他注家（包括中日两国学者）的一些注文。书中联系西医生理、病理、药理理论，抒发个人学习《伤寒论》的见解，但其中有附会之论。

《温病明理》：此书着重辨析伤寒、温病之异，介绍中医温病之概念及清吴瑭创导之三焦辨证等专题，并对一些重要的温病学派及温病治法予以扼要论述。

《脉学发微》：恽铁樵于此书列述脉学概论、原理，提出"十字脉象"（大、小、浮、动、数、滑、沉、涩、弱、弦、微），参考前人对这些脉象的描述，结合个人心得予以阐解；并以临床经验为依据，分析促、结、代、浮、沉、

（接上页）抚养，初习儒，学习勤勉；20世纪初入南洋公学，于光绪三十二年（1906）毕业。他1911年入商务印书馆任编译员；1912年受聘主编《小说月报》，译述西方小说。1916年，恽铁樵因长子病故，而自己又体弱多病，遂矢志于医，曾问业于晚清名医汪莲石，悉心探究《内经》及汉代张仲景著述蕴义，旁参诸家学说、西医学理，意在取长补短，弘扬中医学术精华。恽铁樵40多岁时开始在上海市正式挂牌应诊，精于诊治，声誉卓著。1933年创办铁樵函授医学事务所，为培育中医后继人才不遗余力，受业者达千余人之多。他主张多读书，多临证，临床经验相当丰富，尤精于内科（伤寒、温病、杂病）和儿科。

迟、数诸脉。他用中西汇通之医学观点介绍脉理,其中或有联系欠当之处,仍不失为民国时期较有影响的脉学专著。

《药盦医案》:此书集中反映恽铁樵临证案治经验,分伤寒、温病、时病等类。所介绍的医案不乏危重病例,从他的医案不难看出,他善于运用经方,适当选用后世方并善于灵活加减,理、法、方、药较为契合。值得提到的是,恽氏经治案例,不论成功与失败,均能以求实的态度予以记述,对临床医生很有参考价值。

恽铁樵治医,重视《内经》和张仲景学说,认为这是中医学术临床的根本。但由于他所处的历史时期,正是欧西医学东渐,有人试图将中医学术理论与之融会的年代,故在捍卫中医学术理论体系的同时,指出中医务须改进。至于如何改进? 恽氏提出须先"发皇古义","不可舍本逐末";但又主张"融会新知",并提出"欲昌明中医学,自当沟通中西,取长补短"。认为中医应循之"轨道",必须吸取西医之长,与之化合,以产生"新中医"。什么是"新中医",恽氏的观点是"渐与古说相离,不中不西,亦中亦西"。这个观点,当时为不少学者所赞许。

自20世纪20年代始,中医界面临受歧视、被取消的危机,恽铁樵坚决与之抗争。他的学术思想的主流是既肯定中医的学术理论与经验,又不排斥与西医学说相汇合。对于经典医著所论,他潜心研习,又不拘泥于旧说,往往提出个人不同的见解,供读者思考、参阅。对于当时一些医生将西医病名生硬地套用于中医,恽氏亦持反对态度。他从不隐晦自己的观点,对中医同道,则提倡学术交流,各抒己见。其著述所阐论的学术思想及其在业医数十年的社会活动,反映了近世中医界为沟通中西医学所进行的努力探索。

在培养人才方面,恽铁樵亦有较大的贡献。这不只是反映于医学,早在主编《小说月报》的民国初年,他就从外界来稿中慧眼识珠,发掘了像鲁迅这样的一代文豪,传为文坛佳话。在医学方面,除亲授门生外,恽铁樵创办了"铁樵函授医学事务所",还组织编写了一整套较系统的函授教材,先后培养了千余人,学员遍及全国各省。须予指出的是,恽铁樵是我国较早实施函授教育的著名医家,在中医的近代教育发展史中,恽铁樵可以说是一位影响深广、举足轻重的人物。

在恽铁樵的学生中，以陆渊雷、章巨膺等较负盛名。但陆渊雷的学术观点与恽铁樵或有不同之处，如陆渊雷曾参与为旧中央国医馆草拟"统一病名方案"，而恽铁樵对此持不同见解，他提出中西医病名不能任意套用。章巨膺在协助恽铁樵编写中医函授教材及整理《药盦医学丛书》方面均有积极的贡献，深受恽铁樵青睐与器重。

二 丁福保的医学贡献①

丁福保②是近代著名学者、医生和出版家，先后创办医学书局、《中西医学报》，编译、出版了数量众多的营养卫生学和医学著作等。

丁福保像

1. 推介近代营养卫生科学

丁福保对营养卫生科学的推介，不仅与其本人的特殊经历有关，而且反映了近代中国社会演变的趋势。丁福保家族饱受肺痨病的折磨，其直系亲属中有五人因患此病去世。丁福保本人早年也是体弱多病，乃至于其兄丁宝书的好友顾小东、吴稚晖等人一度担心他可能英年早逝。丁福保三十岁时，保险公司甚至拒绝为他办理人身保险。由于近代中国依然延续营养卫生方面的诸多陋习，直接危害了近代国人的体质和健康。丁福保也洞悉其中原委。1900年，他编纂《卫生学问答》，分章介绍饮食、起居、体操、治心等方面的延年养生方法，其目的是普及卫生学知识，同时希望为新式学堂提供教科书。1903年，丁福保应张之洞之邀，担任京师大学堂译学馆

---

① 参见牛亚华、冯立昇：《丁福保与近代中日医学交流》，《中国科技史杂志》2004年第4期，第315—329页；张进：《丁福保与近代中国营养卫生科学的传播》，《出版科学》2015年第3期，第104—107页；李向远：《丁福保与近代西医的传入》，《青年时代》2018年第20期，第14—15页；伊广谦：《丁福保生平著作述略》，《江西中医学院学报》2003年第1期，第31—32页。

② 丁福保（1874—1952），江苏无锡人。他21岁考入江阴南菁书院，习经史词章，并习天文、算学、舆地诸学。24岁肄业，入无锡俟实学堂任算学教习。27岁入苏州东吴大学，肄业后转上海江南制造局工艺学堂习化学，继以优异成绩入洋务名流盛宣怀所设东文学习日文、医学。29岁应张之洞聘赴京任京师大学堂之算学、生理学教习，三年后辞归上海。他在上海行医30余年，应诊之外，著书不辍。

的算学兼生理学教习,这成为他推广近代营养卫生学的发端。另外,他在译读西方著述的过程中,发现欧洲各国政府高度重视营养卫生,将其列为学校教学的重要课程,因此他也呼吁清政府加以效仿,加强营养卫生教育。

丁福保于1909年赴南京督院应医科考试,获最优等内科医士证书。返回上海成为业医后,他特意在《申报》上开辟《医话》专栏,通过连载方式普及营养卫生科学知识。1910年,丁福保发起成立中西医学研究会,并出版发行《中西医学报》。在丁福保的直接倡导和运作下,营养卫生科学也成为《中西医学报》着力关注的领域,仅在1910年4月的创刊号上就载有《伍廷芳之养生术》《节食养生法》《大哲学家康德之卫生》等营养卫生方面的文章,还转载《肺病谈》一文。1913年,丁福保出资创办医学书局,出版医学书籍,译介西方营养卫生科学。他先后翻译出版了《高等小学生理卫生教科书》《实验卫生学讲本》《生理卫生教科书》《学校健康之保护》《胃肠养生法》《身体之肥瘦法》《食物新本草》等营养卫生著作。他不仅著书立说,而且勤于实践,力图通过言传身教,引导近代国人重视营养卫生科学。此外,他还通过兴办医学教育事业,增加图书销量,扩大读者范围。

2. 促进中日医学交流

1909年,丁福保被两江总督端方聘为考察日本医学专员,赴日本考察医学及医疗机构。端方派给他的任务是“凡日本之各科医学及明治初年改革医学之阶级与日人所用录用之中药,以及一切医学堂、医院之规则课程,均应一一调查”。盛宣怀获悉丁福保将“赴东考察医学”,委托他“至东京养育院、冈山孤儿院,并应前往查明,绘图立说,明晰禀复,是为至要”。此外,盛宣怀拟在上海试办医学堂、医院,要丁福保搜集相关信息并购买有关医药的图书资料。

丁福保到日本考察了东京养育院,参观了食堂、浴室、药汤场、洗面场、被服库、避病室、癫病患者浴室、尸室、洗濯场、消毒所、家庭教室,还考察了医院、孤儿院、图书馆等。访日期间,丁福保不辞辛苦,紧张工作,在众多朋友的热情帮助下,圆满完成了考察任务。丁福保的考察活动,在当时引起了医学界和媒体的广泛关注,产生了很大的反响。《医学卫生报》在当年 5 月出版的第 10 期以"江督派员考察日本医学"为题对其进行了专门报道。丁福保由日本返国时，采购了大批的医学书籍，翻译刊行以传播新医学知识。他联合中西医界同仁，倡导医学研究，1918 年他编有《历代医学书目提要》，后又与人合编《四库总录医药编》，兼收中外医学书籍。

丁福保在上海行医 30 余年，创办丁氏医院、医学书局，先后编译出版了近 80 种国内外医学书籍，合称《丁氏医学丛书》。1935—1938 年他先后捐给上海市立图书馆图书 15000 册；捐入震旦大学 2 万册、5 万余卷古今刊本，该校设立"丁氏文库"以志纪念；1000 余册古籍则捐入北京图书馆。

三 张简斋的医学思想与方法[①]

张简斋[②]是民国时期著名医家，金陵医派的奠基人，有着极为丰富的临床经验。他的医学思想独树一帜，无论是临证用药还是治疗湿温都颇具特色。

1. 临证用药特色[③]

修制拌炒，极尽所能炮制是中医临床用药的一个显著特点。中药往往一药多效，药性各有所

张简斋像

[①] 参见郭小娟、赵国臣、郑艳辉等：《金陵名医张简斋运用经方治疗内科杂病经验》，《江苏中医药》2020
　年第 10 期，第 78—83 页；李卫婷、曾安平、王钢等：《张简斋肺系病证辨治特点探析》，《南京中医药
　大学学报》2021 年第 5 期，第 771—774 页；赵国臣、曾安平、郭小娟：《张简斋妇科病证辨治特点探
　析》，《南京中医药大学学报》2021 年第 5 期，第 775—776 页；王炳毅：《金陵名医张简斋传奇人
　生》，《档案与建设》2009 年第 11 期，第 38—40 页。
[②] 张简斋（1880—1950），字师勤，祖籍安徽桐城，生于南京。他出身中医世家，三代行医，幼年随父学
　医，研读《伤寒论》《神农本草经》等经典著作。张简斋 20 多岁时医术就崭露头角，民国时期是首都
　"首席名医"，在医界颇负盛名，有"南张北施（施今墨）"之称。当年民国诸多达官名流都投医门下，
　如孔祥熙、陈立夫、陈果夫、于右任、何应钦、陈诚、程潜、谷正伦等；国民政府主席林森亲题"当代医
　宗"匾额致赠，以示褒奖，故张简斋有"御医"之雅号。他历任中国国医学会理事长、南京国医学会理
　事长、重庆国医公会理事长、卫生部中医委员会委员、考试院高等中医考试典试委员、中央国医馆常
　务理事、南京国医传习所所长、南京中医学校校长等职。
[③] 参见鲁晏武、陈仁寿、孟庆海等：《张简斋临证用药特色》，《中华中医药杂志》，2017 年第 10 期，第
　4661—4663 页。

偏。因此,张简斋十分重视药材加工修制,调整药性以增强用药的针对性,制约毒性以减少药物刺激和不良反应。他在临证用药方面具有以下特色:除痞止呕;豆豉拌鲜;惯用药对,阴阳和合;喜用鲜药,巧撷芳香;擅长风药,以风胜湿;煎汤代水,顾护脾胃;剂型多样,灵活施治;早进晚服,分时而治。他善于权衡损益药物气味性效,借助药对各取所长,协同增效,确保用药的可靠性、针对性和实用性。他师古而不泥古,发前人所未发,采用多样化的药物剂型、不拘一格的煎药方式,最大程度地满足临床治疗的需求。

2. 治疗湿温八法①

湿温最早见于《难经》,湿温发病,必有湿热合邪为患,舍一则不成其病。张简斋治疗湿温病有以下八法:祛风胜湿和络,经络通,湿热才有消散的通道;清疏透化,即清其热才可祛其湿,热一去则湿可化;芳香淡化,因为湿阻卫气,卫阳不能达于表,故当用芳香之品,宣气化湿;调畅气机,认为治疗湿温病应先宣肺,调畅全身气机,而后才能气化则湿化;分消走泄法,在治疗中根据患者不同的病症,分别用小柴胡汤或者温胆汤与三仁汤化裁;畅中健运,即以燥湿运脾、畅中健运治疗湿温病;清燥透泄,湿温病病程绵延,湿热熏蒸日久,深入营血,既可化燥伤阴,也可困阻伤阳,因此须开通湿热之邪走散通道;清养和中为湿温病之善后调理疗法,即用滋润之药以顾护阴液。

3. 融会贯通、自成一体的医学思想

张简斋在医学思想上,根据"人以胃气为本""胃者水谷之海",以及"得谷者昌,失谷者亡"等经旨,提出"胃以通和为贵"的主张。在处方用药时,也处处照顾到胃,常以"二陈汤"做衬方使用。

1925年春夏间,南京地区瘟疫流行,惊动国府,当时南京几位名中医均束手无策。张简斋自告奋勇出诊,配制小柴胡汤剂,施治月余,瘟疫得以控制,成千上万市民恢复健康,从此他一举成名,蜚声医坛。张氏中医学术传承,在承袭张氏医理宗学的基础上,结合明代王肯堂、吴有性"温病学派"、清代叶天士、吴瑭的学术思想,自成一体,形成独具特

---

① 参见姚璐、王畅、徐建云等:《张简斋治疗湿温八法》,《江苏中医药》2019年第7期,第68—71页。

色的理、法、方、药和医理精深、重视养生保健的国医医术。

张简斋的医理精深,对诸家学说融会贯通,自成一体;敢于创新,不墨守成规。他临症精详,用药大胆,每立起沉疴;施药轻灵,常四两拨千斤。

张简斋国医医术的重要价值在于创立了既有"经方"渊源、又不失时代特点的系统理法方药。张简斋医术对一些突发性传染病(即中医所称"疫病""温病")有明确的诊疗依据和治疗方法,对现代社会中的传染病防治仍极具临床应用价值。[①]

四 石筱山的伤科理论与治略[②]

石筱山[③]是石氏伤科第三代传人。他治伤注重整体调治,内外兼顾,善于有所侧重地综合应用手法、外治、内服、针刺以理伤续断,尤其擅长用巧劲正骨上髎理筋及结合体质、兼邪辨证施以内治方药。

1924年石筱山承袭祖业正式悬壶,事伤科,兼针、外科。他在承继祖业的基础上,继续创新与发展,把"十三科一理贯之"的理论进一步深化,主张治病务求灵活,不墨守成规。他认为,不能仅凭几张家传秘方治一切跌打损伤,应根据不

石筱山像

同病情,察其体质,审其阴阳,撮其要旨,明其原理,在总结临证经验中,形成了"一个中心、二大观点、五项治略"的伤科理论特色。

---

① 2007年,张简斋国医医术被南京市人民政府列入首批南京市非物质文化遗产名录。

② 参见邱德华、施杞、石仰山:《石筱山临证经验与理论特色撷英》,《中国中医骨伤科杂志》2015年第9期,第67—69页;王骁汉、白晶、韩超然等:《基于数据挖掘的石筱山治疗筋伤用药规律分析》,《北京中医药》2020年第10期,第1086—1091页。

③ 石筱山(1904—1964),字熙候,江苏无锡人。他年少时曾就读于神州中医专门学校,后秉承家学,侍诊于父石晓山案侧。1924年起他独立行医,专治内外伤疑难杂症,尤善治疗骨折伤痛,为上海有名的中医伤科流派之一,驰名江浙。在继承家传治伤经验基础上,他努力钻研,医术日精,以善治骨折伤痛远近闻名,创石氏伤科一大流派。

1. 一个中心与二大观点

"一个中心"即始终以"十三科一理贯之"的思想为中心。"十三科"是元代的医学分科，包括大方脉科、杂医科、小方脉科、风科、产科、眼科、口齿科、咽喉科、正骨科、金疮肿科、针灸科、祝由科、禁科。明代虽有十三科之分，但与元代略有不同。明朝薛己作为一代中医大家，在其《正体类要》中十分注重中医论治疾病的整体性，即须"十三科一理贯之"。石筱山理伤十分推崇薛己的医论理念，在继承家传的基础上，提出"二大理论观点"：理伤应气血并重，以气为主，以血为先和理伤之兼邪。其理伤的基本原则是：气血兼顾而不偏废。因为形体之抗拒外力，百节的屈伸活动，气之充也；血的化液濡筋，成髓养骨，也是依靠气的作用；所以气血兼顾而宜"以气为主"。如果积瘀阻道，妨碍气行，则当祛瘀，即应"以血为先"。石筱山认为，患者一旦受伤，除了损伤局部见有肿胀瘀斑畸形等诸症候外，尚有身热、口渴、纳呆、便秘等症。他把这些因损伤而出现的诸症状都称兼症。此外，损伤时可能有恼怒惊恐，或者损伤后兼受风寒，这些则又是一番相关症候；更多见的是由于损伤后气血失和，易致风寒湿邪外袭，或内生痰湿留络。对于这些情况，必须辨析而施治。如果仅以损伤为治，难得功效。石筱山在临床实践中不断升华上述思想，由此总结了五项治略。

2. 五项治略

五项治略包括骨折脱臼治略、伤筋治略、内伤治略、陈伤劳损治略、杂病治略。

骨折脱臼是伤科门中两大目。对于骨折脱臼者，石筱山在治疗中采取内外兼治的方略。就外治而言，以手法复其位，正其斜而理其筋，敷贴所以化其瘀，消其肿而止其痛，夹缚所以因其位而定其动；就内治而言，主祛瘀和营，调气化滞，固筋壮骨。由于患者有勇怯之别，伤有轻重不同，须辨证施治。对于积瘀而体盛者，宜先逐瘀而后调益。对于质弱形赢者，宜先调益而后祛瘀；如果留瘀不多，不宜妄施攻逐；气滞不结，不能乱投破耗。对于老弱者，则须刻刻顾其元气；对于质盛伤重者，骨续之后，终须调补肝肾，扶脾益胃收功。

关于伤筋治略，石筱山认为，一旦扭、捩、撕、挫、蹉、蹩，则伤筋之候成焉。在治疗时,对于患者初受伤之际,当按揉其筋络,理其所紊,内调气血之循行,以安其络,则可完复。若对于患者耽延时日,则筋膜干而成萎缩者,此血液槁也。属此之时,风、寒、湿三气之邪。若伤筋而为寒邪痛痼者,当以温经通阳和络为主;若筋伤络阻,肢节麻木者,此气血失于流周也,则宜活血行气宣络治之。与此同时随症所须,可以针刺、膏贴、温熨等,相辅施治,以平为期。

关于内伤石筱山分析如下:内伤之候,本由外受跌扑、挫闪等,为所伤之因。或气,或血,或经络、脏腑,为受病之属。由于气之与血,为治则之准,因而内伤之治,当原于气血也。《难经·二十二难》曰:"气留而不行者,为气先病,血壅而不濡者,为血后病也。"因之,血伤难濡,气损少煦。比如,头部受震,脑海震荡,始则眩晕呕吐,乃肝经症也,因伤而败血归肝之故。而肝主血,肾主精,肝肾相通,当归一治,故久眩不瘥,当属肝而及肾。因此在治疗时,须以补中益气或杞菊地黄及八珍汤等,随症加减。

关于陈伤劳损,石筱山强调,陈伤劳损,非一病也。虽证有相似,而因出两端。陈伤之证,乃宿昔伤损,因治不如法,或耽搁失治,迁延积岁,逢阴雨劳累,气交之变,反复不已。陈伤劳损之与内伤,乃同类异因,且二证患者甚多,因而在治疗时,须审变达权,不以证情沓杂而视为畏途,俾胸具灵机而证变法立,临证化裁。

关于杂病,石筱山根据诸医家之说总结为,医道最可怪而又可笑者,莫如内外分科,不知始于何时何人?试人身不外乎经络、躯壳、筋骨、脏腑以成人。凡病亦不外六淫、七情以为病。从事伤科者,焉得弃内科而不讲乎,惟"精深以求之"。就杂病来就,一种似伤非伤,似损非损,病者,果疑于似伤而来。医者,岂能混以为伤而治,审视之后,多痹证之属。如果项、肩、胸、背、胁、腰、四肢等,筋骨疼痛,骨节欠强,须知肩背痛则兼肺经,腰背痛则兼肾经,胸背互换痛,须辨若气若痰,项连背而牵痛则兼督脉与膀胱之经。四肢之痛,先哲虽有以上肢痛,系手六经之病;下肢痛,系足六经之病。若不究病根所在,穿凿附会,反失之于泥。因此,当别何经何络,亦有不必分经络而治,要在知其致病之因,治法当辨虚实之异,内外之殊。气虚血亏乃其病本,挟风、挟寒、挟湿、挟痰是感邪之由。故或补,或通,或祛风,或散寒,或化湿,或消痰,或清络,孰先孰后,各随其所需而施治。

石筱山治伤,除继承家传经验外,更汲取各派之长,以伤科而兼针灸、外科。治疗重视整体调理,内外兼顾,动静结合,标本并施原则。对外伤筋骨,内伤气血及伤科杂证,灵活应用治理方法:或针刺,或外敷,或固定,或多管齐下,并施内服汤药。自制柴胡细辛汤,有良效。其家传外用方三色敷药,疗效显著,为外科医师广泛采用。

第二节 病理学发展

这一时期的内科医学或病理学家有戚寿南、胡正详和吴在东,他们分别为中国现代内科医学以及我国病理学、军事病理学的创建做出了贡献。

一 戚寿南的医学教学与研究①

戚寿南像

戚寿南②是医学家、医学教育家,中国现代内科医学的奠基人。

戚寿南于1922年至1934年任教于北京协和医学院,讲授内科学,并任其附属医院内科主任;1934年至1948年应中央大学之聘任中大医学院院长,同时任南京中央医院总医师。在任期间,他广延名师,如病理学家康锡荣、内科学家黄克维、外科学家董秉奇、放射学家荣独山、耳鼻喉学家胡懋廉等,使中大

① 参见中央大学南京校友会、中央大学校友文选编纂委员会编:《南雍骊珠:中央大学名师传略》,第613—615页;郭继鸿:《记我国内科学、心血管病学的奠基人——戚寿南》,《中华心脏与心律电子杂志》2014年第1期,第78—79页。

② 戚寿南(1893—1974),浙江宁波人。他1916年毕业于金陵大学,1920年以优异成绩获美国约翰·霍普金斯大学医学院医学博士学位。他历任北京协和医学院附属医院内科主任、中央大学医学院院长及代理校长;1937年创立中华内科学会,被推为首任会长。

医学院师资阵容强大。

他先后主讲了内科学等多门课程,其讲课的内容精辟,讲解主动,理论联系实际,很受学生欢迎。为了培养了医学人才,他不仅认真教学,还撰写了《内科学》《输血原理与技术》《体格检查学》《学习生作业规范》等教材或专著。其中《内科学》及《体格检查学》长期被列为大学医学教材,备受读者欢迎。

戚寿南医德高尚、医术精湛,一直为世人所称道。抗日战争时期,条件极为艰苦,他本着普济众生的理念,对病人关怀备至,有时为了给百姓医病,饭未吃完即丢下筷子就诊。他以其精湛医术和救死扶伤的精神挽救了无数贫穷病人的生命。当时,抗日飞行员"以少胜多"英勇与日机作战,负伤的飞行员皆送往成都"三大学联合医院"抢救,戚寿南作为三大学联合医院院长在医院内安排了特别医疗区,对每一位负伤的飞行员均亲自诊疗或会诊。康复重返战场的空军英雄都对戚寿南院长救命之恩满怀感激之情。当年在成都,"戚院长"之名家喻户晓,无不称道;"四大家族"及政府高官亦多请他医病,并派专机接送,戚寿南本着挽救生命的精神并不回避,因而有"御医"之称。

1946年中大医学院迁回南京,劫后金陵百废待举,设备资金均极匮乏,戚寿南以其自身之声誉及与美国医学界之良好关系从美国一些基金会筹集药品、资金,以支持中大医学院及医院之成长与发展。由于他贡献巨大,当时政府曾数度力邀从政,均被婉拒,表示决心继续从事医学教育事业,为培养医学人才竭尽全力。

二 胡正详的病理学教学与研究①

胡正详②是病理学家、医学教育家,中国现代病理学的主要奠基人

---

① 参见胡梦玉、佘铭鹏、丁濂:《中国著名病理学家——胡正详》,《中华病理学杂志》1992年第1期,第2—3页;田晓青:《胡正详:毕生奉献于中国病理学》,《中国医学论坛报》2011年10月26日;李舒:《胡正详 探索医学之本》,《中国卫生人才》2012年第8期,第64—65页。

② 胡正详(1896—1968),江苏无锡人。1921年毕业于哈佛大学,获博士学位。他回国后长期在北京协和医学院从事病理学的教学和科研工作,历任助教、讲师、副教授、教授以及病理系主任、教务长。无论在学术研究、学科发展还是人才培养方面,胡正详都为中国病理学的发展和壮大做出了突出贡献。

之一。

胡正详 1921 年毕业于美国哈佛大学医学院,获医学博士学位。1924 年回国后受聘到北京协和医学院任教。

1. 病理学研究成就

20 世纪 30 年代,胡正详对黑热病做了大量研究,对这种疾病的传染媒介、途径、病情以及对人体的损害等方面提出了正确的见解并有新的发现。另外,他还发现贫血可在颅骨内板形成局灶性的髓外骨髓增生;对锥虫感染动物的网织内皮系统,淋巴细胞与浆细胞的形态变化进行了细致的观察和分型,并探讨它们的变化过程。

在研究病理学过程中,他十分注重收集病理标本和相关照片。他先后收集了千余件有价值的病理标本和数千幅极为珍贵的标本照片,并以所编讲义为基础,分别对这些标本和照片编号存档。

作为医生,胡正详检查标本非常注意结合临床病史和化验室的结果,从不孤立地作出病理诊断。其一,他从不忽视对标本的肉眼观察,往往先根据大体标本做出预诊,再根据切片的显微镜检查来提高诊断的正确率。其二,他检查切片总是先浏览病变的全貌,再观察组织和细胞的细微改变。由于他观察仔细,推理的逻辑性较强,所以误诊率很低,在国内医务界享有很高的威信。

2. 培养人才一丝不苟

在教学中,胡正详十分强调研究科学的人要沉浸在科学里,里外渗透,不能分心。在病理学实践过程中,他一直强调要重事实,爱事业、爱患者。他要求学生先用肉眼和显微镜仔细观察每一个病理标本,再分析并探讨病变的性质和诊断,找出其主要的和次要的病因以及使人致死的原因。

胡正详十分重视培养学生独立思考的能力。他在病理形态学上造诣很深,深谙病理形态千变万化,因而他要求学生必须对具体问题结合客观实际分析,不盲目照搬书本上的教条。对学生提出的问题,他总是启发引导学生如何从实际出发探讨相关病例及其问题与周围环境的联系。他常说,协和出来的病理诊断一定要有依据,要求大家对于复杂病例一定要养成先查文献再下诊断的习惯。有时学生不提问题，他就问学生问题，用这样的方法检查自己的教学工作。

三 吴在东病理性研究[①]

吴在东[②]是病理学家，中国军事病理学奠基人，放射病理学的创始人，也是防原医学研究的奠基人之一。

1. 关于病理学的研究与探讨

1933年吴在东在协和医学院进修时，随德国神经病理学家亚历山大完成"各类患者的神经系统症状"和"晚期恶病质的胃肠道传染病患者的脑病变——对痢疾和肠结核患者脑的病理组织学研究"两个课题研究，论文发表在《中华医学杂志(英文版)》及美国《神经学及精神病学杂志》

吴在东像

上。1934年在英国留学期间，他完成了论文《脑淋巴上皮瘤》和《肺部弥漫性淋巴管内癌症》。《脑淋巴上皮瘤》在英国病理学会上宣读，《肺部弥漫性淋巴管内癌症》则被肿瘤病理学家韦礼士(Willis)在《肿瘤病理学》《肿瘤在人体内的扩散》两部权威性著作中引用。1936至1937年，他在德国进修期间进行实验研究，完成了论文《非特异性损伤所引起的纤维素病变》，发表在魏尔啸杂志上，文中以事实验斥了"纤维素病变仅仅是变态反应的一种表现"的片面观点，在德国病理学界引起巨大反响。

2. 理论联系实际地教学

吴在东在讲病理课时，从总论到各论，由浅入深地讲解，同时注重

① 参见中央大学南京校友会、中央大学校友文选编纂委员会编：《南雍骊珠：中央大学名师传略续篇》，第421—425页；宋惠芳、游联璧、祝庆孚：《中国著名病理学家——吴在东教授》，《中华病理学杂志》1993年第1期，第3—5页。

② 吴在东(1905—1983)，福建长汀人。他1923年中学毕业后先后在北京协和、圣约翰医学院预科学习，1931年毕业于上海医学院，1934年考公费留学英国，又在德国柏林大学进修诊断病理学。他历任广州孙逸仙医学院病理系教授，上海、重庆国立上海医学院病理系教授，贵阳中央医院检验科主任，宜宾国立同济大学医学院病理馆主任、教授，南京中央医院实验诊断科主任，兼任中央大学医学院病理系教授，长沙湘雅医学院客座教授；1949年后任南京大学医学院病理科主任、教授等职。

将病理与临床、形态与机能密切结合；将疾病及其病理变化紧密结合，使学生更深刻了解疾病的发生原因、症状体征以及诊断和治疗的措施。这种教学方法，不仅提高学生对病理学的兴趣，又培养学生善于联系、善于思考的能力——学会自己寻找答案。

作为医生，他竭诚为病人服务，十分重视与病人的安危休戚相关的临床病理学研究，通过对临床病人的活检组织、细胞涂片和手术标本进行检查，以达到为病人明确诊断并指导治疗的目的。由于他对病变观察全面、细致，知识广博深厚，所以总能在对疑点调查取证的基础上，揭示病变的本质并作出正确的诊断。他的诊断水平在医学界同行及病人中享有盛誉。

第三节　公共卫生学与药学发展

这一时期与江苏公共卫生学与药理学发展相关的医学家与药学家有：颜福庆、郑集、毛守白、朱恒璧等。

一　颜福庆与公共卫生事业的发展①

颜福庆②是公共卫生学家和教育家。他十分关心人民健康，提倡"预防为主"；为了发展医学教育，艰苦创业，四处奔走，坚韧不拔；为了

---

① 参见中央大学南京校友会、中央大学校友文选编纂委员会编：《南雍骊珠：中央大学名师传略再续》，第 377—383 页；慕景强《颜福庆预防医学思想及其现实意义研究》，《医学教育探索》2004 年第 2 期，第 6—8 页；司丽静、万勇：《论颜福庆对中国医学现代化的贡献》，《兰台世界》2014 年第 28 期，第 108—109 页。

② 颜福庆（1882—1970），字克卿，福建厦门人。他 1904 年毕业于上海圣约翰书院；1906 年赴美国耶鲁大学医学院深造，获医学博士学位；1909 年赴英国利物浦热带病学院研读，获热带病学位证书；1914 年赴美国哈佛大学公共卫生学院攻读，获公共卫生学证书。颜福庆历任中华医学会第一届会长，北京协和医学院副院长，第四中山大学医学院第一任院长，澄衷肺病疗养院第一任院长，武汉国民政府卫生署署长；国立上海医学院临时管理委员会副主任委员，上海医学院（1952 年改称上海第一医学院）副院长等职。他先后创办湖南湘雅医学专门学校（中南大学湘雅医学院前身）、国立第四中山大学医学院（复旦大学上海医学院前身）、中山医院、澄衷肺病疗养院（上海肺科医院前身），并与中国红十字会订约合作，接办该会总医院（复旦大学附属华山医院前身）等医学教育和医疗机构，为中国医学教育事业做出了卓越的贡献。

救死扶伤,献身于医学教育事业。

1. 提出预防为主医学思想

20世纪20年代,颜福庆通过社会医疗服务、地方病和烈性传染病的防治以及流行病学调查等实践,目睹个体医疗方式对贫病交迫的广大劳苦大众无济于事的事实,深感必须着眼于整个社会,采取相应措施,方能有效地进行疾病的预防。他深思熟虑后下定决心,从临床医学转向公共卫生,由此初步形成"预防为主"的雏形。他把

颜福庆像

当时我国卫生行政的现状及弱点概括为四点:一是政权分散而不统一;二是卫生行政人员业务素质不高;三是主管卫生事业的部长因缺乏卫生知识,不重视卫生事业;四是重治疗,轻预防。鉴于这些情况,颜福庆建议国民政府设立中央卫生部,统一管理全国的公共卫生事业,并且"以卫生之预防方法,以制止疾疫之流行,使孤病无告之民,得以减少"。颜福庆还对卫生行政人员提出了四项要求:一是熟悉医界变化之历史;二是须知政府对于卫生行政应尽之责任;三是须知卫生行政将来发展之趋向;四是须知我国卫生方面的特殊需要。

2. 创办医学专门学校和大学医学院

1904年,颜福庆从中国最早培养本土西医生的圣约翰书院医学院毕业后,报名赴南非任矿医。到南非以后,他目睹自己的同胞在恶劣劳动环境下劳作。华工们缺医少药,许多华工由于疾病得不到医治而死亡。颜福庆深深地感受到了医学对于骨肉同胞们的重要性。为了进一步提高自己的诊治水平,救治患病的苦难民众,1906年,他来到美国耶鲁大学医学院攻读医学博士,1909年获医学博士学位,成为第一个获得耶鲁医学博士学位的亚洲人①。1910年,颜福庆学成回国,应聘于由美国传教士创办的雅礼医院。随着前来就医的患者增多,颜福庆想要创办西医学校,以培养更多西医人才。1914年,获湖南都督谭延闿鼎力支持,在湖南长沙成立了湘雅医学专门学校,颜福庆任校长。他按照

① 颜福庆在医疗实践中深感预防医学的重要,又从临床医学转向公共卫生学。1914年再度赴美进哈佛大学公共卫生学院攻读,获公共卫生学证书。

现代医学最新教育模式,制订了七年学制,五年本科,两年预科,实习期为一年。医学院设立的课程主要参照美国甲种医学院的科目。当时医学院的教学语言是英语,所以,病理报告和临床实习也都采用英文。长沙湘雅医学专门学校是中国近代最具规模的现代医学学校,培养了许多优秀的毕业生。

1927年颜福庆应聘就任北京协和医学院副院长。在北京协和医学院任职期间,他深感外国人把持学校的诸种弊端,决心要创办一所由中国人自己办的大学医学院。于是他会同乐文照、高镜朗、赵运文等开始筹划。当时正值国立东南大学等几所学校合并改组成立第四中山大学。经颜福庆与第四中山大学校方商议,决定将该校医学院设立在上海。颜福庆被任命为首任院长。1928年,医学院先后改名为国立江苏大学医学院、国立中央大学医学院。同年6月,颜福庆辞去北京协和医学院职务,正式到医学院工作。1932年9月医学院独立,称国立上海医学院。

学校创办后,即与中国红十字会协作,接办该会总医院(今复旦大学附属华山医院前身),颜福庆兼任医院院长。在他的努力下,医院的规模和业务都有很大的发展。1931年,他广邀社会各界著名人士发起组织了中山医院筹备会,同时进行了枫林桥新校址的建造工作。经他不辞辛劳、四处奔走募集资金,终于在1936年,中山医院和医学院新校址均告落成。1937年4月,举行了国立上海医学院院舍落成暨中山医院开幕典礼。

3. 成立中华医学会

颜福庆除兴办医学教育事业外,他还联合了伍连德等在上海的医务工作者,在1914年5月,发出了组织中华医学会的倡议,1914年11月创刊了《中华医学杂志》(中英文并列)。[①] 1915年2月在上海正式成立了中华医学会。颜福庆被选举为首任会长。

在中华医学会成立后,经过颜福庆、朱恒璧、牛惠生等人的努力,于1932年4月,中华医学会与中国博医会执委会在上海召开会议,双方采

---

① 在此以前,国内曾有一个"中国博医会",于1886年在上海成立,是外国教会医院医师在中国的医学团体。该会在辛亥革命前是不允许中国医师参加的。

用通信表决的方式征得全体会员的同意,宣告两会合并。合并后的中文名称仍为中华医学会,并明确规定,外国人不能任会长、总干事和会计的职务。从此,中国的医务工作者有了自己的学会和自己的医学杂志。

4. 热心救护工作

北伐战争中有一万余名伤兵聚集于武汉急需救护。颜福庆响应宋庆龄等人的呼吁,率领一支由 44 位中外医生混合组成的红十字会医疗队,从上海出发,直奔武汉等地抢救伤员。同时组织当地医院预防霍乱、伤寒等传染病的流行;开展卫生宣传。

在他的影响下,他所在的医学院的师生还多次组织救灾医疗队。赶赴洪水泛滥地区遏制伤寒、痢疾、霍乱的流行,救治患病的灾民。

抗日战争期间,颜福庆担任上海市救护委员会主任委员,发动学校的广大师生和医务人员组织医疗救护队,奔赴抗日的前方、后方,为伤病员服务。他还撰文指出,在此抗战时期,不论对于前方之战士,及后方之民众、难民,均需有卫生医疗救护防疫等措施。因此医师、护士等各项医事人员至为重要。他强调,各医学院校,在战时至少有两种不可或缺之工作。一方面对于前后方所需要医事人员,须从事造就,而不得避免责任;另一方面须多方设法,保留原有之教授人才学生及设备以期于战时终止后,借以恢复固有之基础。

二 郑集与营养教育[1]

郑集[2]是生物化学家、营养学家、衰老生物学的主要奠基人。

---

[1] 参见中央大学南京校友会、中央大学校友文选编纂委员会编:《南雍骊珠:中央大学名师传略》,第628—634 页;孙文治主编:《东南大学校友业绩》第 1 卷,第 282—283 页;华子春:《高山仰止 缅怀郑集》,《生命的化学》2012 年第 4 期,第 390—393 页;赵德贵:《营养学家郑集的养生之道》,《养生月刊》2020 年第 10 期,第 932—935 页。

[2] 郑集(1900—2010),四川南溪人。他 1928 年毕业于中央大学生物系,1930 年赴美国深造,先后在俄亥俄州立大学、耶鲁大学和印第安纳大学学习,1934 年获博士学位。郑集历任中国科学社研究所研究员,中央大学医学院教授、生化科教授兼主任,华东军医学院、第四军医大学教授;南京大学医学院教授、生物系教授兼生物化学教研室主任等职。他先后参与创办中国营养学会、生物化学会;曾任中央大学教授会主席、中国营养学会首任理事长。

郑集像

1. 筹建生物化学研究室与生物化学系

1934年，郑集留学回国后接受了秉志教授之邀，到中国科学社生物研究所工作。在那里，他筹建了我国第一个生物化学专业机构——生物化学研究室。1935年，中央大学成立医学院，郑集筹备了生物化学系，成为系里最早的教授之一，自此开始了营养学教育事业。

1937年全国抗战爆发，学校迁川。他主持的两个实验室一个迁于成都，一个迁往重庆北碚。为了兼顾教学科研，培养医生及青年教师、推动学术活动等，他经常不辞辛劳，奔波于成都、重庆两地之间。为了当时的教学需要，郑集自编了一本英文版《生化实习指导》，该书在抗战时期先后再版三次，用作后方各校生化实验教本。当时的"生化课"使用的也是郑集编写的教材。在此期间，他还为燕京大学、华西大学、中大农学院等校讲授生物化学。1945年，他在中央大学医学院内创办生物化学研究所，招收研究生，这是中国教育史上第一个培养生化研究生的正式机构，徐达道、杨光圻、彭恕生、丁光生成为第一届研究生。抗战胜利后，中大复员回南京后，他再度为实验室搬迁而操劳。经过与同仁们共同努力，为中大医学院建成了一座比较宽大的生化馆。

2. 关注国民最低营养需要

1931年，郑集在美国攻读学位期间，就开始从事植物种子蛋白质和大豆球蛋白的研究。回国后，为解决民众营养问题，他仍以研究大豆蛋白质的化学和营养价值为重点。对大豆蛋白质的分离、提纯、等电点测定、氨基酸组成和营养价值等进行了系统的研究。发表了《制备大豆蛋白质的新法》《大豆球蛋白的新法》《大豆球蛋白、大豆蛋白质加猪肉与大豆蛋白质加鸡蛋对人体的生理价值》等多篇论文，为人类食用大豆蛋白质提供了科学依据。此外，他还对全米和全麦营养价值进行比较研究，得出了科学结论。在此基础上，他进行膳食调查和食物分析，为改善人们的膳食结构，增强体质提供了基本资料。

3. 驳斥"食物相克"谬论

1935—1936 年,南京媒体连续报道百姓因把香蕉和芋头同食而中毒的事件。郑集凭借其深厚的生物化学、营养学和生理学基础,对此说提出疑问,他从 180 多对所谓的"相克食物"中选取了当时流传最为广泛的 14 对进行研究,其中有香蕉与芋头、花生与黄瓜、螃蟹与柿子等。郑集首先以大鼠、犬、猴等动物为实验对象进行试验,进而对人体进行实验。郑集明确宣布,此类历时数千年之食物相克迷信,经此科学试验后,以其确实证据,予以决定性的否定,即证明这 14 对食品均无相克现象。郑集在科研工作中的创新性、实用性、严谨性和批判精神,在今天仍然具有重要意义。

三 毛守白的血吸虫病研究[①]

毛守白[②]是医学寄生虫学家。

毛守白 1937 年毕业于震旦大学医学系,获医学博士学位。正值日军大举入侵中国,上海爆发了八一三事变。毛守白义愤填膺,他以爱国的热情,义务服务于上海第三伤兵医院和上海第一难民收容所,以其所学的医术积极投身于抗日医疗救护工作。1938 年,毛守白前往法国巴黎大学医学院学习。他深知中国的寄生虫病发病率高的现状,因而先后攻读热带

毛守白像

---

① 参见中央大学南京校友会、中央大学校友文选编纂委员会编:《南雍骊珠:中央大学名师传略续篇》,第 426—430 页;孙文治主编:《东南大学校友业绩》第 1 卷,第 592—593 页;余森海:《缅怀我国血吸虫病防治事业的开拓者毛守白教授》,《中国寄生虫学与寄生虫病杂志》2018 年第 5 期,第 429—431 页。

② 毛守白(1912—1992),上海人。他 1937 年获得上海震旦大学医学博士学位;1938—1939 年,赴法国巴黎大学医学院进修;1947—1948 在美国、英国和埃及进修,考察与研究血吸虫病。毛守白历任上海信谊血清疫苗厂厂长,上海医学院讲师、副教授,中央卫生实验院技师,中央大学医学院教授;中央卫生研究院华东分院技师、研究员,中国医学科学院寄生虫病研究所研究员、副所长、所长,中华人民共和国医学科学委员会委员兼血吸虫病专题委员会主任委员,中华医学会理事等职。他主持和参加了血吸虫及其中间宿主钉螺的生物学研究,在血吸虫病的实验研究技术、免疫诊断以及发展抗血吸虫新药等方面进行了大量开拓性和创造性的研究,有力地指导和推动了防治实践。

医学、公共卫生学和疟疾学专业，并利用空隙时间进行科学研究。1939年当他抱着满腔爱国心、带着三张文凭和研究论文回国时，却报国无门。直到1940年12月，毛守白才被聘为上海信谊血清疫苗厂厂长。1941年7月，他兼任上海医学院寄生虫学讲师。1942年，侵华日军悍然侵占上海"租界"，毛守白毅然随上海医学院内迁，担任该院寄生虫学与细菌学副教授。1944年7月，他在重庆应聘担任中央卫生实验院寄生虫学技师。在这期间，他在极为有限的条件下，尽其所能从事着专业研究。

抗日战争胜利后，毛守白随中央卫生实验院迁至南京，于1946年应聘兼任中央大学医学院寄生虫学教授。在这一年的春夏之际，他和同事们前往无锡、苏州血吸虫病流行区农村进行调查，目睹了血吸虫病造成的严重危害：成排置于村后小河边的粪缸内充满着鲜红的血便，血吸虫病夺去了许多人的生命，原来人口稠密的村庄竟然十室九空。此次苏南之行，使其学术生涯从此与血吸虫病密切相关。他写下了《中国的日本血吸虫病流行病学综述》《日本血吸虫形态记录》《中国江苏苏州、无锡地区日本血吸虫中间宿主》和《日本血吸虫尾蚴从钉螺逸出的探讨》4篇关于中国血吸虫病研究的论文，这些论文在美国的热带病学和寄生虫学杂志上发表，受到国际学术界的广泛关注。1947年，他获世界卫生组织资助，赴美、英和埃及进行有关血吸虫病的专项考察，并与美国学者进行了合作研究。1948年，他从美国回到南京，就到市郊栖霞山的血吸虫病流行区选了一段长不足1公里的河道，拟进行灭螺试验。但未得到支持，他只得放弃。

四 朱恒璧与药理学①

朱恒璧是药理学家、药理教育家，中国药理学的先驱之一。

---

① 参见中央大学南京校友会、中央大学校友文选编纂委员会编：《南雍骊珠：中央大学名师传略再续》，第384—389页；孙文治主编：《东南大学校友业绩》第1卷，第76—77页。

1. 药理学研究与教学

朱恒璧[①]在 1923 年就开始研究药理学。他在协和医学院任教期间,受陈克恢发掘麻黄素研究的启发,认识到研究中药的药理大有可为。于是从 20 世纪 30 年代初,他即与人合作,致力于中药药理的研究,先后发表了《中国乌头(草乌头)之药理作用》《闹羊花毒呕吐作用之地位》《蚯蚓中之扩展支气管成分》《麻黄素降压作用之反转机构》等论文。1939 年,他结合自己的教学经验和研究成果,编著并出版了《药理学》教科书,

朱恒璧像

其中专门写了"几种国药的研究"一章,介绍了延胡索、麻黄、当归、闹羊花、丹参、人参、洋金花等近 20 种中药的研究成果。这是由中国药理学家编著的第一本药理学教科书。

作为教师,朱恒璧既注重研究中药药理,也十分注重教学。1919 年他从美国哈佛大学进修病理学回国后,先后在湘雅医学院、协和医学院、上海医学院以及浙江医学院担任药理学的教学工作,主讲病理学、药理学等课程。他精选讲课内容,讲解透彻;能将数、理、化、生物的知识与病理和药理相联系,因而论证严密;能论及学科发展趋势,引导学生思考,深受学生欢迎。

2. 促进两个医学会合并

20 世纪 20 年代末,中国有两个医学会,一个是"博医会",由英国人操纵,总部设在济南;另一个是"中华医学会",是中国人自己组织起来的,总部设在上海。博医会的外国人盛气凌人,看不起中华医学会。对此,朱恒璧极为反感。于是他和颜福庆、牛惠生一起努力,想将两会合并。当他与博医会负责人麦克斯威尔协商时,麦克斯威尔态度傲慢,对

---

① 朱恒璧(1890—1987),江苏阜宁人。他 1916 年毕业于上海哈佛医学校;1918 至 1919 年赴美国哈佛大学进修病理学;1923 至 1925 年在美国西余大学进修药理学。1925 年回国后,他历任长沙湘雅医学院药理科副教授,北京协和医学院药理科讲师、副教授,上海医学院教务主任兼药理科主任、教授、代理院长、院长;新中国成立后历任浙江省卫生厅技正兼浙江医学院生物检定学教授,浙江医学院药理学教授、药学系主任,卫生部医学科学委员会血吸虫病专题委员会委员,浙江省卫生实验院药物研究所所长等职。

此,朱恒璧十分气愤。此后,他东奔西走,努力说服博医会中的中国会员采取"三不"态度,即不参加博医会的活动,不向博医会办的刊物投稿,不交纳会费。经过 3 年努力,博医会被迫让步,表示愿意谈判合作。1931 年,朱恒璧与牛惠生到济南与麦克斯威尔谈判提出:两会合并,建立一个统一的"中华医学会",外国人也可以参加,但不能担任会长、总干事和会计的职务。麦克斯威尔只得签字同意。这样,一个统一的由中国医学界人士自己掌握的全国性学术团体——中华医学会便于 1932 年在上海成立。来自海内外约 400 名医学工作者参加了成立大会,大家扬眉吐气,精神振奋。朱恒璧在会上发表了激动人心的演说,号召中国所有的医学工作者团结起来,积极参加、爱护和支持中国人自己的中华医学会。大会推选牛惠生为中华医学会会长,朱恒璧为总干事。他历任总干事、总秘书、书记、会长、董事长、董事会主席等职,主持编辑《医学指南》(第三版),介绍现代医药学的进展。

第四节　五官科学发展

这一时期五官科的发展,突出的表现为胡懋廉、陈华和姜泗长在耳鼻喉科、口腔正畸学和耳病理学、耳外科学等方面的成就。

一　胡懋廉的耳鼻喉科临床研究与教学[①]

胡懋廉[②]是耳鼻喉科学家,中国现代耳鼻喉科学的奠基人和开拓者之一。

---

① 参见中央大学南京校友会、中央大学校友文选编纂委员会编:《南雍骊珠:中央大学名师传略续篇》,第 416—420 页。

② 胡懋廉(1899—1971),字浩民,天津人。1921 年他毕业于北京国立医学专门学校,1933 年获美国哈佛大学医学院博士学位。胡懋廉历任中央医院耳鼻喉科主任、代理院长,存仁医院的科主任,中山大学医学院副院长,四川省立医院院长,中央大学医学院教授;上海公济医院(市第一人民医院前身)院长兼耳鼻喉科主任,上海市卫生局耳鼻喉科顾问,上海第一医学院教授、副院长,中华医学会耳鼻喉科学会副主任委员、上海分会耳鼻喉科学会主任委员等职。

1. 耳鼻喉科的临床研究与实践

1922年,胡懋廉为解决传染病喉部并发症到协和医院耳鼻喉科进修,后转入该院任耳鼻喉科助理住院医生。他针对停电对手术的困扰,创制了一台接在氧气瓶上使用的口鼻全麻手术用手提喷醚器,很快被国内外临床使用。1931年在美国哈佛大学学习时,在穆希尔教授指导下,从事筛窦研究,他能闭着眼睛用橡皮泥捏出形态逼真的鼻子。1935年,他为一位鼻中隔脓肿导致鼻梁塌陷的患者做了肋软骨移植矫正术。

胡懋廉像

1939年,他在存仁医院成功做了我国第一例喉癌全喉切除手术,迈出了我国喉癌治疗的第一步。他还对食道异物进行了深入观察和研究,先后发表《扁桃体周围脓肿》《上颌窦穿刺与灌洗》《食道异物取法之研究》《气管切开术》和《噪音性耳聋的研究》等论文。基于上述研究,胡懋廉对耳鼻喉科疾病诊断准确,治疗得当,手术效果极佳,病人痊愈快。他高超的医术赢得了广大患者的信任。

2. 建立耳鼻喉科实验室

1937年后,全国性抗日战争爆发。时任中央医院代理院长的胡懋廉留守南京负责内迁工作。他不顾个人安危,组织全院员工疏散撤离,自己则最后离开。到了成都后,不仅生活条件艰苦而且教具奇缺。于是,他建立了第一个耳鼻喉科实验室,带领学生到成都郊外无主坟堆中收集颅骨,半年获400多具,将其精心加工制作成标本,并对每一个标本进行描绘,显出标志,以供教学之用。他还亲自动手绘制许多教学挂图、解剖挂图、手术设计图,以及各种标本和彩色模型。与此同时,他引导学生学做模型,对学生进行耳鼻喉各部位的手术进行训练,增强其动手能力。他用眼药滴瓶制成"声门下拍击声"模具,教学生如何不用听诊器就能诊断出活动性气管异物,这样,学生诊断气管异物的技术大大提高。他创制的"内耳平衡功能"检查模型、鼻中隔手术模型和"守株待兔"气管异物取出术等,在教学上亦取得很好的效果。

3. 严格要求学生又爱才惜才

胡懋廉严于律己,同样也严格要求学生。除了要求上下班、查房、手术准时,急诊、会诊随叫随到以外,还要求手术中必须严肃、谨慎、细心,术前必须设计周到。如带学生做鼻咽纤维血管瘤圈套摘除术之前,为了防止大出血,他要求学生必须先做好颈外动脉结扎预置线的留置;要求学生处处为患者着想,其手术须"稳、准、快",尽可能减少患者的出血和疼痛。

胡懋廉对学生既严格要求,又爱才惜才。在他的辛勤教诲下,许多学生脱颖而出,成为我国著名的耳鼻喉专家,如姜泗长、刘乾初、李继孝等。在抗日战争艰苦的岁月里,他接济贫苦的学生;逢年过节,抚慰那些远离家乡和家人的学生;对于有病的学生更是百般呵护,关怀备至。比如姜泗长那时得了肺结核,胡懋廉资助他住院至痊愈;后来由于工作劳累,姜泗长的肺病复发,胡懋廉不顾该病的传染,将姜泗长接到自己的家中休养;姜泗长出国深造,为了让他安心学习,他又接替了姜泗长的教学工作。姜泗长后来成为耳鼻喉科的专家离不开胡懋廉当年的悉心培育与关怀。

二 陈华的口腔正畸学研究[①]

陈华[②]是口腔医学家和教育家。

1. 创办牙症医院

1930 年,陈华在华西协合大学获牙科博士学位后,任成都华西协

[①] 参见中央大学南京校友会、中央大学校友文选编纂委员会编:《南雍骊珠:中央大学名师传略》,第635—638页;李刚、林珠、丁鸿才等:《陈华教授对口腔医学教育的发展理念和实践》,《实用口腔医学杂志》2012 年第 2 期,第 128—131 页。

[②] 陈华(1902—1990 年),四川成都人。他 1930 年毕业于华西协合大学医学院牙科,获牙科博士学位。陈华毕生致力于口腔医学教育、医疗和科学研究,是中国口腔医学教育的主要创始人之一。他历任南京中央医院牙科主任医师,国立中央大学医学院暨国立牙科学校副教授,国立中央大学医学院、私立华西协合大学医学院、私立齐鲁大学医学院三大学联合医院门诊部牙科主任,国立中央大学医学院教授,中央大学医学院附属牙症医院院长;南京医学院教授,中国人民解放军第五军医大学教授、中国人民解放军第四军医大学教授兼口腔学系主任、口腔医院院长、中国人民解放军第四军医大学副校长等职。

合大学医学院牙科临床助理医师。1931年,应聘到北京协和医学院任口腔外科助教。1932年应聘到南京中央医院牙科任主治医师。1938年,应聘为国立中央大学医学院暨国立牙医专科学校副教授,兼任国立中央大学医学院、私立华西协合大学医学院、私立齐鲁大学医学院三大学联合医院门诊部牙科主任。在求学和多年工作的过程中,他深深地感到,中国口腔医学教育带有浓厚的半殖民地色彩。偌大一个中国,只有一所外国人开办的牙科学校——成都华西协合大

陈华像

学医学院牙科学校,由外国人任教,采用外国教材。他立志创建中国自己的口腔医学教育事业。1940年,在他的主持下,由国人白手起家,创办了第一所牙症医院,并担负起培养高级口腔医学专业人才的重任。

2. 口腔正畸学研究

陈华是中国口腔正畸学创始人之一。1945年,陈华赴美国哥伦比亚大学牙医学院攻读正畸学,在美学习期间被接纳为国际牙医学会(FICD)美国分会会员。1947年他谢绝美国友人挽留,用积蓄购置了一些口腔专科器材带回祖国开展医疗和教学,填补了中国口腔医学在这方面的空白。学成归国的陈华被聘为中大医学院医学院教授、附属牙症医院院长。陈华致力于活动矫治器的临床应用和研究,以及缩短正畸疗程的实验研究。他发明了"三联环圈簧""闭隙卡""收弓簧",改进"眼圈簧",还设计了新式的"带翼扩弓矫治器"。

3. 主持选定牙科名词

陈华在教学和医疗实践中,深切感到牙科中文名词的重要性。1939年他组织成立牙科中文名词研究会,每月开会一次,广为收集牙科中文名词,并将选定的名词记录下来。他们选用"齿"和"牙"二字为部首创造牙科用字,如现在使用的"龋""龈"等专业名词就是那时选定的。

三　姜泗长的耳病理学、听力学、耳外科学研究①

姜泗长像

姜泗长②是耳鼻咽喉科专家。他在耳病理学、听力学、耳外科学研究方面有卓著贡献。

姜泗长1938年毕业于北京大学医学院医疗系，1939年进入耳鼻喉科的研究领域，从此刻苦钻研所从事的医学专业。1940年，他在挖土建房工地收集了200多个完整的头骨，将其用来解剖和制作内耳模型，从而打下了坚实的专业基础。1941年7月，中央大学医学院在成都组建附属公立医院，姜泗长跟随老师胡懋廉创办了医院的耳鼻喉科。抗日战争胜利后，胡懋廉留在成都任医院院长兼耳鼻喉科主任，姜泗长则跟随中央大学医学院的一部分人员回到南京。两年后，34岁的姜泗长开始全面主持耳鼻喉科的各项医疗工作。

1947年7月，姜泗长赴美国芝加哥大学医学院进修。在进修期间，他针对我国耳鼻喉医学技术的不足之处，决定把学习的重点放在内耳开窗手术和研究颞骨病理组织学上。他不仅在尸头上练习，还亲自抓猴子做颞骨切片研究，与此同时，他非常注意总结细节问题上的理论依据。1949年初，姜泗长毅然回绝了导师林赛让他留在美国的邀约，回到中央大学医学院。他利用在美国所学到的知识和技术，为发展中国的耳科外科、耳科病理学、听力学和耳神经外科学做出了开创性的贡献。

---

① 参见中央大学南京校友会、中央大学校友文选编纂委员会编：《南雍骊珠：中央大学名师传略再续》，第418—420页；孙文治主编：《东南大学校友业绩》第1卷，第612—613页；李银平：《记我国我军著名的耳鼻咽喉科专家和创始人之一——姜泗长教授》，《中国危重病急救医学》1999年第8期，第451—452页；姚春雨：《名医风范——记中国工程院资深院士姜泗长教授》，《国防》2000年第1期，第31—32页。

② 姜泗长（1913—2001），天津市人。他1938年毕业于北平大学医学院，1947—1949年在美国芝加哥大学医学院深造。姜泗长历任中央大学医学院附属医院院长、教授；南京大学医学院附属医院院长兼耳鼻咽喉科主任、教授，第四军医大学附属医院副院长兼耳鼻咽喉科主任、教授，解放军总医院副院长兼耳鼻咽喉科主任、教授，中国人民解放军耳鼻咽喉科研究所所长、中华医学会理事、耳鼻咽喉科学会主任委员等职。姜泗长1995年当选为中国工程院院士；他在耳神经学研究和各类耳聋治疗等方面成就卓著。

第五节　法医学、皮肤病学和妇产科学发展

这一时期法医学、皮肤病学和妇产科学的发展分别表现为林几、于光元和阴毓璋取得的成就。

一　林几与法医学的建立[①]

林几[②]是中国现代法医学的创始人。

1. 创立我国第一个法医学教研室，创建法医学科

我国法医学历史悠久，可以追溯到南宋时期宋慈（1186—1249）的检验尸体实践及其所编著的《洗冤集录》，这是世界上最早的一部法医学专著。随着科学技术的发展，医学也在不断进步，而我国的法医验尸技能仍停留在尸表的检查。鉴于此，林几为了振兴祖国的法医学，在1924年留学德国时选择了法医学，并悉心学习法医检验技术。1928年他获医学博士学位后回国，就接受了中大委托，拟议"创立中央大学医学院法医学科教室意见书"。林几叙述了建立法医学教研室的作用及意义，并为成立教研室在人员、设备、规模等方面作出了详尽的规划。1930年，林几在北平大学医学院首创我国第一个法医学教研室，任主任教授。与此同时，还增设了病理、物证、人证、化验等研究室，添设所用的仪器设备，为培养法医

林几像

---

① 参见中央大学南京校友会、中央大学校友文选编纂委员会编：《南雍骊珠：中央大学名师传略》，第623—627页；田振洪：《论林几法医学教育思想的形成和价值》，《中国司法鉴定》2017年第6期，第25—32页；黄瑞亭：《林几学术思想及其当代价值》，《中国法医学杂志》2017年第6期，第547—551页；黄瑞亭：《林几教授与他的〈实验法医学〉——缅怀中国现代法医学奠基人林几教授》，《中国司法鉴定》2014年第4期，第110—114页。

② 林几（1897—1951），福建福州人。他1918年考入北京医学专门学校，毕业后留校任病理学助教；1924年被派往德国维尔茨堡（旧称华兹堡）大学医学院学习两年，专攻法医学，后又在柏林大学医学院法医研究所深造两年，获医学博士学位。林几历任北平大学医学院法医教研室主任教授、上海法医学研究所所长、西北联合大学医学院教授、国立中央大学医学院法医学科主任、教授，法医研究所所长；南京大学医学院法医学科主任、教授，中央人民政府卫生部卫生教材编审委员会法医学组主任等职。

人才、接受检案和法医研究工作创造了较好的条件。1939年,林几受聘于在成都的国立中央大学医学院,创建法医学科,并为四川省高等法院举办高级司法检验员培训班。1948年他创办了中央大学医学院法医研究所,任所长。他先后培训了法医检验人员三百余人。

2. 大法医学的思想与实践

林几在《法医研究所一周年报告》中指出:"夫法医之为专门科学,于司法设施上颇占重要。不独刑事检验为然,即所有人证、物证均需科学的方法为鉴定之标准也。"他认为,学术包括法律、医药、理化、生物学、毒化、心理、侦查各科。法医学之应用涉及医、法、警三界,是国家社会应用医学之一。在林几的论文、著作中,除研究传统法医学外,还附有中毒、灾害法医学以及犯罪心理、劳工卫生及健康保险等内容。林几任法医研究所所长期间,检验内容包括活体、尸体、毒物、毒品、文检、印章、指纹、足印等,这些说明林几不仅提倡"大法医学"的观点,而且付诸实践。

3. 编著不同类型的法医学教材

林几学识渊博,编著教材都结合了自己的研究成果和检案的实践经验。比如:书中关于新生儿的成熟标志、死产与活产鉴定中的一些资料和数据,深得妇产科主任阴毓璋的赞赏,他说,林师学识渊博不愧其称谓"百渊"(林几字百渊)。林几考虑到医本科学生或者将从事司、检、法工作的学生今后工作的需要,就编著了不同要求的法医学教材。除了为在校学生编印《法医学总论》《法医学各论》作为法医学讲义外,还为校外不同的训练班编著相应的法医学教材,如《医师用简明法医学》《法官用法医学讲义》《犯罪侦察学》《犯罪心理学》等。

4. 坚持真理,治学严谨

林几授课时严肃认真,一丝不苟,常结合授课内容讲解有关案例,以加深学生们对所授内容的理解和兴趣。课堂教学生动活泼,极受学生欢迎。在教学中,他很重视法医检案,凡受理各省、市法院送检的案件,常亲自检验鉴定。遇有其他老师带教尸体解剖时,往往亲临解剖台旁观看,并从旁指导。当检查内脏时,还会戴上手套十分仔细地检查每个脏器,指出阳性病变部位和取检材时应注意之处。他总结了二十余年来的法医尸体检验资料，作出死因分类统计：其中外伤占 46.5％，窒息占 22.5％，中毒占 27％，疾病猝死占 3％，其他不明原因占 1％。这对以后的医学研究具有指导价值。林几认真负责、不怕脏累和诲人不倦的精神深深地感动了学生。

林几检案都以事实为根据，绝不弄虚作假。在写法医鉴定书时，每句每字都要反复斟酌修改后才能定稿。他在每份法医鉴定书的说明项后写有"本说明皆据学理事实"；在鉴定项后写明"本鉴定皆公正平允，真实不虚"的字样。最后核对无误时，方可盖印发出。他在法医研究所任所长时，把经办的 100 个案件开辟"案例专号"栏目公开在《法医月刊》上发表。在北平大学医学院任法医学教研室主任教授时，他又把经办的 50 个案例在《北平医刊》上发表。这种公开鉴定文书的方式，一是表示公正，二是接受监督，三是传播法医知识，四是树立法医地位。

二　于光元的皮肤病研究[①]

于光元[②]是我国著名皮肤性病学专家、皮肤性病学科主要奠基人之一。

于光元 1921 年毕业于奉天医科大学后就留校任教和从事临床工作，后赴英国爱丁堡大学医学院药理学系及皇家医院皮肤性病科进修。1925 年获爱丁堡大学医学博士学位，并被吸收为英国皇家学会会员。他学成回国后，应聘任奉天医科大学药理学、皮肤科教授。九一八事变后，他参加了日军侵华事件调查，揭

于光元像

---

① 参见中央大学南京校友会、中央大学校友文选编纂委员会编：《南雍骊珠：中央大学名师传略再续》，第 390—393 页；吴绍熙：《伟大的皮肤科——忆于光元教授》，《中国麻风皮肤病杂志》2002 年第 2 期，第 208 页；许彤华、祝兆如《缅怀学识渊博循循善诱的尊师——于光元教授》，《中国麻风皮肤病杂志》2000 年第 4 期，第 279 页。

② 于光元(1899—1991)，山东烟台人。他 1921 年毕业于奉天医科大学，1925 年获英国爱丁堡大学医学博士学位。于光元历任中央大学医学院药理学教授，中央大学、华西大学和齐鲁大学的"三大联合医学院"药理学和皮肤性病学教授，兰州大学医学院教授，同济大学医学院皮肤性病学教授，兼任附属中美医院皮肤科主任；1949 年后任上海第二军医大学、同济医科大学教授、院长、皮肤科主任。

露日军侵华罪行。1937年应聘任国立中央大学医学院药理学、皮肤科教授。

于光元原来以研究药理学为主，并发表了《毛地黄及其类似药物的药理学研究》《亚硝酸五烷的研究》等重要论文。从1948年开始他专注于皮肤科的教学与研究，其研究方向的转变，与他以解除人民的疾苦为己任的医学道德责任感密切相关。因为他目睹了当时中国娼妓众多，皮肤病及性病蔓延，危害着人民的健康。

于光元在教学中，特别强调整体观念。他指出，皮损只是一个体征，可能是内科疾病在皮肤上的表现。皮肤病也能导致内脏器官的病变。如梅毒可伴发神经梅毒、心血管梅毒等一系列的内脏病变。因此，皮肤科医生必须有坚实的内科学基础，才能正确诊断和合理治疗患者的疾病。这使学生受益匪浅。他还十分重视临床实践。比如，他制定了预约麻风病人来门诊的制度，对他们不恐惧、不歧视，结合临床检查，指导学生认识这一疾病，善待患者。学生们耳濡目染其医风医德，深受教益。

三 阴毓璋妇产科教学与研究[①]

阴毓璋[②]是妇产科学家，我国妇产科学的创始人之一。

阴毓璋于1926年公费赴美国约翰·霍普金斯大学学习，1928年获理学士学位后，入该校医学院读研究生，1932年获医学博士学位，留院任助教、外科医生。1933年，他毅然放弃美国的优厚条件，投身祖国的医学事业。他来到安徽芜湖弋矶山医院，先后担任大内科和大外科主任，并代表医院参加世界外科学会。全国抗战爆发后，

阴毓璋像

[①] 参见中央大学南京校友会、中央大学校友文选编纂委员会编：《南雍骊珠：中央大学名师传略》，第643—644页。

[②] 阴毓璋（1903—1968），山西沁源人。他1926年毕业于清华学校，1928年获美国约翰·霍普金斯大学理学士学位，1932年获该校医学博士学位。阴毓璋历任中央大学医学院妇产科主任、教授，中央大学医学院附属医院院长；1949年后历任第五军医大学教授、长春第一军医大学妇产科主任等职。

阴毓璋赴成都任国立中央大学医学院妇产科主任。1945 至 1949 年,他出任中央大学医学院附属医院院长。在此期间,阴毓璋在美国《国际外科杂志》发表了《子宫内膜异位症与子宫肌腺瘤在病源、病理方面不是一个病症》的论文,在国际学术界引起了强烈反响;他还发表了《幼稚型子宫的临床分类》《从阴道萎缩的原因研究,否认老年性阴道炎为一单独病症》等数十篇论文,均受到当时国外妇产科学者的重视。

作为致力于医学教育事业的教师,无论在课堂上还是临床实践中,他对学生和各级医生及护士都严格要求。他经常说,医生面对生命,不容许有丝毫的差错。作为医生,他待病人如亲人,凡有危重疑难病人,他都亲自看护,深受广大患者的爱戴。他最早开展并擅长做复杂的广泛式子宫颈癌腹腔内和阴道式子宫切除术及腹膜外淋巴扫荡术,以及最难治的阴道式膀胱阴道瘘修补术。全国各地的许多患者常常慕名而来求医。

第六节　解剖学、生理学与骨科学发展

这一时期的解剖学、生理学与骨科学发展分别体现在潘铭紫、蔡翘和叶衍庆的成就中。

一　潘铭紫的人体解剖学教学与研究[1]

潘铭紫[2]是人体解剖学专家。他在软体人类学方面有较深的研究,是我国体质人类学研究方面的开拓者之一。

潘铭紫 1920 年自苏州东吴大学肄业,考

潘铭紫像

---

[1] 参见中央大学南京校友会、中央大学校友文选编纂委员会编:《南雍骊珠:中央大学名师传略续篇》,第 413—415 页。

[2] 潘铭紫(1896—1982),江苏苏州人。他 1925 年毕业于协和医学院,1930 年入美国明尼苏达大学研究院学习,1931 年回国。潘铭紫历任协和医学院讲师、副教授,中央大学医学院人体解剖科主任、教授;第四军医大学解剖学教研室主任、教授,中国解剖学会理事长、陕西省解剖学会理事长。

入北京协和医学院,1925 年毕业留校,从事解剖学教学与研究。1930 年赴美国明尼苏达医学院深造,1931 年回国,仍在协和医学院从事解剖学教学与研究。抗战期间,他应聘迁往成都的中央大学医学院,任人体解剖科主任、教授。

解剖学在医学院前期课程中课时最多,潘铭紫在教学中不辞辛劳,亲力亲为,甚至解剖实验的重点内容都亲自带。为了解除初学者对于尸体的恐惧,潘铭紫在给他们上第一次课和做第一次实验时,就从解剖学在医学中的地位与重要性讲起。他讲课生动,语言诙谐幽默,如在讲到人体心脏瓣膜的名称和位置时,就以自己姓名的英文字头"P、A、M、T"来比喻(即肺动脉瓣、主动脉瓣、二尖瓣、三尖瓣),使得学生很快掌握。这不仅解除了学生们的种种顾虑,而且让他们喜欢上这门课。在教学方法上,他总结了"五备":备内容、备方法、备教具、备对象、备思想;认为讲课要做到"四有":有形、有理、有用、有趣,根据这些原则正确筛选教学内容。

作为科主任,他建科有术,育人有方。他紧跟世界科技前沿,关注解剖学动态;重视对馆藏解剖学及相关外文期刊的订阅,确保没有遗漏,还及时购置新版的通用教科书。此外,他还在教研室里设立了绘图室、模型室和标本制作室,并聘专人负责。

在科研方面,他在协和医学院工作期间,曾为孙中山先生的遗体做过防腐保颜研究;以后多年从事"体质人类学"研究,发表了《中国人心脏的冠状动脉》《中国人股深动脉的研究》《中国人的骨骼的研究》《中国人腓肠神经的研究》等论文,为我国人体解剖学的发展贡献了毕生的精力。

二 蔡翘的神经解剖学与生理学贡献[①]

蔡翘是神经解剖学家和生理学家。他是我国生理学奠基人,航空、航天和航海生理学创始人,在人体视觉、神经生物学等研究领域有多项原创性贡献,曾培养了童第周、冯德培、张香桐院士等大批生理学家;是

---

① 参见中央大学南京校友会、中央大学校友文选编纂委员会编:《南雍骊珠:中央大学名师传略》,第 616—622 页;孙文治主编:《东南大学校友业绩》第 1 卷,第 210—211 页;《蔡翘教授传略》,《中国神经科学杂志》2003 年第 2 期,第 134 页。

中国人民解放军军事医学科学院的创建人
之一。

1. 发现"蔡氏区"

蔡翘[1]在美国芝加哥大学读研究生期间，
花了两年多的时间完成了"负鼠视束及视觉中
枢"的研究，并将长达 75 页的论文《弗吉尼亚
负鼠的视束和视觉中心》发表在 1925 年《比较
神经学杂志》第 39 卷上。论文的题目虽为负
鼠视觉系统的研究，但其内容却大大超出了视
觉系统的范围，涉及脑干内极为重要但又不大

蔡翘像

为当时人们所注意的一些结构，如内侧前脑束和被盖网质等。学位论
文完成后，他在亨瑞克教授和生理学教授雷威的指导下从事研究工作。
不久，他经导师推荐成为美国西格马赛学会的会员。

蔡翘以坚韧不拔的精神研究神经解剖学上的一个难题——前脑内
侧束的细胞起源、纤维联结和功能意义，首次发现了间脑与中脑之间的
一个神经核团的功能，这个神经核团即顶盖前核，并在美国《比较神经
学杂志》发表论文，澄清了多年来人们对于这一纤维联结系统的模糊概
念，引起学术界的重视，蔡翘所描述的中脑内盖网质这个区域被命名为
大脑的"蔡氏区"。

2. 编著《生理学》

蔡翘于 1925 年秋受聘为复旦大学教授，他是在中国综合性大学开
设专门生理学课程的第一人。当时，各大学普遍用英语授课，他认为用
外语作为教学媒介不利于学生吸收和掌握所学知识，更不利于科学知
识的普及与推广，于是他坚持用华语教学，自编中文讲义，并编著中国
第一本大学生理学教科书——《生理学》(1929 年商务印书馆出版，共

---

[1] 蔡翘(1897—1990)，广东揭阳人。他 1919 年赴美，先后在加利福尼亚大学、印第安纳大学和哥伦比
亚大学心理系学习；1922—1925 年在芝加哥大学学习生理学，获哲学博士学位并获"金钥匙奖"。
他历任上海复旦大学生物学科教授、主任，中央大学医学院生理学教授，上海雷士德医学研究所副
研究员，中央大学医学院代理院长；1949 年后任南京大学医学院院长，第五军医大学校长，军事医
学科学院研究员、副院长，中国生理科学学会理事长、名誉理事长。1948 年获选中央研究院院士，
1955 年当选中国科学院学部委员(院士)。

50章,70万字,增订本改名为《人类生理学》)。该书曾被延安卫生学校采用为教材。他的学生中不少人后来成为生理学界的佼佼者。

3. 生理学的系列研究

1929年,蔡翘与助教徐丰彦一起研究了甲状腺与钙代谢的关系,阐明了甲状旁腺切除后肌肉抽搐以至死亡的主要原因,是血钙浓度严重下降。1930年秋,蔡翘第二次出国,由美国洛克斐勒基金会资助,先后到英国和德国进修。他先在伦敦大学与埃文斯教授等研究肝糖原的代谢,观察乙醚、异戊巴比妥等麻醉药的影响,动物在断头和去大脑之后肝糖原的恢复过程,以及肾上腺素对猫的糖原分布的作用,共发表3篇文章;继而又到剑桥大学在爱德里安教授建议下研究麻醉药(主要是可卡因)对蛙趾单条神经纤维动作电位传导的影响。研究结果写成论文《麻醉药对来自单个终器的神经传导的影响》,该文连同前3篇论文都刊登于1931年伦敦出版的《生理学杂志》上。1931年冬,他到德国法兰克福大学进修,并访问著名的米奥霍夫、莱因沃伯等教授的实验室,写成论文《关于麻醉对单个神经纤维传导的影响》,该文于1932年在英国的《生理学杂志》上发表。

1932年春,蔡翘回国。从1932年秋至1936年底他在上海雷士德研究所工作期间,连续研究肝在糖代谢中的作用问题,他和他的助手易见龙合作在《中国生理学杂志》上先后发表了11篇论文。他们通过一系列的实验证明,肝在保持血糖正常浓度中的作用主要在于不断地摄入非糖类和糖类食物的消化产物以合成糖原,从而在消化间期释放出葡萄糖以保持循环血糖浓度的相对稳定。蔡翘的这些实验研究成果受到国内外生理学界的重视,曾被多次引用。

抗日战争期间,蔡翘在物资匮乏、科研条件极端困难的情况下,将地下室改建为实验室,用井水替代自来水,并开办小型工厂,自制实验仪器,不仅满足自己的需要,还供应兄弟单位。他直接参加和指导的实验性研究主要围绕血液生理这一领域。他研究了红细胞脆性和溶血、抗溶血机制,阐明了脾脏与红细胞渗透脆性的关系及其影响因素及机制;发现胆固醇是正常血浆中的主要抗溶血物质,免疫的溶血性血清中存在一种"抗胆固醇因子",它可以对抗胆固醇的抗溶血功能;发现了血清缩血管物质中除血小板解体时释放的组织胺外,还有非组织胺物质等。

抗日战争胜利后,中央大学医学院复员南京。蔡翘再次领导生理学科的教学与研究恢复工作,继续从事小血管受伤后自动止血机制的研究,并在英国与中国生理学刊物上发表了数篇论文。1947年8月,他赴英国出席国际生理科学会牛津会议,在大会上报告了上述出血自止机制的科研成果。这些成果引起国际同行的重视,直至1980年初仍被国外学者所引用。

三 叶衍庆的骨科教学与研究[①]

叶衍庆[②]是骨科学家,我国现代骨科学奠基人之一。

叶衍庆1930年毕业于山东齐鲁大学,获医学博士学位;1935年去英国利物浦大学医学院深造,获骨科硕士学位。1937年他成为英国皇家骨科学会会员。1937年叶衍庆学成归国后不久,即遇日军侵略上海。他立即投入抢救抗日战士生命的战斗中。同时他受聘于上海仁济医院,积极开创骨科医疗业务,并与

叶衍庆像

牛惠生等六位著名医师组建成立中华医学会骨科小组,为我国骨科医学的创立和发展奠定了基础。1948年他在积累了大量的临床经验后赴美,以了解北美的骨科经验。在美国的一年中,他访问了麻省总医院、梅奥医学中心和旧金山加州大学医学院等多家著名骨科研究及临

---

① 参见陈挥、葛鹏程:《献身祖国骨科事业的叶衍庆教授》,《上海交通大学学报·医学版》2013年第10期,第1—4页;过邦辅:《怀念恩师叶衍庆教授》,《中华骨科杂志》1999年第1期,第42页;钱不凡:《一代宗师叶衍庆教授》,《中华骨科杂志》2006年第1期,第65页。
② 叶衍庆(1906—1994),江苏苏州人。他1930年毕业于山东齐鲁大学医学院,并获医学博士学位;1936年到英国利物浦大学进修骨科,获骨科硕士学位(荣誉)。叶衍庆历任上海仁济医院骨科主任、兼任上海女子医学院、上海圣约翰大学医学院教授;上海第二医学院教授、医学系一部系主任、名誉主任、瑞金医院骨科主任、上海市伤骨科研究所所长、名誉所长。

床中心,了解了美国的骨科概况,然后返沪。

叶衍庆非常注重读书。他认为只有读破万卷书,才能做好骨科临床工作。他的知识极为渊博,无论大家有哪方面问题要请教他,他总能给出答案,被人们称为"活词典"。同时他也很注意实践,对每一种新技术,他都进行深入研究,并做到精益求精。

在40年代中期,他成立了上海最早的骨科专业病房,首先在国内开展了使用三翼钉治疗股骨颈囊内骨折的手术,率先进行了腰椎间盘摘除手术,并引进"麦氏截骨术"治疗股骨颈新鲜及陈旧骨折,开展了国内首例脊柱椎体前外侧减压手术治疗脊椎结核。他还进行骨科基础科学的研究,从生物学、化学、组织形态学、生物力学方面出发,探索骨折愈合的机制,并在这方面获得了重要成果。

结语　江苏科技发展对于我国科技发展的影响

在中国古代以及民国时期,江苏科技发展的脚步一直走在了全国的前列,并对整个国家的科技进步产生了深远的影响。江苏科技实力的积累和创新精神的传承,为后世的科技发展奠定了坚实的基础,其影响之深远,至今仍在中国科技史上熠熠生辉。

一 江苏古代科技发展的影响(以学科出现的年代为据)

首先,在古代时期,江苏涌现出诸多在多个学科领域均有杰出成就的百科全书式的大科学家,对我国科技发展产生了深远影响。

例如,南北朝时的大科学家祖冲之和陶弘景。祖冲之在天文历法、数学(尤其是计算圆周率的"祖率")以及机械学(如指南车、欹器、千里船的制造)方面成就非凡,体现了当时科技的最高水平;陶弘景则在天文学、地理学、化学、冶金学和医药学等多个领域均有卓越的成就。北宋时期的沈括,以其晚年的杰作《梦溪笔谈》总结了前代的科学成就,并在数学、物理、化学、天文学、地理学、水利和医药学等多个学科领域有所建树。明朝的徐光启则以其《农政全书》和《泰西水法》等著作,在农学领域做出了显著贡献,同时在数学、天文学和制造业等方面也有所成就。清朝的徐寿和徐建寅父子在化学与物理学领域翻译了《化学鉴原》《声学》《电学》《汽机新制》等多部重要著作,徐寿还主持研制了我国第一艘以蒸汽为动力的轮船"黄鹄"号,徐建寅则开启了中国近代造船、制酸、军火等民族工业的新篇章。

其次,古代时期江苏在医学、生物学、化学、数学、天文学、工程制造、农学、地理学、建筑和园林设计等多个学科领域的贡献与影响力也是举不胜举,彰显了江苏科技在中国古代科技文明中的重要地位。

在医学方面。东汉末年医学家华佗发明的麻沸散是世界外科麻醉术的首创,这种中药麻醉剂不仅安全可靠,还具有抗休克和抗感染的优点。东晋时期医药学家葛洪所著的《玉函方》和《肘后备急方》至今仍在流传;他提出的许多特效的治疗方法和药物,例如青蒿治疗法,不仅对于青蒿素的发现具有重要的启示作用,而且对于世界医学发展亦有重要的意义。跨宋齐梁三代的著名医药学家陶弘景所撰的《本草经集注》7卷、《名医别录》3卷以及药物分类法,对后世的本草学影响深远。北宋苏颂的《本草图经》进一步丰富了本草学的内容。明代滑寿的针灸学、薛己的《内科摘要》《外科枢要》《疠疡机要》(麻风病专著)等、王肯堂的《证治准绳》、陈实所著《外科正宗》、吴有性的《温疫论》以及清代叶天士、徐大椿、吴瑭等人的医学思想和临床实践,不仅在当时的江苏,而且在全国产生了广泛的影响,是我国医学的宝贵财富。

在生物学方面。三国时期陆机所著《毛诗草木鸟兽虫鱼疏》对动植物的形态进行了翔实的描述,突出它们各自的形态特征,据此可以辨别这些动植物的种属。陆机的这项工作不仅是生物发展史上珍贵的资料,也开拓了生物研究的先河。

在化学方面。东晋医药学家葛洪著有炼丹术经典著作《抱朴子内篇》20卷。南朝医药学家陶弘景在炼丹术与化学及冶金技术方面均有卓越的贡献。

在数学方面。除了前文提及的南北朝时期祖冲之计算出精确的"祖率"并撰写《缀术》五卷之外,其子祖暅也提出了著名的祖暅原理。到了清朝,数学家李锐、董祐诚、华蘅芳不仅扩展了数学研究领域,而且他们的工作对以后数学的发展具有重要的推动作用。

在天文学方面。南北朝时祖冲之在《大明历》的编纂中,最早将岁差引进历法,并区分了回归年和恒星年。北宋中期杰出的天文学家和天文机械制造家苏颂发明的水运仪象台和假天仪展现了巧夺天工的技艺,其著作《新仪象法要》更是中国天文学史上一部影响极为深远的重要文献。

在工程制造方面。除了南北朝时期祖冲之制造的指南车、欹器、千里船等重要发明,清代的徐寿成功主持研制"黄鹄"号轮船,其子徐建寅为中国近代民族工业包括造船业、军事工业、化学工业的创立与发展做出了卓越贡献,龚振麟的造船与铸炮技术亦颇具影响力。

在农学方面。唐代陆龟蒙对当时江东一带重要的水田耕作农具——犁的各部构造与功能作了详细记述和说明,撰写了《耒耜经》。明代徐光启的《农政全书》、马一龙的《农说》、黄省曾的《农圃四书》都是中国古代极具影响力的农书,对后世的农业发展产生了指导作用。

在地理学方面。南宋地理学家范成大的地理学研究成果包括自然地理学,地质、矿物和岩学以及人文地理学三个方面,他的地理学著作有自编文集《石湖大全集》136卷。明代地理学家徐霞客的《徐霞客游记》记录了他的旅行观察所得;黄省曾的《西洋朝贡典录》记载了西洋23个国家和地区的方域、山川、道里、土风、物产、朝贡等情况。清代顾祖禹著有《读史方舆纪要》,共130卷,280余万字。这些地理学成就,在中国地理学史上影响深远。

在建筑与园林设计方面。明代建筑大师蒯祥的建筑技艺达到了极高水平,几乎已到炉火纯青的程度。他精通尺度计算,在每项工程施工前都要对相关的工程作精确的计算,因此竣工之后,这些建筑物的位置、距离、大小尺寸与设计图分毫不差。他不仅在用料、施工等方面精心筹划,而且在榫卯技巧的建筑艺术上有独到之处,使榫卯骨架结合十分准确、牢固。蒯祥在北京皇宫府第的建筑中,还将江南的建筑艺术巧妙地运用其中,使殿堂楼阁显得富丽堂皇。明代造园艺术家计成不仅主持建造了多处著名园林和假山等,还撰写了一部系统研究造园理论的著作《园冶》,对后世园林设计产生了深远影响。

二 民国时期科技发展影响

民国时期,科技研究院所和科学社团如雨后春笋般涌现,纷纷创办科技期刊;高校数量持续增长;出国留学人数增多,学成归国后在高校任教且在全国高校具有较高的流动性。这一时期的江苏科技发展具体表现出以下几个特点:

一是江苏科技发展学科门类呈现出多样化与专业化。就数、理、化、天、地、生这些基础科学的发展而言,已突破原有水平,即从经验型向理论型或者理论实验并举型发展。就工程技术的发展而言,有些新兴门类是从无到有,比如电学与航空学;原有的门类零散发展已经逐步向集约化、系统化的方向发展,比如建筑学与土木工程学、冶金学与机械学等。就农学与水利学的发展而言,其发展水平远远超过古代,比如农作物学、农业植物保护与昆虫学以及水利学,都不是原有的描述与记载,而成为理论与实验相结合的学科。再就医学这门古老科学的发展而言,不仅有传承性的中医学发展,而且有许多现代医学专科的发展。

二是江苏科技发展与全国科技发展具有交互性与交融性。就民国时期对江苏乃至全国的科技发展发挥了重要作用的国立中央大学而言,作为民国第一学府,其历史沿革体现了这一时期科技发展的交互性与交融性。就其本身的创建来说,国立中央大学的前身三江师范学堂,因各种原因 6 次更改校名,学校与学校、学院与学院之间分分合合,几经调整。尤其在 1927 年更名为国立第四中山大学时,国民政府教育行政委员会明令江苏境内专科以上学校,包括东南大学、河海工科大学、上海商科大学、江苏法政大学、江苏医科大学、南京工业专门学校、苏州工业专门学校、上海商业专门学校及南京农业学校等九校进行合并,组成国立第四中山大学,以纪念孙中山先生及北伐军攻克的第四座历史文化名城。后又更名为"江苏大学"。1928 年 5 月又将"江苏大学"更名为"国立中央大学"。此后,该校汇集了一大批全国一流的专家和学者,包括物理学家吴有训、周同庆,有机化学家庄长恭,化学家曾昭抡,冶金学家和陶瓷学家周仁,气象学家竺可桢、吕炯、涂长望,地质学家李学清、徐克勤，地理学家胡焕庸、徐近之，地图学家李海晨，动物学家秉志、王家楫、伍献文、陈桢，植物形态学家张景钺，植物学家钱崇澍，真菌学家和植物病理学家戴芳澜、邓叔群，植物生理学家罗宗洛，建筑学家刘福泰、刘敦桢、童寯、杨廷宝，土木工程专家茅以升、刘树勋、徐百川，热物理学和热工自动化学家钱钟韩，电气电子学家陈章，杰出的文理大师电机和自动控制理论家顾毓琇，无线电扩播工程专家钱凤章，电机学家吴大榕、程式，航空教育家罗荣安，空气动力学家柏实义，航空教育家和结构力学专家黄玉珊，植物病理学家邹秉文，小麦育种家金善宝，稻作学家周拾禄，农业昆虫学家张巨伯、邹钟琳，水利学家原素欣、须恺，农田水利学家沙玉清，水工水力学家顾兆勋，结构和岩土工程专家黄文熙，放射病理学家吴在东，生物化学家和营养学家郑集，耳鼻喉科学家胡懋廉、姜泗长，口腔医学家陈华，医学寄生虫学家毛守白，法医学家林几，皮肤性病学专家于光元，妇产科学家阴毓璋，人体解剖学专家潘铭紫，生理学家医学教育家蔡翘；还有艺术大师徐悲鸿、张大千，教育家陶行知、著名诗人徐志摩等人物在此任教。1937 年 7 月全国抗战爆发，学校顺利西迁入川，史称"重庆中央大学"。抗战胜利后，中央大学于 1946年 11 月 1 日在南京复课。全校设文、法、理、农、工、医、师范七个学院，为全国院系最全、规模最大的综合大学。

另外，这一时期江苏与全国科技发展具有交互性与交融性，还与南京是民国时期的首都、中央研究院成立和科学社团等蓬勃发展、各类科技期刊创办、许多译著书籍的出版密切相关。因为南京作为首都吸引了各类科技人才汇聚而来；中央研究院及各类科研院所的成立，科学社团的兴起以及科技期刊的创办促进了中外学术的交流，推动科技发展和科学普及，提高民众的科学素养，同时也改变了原来的"西译中述"翻译模式，提高了知识层次。译著中的许多科学专著，成为高等院校学生研习的重要资料，促进了人才培养水平的提高。

三 科学家精神与家国情怀的深远影响

追溯江苏自远古时期至民国年间的科技发展轨迹，其历程见证了科技领域的蓬勃兴起与繁荣壮大。门类由较少（最初只有医学）到逐渐增多，规模不断扩大，到了民国时期已达到 10 个门类；科学家人数从最初的 3 人增至民国时期的 110 人左右。江苏的科学家们为了探索科学奥秘，发展科学技术，勇于开拓、不畏艰辛、百折不挠、殚精竭虑，构成了推动江苏乃至全国科技进步的重要力量。他们求真务实的科学精神，不仅体现在对科学知识的追求上，更在于将科研成果转化为推动社会进步的实际动力。他们几十年如一日献身科学的精神，是科学探索道路上最宝贵的财富，也是我们应当深刻铭记并努力传承的精神遗产，激励着后来者不断前行，在科技创新的道路上勇往直前，为国家的繁荣富强贡献自己的力量。书写江苏科技史，笔者不仅被江苏历史上科技发展的辉煌成就所震慑，更被这些科学家的科学精神和家国情怀所感动。科学家的科学精神和家国情怀不仅影响深远，而且应该发扬光大，这也正是研究江苏科技发展的历史逻辑的价值所在。

主要参考文献

一 工具书

辞海编辑委员会:《辞海》(1999 年缩印本),上海辞书出版社,2002 年。

新编中国小百科全书编委会编:《新编中国小百科全书》第 2 卷,吉林大学出版社,2011 年。

二 古典文献(按研究时期排列)

[晋]陈寿撰,[宋]裴松之注:《三国志·魏书二十九·方技传》,中华书局,1973 年。

[刘宋]范晔等撰,[唐]李贤等注:《后汉书·卷八十二·方术列传》,中华书局,1965 年。

[西晋]陆机:《毛诗草木鸟兽虫鱼疏》,文渊阁《四库全书》本,台湾商务印书馆影印本,1986 年。

[晋]葛洪:《抱朴子内篇》,王明校释本,中华书局,1980 年。

[晋]葛洪:《肘后备急方》,人民卫生出版社影印本,1982 年。

[南朝梁]萧子显:《南齐书·卷五十二·列传第三十三》,中华书局,1972 年。

[南朝梁]陶弘景编著:《本草经集注》,郭秀梅主编,学苑出版社,2013 年。

[唐]魏征等:《隋书·卷十六·志第十一·律历上》,中华书局,1973 年。

[唐]房玄龄等:《晋书·葛洪传》,中华书局,1974 年。

［唐］李延寿：《南史》，中华书局，1975 年。

［宋］欧阳修、宋祁等：《新唐书》，中华书局，1975 年。

［元］脱脱：《宋史》，中华书局，1977 年。

［明］宋濂：《元史》，中华书局，1976 年。

［清］张廷玉：《明史》，中华书局，1974 年。

［宋］范成大：《骖鸾录·卷四》，文渊阁《四库全书》本，台湾商务印书馆影印，1986 年。

［宋］范成大：《吴郡志》《丛书集成初编》，商务印书馆，1939 年。

［宋］范成大《吴船录》，载陈正祥：《中国游记选注》第一集，商务印书馆香港分馆，1979 年。

［宋］苏颂撰，胡乃长、王致谱辑注：《本草图经》（辑复本），福建科学技术出版社，1988 年。

［明］徐弘祖撰，褚绍唐、吴应寿整理：《徐霞客游记》，上海古籍出版社，1980 年。

［明］徐光启撰，石声汉校注：《农政全书校注》，上海古籍出版社，1979 年。

［明］王肯堂：《证治准绳》，上海科学技术出版社，1959 年。

［明］黄省曾：《稻品》，夷门广牍本，上海涵芬楼影印明万历刊本，1940 年。

［明］黄省曾：《种鱼经》，版本同上。

［明］黄省曾：《艺菊书》，版本同上。

［明］郑若曾：《筹海图编》，1562 年明嘉靖刻本。

［明］计成著，陈植注释：《园冶注释》，中国建筑工业出版社，1988 年。

［明］薛已等：《薛氏医案》（二十四种），大成书局，1921—1926 年。

［清］王锡阐：《五星行度解》，商务印书馆，1939 年。

［清］阮元：《畴人传》，商务印书馆重印本，1955 年。

［清］顾祖禹：《读史方舆纪要》，中华书局，1955 年。

［清］魏源：《海国图志》，1847 年刻本。

［清］叶天士著，［清］徐灵胎评：《临证指南医案》，上海人民出版社，1976 年。

［英］约翰·包曼著，［英］傅兰雅、［清］徐建寅合译：《化学分原》，江南制造局出版，1871 年。

［英］傅兰雅编译：《格致须知》，1887 年。

赵尔巽等：《清史稿》，中华书局，1977 年。

张捷夫主编:《清代人物传稿》上编·第九卷,中华书局,1995年。

孙中山:《孙中山文集》,孟庆鹏编,团结出版社,1997年。

孙中山:《孙中山选集》(上、下),人民出版社,2011年。

孙中山:《孙中山全集》第二卷,中华书局,1995年。

孙中山:《孙中山文选》,九州出版社,2011年。

朱庆葆等:《教育的变革与发展》,张宪文、张玉法主编:《中华民国专题史》第十卷,南京大学出版社,2015年。

中国第二历史档案馆编:《中华民国史档案资料汇编·第五辑·第三编·教育(二)》,凤凰出版社,2010年。

三 著作(按研究时期排列)

童寯:《江南园林志》(第二版),中国建筑工业出版社,1984年。

路甬祥主编:《走进殿堂的中国古代科技史》(上、中、下卷),上海交通大学出版社,2009年。

王鸿生:《中国历史中的技术与科学从远古到1990》,中国人民大学出版社,1991年。

刘洪涛:《中国古代科技史》,南开大学出版社,1991年。

自然科学史研究所主编:《中国古代科技成就》,中国青年出版社,1978年。

金秋鹏:《中国古代科技史话》,商务印书馆,1997年。

杜石然主编:《中国古代科学家传记》(上、下集),科学出版社,1992—1993年。

阙勋吾主编:《中国古代科学家传记选注》,岳麓书社,1983年。

钱宝琮主编:《中国数学史》,科学出版社,1964年。

中国天文学史整理研究小组编著:《中国天文学史》,科学出版社,1981年。

薛愚主编:《中国药学史料》,人民卫生出版社,1984年。

中国科学院自然科学史研究所地学史组主编:《中国古代地理学史》,科学出版社,1984年。

张志远主编:《中国历代名医百家传》,人民卫生出版社,1988年。

潘鼐:《中国恒星观测史》,学林出版社,1989年。

中国科学技术协会编:《中国科学技术专家传略·理学编·力学卷》,中国科学技术出版社,1993 年。

中国科学技术协会编:《中国科学技术专家传略·农学编·作物卷》,中国科学技术出版社,1993 年。

中国科学技术协会编:《中国科学技术专家传略·理学编·化学卷》,中国科学技术出版社,1993 年。

中共江苏省委宣传部编著:《江苏历史名人家训选编》,江苏人民出版社,2016 年。

李迪:《祖冲之》,上海人民出版社,1977 年。

唐锡仁、杨文衡:《徐霞客及其游记研究》,中国社会科学出版社,1987 年。

杨根:《徐寿和中国近代化学史》,科学技术文献出版社,1986 年。

中国社会科学院近代史研究所近代史资料编辑组编:《辛亥革命资料》,《近代史资料》总 25 号,中华书局,1961 年。

中国社会科学院近代史研究所近代史资料编辑组编:《近代史资料》,总 58 号,中国社会科学出版社,1985 年。

纪志刚:《杰出的翻译家和实践家——华蘅芳》,科学出版社,2000 年。

李喜所:《近代中国的留美教育》,天津古籍出版社,2000 年。

孙文治主编:《东南大学校友业绩》第 1 卷,东南大学出版社,2002 年。

中央大学南京校友会、中央大学校友文选编纂委员会编:《南雍骊珠:中央大学名师传略》,南京大学出版社,2004 年。

中央大学南京校友会、中央大学校友文选编纂委员会编:《南雍骊珠:中央大学名师传略续篇》,南京大学出版社,2006 年。

中央大学南京校友会、中央大学校友文选编纂委员会编:《南雍骊珠:中央大学名师传略再续》,南京大学出版社,2010 年。

朱斐:《东南大学史》第 1 卷,东南大学出版社,2012 年。

秦孝仪编著:《"国父"思想学说精义录》(第二编),台北正中书局,1976 年。

清华大学校史研究室编:《清华大学史料选编》,清华大学出版社,1991 年。

李景文:《华罗庚传》,河南文艺出版社,2019 年。

《科学家传记大辞典》编辑组编辑:《中国现代科学家传记》第二集,科学出版社,1991 年。

毕元辉:《中国近现代民族化学工业的拓荒者:侯德榜的故事》,广东教育出版社,2018 年。

张清平:《竺可桢传》,河南文艺出版社,2018 年。

秦大河主编:《纪念竺可桢先生诞辰 120 周年文集》,气象出版社,2010 年。

中国人民政治会议上海市委员会文史资料工作委员会编:《上海文史资料选辑》第五十七辑,上海人民出版社,1987 年。

中国科学技术协会编:《中国科学技术专家传略·农学编·作物卷 1》,中国科学技术出版社,1993 年。

四 期刊或文集论文(按研究时期排列)

欧波、胡长春:《〈史记〉"东伐淮夷"新考》,《学术界》2014 年第 12 期。

张童心、王斌:《马家浜文化生成因素三题》,《东南文化》2014 年第 1 期。

焦天龙:《论马桥文化的起源》,《南方文物》2010 年第 1 期。

宋健:《马桥文化探源》,《东南文化》1988 年第 1 期。

杨东晨:《淮夷变迁》,《铁道师院学报》1996 年第 6 期。

欧波:《浅谈淮夷与华夏民族的融合》,《西安文理学院学报》(社会科学版)2016 年第 5 期。

李裕杓:《西周时期淮夷名称考论》,《中国历史地理论丛》2015 年第 3 辑。

王心喜:《跨湖桥文化的命名及其学术意义》,《东方博物》第十八辑。

韩建业:《试论跨湖桥文化的来源和对外影响》,《东南文化》2010 年第 6 期。

王心喜:《试论跨湖桥文化》,《绍兴文理学院学报》2003 年第 6 期。

张立、陈中原、刘演等:《长江三角洲良渚古城、大型水利工程的兴起和环境地学的意义》,《中国科学:地球科学》2014 年第 5 期。

程世华:《"良渚文化"的原始农业及其意义》,《中国农史》1990 年第 2 期。

郭明建:《良渚文化宏观聚落研究》,《考古学报》2014 年第 1 期。

赵辉:《良渚的国家形态》,《中国文化遗产》2017 年第 3 期。

马道阔:《安徽省庐江县出土春秋青铜器——兼谈南淮夷文化》,《东南文化》1990 年第 1 期。

夏纬瑛:《毛诗草木鸟兽虫鱼疏的作者——陆机》,《自然科学史研究》1982 年第 2 期。

刘金沂、王健民:《陈卓和甘、石、巫三家星官》,《科技史文集》第 3 辑,上海科学技术出版社 1978 年。

王振铎:《宋代水运仪象台的复原》,王振铎:《科技考古论丛》,文物出版社 1989 年。

华觉明:《关于金属型的札记三则·龚振麟和〈铸炮铁模图说〉》,见华觉明等:《中国冶铸史论集》,文物出版社 1986 年。

桑润生:《马一龙与〈农说〉》,《农业考古》1981 年第 2 期。

夏劲:《民国初期科技教育蓬勃发展的动因、特点及其影响探析》,《自然辩证法通讯》2017 年第 5 期。

李喜所:《近代中国的留美教育》,天津古籍出版社 2000 年版,第 194 页。

李雪、张刚:《刑天舞干戚,猛志固常在——国立中央大学(下)》,《科学中国人》2009 年第 2 期,第 40—45 页。

陆伯生:《南通早期闻名的数学家崔朝庆》,《南通县文史资料第九辑》1992 年,第 11 期。

屈蓓蓓、代钦:《崔朝庆的数学教育贡献》,《咸阳师范学院学报》2014 年第 4 期。

代钦、李春兰:《吴在渊的数学教育思想》,《数学通报》2010 年第 49 卷第 3 期。

夏劲:《民国初期科技教育蓬勃发展的动因、特点及其影响探析》,《自然辩证法通讯》2017 年第 5 期。

宋晋凯,张培富:《民国算学哲学反思之先声——胡明复算学思想探析》,《山西大学学报》(哲学社会科学版)2019 年第 2 期。

徐乃楠,刘鹏飞,张建双:《试论胡明复对数学的贡献及其他》,《通化师范学院学报》2012 年第 12 期。

李醒民:《胡明复的科学论思想及其导源》,《哲学分析》2018 年第 2 期。

邵红能:《钱宝琮:中国近代数学史研究的先驱》,《文史春秋》2014 年第 4 期。

钱永红:《中国古代数学史研究的开拓者——钱宝琮》,《钟山风雨》2021 年第 5 期。

钱永红:《钱宝琮先生的数学教育理念与实践》,《数学教育学报》2010 年第 2 期。

智效民:《数学泰斗熊庆来的跌宕人生》,《民主与科学》2014 年第 3 期。

刘盛利,代钦:《民国时期微积分教科书研究——以熊庆来的〈高等算学分析〉为例》,《内蒙古师范大学学报(自然科学汉文版)》2012 年第 3 期。

王元:《我的老师华罗庚》,《中国科学院院刊》1986 年第 1 期(创刊号)。

陈克胜:《华罗庚数学学术谱系及其思考》,《自然辩证法研究》2021 年第 9 期。

郭金海:《中央研究院与华罗庚对苏联的访问》,《中国科技史杂志》2020 年第 4 期。

凌瑞良:《中国物理学前辈——胡刚复》,《大学物理》2009 年第 4 期。

罗程辉:《胡刚复与中国科学社》,《物理通报》2014 年第 11 期。

郭奕玲、沈慧君:《吴有训的历史贡献》,《物理》1997 年第 12 期。

张逢:《吴有训的 X 射线研究与"学术独立"》,《科学学研究》2007 年第 2 期。

赵见高:《中国现代磁学事业的开创者之一——施汝为院士》,《物理》2005 年第 10 期。

刘高联:《钱伟长——我国近代力学和国际奇异摄动理论的奠基人》,《科学家》2006 年第 2 期。

徐晓萍,石岩森,厉骏等:《中国植物化学和现代药物研究的开拓者——赵承嘏先生》,《中国科学》2016 年第 2 期。

胡克源、胡亚东、徐晓白:《柳大纲先生传略》,《科学》2004 年第 6 期。

陈效师、袁其采:《袁翰青——中国科普事业的先驱》,《科普研究》2008 年第 4 期。

赵光鳌:《中国微生物先驱朱宝镛》,《中国酒》2007 年第 2 期。

青宁生:《我国第一个高校发酵工程学专业的创建者——朱宝镛》,《微生物学报》,2008 年第 8 期。

黄平:《中国酒界泰斗秦含章》,《酿酒科技》2007 年第 4 期。

林梅琴:《张钰哲"摘"了一颗中华星》,《福建人》2015 年第 11 期。

胡中为:《仰望星空,探索宇宙奥秘——纪念戴文赛先生诞辰 100 周年》,《自然杂志》第 33 卷第 5 期。

王东、丁玉平:《竺可桢与我国气象台站的建设》,《气象科技进展》2014 年第 6 期。

崔读昌、徐师华、陶毓汾:《缅怀我国现代农业气象事业的奠基人——吕炯先生》,《中国农业气象》2006 年第 1 期。

解明恩、张改珍、陈正洪等《涂长望气象学学术谱系研究》,《气象科技进展》2020 年第 5 期。

涂多彬：《气象学家涂长望》，《民主与科学》2017 年第 1 期。

夏树芳：《李学清》，《中国地质》1992 年第 1 期。

朱煊：《踏遍青山——记中科院院士、地质学家徐克勤》，《档案与建设》月刊 2001 年第 9 期。

华仁民：《徐克勤院士对中国地质事业与地质科学的重大贡献》，《矿物岩石地球化学通报》2003 年第 3 期。

张九辰：竺可桢与东南大学地学系，《中国科技史料》2003 年第 2 期。

竺可桢：《地理与文化之关系》，《科学》1916 年第 8 期。

丁金宏、程晨等：《胡焕庸线的学术思想源流与地理分界意义》，《地理学报》2021 年第 6 期。

吴传钧：《胡焕庸大师对发展中国地理学的贡献》，《人文地理》2001 年第 5 期。

严德一：《三十年代徐近之青藏高原的考察探索》，《地理学与国土研究》1985 年第 1 期。

刘亦实：《第一个进藏的地理学家徐近之》，《江苏地方志》2007 年第 1 期。

汤茂林、金其铭：《李旭旦先生的学术思想和贡献及其他》，《人文地理》2011 年第 4 期。

黄茂：《抗战时期李旭旦甘南藏区开发思想初探》，《青海民族研究》2016 年第 1 期。

佘之祥：《任美锷先生对人文—经济地理学的贡献和启迪》，《经济地理》2015 年第 10 期。

金瑾乐：《献身地图科学辛勤培育后人——记南京大学李海晨教授》，《地图》1989 年第 2 期。

翟启慧：《秉志传略》，《动物学报》2006 年第 6 期。

冯永康：《陈桢》，《遗传》2009 年第 1 期。

冯永康：《生物科学家陈桢对遗传学的重要贡献》，《中学生物学》1998 年第 1 期。

许智芳、朱兴根：《我国著名动物学家——陈义》，《生物学通报》1988 年第 12 期。

耿宽裕等：《我国禾本科植物分类的奠基人——耿以礼》，《钟山风雨》2002 年第 6 期。

孙志义:《芳草长青——记开创我国禾本科专业的学者耿以礼》,《南京史志》1994年第1期。

吴继农:《陈邦杰在苔藓科学领域的开拓性研究》,《南京师大学报社会科学版》1992年第3期。

佟屏亚:《范福仁为玉米遗传育种事业的奉献——为杂交玉米作出贡献的人(三)》,《种子世界》1990年第9期。

马春沅:《中国真菌学的奠基人——戴芳澜》,《中国科技史料》1983年第1期。

刘楠楠:《戴芳澜:芳华岁月战"菌"章》,《中国档案》2020年第9期。

于国荣:《我国著名植物病理学、微生物学家俞大绂教授》,《高等农业教育》1985年第4期。

青宁生:《执教农业微生物学七十年——俞大绂》,《微生物学报》2007年第1期。

颜耀祖:《著名植物病理学微生物学家—俞大绂》,《农业科技通讯》1989年第3期。

邓庄:《赤子之心 天地可鉴——缅怀父亲邓叔群教授》,《中国科技史料》2002年第2期。

刘叙杰:《纪父亲刘敦桢对中国传统古典园林的研究和实践》,《中国园林》2008年第8期。

杨苗苗:《刘敦祯对中国近代建筑教育的肇始与发展的影响》,《建筑创作》2009年第3期。

焦键:《童寯的中国园林史研究》,《学海》2019年第3期。

程泰宁:《杨廷宝先生:20世纪的建筑巨匠》,《建筑学报》2021年第10期。

何培斌、冯立燊:《上下求索:杨廷宝的中国新建筑》,《建筑学报》2021年第10期。

童明:《杨廷宝:一位建筑师和他的世纪》,《建筑学报》2021年第10期。

侯莲梅、王伯鲁:《茅以升创造性思维方法探析——以钱塘江大桥的建造为例》,《科技管理研究》2010年第1期。

张雪蓉、乔昳玥:《茅以升与20世纪20年代东南大学的工科建设——民国初期工程教育的特点透视》,《现代大学教育》2019年第2期。

闵卓:《动力工程专家钱钟韩》,《中国大学教学》1998年第6期。

逸公:《钱钟韩——善于扬长避短的人》,《职业教育研究》1995年第4期。

杨慧中、方光辉、纪志成：《顾毓琇先生在科学技术上的创新开拓》，《江南大学学报》（人文社会科学版）2003 年第 1 期。

徐德淦：《吴大榕教授生平》，《电工教学》1996 年第 1 期。

孙文治：《程式教授生平》，《电气电子教学学报》2007 年第 2 期。

王红：《近代中国海军航空事业的先驱者巴玉藻》，《军事史林》2009 年第 9 期。

诸德培：《黄玉珊简介》，《力学与实践》1984 年第 5 期。

张福清：《沉痛悼念黄玉珊同志》，《力学与实践》1982 年第 2 期。

耿瑄：《民初农学精英与地方实力派的合作——邹秉文与东南大学农科的创建》，《中国科技史杂志》2017 年第 2 期。

许衍琛：《邹秉文高等农业教育思想研究》，《高等理科教育》2014 年第 4 期。

曾玉珊：《冯泽芳的棉作科学研究及其主要贡献》，《中国农史》2012 年第 4 期。

李燕：《金善宝与中国现代农业科技发展》，《南京农业大学学报（社会科学版）》2011 年第 3 期。

赵增全：《金善宝：中国农业教育先驱》，《教育与职业》2014 年第 16 期。

《原素欣——不畏艰险嵌"明珠"》，《河北水利》2017 年第 8 期。

河海大学水利水电工程学院：《深切缅怀顾兆勋教授》，《河海大学学报》（自然科学版）2000 年第 2 期。

李广信：《黄文熙先生的主要学术成就——纪念黄文熙先生诞生 100 周年》，《岩土工程学报》2009 年第 1 期。

王慧、李鹏英：《关于恽铁樵对〈伤寒论〉六经认识的探讨》，《环球中医药》2017 年第 11 期。

徐慧颖、李成卫、王庆国：《恽铁樵肝脏理论构建的方法、结构及学术演变》，《世界中医药》2015 年第 11 期。

张进：《丁福保与近代中国营养卫生科学的传播》，《出版科学》2015 年第 3 期。

李向远：《丁福保与近代西医的传入》，《青年时代》2018 年第 20 期。

伊广谦：《丁福保生平著作述略》，《江西中医学院学报》2003 年第 1 期。

牛亚华、冯立昇：《丁福保与近代中日医学交流》，《中国科技史杂志》2004 年第 4 期。

王炳毅：《金陵名医张简斋传奇人生》，《档案与建设》2009 年第 11 期。

郭小娟、赵国臣、郑艳辉等：《金陵名医张简斋运用经方治疗内科杂病经验》，《江苏中医药》2020 年第 10 期。

李卫婷、曾安平、王钢等：《张简斋肺系病证辨治特点探析》，《南京中医药大学学报》2021 年第 5 期。

赵国臣、曾安平、郭小娟等：《张简斋妇科病证辨治特点探析》，《南京中医药大学学报》2021 年第 5 期。

邱德华、施杞、石仰山：《石筱山临证经验与理论特色撷英》，《中国中医骨伤科杂志》2015 年 23 卷第 9 期。

高志欣、丁林宝、邱德华：《石氏伤科运用牛蒡子组方治疗痛风性关节炎》，《中医文献杂志》2018 年 36 卷第 3 期。

郭继鸿：《记我国内科学、心血管病学的奠基人——戚寿南》，《中华心脏与心律电子杂志》2014 年第 1 期。

胡梦玉、佘铭鹏、丁濂：《中国著名病理学家——胡正详》，《中华病理学杂志》1992 年第 1 期。

李舒：《胡正详 探索医学之本》，《中国卫生人才》2012 年第 8 期。

宋惠芳、游联璧、祝庆孚：《中国著名病理学家——吴在东教授》，《中华病理学杂志》1993 年第 1 期。

慕景强：《颜福庆预防医学思想及其现实意义研究》，《医学教育探索》2004 年第 2 期。

司丽静、万勇：《论颜福庆对中国医学现代化的贡献》，《兰台世界》2014 年第 28 期。

华子春：《高山仰止 缅怀郑集》，《生命的化学》2012 年第 4 期。

赵德贵：《营养学家郑集的养生之道》，《养生月刊》2020 年第 10 期。

李刚、林珠、丁鸿才等：《陈华教授对口腔医学教育的发展理念和实践》，《实用口腔医学杂志》2012 年第 2 期。

李银平：《记我国我军著名的耳鼻咽喉科专家和创始人之一——姜泗长教授》，《中国危重病急救医学》1999 年第 8 期。

姚春雨：《名医风范——记中国工程院资深院士姜泗长教授》，《国防》2000 年第 1 期。

田振洪：《论林几法医学教育思想的形成和价值》，《中国司法鉴定》2017 年第 6 期。

黄瑞亭:《林几教授与他的〈实验法医学〉——缅怀中国现代法医学奠基人林几教授》,《中国司法鉴定》2014 年第 4 期。

黄瑞亭:《林几学术思想及其当代价值》,《中国法医学杂志》2017 年第 6 期。

吴绍熙:《伟大的皮肤科——忆于光元教授》,《中国麻风皮肤病杂志》2002 年第 2 期。

许彤华、祝兆如:《缅怀学识渊博循循善诱的尊师——于光元教授》,《中国麻风皮肤病杂志》2000 年第 4 期。

陈挥、葛鹏程:《献身祖国骨科事业的叶衍庆教授》,《上海交通大学学报:医学版》2013 年第 10 期。

过邦辅:《怀念恩师叶衍庆教授》,《中华骨科杂志》1999 年第 1 期。

钱不凡:《一代宗师叶衍庆教授》,《中华骨科杂志》2006 年第 1 期。

五 报纸文章(按研究时期排列)

王诗宗:《古代天文历法成就之八:祖冲之与新历法的诞生(科技史话)》,《人民日报·海外版》2001 年 11 月 2 日。

王诗宗:《中国古代数学成就之十:祖冲之的数学贡献》,《人民日报·海外版》2002 年 8 月 22 日。

陶建明、季春杰:《清末南通大数学家杨冰》,《江海晚报》(文化周刊)2023 年 2 月 8 日第 A11 版。

张祖贵:《中国第一位现代数学博士——胡明复》,光明日报 2005 年 6 月 7 日。

《中国科学社与明复图书馆》,《图书馆报》2017 年 9 月 6 日。

冯丽妃:《庄长恭:中国化学界的"一面旗帜"》,《中国科学报》2019 年 10 月 25 日。

龚格格:《化学工业先驱侯德榜》,《人民日报·海外版》2014 年 3 月 28 日。

冯丽妃:《戴芳澜:波澜岁月书芳华》,《中国科学报》2019 年 12 月 27 日。

《邓叔群:我国真菌研究奠基人与森林病理学创始人》,《光明日报》2005 年 10 月 26 日。

田晓青:《胡正详:毕生奉献于中国病理学》,《中国医学论坛报》2011 年 10 月 26 日。

后　记

　　自 2016 年 6 月本人承接了江苏文脉工程《江苏文化专门史》中的《江苏科技史》撰写任务,到现在已近七年。这七年多的历程,是全面、系统探索和感悟江苏上下五千年取得的辉煌科技成就的七年,亦是通过不断学习,不断刷新认知,进一步深入了解江苏地区历史文化传统的七年,更是深深地被历史上诸多科学家的科学精神与家国情怀陶冶的七年,进而也是在史学与科学的山路上不断攀登、在研究过程中不断面对各种挑战的七年。

　　首先,这一课题的挑战性对笔者而言,无论是从研究的深度还是广度来说都是前所未有的。这种挑战性是多重的:

　　一是挑战来自课题。一般而言,科技史有以世界科技发展为背景的,如丹皮尔的《科学史》和梅森的《自然科学史》,也有以东西方文化发展为背景的西方科技史和中国科技史,如李约瑟的《中国科学技术史》;但是以省的文化发展为背景的科技史不多见,也未见有参考读本。

　　二是挑战来自课题关涉的时间跨度、学科跨度与科学家人数。就时间跨度而言,江苏科技史从远古时期到民国时期,历经几千年;就学科跨度而言,江苏科技史关涉数学、物理、化学、天文、地学、生物、工程、农学、林学、水利学、医学,远远超越了本人原有的知识维度;就科学家人数而言,有 150 多人之众。工作量之大,超乎原有预期。

　　三是挑战来自对于科学家的遴选。其一,因为江苏地域形成于清代,而科技史则从远古科技萌芽到秦汉开始探索;其二,古代科学家行踪不定,因而既涉及原籍即本土出生,又涉及客籍即大半生在江苏生活,或亡、葬在江苏。

四是挑战来自相关文献与资料的检索。其一,相关文献与资料来源多样:有古代文献,如二十四史与相关古代科学家的专著,也有近现代科学家传记;有著作、论文、报纸文章,也有百科全书(包括网络百科)等。其二,有关科学家的相关文献与资料多寡不均:有的资源丰富、全面;有的仅有一鳞半爪或者只言片语。其三,对于资源丰富、全面的,也面临挑战——内容重复,且时间不尽相同,需要反复考证,去粗取精、去伪存真地加工制作;对于资源贫乏的,须反复查询,争取更多佐证。

五是挑战来自本人原有的研究方向及研究阅历。尽管本人研究科技伦理40多年,关涉东西方科技史、哲学史、思想史,同时也关涉马克思主义哲学、逻辑学、经济学、市场学、管理学、心理学、教育学、法学及其相关的应用伦理学,如马克思主义伦理学、国外马克思主义伦理学、生态伦理学、生命伦理学、教育伦理学、农业伦理学、女性伦理学、市场伦理学等等,但是研究江苏科技史还是捉襟见肘。正如俗话所说,"书到用时方恨少"。其一,尽管本人是土生土长的江苏人,但是多年来主要专注于科技伦理学、逻辑学、马克思主义哲学经典著作等方面的教学与理论研究,而对江苏的历史了解与研究甚少;其二,尽管研究科技伦理学亦会研究科技史和有关科学家,但是鲜有研究中国古代科学家,尤其是江苏籍古代科学家;其三,由于教学与科研需要,也会查阅古代文献与相关典籍,但是研究甚少。因此,笔者研究江苏科技史几乎是"白手起家",从检索信息到查阅相关文献再到建立相关的科学家文库,开始了艰难探索与写作的历程。七年来,多少个日日夜夜,都在阅读和整理文献,查询与学习二十四史与相关科学家所关涉的学科及其相关概念中度过。这几乎占去了本人所有的有效科研时间,也包括节假日、夜晚的休息——"生命再生产"时间。

其次,关于本书写作提纲的拟定与章节的确立亦是一波三折。一开始,本人认为既然是江苏科技史,那么就立足江苏来撰写,即按照现有的省属市为章,时间为节,相关科学家为目。但是,写作设想及其提纲提交后被否定。接下来本人便重新拟定提纲：以江苏地域为基，以时间为径即以朝代为章，以学科为节，相关科学家为目，撰写江苏科技史。提纲被审核通过。即便如此，随着对江苏科技史发展了解的进一步深入和研究的不断推进，在不断地查询和补充资料的过程中，写作提纲中的章节标题还是被不断地修改、刷新。

然而，写作提纲的完善只是一种理想化的预设。在撰写过程中，笔者发现，由于科技发展一开始非常缓慢，且各个时期学科发展情况不一，而到后来则是呈几何级数趋势增长，因而原来"以每个朝代为章"的设想难以实施。故，只能将早期的一些朝代合并成章。其中明、清时期由于科学发展与学科门类及科学家人数大大超过之前的各个时期，因而各自独立成章；而民国时期，由于科技获得了蓬勃发展，学科门类与科学家人数众多，其内容并非一章或者两章的篇幅可以概括，须以相关的学科为章。这样，本书在内容上不得不将古代部分与民国时期分为上、下两编。虽然古代部分关涉的历史较长，但是总共仅有六章，这样就形成了本书的上编；民国时期的科技发展则形成了本书的下编。

那么，民国时期是否能以每门学科独立设章呢？在对民国时期各门科学发展状况进行研究的过程中，笔者发现，由于民国时期各门学科发展均衡性不同，科学家分布亦有所不同，如生物学、医学发展得比较充分，可以独立成章，其中的二级学科为节；而数学与物理、化学与化工学、天文学、气象学与地学，建筑学与土木工程学，冶金学、机电学与航空学，农学与水利学则只能分别合为某一章，其中的学科为节。这样，加上民国时期科技发展概述，便形成本书下编的九章内容。上、下两编大多以科学家为目或者小目，全书共十五章。

复次，关于本书的写作体例与内容，因无任何先例可循，只能在撰写中感悟、生成。一开始笔者受阅读和整理文献的文本影响，加之全书以科学家为目或者小目，因此便写成了一个个的微型传记体。值得一提的是2020年春节前后爆发了新冠疫情，在全民战疫的背景下，本人则全力以赴，推进本书下卷——民国时期江苏科技发展的研究与写作进程。从大年初四开始动工，天天笔耕不辍。辛勤耕耘，换来了70多万字的下卷初稿，这样，与前几年写成的本书的古代部分上卷合成后，总计有100多万字的初稿。而根据《江苏文化专门史》的编辑要求,每本书稿约 30 万字。笔者必须删除初稿中的 70 多万字,将其浓缩成 30 万字左右的书稿。

那么如何浓缩? 删减哪些内容,保留哪些内容? 经过反复思考,笔者最后决定,仅保留每个科学家科技思想及其取得的成果,缩减生平、著作、论文等内容。然而,即使进行了这样大幅度的删减,其字数还是远远超出了丛书要求。本书关涉的科学家人数多、领域广:数、理、化、天、地、生、工、农、医(药)都在研究范围之内。科学家们的科学思想及其成果丰硕,就上卷的古代部分而言,关涉的科学家就有 40 多位;下卷民国时期所关涉的科学家就有 100 多位之众。尤其是民国时期的科学家,许多不仅是近代各门科学的开拓者,被称为一代宗师,而且其中大多数也是新中国第一代科学家和新学科的开拓者,为新中国科学技术发展,为经济、文化和教育事业的发展,特别是人才培养做出了卓越贡献,创造了辉煌的成就。然而,由于本书写作时期和字数所限,不能一一地详尽表达。为了在有限的篇幅内尽可能多地展现他们的思想及其成就,本书除了在正文中概要地展现他们在民国时期取得的具体成就,还注重在其生平介绍的脚注文本中,以浓缩的形式整体展现他们的成就。为了统一全书的格式体例,原来本书上卷古代部分科学家的生平,也从正文移至脚注;与此同时,节的划分由原来粗放型"某时期的科技发展",修改为与下卷呼应的以学科发展分节,以科学家为目。初稿于 2021 年 10 月完成,接下来的近两年则分别对上、下编文本进一步打磨。

再者,关于本书的参考文献则是多路向查阅并举,一是查找翻阅家中原有的藏书;二是购买所需的纸本书籍,因为研究古代科技史,必须查看二十四史与相关典籍,尤其是一些冷僻的字,只有通过纸质文本,才能弄清其"庐山真面目";三是查阅电子书籍或者论文:下载相关文本,或者在知网、人民网、光明网等网页浏览相关文本;四是查阅工具书:其一,查阅《辞海》《辞源》等词典和百科全书等;其二,查询网上资源:百度百科、360 百科、中国数字科技馆、中文百科在线、中医宝典等,这样可以多视角、多层面地了解和考证研究对象及其相关文献。在近七年沉浸式的研读二十四史与相关科学家的文本与传记,笔者深深地被科学家不畏艰辛、百折不挠、勇于探索、献身科学的精神所震撼;更被他们爱国、爱家乡的家国情怀,生命不息、耕耘不止、为国育才的高尚道德所感动。尽管写作与修改书稿历尽艰辛,但笔者也受益良多。限于资料和笔者的研究视域,本书可能还有很多不足,恳请读者多多指正。

最后,要感谢江苏省文脉工程"江苏文化专门史"指导组;感谢樊和平教授的指导;感谢江苏省社会科学院哲学与文化研究所所长胡发贵研究员和孙钦香博士给予的关心与大力支持;感谢中共江苏省委宣传部规划办;感谢中国社会科学院杜国平教授和晓庄学院王国聘教授顶着高温酷暑评审书稿,提出了宝贵的修改意见;感谢《江海学刊》赵涛主编和《南京林业大学学报社科版》朱凯主编提出了中肯的修改意见;感谢江苏人民出版社和朱晓莹编辑的辛勤付出;感谢东南大学校史馆的刘云虹馆长和老师们提供了宝贵的研究资料和研究资源;感谢东南大学校史馆郭淑文老师提供本书所需要的相关科学家的图片;感谢东南大学建筑学院张豪裕书记、单踊教授、黎志涛教授、童明教授和袁翊展同学征集或者提供相关图片;感谢东南大学图书馆和隆新文老师提供了宝贵的研究资料;感谢东南大学人文学院王珏院长的支持与鼓励;感谢东南大学信息学院毛卫宁教授为本书的写作提出了很好的建议;感谢何菁教授、陈雯博士、李杨博士、陈灯杰博士、沈丽娜博士,不辞辛劳,多次协助本人查询资料;感谢我先生多次为本人购买研究急需的书籍等各方面的支持帮助;感谢本书参考文献的作者、主编和编辑,为本课题的研究提供了丰富的研究资源!

特将此书献给笔者的儿子和与笔者协作的博士、博士后、硕士和本科生们!

愿他们踏着科学家们的奋斗足迹,在学习和工作中积极弘扬科学家们的家国情怀和追求真理、勇于探索、敢于开拓、坚持不懈、善于协作、造福人类的科学精神!

陈爱华

2020 年 7 月 8 日初稿

2020 年 10 月至 2023 年 4 月修改

于南京江宁翠屏东南